LEBENSWISSENSCHAFTEN IM DIALOG

Die Darwin'sche Evolutionstheorie und die Jahrzehnte der Biowissenschaften ab etwa 1970 haben die Beziehung des Menschen
zur Umwelt, zu anderen Lebewesen und auch zu sich selbst maßgeblich verändert. Historische Zugänge zu Charles Darwin und
aktuelle Darstellungen zur Bioethik eröffnen in diesem Band dazu
spannende neue Perspektiven. Die Beiträge aus unterschiedlichen
Bereichen der Ethik, Geschichte und Theorie der Biowissenschaften behandeln die Person und Konzepte Darwins in ihrer Rezeption, anthropologische, tierethische und medizinethische Themen
sowie Fragen der interdisziplinären Lehre und Forschung.

Die Herausgeber:

László Kovács, ist wissenschaftlicher Assistent am Lehrstuhl für
Ethik in den Biowissenschaften der Universität Tübingen.

Jens Clausen ist wissenschaftlicher Assistent am Institut für Ethik
und Geschichte der Medizin und Geschäftsführer des Klinischen
Ethik-Komitees am Universitätsklinikum Tübingen.

Thomas Potthast, Biologe und Philosoph, ist Privatdozent und
Wissenschaftlicher Koordinator am Internationalen Zentrum für
Ethik in den Wissenschaften (IZEW) der Universität Tübingen.

László Kovács / Jens Clausen / Thomas Potthast (Hg.)

Darwin und die Bioethik

Lebenswissenschaften im Dialog

Herausgegeben von
Kristian Köchy
und Stefan Majetschak

Band 12

László Kovács
Jens Clausen
Thomas Potthast (Hg.)

Darwin und die Bioethik

Eve-Marie Engels
zum 60. Geburtstag

Verlag Karl Alber Freiburg/München

Originalausgabe

VERLAG KARL ALBER
in der Verlag Herder GmbH, Freiburg im Breisgau 2011
Alle Rechte vorbehalten
www.verlag-alber.de

Satz: Frank Hermenau, Kassel
Druck und Bindung: Difo-Druck, Bamberg

Gedruckt auf alterungsbeständigem Papier (säurefrei)
Printed on acid-free paper
Printed in Germany

ISBN 978-3-495-48475-3

Eve-Marie Engels

Inhalt

Vorwort 11

Einleitung 15

1. Darwin & Co. – Historische Perspektiven

Dirk Backenköhler
Pilgerfahrten nach Down –
Vier Besuche bei Charles Darwin 25

Thomas Junker
Charles Darwin und die Allmacht der Naturzüchtung 43

Thomas Potthast
Darwin und Haeckel als Groß-Väter der Ökologie – zwei
unterschiedliche wissenschaftshistorische Narrative 55

2. Der Mensch und andere Tiere

Reiner Wimmer
Zu den Quellen von Gut und Böse – Eine anthropologische
Spurensuche mit Immanuel Kant und Simone Weil 73

Gisela Badura-Lotter
Vom Menschen und seinen Chimären – wir selbst
und der Andere 93

Arianna Ferrari
Technisch verbesserte Tiere, Mensch-Tier-Chimäre
und die Überwindung der Mensch-Tier-Dichotomie
in der zeitgenössischen Tierphilosophie 113

Judith Benz-Schwarzburg
Was fehlt uns, wenn die Großen Menschenaffen aussterben? 133

Norbert Alzmann
Zur umfassenden Kriterienauswahl für die Ermittlung
der ethischen Vertretbarkeit von Tierversuchsvorhaben 151

3. Mensch und Biomedizin

Jens Clausen
Anthropologie, Biomedizin und Ethik 169

Beate Herrmann
Die normative Relevanz der körperlichen Verfasstheit
zwischen Selbst- und Fremdverfügung 183

Elisabeth Hildt
Identität und Selbstgestaltung im Kontext der Biomedizin 199

Julia Wolf
Neuro-Enhancement: (K)ein Grund zu Sorge?
Gedanken zur ethischen Einordnung und Bewertung
von pharmakologischen Enhancementmaßnahmen 215

*Jon Leefmann, Jutta Krautter, Robert Bauer, Marcos Tatagiba &
Alireza Gharabaghi*
Die Authentizität modulierter Emotionen bei der Tiefen
Hirnstimulation 235

Sabine Paul
Zivilisationskrankheiten – Neue Lösungswege
der Evolutionären Medizin 255

4. Interdisziplinarität, Instituionalisierung, Öffentlichkeit

László Kovács
Evolution der genetischen Information – Sind wissenschaftliche
Begriffe der natürlichen Selektion unterworfen? 273

Lilian Marx-Stölting
Die richtige Medizin bei meinen Genen?
Öffentliches Interesse an der Pharmakogenetik 291

Petra Michel-Fabian
Ethische Anforderungen an Öffentlichkeitsbeteiligung –
Interdisziplinäres Seminarkonzept im Rahmen
des ethisch-philosophischen Grundlagenstudiums 303

Urban Wiesing
Ein Lob auf die Ethik-Kommissionen im Kontext klinischer
Medizin 323

Silke Schicktanz
Ethik *in* den Lebenswissenschaften –
Überlegungen zur Frage der Verortung 335

Dietmar Mieth
Von der Ethik in der Biotechnik zur Ethik für Alle –
Ein Essay 353

Anhang

Publikationen von Eve-Marie Engels 367

Autorinnen und Autoren 385

Vorwort

Leitwissenschaften zeichnen sich nicht zuletzt dadurch aus, dass ihre Forschungen als ausgesprochen relevant für Gegenwart und Zukunft auch außerhalb der Wissenschaften wahrgenommen werden. Sie genießen höchste gesellschaftliche Beachtung, stehen im Zentrum der größten Forschungsinitiativen und prägen zugleich inter- und transdisziplinäre Diskurse. Die Biowissenschaften haben sich in den letzten Jahrzehnten zu Leitwissenschaften entwickelt. Sie berühren wichtige moralische Werte und stellen bewährte Normen durch neue technische Möglichkeiten in Frage. Umso wichtiger ist in unserer Gesellschaft eine Reflexion über diese Lebenswissenschaften, ihre Ergebnisse, ihre Theorien geworden.

Eve-Marie Engels ist eine der führenden Persönlichkeiten in dieser Reflexion. Sie prägt nicht nur die intensiv geführten Debatten über gesellschaftliche Regelung der biotechnologischen Innovationen mit, sondern steht auch selbst für die Institutionalisierung der Bioethik, indem sie die erste Professur für Ethik in den Biowissenschaften in Deutschland übernahm. Die mutige Lebensentscheidung zu dieser Pionierarbeit hat sie in der Folge stets aufs Neue in Forschung und Lehre stimuliert. Die Erweiterung der Machbarkeit des Lebens durch Erkenntnisse aus der Biologie und die Macht der Technologie gegenüber allen Lebewesen sind Anlass, ihre Lebensaktivität in die philosophisch-ethische Auseinandersetzung zu investieren. Sie hat die Anforderungen der Zeit früh erkannt und unterstützt tatkräftig die Schaffung von Strukturen für die Ausbildung von EthikerInnen. Sie setzt sich kritisch mit wissenschaftsbezogenen Fragen auseinander und trägt zum ethischen Denken und Handeln *in* der Wissenschaft bei. Sie fordert WissenschaftlerInnen heraus, ihre Tätigkeit im Hinblick auf Werte und Normen zu begründen und übermittelt StudentInnen eben diese Fähigkeit. Dabei versteht sie Ethik nie als reine Theorie, sondern sie setzt ihre moralischen Einsichten in ihrem Leben konsequent um. Mit einer mitreißenden Willenskraft richtet sie ihre Entscheidungen an den Wertmaßstäben ihrer Ethik aus.

In der vorliegenden Festschrift wollen Weggefährten, Mitarbei-
terInnen und SchülerInnen von Eve-Marie Engels ein wenig von dem
zurückgeben, was sie ihr und ihren unermüdlichen Aktivitäten zu
verdanken haben.

Mit diesem Vorwort wollen wir versuchen, wichtige Aspekte des
Lebenswegs und der wissenschaftlichen Aktivitäten kurz darzustellen.
Aus ihren vielfältigen Tätigkeiten seien folgende Daten herausge-
hoben:

Eve-Marie Engels, geboren am 23. Februar 1951 in Düsseldorf,
studierte Philosophie, Romanistik und Anglistik/Amerikanistik sowie
auch einige Semester Biologie an der Ruhr-Universität Bochum. Von
1976 bis 1977 arbeitete sie als Research Associate an der State University of New York, wofür sie bis 1977 ein Promotions- und For-
schungsstipendium der Konrad-Adenauer-Stiftung erhielt. Danach war
sie als wissenschaftliche Assistentin am Institut für Philosophie der
Universität Bochum tätig. In dieser Zeit widmete sie sich bereits
intensiv den Fragen der Biologie. Ihr Hauptthema war zunächst vor
allem Wissenschaftstheorie und Wissenschaftsgeschichte. Bei Gert
König an der Universität Bochum wurde sie 1981 mit einer Studie
zur Teleologie des Lebendigen promoviert, und sie habilitierte sich
1988 mit einer Arbeit zu Perspektiven und Grenzen der Evolutionären
Erkenntnistheorie. Von 1988 bis 1989 leitete sie dann ein Forschungsprojekt der Deutschen Forschungsgemeinschaft (DFG) zu Möglichkeiten und Grenzen einer Evolutionären Ethik.

In den Jahren von 1989 bis 1991 nahm sie mehrere Vertretungs-
professuren an den Universitäten in Bielefeld, Göttingen und Hamburg wahr. Sie erhielt dann bis 1993 ein Heisenberg-Stipendium von
der DFG; in diesem Rahmen verbrachte sie 1992 einen Forschungs-
aufenthalt als Visiting Scholar am „Center for the Study of Science
in Society" in Blacksburg, Virginia (USA). 1993 übernahm sie eine
Professur für Philosophie mit dem Schwerpunkt „Theoretische Philosophie" an der Universität Kassel. Die Forschungsschwerpunkte lagen
hier vorwiegend in den Bereichen Erkenntnis- und Wissenschaftstheorie sowie Naturphilosophie.

Eve-Marie Engels nahm 1996 den Ruf an die Eberhard Karls
Universität Tübingen an – und übernahm damit die Leitung des ersten
ausdrücklich der Bioethik gewidmeten Lehrstuhls in Deutschland.
Seitdem bringt sie ihre gesamte Kompetenz in Bioethik, aber auch in
Wissenschaftstheorie und -geschichte mit unermüdlicher Aktivität ein.
Sie baute zunächst ein Curriculum für Bioethik auf, das im Grund-

studium für alle Studierenden der Biologie verpflichtend wurde. Ebenso konnte sie ein Diplom-Hauptfach „Bioethik" entwickeln und den Übergang zu den Bachelor- und Master-Studiengängen erfolgreich bewältigen. Da sie zugleich in der Philosophischen Fakultät kooptiert ist, ist sie auch dort aktiv lehrend und prüfend tätig. Sie betreute zahlreiche Doktorandinnen und Doktoranden. Gleich im Jahre 1996 organisierte Frau Engels gemeinsam mit ihrem damaligen Mitarbeiter Thomas Junker eine Tagung zu Biologie und Ethik. Seither finden in Tübingen regelmäßig Tagungen und Kolloquien zu aktuellen Fragen und Problemen der Biowissenschaften unter ihrer Leitung statt.

Von Beginn ihrer Tübinger Zeit an war Eve-Marie Engels auch Mitglied im Vorstand des Internationalen (bis 2009: Interfakultären) Zentrums für Ethik in den Wissenschaften (IZEW) der Universität Tübingen; sie ist als Lehrstuhlinhaberin geborenes Mitglied im Wissenschaftlichen Rat. Seit 2001 übernahm sie darüber hinaus die Aufgabe als Sprecherin des IZEW und stellte sich in kompetenter Weise den vielfältigen anspruchsvollen Aufgaben und Verpflichtungen, die dieses Amt mit sich bringt. Ein DFG-Graduiertenkolleg „Bioethik" am IZEW wurde maßgeblich von Frau Engels ausgearbeitet; sie ist seit dessen Einrichtung 2004 Sprecherin und stets Impulse gebende aktive Begleiterin. Dem Graduiertenkolleg wurde von der DFG mittlerweile die maximale Förderdauer von neun Jahren bewilligt, wobei das Kolleg sich seit 2007 mit der übergreifenden Forschungsfrage „Zur Selbstgestaltung des Menschen durch Biotechniken" befasst.

Von 1999 bis 2004 war Eve-Marie Engels Mitglied in der Ethikkommission von HUGO International, der weltweiten Human Genom(forschungs) Organisation. Von 2001 bis 2008 war sie im ersten „Nationalen Ethikrat" der Bundesrepublik Deutschland tätig. Sie war an der Ausarbeitung einer Vielzahl unterschiedlicher Stellungnahmen beteiligt, beispielsweise zum „benefit sharing" der biowissenschaftlichen Forschung, zum Umgang mit embryonalen Stammzellen, zur genetischen pränatalen Diagnostik, zu Biobanken, Klonen, Patentierung von biologischem Material menschlichen Ursprungs, Patientenverfügungen, Organspenden und vielem mehr – dies alles sind Themen, zu denen sie auch in zahlreichen öffentlichen Vorträgen und Radiosendungen gehört wurde. Nicht zuletzt ist auch ihr Einsatz für Tiere und den Tierschutz als wichtiges Anliegen hervorzuheben.

Doch nicht genug all dieser Aktivitäten: Ein ihr Leben begleitendes Forschungsthema von Eve-Marie Engels ist die Aufarbeitung von

Leben, Werk und Wirkung Charles Darwins. Eine neue Biographie legte sie im Jahre 2007 vor, in der sie besonders Darwins philosophische Seite und seine Moralvorstellungen erstmals ausführlich dargelegt hat. Gemeinsam mit den wichtigsten Darwin-Forschenden der heutigen Zeit bearbeitete sie die Rezeption Darwins in Europa, zunächst mit einer Tagung in Tübingen, später in Form eines Buchprojekts. Auch dieser Themenbereich wurde von ihr in vielfältiger Weise mit Vorträgen im In- und Ausland kommuniziert.

Diese Festschrift soll die Leistungen von Eve-Marie Engels sichtbar machen, indem einige der ihr wichtigen Themen aus der Sicht von Weggefährten darstellt werden, ohne dabei den Anspruch auf Vollständigkeit zu erheben. Die Fülle aller Arbeitsfelder würde den Rahmen dieser Festschrift sprengen. Die Beiträge belegen nicht zuletzt, dass Eve-Marie Engels ihre Aufgabe gerade auch darin sieht, ihren Mitarbeitenden, DoktorandInnen und KollegInnen, stets problemorientiert, diskussionswillig und stimulierend zur Seite zu stehen.

Ein großer Dank für diese bisherige Lebensleistung und alle guten Wünsche für die zukünftigen Jahre gehen hiermit an Eve-Marie Engels.

Tübingen, im Februar 2011
Vera Hemleben, László Kovács & Thomas Potthast

László Kovács, Jens Clausen & Thomas Potthast

Einleitung

Sowohl die Entwicklung der Biologie nach Darwin als auch die Jahrzehnte der „Biowissenschaften" ab etwa 1970 haben die Beziehung des Menschen zur Umwelt, zu allen Lebewesen und auch zu sich selbst maßgeblich verändert. Neue Theorien haben das Verständnis des Lebens und der Verortung des Menschen darin geprägt und das Fundament für neue Biotechnologien gelegt. Letztere rufen einerseits eine erwartungsvolle Begeisterung über die künftigen Gestaltungsmöglichkeiten des Lebens, andererseits aber auch Bedenken hinsichtlich technischer und politischer Gefahren und zuweilen auch ein Gefühl des Ausgeliefertseins an biologisches Schicksal und technologische Zwänge hervor. Dieser Sammelband widmet sich in historischen und systematischen Perspektiven dem Verständnis dieser Prozesse und der oft polarisierten Sichtweisen.

Um die breite Thematik strukturiert darzustellen, wurden die Beiträge in vier Teile gruppiert. Der erste Teil beschäftigt sich vor allem mit Charles Darwin und seiner Wirkung. Darwins Evolutionstheorie wird als Wendepunkt in der Erforschung der lebendigen Welt betrachtet und dient auch heute als maßgebliche Perspektive für die Deutung des Lebens und der belebten Natur durch die Biowissenschaften.

Auf diesem Fundament lässt sich nicht zuletzt ein neues Verhältnis des Menschen zu Tieren begründen. Im zweiten Teil werden Facetten aus der aktuellen anthropologischen und ethischen Debatte um dieses Verhältnis dargestellt. Dabei werden Moralfähigkeit und moralische Berücksichtigung von Tieren sowohl theoretisch als auch empirisch thematisiert und Regelungen für den Umgang mit Tieren nach diesen neuen Erkenntnissen gefordert.

Im dritten Teil wird der Blick auf biomedizinische Fragen gerichtet. Es wird gezeigt, dass die Humanmedizin stark von einem – auch evolutionären – normativen Menschenbild abhängt, das bestimmte Eingriffe zur Verbesserung des Menschen für selbstverständlich hält, anderen Techniken jedoch ambivalent gegenübersteht. Auch eine Ausweitung der Humanmedizin auf die öffentliche Gesundheitsvorsorge insgesamt erfolgt zuweilen mit Bezug auf die Darwinsche Evolutionstheorie, wenn für ein besseres Gesundheitsverhalten plädiert wird.

In der Diskussion über Ethik ist Interdisziplinarität ein immer häufiger genanntes Wort. Der Begriff ist dabei keineswegs nur ein werbeträchtiges Aushängeschild, sondern gehört zu den wesentlichen Bestandteilen der ethischen Reflexionsarbeit. Der vierte Teil des Sammelbandes stellt unterschiedliche Perspektiven dieser Interdisziplinarität dar; die Übertragung von Wissen und die Kooperation zwischen verschiedenen Disziplinen, Institutionen und der Öffentlichkeit. Die Koordination dieser Tätigkeit ist dabei eine Herausforderung, die über den Rahmen von einzelnen Büchern und Projekten hinausgeht.

Eine Darstellung evolutionsbiologischer Grundlagen und der vielen Gesichter der Bioethik in einem Sammelband erlaubt die Öffnung von spannenden Perspektiven, macht aber zugleich eine Auswahl nötig. Die folgenden Beiträge erfassen unterschiedliche Bereiche der Ethik, Geschichte und Theorie der Biowissenschaften mit unterschiedlichen Ansätzen und sie kommen zu bereichsspezifischen Ergebnissen.

Darwin & Co. – Historische Perspektiven

In seinem eröffnenden Beitrag stellt *Dirk Backenköhler* Charles Darwin als Persönlichkeit vor, wie er von seinen frühen deutschen Besuchern in Down House wahrgenommen wurde. Dabei wird Darwins Rolle als zugleich weltabgewandter Gelehrter auf dem Lande und als international vernetzter und bereits weltberühmter Forscher sehr lebensnah vor Augen geführt. Die Besuche hatten zuweilen den Charakter von Pilgerfahrten, zugleich mehrten die Berichte gleichsam als „homestories" über den stets freundlichen und bescheidenen Menschen Darwin dessen Ruhm weiter.

Thomas Junker widmet sich einem der zentralen Konzepte der Evolutionstheorie und ihrer weltanschaulichen Weiterungen, nämlich der „Allmacht der Naturzüchtung". Darwins Erklärung der Zweckmäßigkeit der Organismen ausschließlich durch natürliche Selektion und die Betonung der Zweckmäßigkeit aller Merkmale („utilitarian doctrine") hat bereits zeitgenössische Kritiker auf den Plan gerufen. Junker schildert die Debatte vor allem hinsichtlich sogenannter „neutraler" Merkmale und weist auf die Fruchtbarkeit der Darwinschen Konzeption als Forschungsprogramm für die Biologie hin. Über Charles Darwin und Ernst Haeckel als Groß-Väter der Ökologie berichtet *Thomas Potthast*. Die wissenschaftliche Ökologie bildete sich erst Ende des 19. Jahrhunderts, und sie bezog sich in spezifischer Weise auf Darwin und Haeckel: Darwin hatte zum einen die Interdependenz der Lebewesen evolutionsbiologisch beschrieben, zudem legte er konzeptionelle Grundlagen für ökologische Nischentheorien. Haeckel ist als Erfinder des Wortes „Ökologie" bekannt, hat aber darüber hinaus einen Denkstil, der sich auf den Naturhaushalt, die Ökonomie der Natur als Ganze bezieht, maßgeblich beeinflusst. Die Art der Integration dieser unterschiedlichen Stränge ist in der Ökologie bis heute zum Teil durchaus strittig.

Der Mensch und andere Tiere

Rainer Wimmer legt eine luzide anthropologische Spurensuche zu den Quellen von Gut und Böse bei Kant und Simone Weil vor. Ausgehend von der besonderen – natural und kulturell zu verstehenden – Moral- und vor allem Verantwortungsfähigkeit des Menschen fokussiert Wimmer Situationen, in denen moralisches Handeln schwierig wird. Historische Beispiele deuten an, dass anthropologisch nicht von einer Anlage zum absolut Bösen ausgegangen werden kann. Ferner werden Simone Weils Ansätze vorgestellt, die Wurzeln des Guten in einem Menschen zu stärken und seine freie Entschiedenheit für das Gute zu stützen. Dadurch können Wurzeln des Bösen oder etwaige Schwächen in der Entschiedenheit für das Gute reduziert oder beseitigt werden.

Gisela Badura-Lotter analysiert den Diskurs über Mensch-Tier-Chimären. In ihrer begrifflich klaren Auseinandersetzung macht sie deutlich, wie die Konstruktion des „Anderen" jeweils vom Begriff der Chimäre und unserem Umgang mit ihm interpretiert werden kann. Ihr geht es dabei weniger um die normative Bewertung der Herstellung von Mensch-Tier-Mischwesen als vielmehr darum, was die Diskussion solcher möglichen „Grenzüberschreitungen" über uns selbst als Menschen aussagt.

Arianna Ferrari stellt die Kritik des Speziezismus in der Tierethikdebatte auf der Grundlage von Darwins Evolutionstheorie vor und zeigt die Unhaltbarkeit der Mensch-Tier-Dichotomie in der postmoder-

nen und posthumanistischen Tierphilosophie. Durch Biotechnologien
hat sich das Verhältnis des Menschen zum Tier aber auch zu sich selbst
verändert. Er muss sich in der Zeit des Posthumanismus neu definieren
und kann dazu auch seine biologischen Grenzen bewusst überschreiten. Gleichzeitig könnte er aber auch Tiere so „enhancen", dass sie
nicht vorrangig menschlichen ökonomischen Interessen besser entsprechen, sondern ihre eigenen Interessen gefördert werden. Ethische
Kriterien der Animal-Enhancement müssen aber erst gefunden werden.

Die phylogenetische Verwandtschaft des Menschen mit den großen
Menschenaffen nimmt *Judith Benz-Schwarzburg* zum Ausgangspunkt
für die Frage, was uns fehlen würde, wenn diese Affen aussterben würden. Ihre Ähnlichkeit mit dem Menschen ist die Grundlage für die
Befürchtung, dass ein Aussterben der großen Menschenaffen auch
das – evolutionär verwurzelte – Selbstverständnis des Menschen betreffen würde. Unter Rückgriff auf Konzepte von Umweltpsychologie
und Wildnispädagogik macht Benz-Schwarzburg deutlich, wie dies zu
einer Entfremdung von der Natur führen würde und verbindet solche
Überlegungen mit einem Plädoyer für einen umfassenden Natur- und
Artenschutz.

Norbert Alzmann stellt fest, dass WissenschaftlerInnen per Gesetz
eine ethische Bewertung der von ihnen geplanten Tierversuche auferlegt ist, dass sie aber mit dieser Aufgabe letztlich überfordert sind.
Ebenso wenig verfügen beratende Kommissionen und genehmigende
Behörden über einheitliche ethische Kriterien, anhand derer sie Tierversuchsvorhaben ethisch bewerten können. Alzmann diskutiert die
prinzipiellen Schwierigkeiten, die die Entwicklung eines allgemeinen
Kriterienkatalogs erschweren. Er stellt zwei unterschiedliche Positionen in der Abwägung der ethischen Vertretbarkeit vor: Eine eng auf
das Experiment beschränkte und eine weiter gefasste Sichtweise, die
zu Recht Aspekte berücksichtigt, die über das eigentliche Experiment
hinaus gehen.

Mensch und Biomedizin

Jens Clausen arbeitet anthropologische Grundlagen für Biomedizin
und Ethik heraus. Ausgehend von der philosophischen Anthropologie
Helmut Plessners und dem „Doppelcharakter des Menschen" in seinen
drei anthropologischen Grundgesetzen zeigt er, dass trotz aller gebo-

tenen Zurückhaltung Biomedizin und Ethik nicht ohne anthropologische Vorannahmen auskommen.

Beate Herrmann beschäftigt sich mit einem ethischen Dilemma der Organtransplantation: Sollen Körperteile aus Gründen der Solidarität oder der Verteilungsgerechtigkeit veräußerbar werden? Herkömmliche Moraltheorien sind in dieser Hinsicht uneinheitlich, was Hermann auf die implizite Dichotomie zwischen Körper und Person zurückführt. Sie löst diese Dichotomie mit dem Begriff der Leiblichkeit auf: In seinem Leib ist der Mensch nicht Autor seiner Existenz, sondern die leibliche Existenz widerfährt ihm. Er kann sich nur durch seinen Leib ausdrücken und am gesellschaftlichen Leben teilnehmen. Daraus wird klar, dass der Leib einen Wert an sich darstellt und als Grundlage von sozialen Werten und Normen sowie der Handlungsautonomie unerlässlich ist. So lassen sich die Einschränkungen der Körpereingriffe ethisch rechtfertigen, welche die körperlich-leibliche Integrität stark beeinträchtigen würden.

Elisabeth Hildt thematisiert moderne biomedizinische Verfahren wie die genetische Diagnostik und das kognitive Enhancement insbesondere mit dem Fokus auf die damit verbundenen Aspekte der Selbstgestaltung. Ihre Überlegungen fokussieren auf die Implikationen selbstgestaltender Einflussnahmen in ihrer Bedeutung für das Selbstverständnis und die Lebensgestaltung der betreffenden Personen.

Julia Wolf unterfüttert die sonst oft sehr hypothetisch verfahrende Debatte über das Neuroenhancement mit empirischen Evidenzen. Sie zeigt dabei, dass die Konjunktur der ethischen Auseinandersetzung mit diesem Thema nicht mit den nachweisbaren Wirkungen der einschlägigen Substanzen korreliert. Erläuterungen zur Kontextualisierung des Neuro-Enhancement in Bezug auf Doping im Sport und Drogenkonsum runden diesen Beitrag ab.

Jon Leefmann, Jutta Krautter, Robert Bauer, Marcos Tatagiba und *Alireza Gharabaghi* untersuchen die normative Relevanz von Nebenwirkungen der tiefen Hirnstimulation auf das Gefühlsleben des Patienten. Sie machen die Authentizität als zentrales Kriterium in diesem Kontext aus und sehen enormen Forschungsbedarf sowohl hinsichtlich theoretischer Klärungen als auch in Bezug auf die neurobiologischen Grundlagen emotionaler Phänomene.

Sabine Paul beschreibt Erkenntnisse der evolutionären Medizin. Viele Probleme der Nahrungsaufnahme und Verarbeitung, die zu schweren Zivilisationskrankheiten führen können, lassen sich durch

evolutionsbiologische Zusammenhänge erklären. Paläolithische Prä-
gungen des Menschen führen dazu, dass er in seiner Ernährung zwei
Prinzipien folgt: dem Nährstoff-Optimierungsprogramm und dem
Energie-Maximierungsprogramm. Die beiden Prinzipien waren vor
der Eiszeit von Vorteil, unter modernen Ernährungsgewohnheiten
und -möglichkeiten wirkt ein entsprechendes Verhalten jedoch langfristig schädigend auf den Körper. Deshalb sollten Erkenntnisse aus
der evolutionären Medizin dringend in der Prävention und bei der
Lebensmittelproduktion umgesetzt werden.

Interdisziplinarität, Institutionalisierung, Öffentlichkeit

László Kovács beleuchtet die Übertragung der Evolutionstheorie als
Erklärungsmodell in fachfremde Bereiche am Beispiel der Entwicklung der Sprache, genauer am Begriff „genetische Information". Er
zeigt, dass sich Entitäten der Darwinschen Evolutionstheorie mit sprachlichen Entitäten nicht gleichsetzen lassen. Die Evolutionstheorie kann
daher keinen objektiven Erklärungsgrund für die Entwicklung der
Sprache darstellen. Sie mag eine neue Perspektive für die Erfassung
von sprachlichen Phänomenen anbieten, aber von dieser Perspektive
kann man nicht annehmen, dass sie alle wesentlichen Fragen und
Probleme der Sprachentwicklung erfasst.
    Die gesellschaftliche Relevanz und das öffentliche Interesse an der
Pharmakogenetik sowie ihrer ethischen Implikationen betrachtet der
Beitrag von *Lilian Marx-Stölting*. Ihre Analyse zeigt, dass die ethischen Aspekte zwar erkannt sind, ihre Diskussion gegenwärtig allerdings auf einen kleineren Expertenzirkel beschränkt ist. Mit der ab-
sehbaren Entwicklung hin zu Lifestyle Gentests und Nurtigenetics
sieht sie allerdings steigenden Bedarf an einer breiteren öffentlichen
Diskussion.
    Petra Michel-Fabian stellt ein Seminarkonzept aus dem Rahmen
des ethisch-philosophischen Grundlagenstudiums vor. Sie präsentiert
eine detaillierte Anleitung für den Aufbau eines Ethik-Unterrichts
am Beispiel der Aarhus-Konvention zur Beteiligung der Öffentlichkeit an Umweltangelegenheiten. Im Seminar hinterfragt sie bekannte
Methoden der Öffentlichkeitsbeteiligung und lädt die Seminarteil-
nehmerInnen ein, Kriterien für eine ethisch gute und richtige Beteiligung in drei Schritten zu entwickeln: Einstieg mit praktischen Bei-

spielen und subjektiven Erwartungen von Partizipation, Arbeitsphase mit Reflexion über Theorien der Partizipation und bewährte Modelle sowie eine Abschlussphase mit Erarbeitung von Prinzipien und Festhalten der Ergebnisse.

Urban Wiesing gibt einen kurzen historischen Abriss einer wenig bekannten Erfolgsgeschichte der Bioethik – den Ethik-Kommissionen im Kontext klinischer Forschung in Deutschland. Im jeweils gegebenen Kontext moralischer und rechtlicher Normen haben sich Institutionen herausgebildet, die die Aufgabe der Bewertung von Forschungsvorhaben unter Beteiligung menschlicher Probanden mit dem nötigen Pragmatismus bearbeiten. Sie können, wollen und sollen dabei nicht die grundlegenden Fragen der Bioethik lösen, aber gleichwohl intern eine einflussreiche Form der Ethik in den Wissenschaften praktizieren.

Silke Schicktanz formuliert Kriterien zur inhaltlichen und institutionellen Verortung der Bioethik. Sie zeigt, dass beide Verortungen einen Einfluss darauf haben, wie Ethik wahrgenommen wird und welche Kompetenzen ihr zugesprochen werden. Für die institutionelle Verortung gibt es unterschiedliche Modelle von einem fakultätsexternen Lehrstuhl bis zur ethischen Reflexion im Labor. Dabei werden stets aufs Neue Grenzen sowohl überschritten als auch neu konstituiert. Aus der Perspektive einer Ethik in den (Bio)Wissenschaften wird klar, dass letztlich erst die Ausbildung einer interdisziplinären ‚Identität‘ es erlaubt, solche Auseinandersetzungen konstruktiv auszuhalten und zu gestalten. Dies erfordert die Kunst, die Nähe der internen Einblicke in die und mit der Praxis zu kombinieren mit einer kritischen externen Perspektive bzw. mehreren Perspektivwechseln.

Dietmar Mieth kombiniert seine langjährigen Erfahrungen in der Bioethik und der Ethik in den Wissenschaften mit der Forderung nach einer zukünftigen „Ethik für Alle". Dies ergibt sich unter anderem aus dem Transparenzgebot aller Forschung, insbesondere der öffentlich geförderten, als Grundlage eines informierten öffentlichen Diskurses. Mieth fordert für die Europäische Forschungslandschaft ein – in der konkreten Forschungspolitik oft fragiles oder fehlendes – Bündnis von aufgeklärter Wissenschaft, geistiger und moralischer Bildung sowie auf Erfahrenheit gründender Weisheit. Dies kann nur auf der Grundlage umfassender ethisch-politischer Bildung – eben „Ethik für Alle" – erfolgen, für die Mieth am Ende seines Beitrags einige zentrale Bausteine formuliert.

Den Schluss dieses Sammelbandes bildet eine Aufstellung der vielfältigen Beiträge von *Eve-Marie Engels,* mit denen sie das ebenso
weite wie komplexe Gebiet der Ethik, Geschichte und Theorie der
Biowissenschaften in den vergangenen Jahrzehnten bereichert hat –
und es hoffentlich weiter bereichern wird.

1. Darwin & Co. – Historische Perspektiven

Dirk Backenköhler

Pilgerfahrten nach Down:
Vier Besuche bei Charles Darwin

Im Jahr 1842 zog sich Charles Darwin aus dem hektischen Londoner Stadtleben aufs Land zurück. Er und seine Familie kauften sich ein standesgemäßes Anwesen in Down außerhalb Londons, das man zum damaligen Zeitpunkt von London aus relativ bequem in ca. 3 Stunden Fahrzeit erreichen konnte.[1] Hier fand er gleichzeitig Ruhe und Entspannung, behielt aber trotzdem noch nahen Kontakt zum imperialen Zentrum des Vereinigten Königreichs.

Mit dieser Ruhe war es aber 1859 erst einmal vorbei. Darwins *Entstehung der Arten*[2] katapultierte ihren Autor schlagartig ins Rampenlicht: „Haben Sie schon von dem Buche eines englischen Naturforschers Namens Darwin gehört, Exzellenz?", lässt die Friedensaktivistin Bertha von Suttner eine imaginäre Tafelkonversation im Hause eines Barons beginnen, an deren Ende alle Beteiligten, neben der Ich-Erzählerin, ein Minister, weitere Adlige, ein General und ein junger Arzt feststellen, das Buch eigentlich nicht gelesen zu haben, aber doch glauben, über Darwin und seine Affentheorie informiert zu sein.[3] Darwins Theorie schien Gemeingut geworden. Überblickt man die Literatur zu Darwins Evolutionstheorie im deutschsprachigen Raum, zeigt sich, dass es tatsächlich eine Menge Quellen gab, aus denen man sich über Darwin und seine Theorie kundig machen konnte, ohne Darwins Bücher tatsächlich gelesen zu haben, denn Darwin wurde geradezu flächendeckend rezipiert und diskutiert.[4] In der Tagespresse erschienen

---

1   J. Browne, *Charles Darwin. The Power of Place: Volume II of a Biography*, London 2002; E.-M. Engels, *Charles Darwin*, München 2007, S. 16ff.

2   C. Darwin, *On the Origin of Species by Means of Natural Selection, or the Preservation of Favoured Races in the Struggle for Life*, London 1859.

3   B. von Suttner, *Nieder die Waffen! Eine Lebensgeschichte*, Dresden 1889, S. 44f.

4   E.-M. Engels, „Charles Darwin in der deutschen Zeitschriftenliteratur des 19. Jahrhunderts – Ein Forschungsbericht", in: R. Brömer, U. Hoßfeld, N. A. Rupke (Hrsg.), *Evolutionsbiologie von Darwin bis heute*, Verhandlungen zur Geschichte und Theorie der Biologie, 4, Berlin 2000, S. 19-58. E.-M. Engels, „Darwins Popularität im

Artikel, in Wochenzeitschriften ebenso und schon bald wurden ganze Bücher darüber publiziert.[5] Der Begriff „Darwinismus", der sich später als Beschreibung der neuen Evolutionstheorie etablierte, tauchte erstmals 1861 in einem Artikel des Physiologen Rudolph Wager auf und erschien 1869 in einem Buchtitel.[6]

Biologen, Naturwissenschaftler und wissenschaftliche Laien diskutierten mit und sorgten dafür, dass Darwins Theorie schnell in aller Munde war. Doch nicht nur die Theorie sondern auch ihr Autor hatte in Deutschland schnell einen hohen Bekanntheitsgrad, obwohl er den europäischen Kontinent nie besuchte. Darwins deutscher Verleger, die „E. Schweizerbart'sche Verlagshandlung und Druckerei", deren langer und komplizierter Name Darwin immer wieder verwirrte, hatte sich schon 1863 entschlossen der *Entstehung der Arten* einen Frontispiz mit einem Portrait Darwins beizugeben. Der zweiten Auflage von 1863 lag ein aufgezogener Originalfotoabzug bei, der als Frontispiz genutzt werden konnte und der den noch bartlosen Darwin zeigte. Ab 1867, mit der dritten Auflage, begrüßte den Leser die Lithografie eines älter und etwas scheu wirkenden Darwin, jetzt mit dem heute schon fast ikonenhaften Vollbart.[7]

Darwins Antlitz erschien auch in vielen Zeitschriften, zumeist als Holzschnitt reproduziert. Es prangte auf dem Titelblatt der Familien-

---

Deutschland des 19. Jahrhunderts: Die Herausbildung der Biologie als Leitwissenschaft", in: A. Barsch, P. Hejl (Hrsg.), *Menschenbilder*, Frankfurt a.M. 2000, S. 91–145.

5   J. W. Spengel, *Die Darwinsche Theorie, Verzeichnis der über dieselbe in Deutschland, England, Amerika, Frankreich, Italien, Holland, Belgien und den Skandinavischen Reichen erschienenen Schriften und Aufsätze*, Berlin 1872; G. Seidlitz, *Die Darwin'sche Theorie, elf Vorlesungen über die Entstehung der Thiere und Pflanzen durch Naturzüchtung*, 2. vermehrte Aufl., Leipzig 1875.

6   T. Junker, „Darwinismus, Materialismus und die Revolution von 1848 in Deutschland. Zur Interaktion von Politik und Wissenschaft", in: *History and Philosophy of the Life Sciences*, 17/1995, S. 271–302, hier: S. 279; K. B. Heller, *Darwin und der Darwinismus*, Wien 1869.

7   C. Darwin, *Über die Entstehung der Arten im Thier- und Pflanzen-Reich durch natürliche Züchtung, oder Erhaltung der vervollkommneten Rassen im Kampfe um's Daseyn*, Nach der dritten Englischen Auflage und mit neueren Zusätzen des Verfassers für diese deutsche Ausgabe aus dem Englischen übersetzt und mit Anmerkungen versehen von H. G. Bronn, 2. verbesserte und sehr vermehrte Aufl., Stuttgart 1863. C. Darwin, *Über die Entstehung der Arten durch natürliche Zuchtwahl oder die Erhaltung der begünstigten Rassen im Kampfe um's Dasein*, aus dem Englischen übersetzt von H. G. Bronn, nach der vierten englischen sehr vermehrten Ausgabe durchgesehen und berichtigt von J. V. Carus, 3. Aufl., Stuttgart 1867.

magazine *Das Ausland*[8] und *Über Land und Meer*[9] und spätestens in den 1870er Jahren konnten Karikaturisten darauf vertrauen, dass ihre Leser das Gesicht Darwins erkennen würden, wenn sie seinen Kopf auf einen Affenkörper montierten.[10]

Gehaltvolle Darwin Biografien haben im deutschsprachigen Raum ebenfalls eine lange Tradition, die schon früh begann und bis zu Eve-Marie Engels Werk aus dem Jahr 2007 reicht.[11] Der erste kurze Überblick über Darwins Leben erschien 1863 in der Zeitschrift *Unsere Zeit*.[12] Erste ausführlichere, verfasst von deutschen Korrespondenzpartnern Darwins, folgten schon 1870.[13] Einer dieser Autoren, der Physiologe William Thierry Preyer, publizierte eine ganze Reihe biografischer Artikel über Darwin, die er im ausgehenden 19. Jahrhundert zu einem mit zahlreichen Ausschnitten aus seiner Korrespondenz mit Darwin angereicherten Werk zusammenfasste, das in der wenig bescheiden betitelten Reihe „Geisteshelden" erschien und Darwin in eine Reihe mit Goethe (dem freilich ein Tripelband gewidmet wurde), Lessing, Moltke, Luther, Montesquieu, Shakespeare, Molière und Kepler stellte.[14]

Und dennoch: Darwin als Geistesheld entsprach nicht so recht dem Bild, das viele seiner Anhänger und Popularisatoren gerne gehabt hätten: Darwin der Kämpfer, der öffentlichkeitswirksam mit Schwert

---

8 April 1870, zusammen mit W. T. Preyer, „Charles Darwin. Eine biographische Skizze", in: *Das Ausland: Überschau der neuesten Forschungen auf dem Gebiete der Natur-, Erd- und Völkerkunde*, 43/1870, S. 313-320.

9 Nr. 50, 1871, zusammen mit G. Jaeger, „Charles Robert Darwin", in: *Über Land und Meer. Allgemeine illustrierte Zeitung*, 26/2(50), 1871, S. 1, 6-7.

10 J. Browne, „Darwin in Caricature: A Study in the Popularisation and Dissemination of Evolution", in: *Proceedings of the American Philosophical Society*, 145/2001, S. 496-509; J. Voss, „Darwin oder Moses? Funktion und Bedeutung von Charles Darwin Portrait im 19. Jahrhundert", in: *NTM: Internationale Zeitschrift für Geschichte und Ethik der Naturwissenschaften, Technik und Medizin*, 16/2008, S. 213-243.

11 E.-M. Engels, *Charles Darwin*.

12 J. Schönemann, „Charles Darwin englischer Naturforscher", in: Unsere Zeit: deutsche Revue der Gegenwart und Monatsschrift zum Conversations-Lexikonion, 7/1863, S. 699-718.

13 A. B. Meyer (Hrsg.), *Charles Darwin und Alfred Russel Wallace: Ihre ersten Publikationen über die ‚Entstehung der Arten' nebst einer Skizze ihres Lebens und einem Verzeichnis ihrer Schriften*, Erlangen 1870; W. T. Preyer, „Charles Darwin. Eine biographische Skizze", in: *Das Ausland: Überschau der neuesten Forschungen auf dem Gebiete der Natur-, Erd- und Völkerkunde*, 43/1870, S. 313-320.

14 W. T. Preyer, *Darwin, Sein Leben und Wirken*, Geisteshelden (führende Geister) 19, Berlin 1896.

und Fackel für seine Evolutionstheorie streitet und den Anfeindungen beherzt entgegentritt.

Darwin zog es stattdessen vor, im verbogenen zu agieren, Argumente sorgsam abzuwägen und sich nicht vor den Karren einer der vielen Interessengruppen spannen zu lassen, die sich gerne mit ihm gebrüstet hätten. Kontroversen, zumal wenn sie öffentlich ausgetragen wurden, waren ihm zutiefst zuwider und er mied sie, wo und wie immer er dies konnte. Die Zurückgezogenheit auf seinem Landsitz hatte er zu diesem Zweck wohl kalkuliert gewählt. Sitzungen wissenschaftlicher Vereinigungen, in denen polemische Diskussionen ausgetragen wurden, waren ihm ein Gräuel und er betrachtete sie als Zeitverschwendung. Das eine ums andere mal musste einer seiner Freunde antreten, um Debatten in der Öffentlichkeit auszutragen, während Darwin zu Hause in Down oder in einem Kuraufenthalt gespannt auf den Bericht wartete, um zu erfahren, wie die jeweilige Angelegenheit ausgegangen sei.

Thomas Henry Huxley brachte dies den Titel „Darwins Bulldogge" ein und er trat gegen Richard Owen und St. John Mivart an, als deren Angriffe auf die Evolutionstheorie zu beantworten waren.[15] Nicht minder effektiv parierte John Lubbock die Attacken des Duke of Argyll und kämpfte hinter den Kulissen der zerstrittenen Anthropologischen und der Ethnologischen Gesellschaft für die Evolutionstheorie.[16] Besonders der letztere, zuweilen heftig geführte Streit, der erst durch den Tod des Präsidenten und Gründers der Anthropological Society, James Hunt, einer Lösung zugeführt werden konnte, ist meiner Meinung nach auch einer der Gründe dafür, warum Darwin mit der Veröffentlichung seiner Gedanken zur Abstammung den Menschen zunächst noch zögerte: Er wollte nicht in wüste polemische Auseinandersetzungen mit den radikalen Mitgliedern der Anthropological Society of London verwickelt werden.

Darwin nahm so immer mehr die Rolle des weisen Eremiten von Down ein, der in der Abgeschiedenheit seines Landsitzes forschte und arbeitete, ohne in äußeren Kämpfen oder im Klein-Klein wissenschaftlicher und persönlicher Kontroversen zerrieben zu werden.

---

15 M. A. Di Gregorio, *T. H. Huxley's Place in Natural History*, New Haven, London 1984.
16 N. C. Gillespie, „The Duke of Argyll, Evolutionary Anthropology, and the Art of Scientific Controversy", *Isis*, 68/1977, S. 40-54; R. Rainger, „Race, Politics, and Science: The Anthropological Society of London in the 1860s", in: *Victorian Studies*, 22/1878, S. 51-70.

Die moderne Darwin-Forschung freilich hat gezeigt, dass dieses Bild ebenso falsch ist wie das Wunschbild des Kämpfer-Darwins, denn Darwin war auch in Down alles andere als abgeschnitten von der Fachwelt bei der Ausarbeitung seiner Theorien. Das ausgereifte englische Postsystem erlaubte es ihm, mit einer Vielzahl von Korrespondenten in aller Welt in regem Briefaustausch zu stehen.[17] Darwin entpuppte sich als ausgebuffter Netzwerker, der gezielt Kontakte knüpfte und pflegte, sich um die Übersetzungen seiner Werke aktiv bemühte und gezielt weltweit Informationen sammelte.[18] Er verschickte Fragebögen an Korrespondenten und bedankte sich ganz *gentlemanlike* für jede noch so kleine Beobachtung, die ihm zugetragen wurde. Viele seiner Briefpartner schickten Darwin ausführliche Informationssammlungen und empfanden es, ähnlich wie der spätere Gründer der zoologischen Station in Neapel Anton Dohrn, „als wissenschaftlichen Ritterschlag",[19] einen Brief von Darwin zu erhalten. Sichtet man Darwins Publikationen, dann entdeckt man viele Stellen, an denen er diese scheinbar kleinen Beobachtungen verwertete.

Das Bild des Eremiten von Down wurde dennoch schon zu Darwins Lebzeiten gepflegt. Von ganz besonderer Wichtigkeit dafür waren die Berichte und Beschreibungen des Menschen Darwin aus erster Hand, welche zumeist aus Berichten von Besuchern stammten, die Darwin in Down besuchten und denen ein Einblick in das „Heiligtum der Evolutionstheorie" gewährt wurde. Aus diesem Grund möchte ich hier auf vier solcher Beschreibungen eingehen, die allesamt aus der Feder deutschsprachiger Autoren stammen, die Darwin zwischen Herbst 1861, also zwei Jahre nach Veröffentlichung von *Origin of Species* und Herbst 1881, ein halbes Jahr vor seinem Tod, in Down besuchten. Sie geben neben dem Darwin-Bild, das sie generierten, auch interessante

17 F. Burkhardt u.a. (Hrsg.), 1985ff. *The Correspondence of Charles Darwin*, Cambridge, New York: 1985ff.

18 T. Junker, D. Backenköhler, „»Vermittler dieses allgemeinen geistigen Handels«: Darwins deutsche Verleger und Übersetzer bis 1882", in: A. Geus, T. Junker, H.-J. Rheinberger (Hrsg.), *Repräsentationsformen in den biologischen Wissenschaften*, Verhandlungen zur Geschichte und Theorie der Biologie 3, Berlin 1999, S. 249–279; P. White, „Correspondence as a Medium of Reception and Appropriation", in: E.-M. Engels, T. F. Glick (Hrsg.), *The Reception of Charles Darwin in Europe*. The Reception of British and Irish Authors in Europe, XVII, London, New York 2008, S. 54–65.

19 C. Groeben, *Charles Darwin (1809–1882) – Anton Dohrn (1840–1909) Correspondence*, Napoli 1982, S. 22.

Einblicke in deutsch-englische Wissenschaftskontakte und das Leben
eines vermögenden englischen Gentlemans.

*1. Zoologische Gärten: David Friedrich Weinland und Albert Günther
in Down, Herbst 1861*[20]

Die ersten deutschen Naturforscher, die Darwin nach der Publikation
seines Hauptwerkes Origin of Species besuchten, waren wahrscheinlich David Friedrich Weinland (1829–1915) und Albert Günther
(1830–1914). Weinland berichtete über seinen Besuch anlässlich einer
Rezension von Darwins *Abstammung des Menschen*.[21] Er war zum
Zeitpunkt seines Besuchs 32 Jahre alt und frisch gebackener wissenschaftlicher Direktor des neu gegründeten Frankfurter Zoos.[22] Im
Herbst 1861 machte er eine ausgiebige Europareise, die ihn in die
Niederlande, nach Belgien, Frankreich und England führte. Sein Ziel
war es, die dortigen Zoos und Akklimatisationsparks zu besichtigen
und Kontakte nach Frankfurt zu knüpfen. Über seine Besuche erstat-
tete er Bericht in der von ihm herausgegebenen Zeitung *Der zoologische Garten*.[23] In London weilte er bei seinem Cousin und Studien-
kollegen Albert Günther, der gerade dabei war, sich eine Stellung am
British Museum als Fischkundler aufzubauen.[24] Darwin, der stets auch

20 Alle folgenden Abbildungen stammen aus der Sammlung des Verfassers.
21 D. F. Weinland. 1878, „[Rezension] Charles Darwin, die Abstammung des Menschen
    und die geschlechtliche Zuchtwahl. Aus dem Englischen übersetzt von J. Victor
    Carus. Dritte gänzlich umgearbeitete Auflage. Stuttgart, E.Schweizerbart (E. Koch)
    1875", in: *Literarische Beilage des Staats-Anzeigers für Württemberg, 1878*,
    S. 411-416, 422-429.
22 H. Binder, „Dr. David Friedrich Weinland – Wissenschaftlicher Sekretär des zoolo-
    gischen Gartens in Frankfurt a.M. in dessen ersten Jahren, erster Schriftleiter der
    Zeitschrift ‚Der Zoologische Garten'", in: *Der zoologische Garten*, N.F. 69/1999,
    S. 335-343.
23 D. F. Weinland, „Ein Besuch im Acclimatisationsgarten bei Paris", in: *Der Zoolo-
    gische Garten: Organ für die Zoologische Gesellschaft Frankfurt a.M.*, 3/1862,
    S. 45-52; D. F. Weinland, „Ein Besuch im Jardin des Plantes", in: *Der Zoologische
    Garten: Organ für die Zoologische Gesellschaft Frankfurt a.M.*, 3/1862: S. 21-27;
    D. F. Weinland, „Über den Regentspark bei London", in: *Der Zoologische Garten:
    Organ für die Zoologische Gesellschaft Frankfurt a.M.*, 3/1862: S. 69-75, 93-101,
    125-134, 151-158.
24 A. E. Gunther, *A Century of Zoology at the British Museum through the Lives of
    Two Keepers 1815-1914*, Folkstone 1975.

an Fischen interessiert war – immerhin 541 seiner Briefe der erhaltenen Korrespondenz beschäftigten sich mit dieser Tiergruppe[25] – besaß
auf diesem Gebiet jedoch nur wenig eigene Forschungserfahrung und
griff somit gerne auf den jungen und aufgeschlossenen Günther
zurück, um Informationen aus der Hand eines Experten einzuholen.
Man kann annehmen, dass Günther es war, der den Besuch bei
Darwin arrangierte.

Abb. 1: Weinlands Reisepass von 1861 für die Europareise,
die ihn auch nach Down führte.

---

25 D. Pauly, *Darwin's Fishes. An Encyclopedia of Ichthyology, Ecology and Evolution,*
    London 2004.

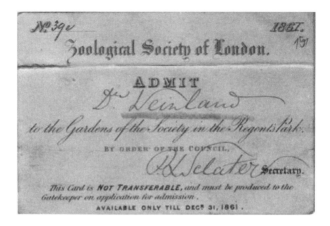

Abb. 2: Zugangskarte zum Park der Zoological Society
of London unterzeichnet von P. L. Sclater.

Weinland kannte Darwins Werk zu diesem Zeitpunkt bereits gut.
Er hatte sich während seines Studiums in Tübingen in den 1850er Jahren mit der deutschen Übersetzung von *Vestiges of the Natural
History of Creation*.[26] auseinandergesetzt, einem anonym in England
erschienenen Werk, das eine Evolutionstheorie vertrat, die sich allerdings in der Annahme der Evolutionsmechanismen von der Darwins
unterschied. Zudem hatte er Darwins *Entstehung der Arten* vor seinem Besuch zweimal wohlwollend rezensiert.[27]

---

26 [R. Chambers], *Natürliche Geschichte der Schöpfung des Weltalls, der Erde und der
    auf ihr befindlichen Organismen, begründet auf die durch die Wissenschaft er-
    rungenen Thatsachen*, aus dem Englischen nach der sechsten Auflage von Carl Vogt,
    Braunschweig 1851.
27 D. F. Weinland, „[Rezension] Ch. Darwin; On the origin of species by means of
    natural selection or the preservation of favoured races in the struggle for life. Lon-
    don 1859. – fifth thousand 1860. – In's Deutsche übersetzt von Dr. H. G. Bronn.
    Stuttgart, Schweizerbart'sche Verlagshandlung und Druckerei, 1860. Preis 2 Thlr.
    12 Ngr", in: *Kritische Blätter für Forst- und Jagdwissenschaft*, 44/1861: S. 103-111;
    D. F. Weinland, „[Rezension] Darwin, Charles: Über die Entstehung der Arten im
    Thier- und Pflanzenreich durch natürliche Züchtung oder die Erhaltung der voll-
    kommensten Racen im Kampfe um's Dasein. – Nach der zweiten Auflage mit einer
    geschichtlichen Vorrede und anderen Zusätzen des Verfassers für diese deut-
    sche Ausgabe, aus dem Englischen übersetzt und mit Anmerkungen versehen von
    H. G. Bronn. Stuttgart, 1860. E. Schweizerbart", in: *Der Zoologische Garten: Organ
    für die Zoologische Gesellschaft Frankfurt a.M.*, 2/1861, S. 82-85.

Weinland war also gut auf das Treffen mit Darwin vorbereitet. In seinem Bericht über den Besuch in Down zeigen sich viele Elemente, die in allen weiteren Berichten übereinstimmend auftauchen sollten: Der Bericht beginnt mit einer Beschreibung der Anreise von London aus durch die „freundliche" und „hügelige" Landschaft Kents, es folgt die Schilderung von Darwins Haus und der Empfang durch den Hausherrn in Down. Darwin hinterließ bei Weinland einen tiefen Eindruck: „Das ganze Wesen und besonders die Sprechweise des großen Forschers machen denselben Eindruck von edler, fast bescheidener Einfachheit, Aufrichtigkeit, treuer Ueberzeugung, scharfem Verstand und feiner Humanität, wie sie sich auf jeder Seite seiner Schriften widerspiegelt".[28] Darwin führte seinen Gästen Fütterungsversuche mit Venusfliegenfallen im hauseigenen Gewächshaus vor und Weinland war überrascht, Darwin nicht beim Entwerfen großer systematischer Entwürfe zu sehen, sondern bei pflanzenphysiologischen Experimenten, mit denen er bestrebt war, seiner Theorie immer neue empirische Bausteine hinzuzufügen.

Besonders interessierte Weinland eine Stelle am Ende der *Entstehung der Arten*, an der Darwin alle Lebewesen von mehreren ursprünglich geschaffenen Wesen abstammen ließ. Weinland, der sich in seiner unpublizierten Doktorarbeit mit der Urzeugung befasst hatte, fragte, ob es nicht sinnvoller wäre, eine einzige Urform anzunehmen und Darwin bestätigte ihn, diese Stelle bei den Vorbereitungen zu einer neuen Ausgabe der Entstehung der Arten überarbeitet zu haben. Die angesprochene Passage ist in vielerlei Hinsicht bemerkenswert, denn sie zeigt deutlich, in welchen Spannungsverhältnissen sich Darwin mit seiner Publikation bewegte. Die Annahme, dass alle Lebewesen von einer einzigen Urform abstammen, liege zwar im Bereich des Möglichen, beruhe aber lediglich auf einem Analogieschluss, betonte Darwin in späteren Ausgaben. Zudem fügte er an dieser Stelle ab der zweiten Auflage des *Origin* explizit die Worte „by the creator" ein, um die Schöpfung der ersten Lebewesen zu beschreiben,[29] wobei unklar bleibt,

28 D. F. Weinland. 1878, „[Rezension] Charles Darwin, die Abstammung des Menschen und die geschlechtliche Zuchtwahl", S. 413.
29 M. Peckham, *The Origin of Species by Charles Darwin. A Variorum Text*, Philadelphia 1959, S. 753 und 759.

ob dies ein Zugeständnis an seine gläubigen Leser darstellte oder aus eigener Überzeugung geschah.[30]

Weinland blieb in den folgenden Jahren Darwins Theorie gegenüber positiv eingestellt und thematisierte Ausprägungen von Darwins „Kampf ums Dasein" in seinem Kinderbuch *Rulaman*. Gleichzeitig jedoch betonte er immer wieder, dass für ihn Darwins Evolutionstheorie in keinem Gegensatz zu seinem eigenen christlichen Glauben stehe.[31] Hier positionierte er sich gegen weltanschauliche Deutungen von anderen Anhängern der Evolutionstheorie im deutschsprachigen Raum, für die vor allem der nächste Besucher Darwins stehen sollte.

2. Beim „idealen Menschen": Ernst Haeckel in Down 1866, 1876 und 1879

Ernst Haeckel (1834–1919), der vor allem auf Grund seiner einflussreichen *Natürlichen Schöpfungsgeschichte*,[32] die bis 1920 in 12. Auflagen erschien, zum „deutschen Darwin" stilisiert wurde, besuchte Darwin gleich dreimal: im Herbst 1866 als frisch gebackener Professor der Zoologie in Jena, 1876 und zuletzt 1879. Bei seinem ersten und ausführlich dokumentierten Besuch befand sich Haeckel auf der Durchreise zu einer zoologischen Expedition auf den Spuren Alexander von Humboldts zu den Kanarischen Inseln.[33] Dieses Reiseziel hatte auch Darwin nach der Lektüre von Humboldts Reisewerk im ersten Jahr seiner Weltreise gehabt, doch im Gegensatz zu Haeckel konnte er seinerzeit aufgrund von Quarantänebestimmungen zu seinem Unmut nicht in Teneriffa von Bord gehen.[34]

---

30 Eine eingehende Analyse, die an dieser Stelle vielleicht zu weit gehen würde, findet sich in E.-M. Engels, *Charles Darwin*, S. 71ff. und 118ff.

31 D. F. Weinland, „[Rezension] Darwin, Charles: Über die Entstehung der Arten im Thier - und Pflanzenreich, S. 85.

32 E. Haeckel, *Natürliche Schöpfungsgeschichte. Gemeinverständliche wissenschaftliche Vorträge über die Entwickelungslehre im allgemeinen und diejenige von Darwin, Goethe und Lamarck im Besonderen, über die Anwendung derselben auf den Ursprung des Menschen und auf andere damit zusammenhängende Grundfragen der Wissenschaft*, Berlin 1868.

33 E. Haeckel, „Reise nach den Kanarischen Inseln [1866]", in: H. Schmidt (Hrsg.), *Ernst Haeckel, Berg und Seefahrten*, Leipzig 1923, S. 27-80.

34 J. Browne, *Charles Darwin: Voyaging, Volume I of a Biography*, London 1995, S. 176f.

Wie schon bei Weinland traf 1866 ein Anfang 30-jähriger Besucher auf den über zwanzig Jahre älteren Darwin: Haeckel war schon seit der Lektüre von Darwins *Entstehung der Arten* ein begeisterter Anhänger von Darwins Theorien und stand mit ihm schon seit 1862 in Briefkontakt. Haeckel hatte gerade aus einer persönlichen Krise heraus seine monumentale *Generelle Morphologie der Organismen*[35] fertig gestellt, in der er versuchte, Darwins Evolutionstheorie mit der deutschen morphologischen Tradition zu einem umfassenden morphologischen System zu verknüpfen.[36] Ein solcher Versuch lag der Arbeits- und Denkweise Darwins eigentlich eher fern, jedoch war er von Haeckel sehr angetan. „I have seldom seen a more pleasant, cordial, and frank man", schrieb Darwin an Fritz Müller.[37] Haeckel berichtete aufgeregt von seinen Arbeiten und von der Situation der Evolutionstheorie im deutschsprachigen Raum. Seine Besuche hinterließen auch beim Rest der Familie Darwin bleibende Eindrücke, vor allem die schwierige Kommunikation mit dem Besucher aus Deutschland blieb in Erinnerung: Der aufgeregte Haeckel versuchte sich lautstark in schwer verständlichem und zudem schlechtem Englisch zu artikulieren, während die Darwins seinem Redeschwall kaum folgen konnten. „He bellowed out his bad english in such a voice that he nearly deafened us", schrieb Emma Darwin an Ihren Sohn Leonard.[38]

Der tief beeindruckte Haeckel berichtete mehrmals über die für ihn unvergesslichen Besuche in Down, zunächst in einem Rundbrief an seine Freunde,[39] am ausführlichsten in der gedruckten Version seines Vortrages vor der Naturforscherversammlung in Eisenach im Oktober 1882, in der Haeckel die Rolle zufiel, den Nachruf auf den im April 1882 verstorbenen Darwin zu sprechen.[40] In Haeckels Bericht findet man sehr ähnliche Elemente wie schon zuvor bei Weinland:

---

35 E. Haeckel, *Generelle Morphologie der Organismen: Allgemeine Grundzüge der organischen Formen-Wissenschaft, mechanisch begründet durch die von Charles Darwin reformierte Descendenz-Theorie*, Berlin 1866.

36 M. A. Di Gregorio, *From Here to Eternity: Ernst Haeckel and Scientific Faith*, Religion, Theologie und Naturwissenschaft, 3, Göttingen 2005.

37 F. Burkhardt, S. Smith, D. Kohn, W. M. Montgomery (Hrsg.), *A Calendar of the Correspondence of Charles Darwin, 1821–1882*, Cambridge 1994, Brief Nr. 5261.

38 H. Litchfield, *Emma Darwin, a Century of Family Letters: 1792–1896*, Bd. 2, London 1915, S. 223.

39 E. Krauße, *Ernst Haeckel*, Leipzig 1987, S. 76f.

40 E. Haeckel, *Die Naturanschauung von Darwin, Goethe und Lamarck: Vortrag in der ersten öffentlichen Sitzung der fünfundfünfzigsten Versammlung Deutscher Naturforscher und Aerzte zu Eisenach am 18. September 1882*, Jena 1882, S. 16ff.

Haeckel berichtet über die Anreise durch die „anmuthige Hügelland-
schaft von Kent", die er im Herbstschmuck erlebte und vom Eindruck, den Darwin als „idealen Menschen"[41] auf ihn machte: „Eine
ehrwürdige Gestalt, mit den breiten Schultern des Atlas, der eine
Welt von Gedanken trägt, eine Jupiterstirn, wie bei Goethe, hoch und
breit gewölbt, vom Pfluge der Gedankenarbeit tief durchfurcht [...].
[Darwin] nahm mein ganzes Herz gefangen. [...] Ich glaubte einen
hehren Weltweisen des hellenischen Alterthums, einen Sokrates oder
Aristoteles lebendig vor mir zu sehen."[42]

Diese Stilisierung des „hellenischen Weltweisen" als „idealen Menschen" nahm Haeckel später auch noch einmal bildlich vor, als er in
den Frontispizen seiner *Natürlichen Schöpfungsgeschichte* und seiner
Anthropogenie[43] antike Abbildungen als ideale Repräsentanten der
Menschen aufmarschieren ließ.

Haeckel und Darwin unterhielten sich auch über Haeckels Stamm-
baumentwürfe und die Ausdehnung der Abstammungslehre auf den
Menschen. Haeckel zeigte sich erfreut, gerade in dieser Beziehung auf
Zustimmung zu stoßen, da sich Darwin in der *Entstehung der Arten*
nur verklausuliert zu diesem Thema geäußert hatte.

Der junge Haeckel wurde von Darwin in den Tagen seines Lon-
donaufenthaltes in den inneren Kreis der Evolutionisten eingeführt
und traf sich in London mit Huxley, Lubbock und Joseph Dalton
Hooker.[44] Der Aufenthalt stellte damit auch den Beginn der engen
und innigen Beziehung Haeckels zu Großbritannien und seinen Wissenschaftlern dar,[45] die erst in Haeckels letzten Lebensjahren durch
seine chauvinistische Sicht auf den Ersten Weltkrieg getrübt werden
sollte.[46] Haeckel war im deutschsprachigen Raum aber auch dafür ver-

---

41 E. Haeckel, *Die Naturanschauung von Darwin, Goethe und Lamarck*, Jena 1882, S. 16.

42 E. Haeckel, *Die Naturanschauung von Darwin, Goethe und Lamarck*, S. 17.

43 E. Haeckel, *Anthropogenie oder Entwickelungsgeschichte des Menschen: Gemein-
    verständliche wissenschaftliche Vorträge über die Grundzüge der menschlichen
    Keimes- und Stammes-Geschichte*, Leipzig 1874.

44 F. Burkhardt, S. Smith, D. Kohn, W. M. Montgomery (Hrsg.), *A Calendar of the
    Correspondence of Charles Darwin*, S. 238f.

45 Zu Thomas Henry Huxley: G. Uschmann, I. Jahn, „Der Briefwechsel zwischen
    Thomas Henry Huxley und Ernst Heackel: Ein Beitrag zum Darwin Jahr", in: *Wis-
    senschaftliche Zeitschrift der Friedrich-Schiller-Universität Jena, mathematisch-
    naturwissenschaftliche Klasse*, 9/1959, S. 7-33; zu Ray Lancester: M. A. Di Grego-
    rio, *From Here to Eternity*, S. 333.

46 Vgl. Haeckels nationalistische Ausfälle in: E. Haeckel, *Englands Blutschuld am
    Weltkriege*, Eisenach 1914.

antwortlich, dass die Rezeption von Darwins Evolutionstheorie stark
weltanschaulich geprägt war und dass Darwin in dieser Deutung zur
Ikone der Evolutionstheorie stilisiert wurde, obwohl sich die Haeckel-
sche Sicht der Deutung der Evolutionstheorie von Darwin unterschied.
Beide Aspekte zeigten sich eindrucksvoll bei den vier überlebensgro-
ßen Portraits der Begründer der Evolutionstheorie – Goethe, Lamarck,
Darwin und Haeckel, die Haeckel beim Portraitmaler Karl Bauer in Auftrag gab und die heute noch im Ernst-Haeckel-Haus in Jena hängen.

3. Musik und Religion in Down
Hans Richter, Pfingsten 1881

Pfingsten 1881 hatte Darwin ungewöhnlichen Besuch aus Deutsch-
land: der deutschstämmige, in London ansässige Theaterunternehmer
Hermann Francke, der eine Nichte Darwins geheiratet hatte, weilte
zusammen mit dem Dirigenten Hans Richter (1843–1916) in Down.
Richter, ein enger Vertrauter Richard Wagners in Bayreuth, pflegte
seit den frühen 1870er Jahren enge Kontakte nach England, seit er
Wagner dorthin auf eine längere Konzertreise begleitet hatte.
    Darwin hatte als aufmerksamer Gastgeber vor der Ankunft seiner
Gäste offensichtlich extra für die Besucher Noten von Beethovens
Cellosonate in A-Dur auf einem Notenständer platziert (eine nette
Wahl), obwohl, wie er eingestand, in der Familie niemand Cello spiele.
Francis, sein Sohn mit dem größten musikalischen Talent, spiele Fa-
gott, berichtete Darwin seinen Besuchern.[47] Darwin schrieb in seiner
Autobiographie, dass er in späteren Jahren den Geschmack an der Musik
weitgehend verloren habe, wobei man natürlich bedenken muss, dass
Musik in der Mitte des 19. Jahrhunderts wohl weitgehend Hausmusik
bedeutete, die man selbst spielte. Am Klavierspiel Richters (Mozart,
Haydn, Beethoven und natürlich Wagner) hatten die Darwins jedenfalls viel Freude, wie Richter berichtete.
    Auch Richter war beeindruckt von seinem Gastgeber Darwin, be-
sonders von der „Schönheit des Auges, dieses germanisch-schönen
Auges mit unendlichem Wohlwollen darin, voller Güte und Milde".[48]

---

47 O. Zacharias, Charles R. *Darwin und die culturhistorische Bedeutung seiner Theo-
    rie vom Ursprung der Arten: Ein Beitrag zur Darwin-Literatur*, Berlin 1882, S. 6.
48 O. Zacharias, *Charles R. Darwin*, S. 5.

Darwin, so berichtete Richter weiter, sei auch größer als man sich ihn normalerweise vorstelle und blicke auch nicht finster drein, wie man dies von den Bildern und Fotographien gemeinhin kenne.

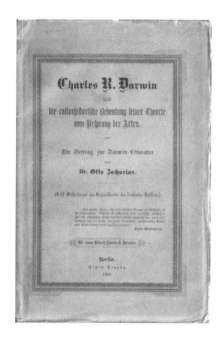

Abb. 3: Otto Zacharias Beitrag zur Darwin Literatur
von 1882.

Interessant an Richters Aufsatz ist auch die Tatsache, dass Richter berichtet, im Arbeitszimmer Darwins und auf dem Gange hinge eine Serie von Aquarellen, welche die Lebensgeschichte Christi, seinen Leidensweg und andere Szenen aus dem neuen Testament abbilden.[49] Richters Bericht, der erst nach dem Tod Darwins in Jahr 1882 erschien und kurz darauf zusammen mit einem weiteren Besuchsbericht (von Hermann Cohn) in einem kleinen Büchlein von Otto Zacharias wieder abgedruckt wurde, ist somit auch als Teil einer pub-

---

49 O. Zacharias, *Charles R. Darwin*, S. 6f.

lizistischen Debatte zu werten, die nach Darwins Tod in verschiedenen deutschsprachigen Zeitschriften um die Frage nach Darwins
Einstellung zur Religion entbrannte, in deren Verlauf auch der letzte
noch folgende Reisebericht erschien.

Spätestens zu diesem Zeitpunkt war der Mensch hinter der Evolutionstheorie, endgültig ins Zentrum des öffentlichen Interesses gerückt und neben den Besucherberichten erschienen in den Zeitungen
auch Holzschnitte von Darwins Haus und seinem Arbeitszimmer.

4. Eine Abordnung das Freidenkerbundes
Ludwig Büchner und Edward Aveling, September 1881

Den heikelsten Besuchsantrag aus Deutschland erhielt Darwin im Herbst
1881. Ludwig Büchner (1824–1899), streitbarer deutscher Materialist
und Freidenker mit deutlichen Sympathien für sozialistische Ideen,
weilte als Präsident des Freidenkerkongresses in London. Büchner be-
auftragte den in den Augen vieler Durchschittsengländer nicht minder berüchtigten englischen Zoologen Edward Aveling (1849–1898)
damit, ob er nicht kurzfristig einen Besuch in Down organisieren könne:
Aveling, war durch seine Lebenspartnerschaft mit der Tochter von
Karl Marx in die vorderste Riege der englischen Marxisten aufge-
stiegen. Er stand mit Darwin lose in Briefkontakt, nachdem er für den
englischen Freidenkerbund ein Werk über Darwin und seine Theorie
publizieren sollte.[50]

Aveling schickte ein Telegramm nach Down und kündigte den Besuch an. Damit löste er in Down einige Aufregungen aus, da Darwin
den Besuch der kleinen Delegation wohl nicht grundsätzlich absagen
wollte und der Familie die Aussicht, einen Tag mit den zwei beken-
nenden Atheisten zu verbringen, einiges Kopfweh bereitete.[51] Emma,
Darwins Frau, kam schließlich auf die Idee, zu dem Treffen auch Darwins Freund, den Reverend Brodie Innes, einzuladen,[52] der bei Tisch
zwischen den Gästen und Emma platziert wurde.

---

50 E. Aveling, *The Student's Darwin*, London 1882.
51 A. Desmond, J. Moore, *Darwin*, München, Leipzig 1992, S. 736ff.
52 R. M. Stecher,)The Darwin-Innes Letters: The Correspondence of an Evolutionist
   with His Vicar, 1848–1884", in: *Annals of Science*, 17/1961, S. 201-258, hier S. 256.

Auch die Atheisten waren von Darwins „majestätischem Antlitz", seiner „ruhigen und besonnenen Sprechweise" und seinem „einnehmenden Wesen" sehr angetan.

Einen ausführlicheren Bericht über die Zusammenkunft, der auch ins deutsche übersetzt wurde, gibt es aus der Feder von Aveling[53] und auch Büchner berichtete später, wenn auch nur kurz, darüber.[54] Bei Tisch, so berichtete Aveling, drehte sich das Gespräch um Darwins Arbeiten über den „Instinkt" und sein neues Buch über die Tätigkeit der Regenwürmer.[55] Wie schon die Besucher zuvor, war Aveling erstaunt über Darwins scheinbar abseitige Arbeitsschwerpunkte, deren großer Zusammenhang sich wohl nur wenigen Zeitgenossen erschloss. Danach, in kleiner Männerrunde in Darwins Arbeitszimmer, gab sich Darwin laut Avelings Bericht erstaunlich offen: Es sei Darwin gewesen, berichtet Aveling, der seine beiden Gäste direkt auf Religion und ihren Atheismus angesprochen habe. Warum sie sich Atheisten nennen, wollte Darwin wissen und erläuterte ihnen, warum er selbst den Begriff Agnostiker bevorzuge, um seine eigene Einstellung zu kennzeichnen.[56] Er selbst habe zwar das Christentum mit ca. vierzig Jahren aufgegeben, gab Aveling Darwin wieder, die Bezeichnung Atheist sei ihm aber zu aggressiv, er ziehe es vor den Glauben anderer Menschen nicht vehement anzugreifen, auch weil er viele gewöhnliche Menschen nicht reif für freidenkerische Ideen halte. Besonders im letzten Punkt widersprachen ihm seine beiden Gäste, nicht zuletzt mit Bezug auf Darwins eigene Evolutionstheorie, der schließlich einst derselbe Vorwurf gemacht wurde.[57] Büchner und Aveling lenkten das Gespräch nun auf die Stelle in Darwins *Origin of Species*, die auch schon Weinland interessiert hatte und erkundigten sich, ob die Annahme eines „Schöpfers" („creator"), bei der ersten Entstehung der Lebewesen nicht eine Inkonsequenz seines Werkes darstelle. Darwin reagierte „still und nachdenklich" auf diese Frage und verwies darauf, dass die Menschen seiner Meinung nach zuviel Energie darauf verwendeten, über das übernatürliche im Allgemeinen und die Gottidee im Beson-

53 E. Aveling, „Ein Besuch bei Darwin", in: *Frankfurter Zeitung und Handelsblatt*, 27(311 Morgenblatt)/1882, S. 1-2.
54 A. Büchner (Hrsg.), *Im Dienste der Wahrheit: Ludwig Büchner, Ausgewählte Aufsätze aus Natur und Wissenschaft*, mit Biographie des Verfassers von Prof. Alex Büchner, Gießen 1900, S. 268f.
55 E. Aveling, „Ein Besuch bei Darwin", S. 1.
56 E. Aveling, „Ein Besuch bei Darwin", S. 1f.
57 A. Büchner (Hrsg.), *Im Dienste der Wahrheit*, S. 268f.

deren nachzudenken.[58] Beiden Besuchern, war spätestens jetzt klar, in Darwin für ihre eigenen aufklärerischen Anliegen keinen offenen Mitstreiter finden zu können, obwohl sich ihre Positionen nicht grundsätzlich unterschieden. Aveling nutzte seinen Besuch und Darwins Äußerungen zur Religion immerhin noch, indem er nach Darwins Tod im englischen Freidenkermagazin *the National Reformer* den hier verwendeten Besuchsbericht publizierte.

Ende

Charles Darwin, der Mann hinter der Evolutionstheorie, war für das Publikum, das seine Theorie rezipierte fast ebenso interessant wie die Theorie selbst. Innerhalb der Wissenschaftlergemeinschaft wurde es zu diesem Zeitpunkt üblich, sog. Carte de Visite Fotos auszutauschen, so dass es möglich war, einen persönlichen Eindruck des unbekannten Gegenübers zu bekommen. Photoagenturen spezialisierten sich darauf, Buchhändler mit solchen Carte de Visites zu beliefern, die dann zusammen mit den Werken des Autors in die Auslagen kamen und vom Publikum nachgefragt waren. Auch wissenschaftlichen Büchern, besonders solche, die auch ein breiteres Publikum ansprechen sollten, wurden Frontispizes mit einem Abbild des Autors beigegeben. Im Fall von Darwin und seiner Evolutionstheorie fällt auf, dass die durchweg positive Ausstrahlung, die Darwin sowohl im Bild als auch in seiner Korrespondenz und in den Berichten von Besuchern in Down machte, sicherlich wichtig für den Erfolg seiner Theorie selbst war.

Darwin blieb immer bescheiden, so dass selbst Gegner der Evolutionstheorie häufig voll des Lobes für den Autor selbst waren, bei aller Gegnerschaft zu den Inhalten von Darwins Theorien. Anfeindungen bekamen zumeist die öffentlichkeitswirksamen Repräsentanten von Darwins Evolutionstheorie zu spüren. Im deutschsprachigen Raum zunächst Carl Vogt, der im ganzen deutschsprachigen Raum Vorträge hielt, in denen er für Darwins Theorie warb und dann, ab den 1870er Jahren, Ernst Haeckel, der die Besetzung der eher weltanschaulichen Rezeption des Darwinismus bis zu Beginn des 20. Jh. anführte.

---

58 E. Aveling, „Ein Besuch bei Darwin", S. 2.

Die *homestories* von persönlichen Kontakten zu Darwin waren für dessen Bild in der Öffentlichkeit sicherlich sehr bedeutend. Es fällt auf, dass alle Besucher von Darwin tief beeindruckt waren. Darwin kam als Mensch immer sehr positiv an, eine Tatsache, die bis heute einen Teil der Faszination der Beschäftigung mit Darwin und seiner Theorie ausmacht. Die Rolle des scheuen Menschen im Hintergrund wurde zu Darwins Lebensrolle und sie war ihm wie auf den Leib geschnitten.

Thomas Junker

Charles Darwin und die Allmacht der Naturzüchtung

Im November 1859 nahm eine wissenschaftliche und weltanschauliche Revolution ihren Anfang, über deren Ursachen und Folgen bis heute leidenschaftlich gestritten wird. Ausgelöst wurde sie durch ein Buch des englischen Naturforschers Charles Darwin (1809–1882): *On the origin of species by means of natural selection or the preservation of favoured races in the struggle for life*.[1] Erstmals gelang es hier überzeugend nachzuweisen, dass es möglich ist, die Existenz, die Eigenschaften und die Zweckmäßigkeit der Organismen auf *natürliche* Weise zu erklären. Damit wurden einige der auffälligsten und zugleich rätselhaftesten Phänomene der Natur, die sich der biologischen Forschung über Jahrhunderte hinweg hartnäckig entzogen hatten, wissenschaftlich verstehbar. Dies macht *Origin of Species* zu einem der wichtigsten Werke der Menschheitsgeschichte und Darwin zu einem der bedeutendsten Biologen aller Zeiten.[2]

Viele zeitgenössische Wissenschaftler ließen sich von Darwin überzeugen, dass Evolution und gemeinsame Abstammung den traditionellen Konzepten der unabhängigen Entstehung und Konstanz der Arten weit überlegen sind. Auch die Selektion wurde als origineller Beitrag Darwins und als wichtiger kausaler Faktor akzeptiert. Dies bedeutet aber nicht, dass die Naturforscher Darwins „lange Beweisführung"[3] kritiklos übernommen hätten, sondern sie begannen die einzelnen

1 C. Darwin, *On the Origin of Species by Means of Natural Selection, or the Preservation of Favoured Races in the Struggle for Life*, London 1859; Deutsche Ausgabe: ders., *Über die Entstehung der Arten im Thier- und Pflanzen-Reich durch natürliche Züchtung, oder Erhaltung der vervollkommneten Rassen im Kampfe um's Daseyn*, Faksimile der ersten deutschen Ausgabe von 1860, hrsg. v. T. Junker, Darmstadt 2008.

2 Vgl. E. Mayr, *One Long Argument: Charles Darwin and the Genesis of Modern Evolutionary Thought*, Cambridge (Mass.) 1991 (dt.: ders. ... *und Darwin hat doch recht*. München 1994); F. M. Wuketits, *Darwin und der Darwinismus*, München 2005; E.-M. Engels, *Charles Darwin*, München 2007.

3 C. Darwin, *On the Origin of Species*, S. 459.

Elemente seines Systems gezielt zu überprüfen.[4] Und sie entwickelten alternative Szenarien. Eine der interessantesten offenen Fragen betraf die Reichweite der natürlichen Auslese: Werden alle oder die überwiegende Mehrzahl der biologischen Merkmale direkt oder indirekt durch die Selektion bestimmt, oder gibt ob es noch weitere, ergänzende Evolutionsmechanismen?

Darwins ,utilitarian doctrine'

Der entscheidende Unterschied zwischen Darwins Modell und früheren Evolutionstheorien war ihr kausaler Mechanismus. Die natürliche Auslese ermöglichte eine neue und überraschende Antwort auf das alte Rätsel der Zweckmäßigkeit der Organismen und ihrer Körperteile. Zweckmäßige Variationen können durch unterschiedliche Ursachen *entstehen*, aber durch die natürliche Auslese bleiben sie *erhalten* und werden *angehäuft*:

„Natural selection can act only by the preservation and accumulation of infinitesimally small inherited modifications, each profitable to the preserved being".[5]

Wie Darwin betonte, geht es in diesem Zusammenhang um die Nützlichkeit eines Merkmals in Bezug auf das Wohlergehen, Überleben und die erfolgreiche Fortpflanzung der einzelnen Individuen. Auf diese Weise erklärte Darwin nicht nur, warum Organismen (auch) zweckmäßige Eigenschaften haben, sondern konsequent weitergeführt impliziert sein Modell, dass *alle ihre Eigenschaften* in irgendeiner Weise zweckmäßig sein müssten. Diesen Schluss hat Darwin in der Tat gezogen. Er sprach in diesem Zusammenhang von der „utilitarian doctrine"; im Deutschen wurde daraus die „Nützlichkeitstheorie". Sie besagt: „every detail of structure has been produced for the good of its possessor". Und sie ermöglichte eine neue Sichtweise auf die Organismen und ihre Merkmale:

---

4   Vgl. E.-M. Engels (Hrsg.), *Die Rezeption von Evolutionstheorien im neunzehnten Jahrhundert*, Frankfurt am Main 1995; E.-M. Engels, T. Glick (Hrsg.), *The Reception of Charles Darwin in Europe*, 2 Volumes, London 2008; T. Junker, U. Hoßfeld, *Die Entdeckung der Evolution. Eine revolutionäre Theorie und ihre Geschichte*, 2. Aufl., Darmstadt 2009.
5   C. Darwin, *On the Origin of Species*, S. 95.

„Hence every detail of structure in every living creature (making some little allowance for the direct action of physical conditions) may be viewed, either as having been of special use to some ancestral form, or as being now of special use to the descendants of this form – either directly, or indirectly through the complex laws of growth".[6]

Wenn Darwin mit dieser These recht hat, dann muss man davon ausgehen, dass es sich bei *jeder beliebigen erblichen Eigenschaft*, die man bei einem Menschen, einem anderen Tier, einer Pflanze, einem Bakterium beobachtet, mit großer Wahrscheinlichkeit um eine Anpassung handelt oder gehandelt hat. Mangelnde Anpassung dagegen ist seltener und erklärungsbedürftig, da ihre Träger nicht oder weniger gut überleben und sich fortpflanzen. Vor allem bei energieaufwendigen und komplexen Merkmalen kann man davon ausgehen, dass es sich um Anpassungen handelt, da sie hohen Einsatz erfordern und von Krankheiten oder Entwicklungsstörungen betroffen sein können. Darwins These, dass alle biologischen Merkmale – jetzt oder in der Vergangenheit, direkt oder indirekt – von Nutzen für ihre Träger sind oder waren, blieb indes auch bei seinen Zeitgenossen nicht unwidersprochen.

Kritik

Bereits wenige Monate nach der ersten Veröffentlichung von *Origin of Species* meldete der bedeutende Heidelberger Zoologen und Paläontologen Heinrich Georg Bronn (1800–1862) Zweifel an, ob sich die von Darwin postulierte generelle Nützlichkeit aller organismischen Merkmale tatsächlich nachweisen lasse:

„Hr. Darwin beruft sich auf jeder Seite darauf, dass nur solche Abänderungen Aussicht auf Erhaltung haben, welche dem Individuum und somit der künfti[gen] Spezies nützlich sind; und theoretisch muss man zugestehen, dass, woferne es eine natürliche Züchtung gebe, die Sache sich nicht anders verhalten könne. Aber wir müssen gestehen, doch in fast allen unseren aus angeblich innern Ursachen hervorgegangenen Varietäten gar nicht finden zu können, worin denn der Nutzen ihrer Abänderung bestehe [...]. Warum bekommt z. B. in diesem

---

6   C. Darwin, *On the Origin of Species*, S. 199f.

Kampfe ums Dasein eine Pflanzen-Art ovale statt lanzettlicher die andre lanzettliche statt ovaler Blätter?".[7]

Zu den aufmerksamen Lesern von Bronns Argumenten zählte auch der in München lehrende Schweizer Botaniker Carl Nägeli (1817– 1891). Nägeli gehörte zu den ersten Wissenschaftlern, die sich nach der Veröffentlichung von *Origin of Species* offen zur Evolutions- und Selektionstheorie bekannten:

"Die Nützlichkeitstheorie ist der Darwinismus. [...] Der grosse Fortschritt, den die Wissenschaft diesem Forscher verdankt, beruht in der Idee, dass die Racen- und Artenbildung das Produkt der natürlichen Züchtung sei, welche durch den Kampf um das Dasein geleitet werde".[8]

Nicht überzeugt zeigte sich Nägeli aber von Darwins weitergehender Folgerung, der Übertragung auf alle biologischen Merkmale:

"Eine nothwendige Folge dieses Wettkampfes ist die, dass Alles an den Organismen zweckmässig, Alles so eingerichtet ist, um die Existenz auf die beste Weise sicher zu stellen. Wäre irgend eine Partie der Organisation unzweckmässig, so würden ihre Träger durch besser ausgestattete Formen verdrängt".[9]

Wie bereits Bronn bezweifelt er aber, dass dies für alle biologischen Merkmale gelte. Für die funktionell wichtigen physiologischen Merkmale mag die Nützlichkeitstheorie zutreffen. Ganz anders stelle sich dies aber bei den morphologischen Merkmalen dar. Da diese – beispielsweise die Zahl der Blütenblätter – für das Überleben indifferent seien, sollte man erwarten, dass sie variabel sind. Für die rudimentären Organe hatte Darwin gezeigt, dass diese sehr variabel sind, und er hatte ihre Variabilität als Folge ihre Nutzlosigkeit erklärt.[10] Die Nützlichkeitstheorie verlange also, so Nägeli, "dass indifferente Merkmale variabel, die nützlichen dagegen constant seien. Die rein morphologischen Eigenthümlichkeiten der Gewächse müssten demnach am leichtesten, die durch eine bestimmte Verrichtung bedingten Organisa-

---

7 H. G. Bronn, "Schlusswort des Übersetzers", in: C Darwin, *Über die Entstehung der Arten im Thier- und Pflanzen-Reich durch natürliche Züchtung, oder Erhaltung der vervollkommneten Rassen im Kampfe um's Daseyn*, Stuttgart 1860, S. 495-520, hier S. 509; vgl. T. Junker, "Heinrich Georg Bronn und die *Entstehung der Arten*", in: *Sudhoffs Archiv* 75/1991: S. 180-208.
8 C. Nägeli, *Entstehung und Begriff der Naturhistorischen Art*, München 1865, S. 16 Fn.
9 C. Nägeli, *Entstehung und Begriff der Naturhistorischen Art*, S. 18.
10 C. Darwin, *Origin of Species*, S. 149.

tionsverhältnisse am schwierigsten abzuändern sein. Die Erfahrung zeigt das Gegentheil".[11]

Einige Eigenschaften seien sowohl extrem beharrlich als auch neutral im Sinne des Überlebens oder der Fortpflanzung:

„Eine morphologische Modification, welche durch das Nützlichkeitsprincip zu erklären wäre, ist mir im Pflanzenreiche nicht bekannt; und ich sehe selbst nicht ein, wie dieselbe erfolgen könnte, da die allgemeinen Processe der Gestaltung sich gegen die physiologische Verrichtung so indifferent verhalten".[12]

Darwin und die neutralen Merkmale

Darwin hat sich in seinen Briefen und Schriften intensiv mit Nägelis Vorstellungen auseinandergesetzt. In einem Brief an Nägeli vom 12. Juni 1866 betonte er zum einen, dass er dessen Kritikpunkte für bedenkenswert halte: „Many of your criticisms on my views are the best which I have met with". Er weist aber auch darauf hin, dass sie teils zu beantworten seien, teils auf Missverständnissen beruhen – „I could answer some at least to my own satisfaction; [...] On one or two points, I think you have a little misunderstood me" – und kommt dann zu dem für ihn wichtigsten Punkt:

„The remark which has struck me most is that on the position of the leaves not having been acquired thro' natural selection from not being of any special importance to the plant. I well remember being formerly troubled by an analagous difficulty, namely the position of the ovules their anatropous condition &c."[13]

Darwin gesteht zu, dass er keine Erklärung für diese Phänomene geben könne; allerdings könne er auch nicht erkennen, inwiefern eine bestimmte Stellung der Blätter oder der Samenanlage (Ovulum) etwas über den Grad der phylogenetischen Vervollkommnung einer Pflanzenart aussagen würde, wie das von Nägeli unterstellt wurde. Dass Darwins konziliante Bemerkungen nicht nur der Höflichkeit geschuldet

---

11 C. Nägeli, *Entstehung und Begriff der Naturhistorischen Art*, S. 28.
12 C. Nägeli, *Entstehung und Begriff der Naturhistorischen Art*, S. 27f.
13 F. Burkhardt, D. M. Porter, S. A. Dean, S. Evans, S. Innes, A. M. Pearn, A. Sclater, P. White. (Hrsg.), *The correspondence of Charles Darwin, Vol. 14* [1866], Cambridge 2004, S. 203.

waren, wird auch aus Briefen an andere Korrespondenten deutlich. So schrieb er am 10. November 1866 an seinen Übersetzer, den Zoologen Julius Victor Carus (1823–1903):

„Should you make any additions, or append notes, it appears to me that Nägeli ‚Entstehung und Begriff' etc would be worth noticing, as one of the most able pamphlets on the subject. I am however far from agreeing with him that the acquisition of certain characters, which appear to be of no service to plants, offers any great difficulty, or affords a proof of some innate tendancy in plants towards perfection".[14]

Dies ist Darwins typische Reaktion auf Widerspruch und Kritik: Er ist Einwänden gegenüber aufgeschlossen, fordert aber im selben Atemzug von seinen Kritikern eine stichhaltigere Erklärung für die in Frage kommenden Phänomene. In den folgenden Jahren ging Darwin in Briefen und in den verschiedenen Auflagen von *Origin of Species* (5. Aufl. 1869, 6. Aufl. 1872) und von *Descent of Man* (1. Aufl. 1871, 2. Aufl. 1874) noch einige Male auf die von Nägeli angesprochenen Probleme ein. Er schrieb die entsprechenden Passagen mehrfach um, an seiner Grundeinstellung änderte sich aber nichts: Die Beständigkeit bestimmter neutraler Merkmale sei eine offene Frage und ein interessantes Problem, das er in der Vergangenheit nicht genügend bedacht hatte und für das er keine wirklich zufriedenstellende Antwort gegen konnte.

Zugleich versuchte Darwin Nägelis Beobachtungen in sein Modell zu integrieren, indem er auf Überlegungen aus der ersten Auflage von *Origin of Species* zurückgriff. Ich habe oben geschildert, dass Darwin forderte, dass jedes einzelne Detail im Bau jedes Organismus einen Nutzen für das Individuum haben muss. Er betonte aber gleichzeitig, dass es unter bestimmten Umständen zu Veränderungen *unabhängig von ihrer Nützlichkeit* und folglich auch von der natürlichen Auslese kommen kann:

„Hence we see that modifications of structure, viewed by systematists as of high value, may be wholly due to unknown laws of correlated growth, and without being, as far as we can see, of the slightest service to the species".[15]

---

14 F. Burkhardt, D. M. Porter, S. A. Dean, S. Evans, S. Innes, A. M. Pearn, A. Sclater, P. White (Hrsg.), *The correspondence of Charles Darwin, Vol. 14*, S. 383.
15 C. Darwin, *On the Origin of Species*, S. 146.

Neben den ‚unbekannten Gesetzen des korrelativen Wachstums'
nannte Darwin noch eine Reihe weiterer Faktoren, die zur Folge haben,
dass ‚viele Strukturen keinen *direkten* Nutzen für ihre Träger haben':
„I fully admit that many structures are of no direct use to their
possessors. Physical conditions probably have had some little effect on
structure, quite independently of any good thus gained. Correlation
of growth has no doubt played a most important part, and a useful
modification of one part will often have entailed on other parts diver-
sified changes of no direct use. So again characters which formerly
were useful, or which formerly had arisen from correlation of growth,
or from other unknown cause, may reappear from the law of reversion,
though now of no direct use. The effects of sexual selection, when dis-
played in beauty to charm the females, can be called useful only in
rather a forced sense. But by far the most important consideration is
that the chief part of the organisation of every being is simply due to
inheritance; and consequently, though each being assuredly is well
fitted for its place in nature, many structures now have no direct relation to the habits of life of each species".[16]

Darwin zufolge setzen sich Eigenschaften nur dann auf Dauer in
der Evolution durch, wenn sie nützlich sind. Letztlich ausschlaggebend für diese Nützlichkeit sei aber nicht die isolierte Funktionalität
eines einzelnen Merkmals, sondern das Zusammenspiel der verschiedenen Teile im Organismus. Dies mache vielfältige ‚Designkompro-
misse' notwendig. So sind Vorteile in einer Hinsicht oft mit Nachteilen in einer anderen verbunden – größere Kraft beispielsweise
erfordert einen höheren Energiebedarf. Die Merkmale sind dann zwar
in Bezug auf eine einzelne Aufgabe nicht perfekt, können aber im Zusammenspiel mit anderen Organen unterschiedlichen Anforderungen
gerecht werden:
„If a fair balance be struck between the good and evil caused by
each part, each will be found on the whole advantageous".[17]

Dieser Argumentationslinie blieb Darwin auch in seinen späteren
Schriften treu. So führte er 1872 in der sechsten Auflage von *Origin
of Species* drei Gründe an, die erklären könnten, warum die Familien
bei den Pflanzen sich hauptsächlich in morphologischen Charakteren
unterscheiden, die keinen Nutzen zu haben scheinen: 1) Man müsse
bei der Bewertung, ob eine Struktur tatsächlich ohne gegenwärtigen

---

16 C. Darwin, *On the Origin of Species*, S. 199.
17 C. Darwin, *On the Origin of Species*, S. 201.

oder vergangenen Nutzen für eine Art sei, sehr vorsichtig sein. 2) Man
sollte im Auge behalten, dass die Veränderungen in einem Teil eines
Organismus sich durch verschiedene Wechselwirkungen auf andere
Teile auswirken. 3) Und schließlich muss man von der direkten Wirkung einer veränderten Umwelt und von spontanen Variationen ausgehen, deren Ursache unbekannt sei.[18] Etwa um dieselbe Zeit rückte
er dann aber auch relativ deutlich von seiner früheren Betonung der
organismischen Zweckmäßigkeit ab, indem er sie aus den Entstehungsbedingungen von Origin of Species und als historisches Relikt der
Naturtheologie erklärte:

„I may be permitted to say, as some excuse, that I had two distinct
objects in view; firstly, to shew that species had not been separately
created, and secondly, that natural selection had been the chief agent
of change, though largely aided by the inherited effects of habit, and
slightly by the direct action of the surrounding conditions. Neverthe-
less I was not able to annul the influence of my former belief, then
widely prevalent, that each species had been purposely created; and this
led to my tacitly assuming that every detail of structure, excepting
rudiments, was of some special, though unrecognised, service".[19]

Wirklich zufrieden scheint Darwin mit seiner Erklärung der neutralen Merkmale nicht gewesen zu sein, und er war sich nicht sicher,
ob er die Wirkung der natürlichen Auslese richtig eingeschätzt hatte.
So kam er in der ersten Auflage von Descent of Man von 1871 zu
einer eher defensiven Einschätzung:

„I have altered the fifth edition of the Origin [1869] so as to con-
fine my remarks to adaptive changes of structure. I had not formerly
sufficiently considered the existence of many structures which appear
to be, as far as we can judge, neither beneficial nor injurious; and this
I believe to be one of the greatest oversights as yet detected in my
work".[20]

Schon ein Jahr später, am 9. Februar 1872, bemerkte er in einem
Brief an den Botaniker Friedrich Hildebrand (1835–1915):

„I cannot but think that both [Nägeli und Eugen Askenasy (1845–
1903)] much under-rate the utility of various parts of plants; and that

18 C. Darwin, The Origin of Species by Charles Darwin: A Variorum Text [1872],
    hrsg. v. E. M. Peckham, Philadelphia 1959, S. 234f.
19 C. Darwin, The Descent of Man, and Selection in Relation to Sex, 2 Volumes, Lon-
    don 1871, Bd. 1, S. 152f.
20 C. Darwin, The Descent of Man, Bd. 1, S. 152.

they greatly under-rate the unknown laws of correlated growth, which leads to all sorts of modifications, when some one structure, or the whole plant is modified for some particular object".[21]

In der zweiten Auflage von *Descent of Man* von 1874 schließlich ergänzte er die obige Aussage nach „adaptive changes of structure" durch einen offensiven Einschub:

„but I am convinced, from the light gained during even the last few years that very many structures which now appear to us useless, will hereafter be proved to be useful, and will therefore come within the range of natural selection".[22]

Nägelis Beobachtung, dass es Merkmale gibt, die sehr beständig, aber nicht direkt nützlich sind, wurde nicht nur von Darwin, sondern auch von vielen seiner Anhänger als zutreffend akzeptiert. So schrieb der Freiburger Zoologe August Weismann (1834–1914):

„Wohl aber gibt es andere Erscheinungen, welche zeigen, dass wir allein mit dem Nützlichkeitsprincip nicht ausreichen. Nägeli betont mit Recht, dass besonders im Gebiete der Botanik rein morphologische Charaktere, z. B. die Blattstellung, meist eine grosse Constanz besitzen. Dies könnte nach dem Nützlichkeitsprincip nur bei nützlichen, d. h. physiologisch wichtigen Merkmalen der Fall sein. Auch im Thierreich lassen sich derartige Beispiele auffinden".[23]

Interessant ist Weismanns Erklärung für das Phänomen. Er geht davon aus, dass die ‚chemische und physikalische Constitution' eines Organismus nur bestimmte Veränderungen zulässt. Diese Zwänge (engl.: *constraints*) begrenzen die Variabilität der Organismen und folglich ihre evolutionäre Veränderbarkeit.[24]

Nägeli konnte also zeigen, dass die von der Selektionstheorie postulierte genetische Variabilität nicht völlig zufällig nach allen Seiten erfolgt und damit Grenzen ihrer Wirksamkeit festmachen. Es fehlte aber ein alternatives theoretisches Konzept, das erklärt hätte, warum bestimmte Merkmale eine hohe Beständigkeit aufweisen und vor allem ist das von Nägeli postulierte Vervollkommnungsprinzip kaum wis-

---

21 The Darwin Papers, Manuscripts Room, Cambridge University Library, Cambridge, DAR 145; zu Askenasy vgl. T. Junker, *Darwinismus und Botanik. Rezeption, Kritik und theoretische Alternativen im Deutschland des 19. Jahrhunderts*, Stuttgart 1989, S. 33-36.

22 C. Darwin, *The Descent of Man, and Selection in Relation to Sex*, 2 Volumes, 2. Aufl. London 1874, Bd. 1, S. 61.

23 A. Weismann, *Über die Berechtigung der Darwin'schen Theorie*, Leipzig 1868, S. 26.

24 A. Weismann, *Über die Berechtigung der Darwin'schen Theorie*, S. 27.

senschaftlich zu begründen. Auf entsprechend wenig Gegenliebe stieß es deshalb bei den Anhängern Darwins.

Die Allmacht der Naturzüchtung

Mit der Kontroverse zwischen Darwin und Nägeli war die Diskussion über die neutralen Merkmale nicht beendet, sondern sie wurde von wechselnden Akteuren mit unterschiedlichen Schwerpunkten bis in die Gegenwart fortgeführt. In den letzten Jahrzehnten des 19. Jahrhunderts wurde die Frage der neutralen Merkmale in der Debatte um den Neo-Darwinismus intensiv diskutiert. Während August Weismann und Alfred Russel Wallace (1823–1913) die herausragende Bedeutung der natürlichen Auslese betonten, waren Herbert Spencer (1820–1903) und George John Romanes (1848–1894) überzeugt, dass die Evolutionstheorie nicht auf die Vererbung erworbener Eigenschaften (den sog. Lamarckismus) verzichten kann.[25]

Im Jahr 1889 diskutierte Wallace das Problem der neutralen Merkmale im Abschnitt „Useless or non-adaptive characters" seines Buches *Darwinism*. Zunächst wies er darauf hin, dass viele Naturforscher die durchgängige Nützlichkeit aller Merkmale bezweifeln würden.[26] Er selbst hielt diese Ansicht für unzutreffend und er kritisierte, dass sich ihre Anhänger auf Darwin berufen, zu Unrecht, wie er meinte. Zum einen habe Darwin die Existenz nutzloser Merkmale nur sehr zögerlich akzeptiert – „Mr. Darwin is very cautious in admitting inutility"[27] –, zum anderen habe er immer wieder betont, dass die Bezeichnung eines Merkmals als nutzlos meist nur einen Mangel an Wissen verrate:

„[...] the extensive series of characters already enumerated which have been of late years transferred from the ‚useless' to the ‚useful' class, should convince us, that the assertion of ‚inutility' in the case of any organ or peculiarity which is not a rudiment or a correlation,

---

25 Vgl. T. Junker, U. Hoßfeld, *Die Entdeckung der Evolution*, S. 152-59.
26 A. R. Wallace, *Darwinism: An Exposition of the Theory of Natural Selection with Some of Its Applications*, New York 1889, S. 131.
27 A. R. Wallace, *Darwinism*, S. 131.

is not, and can never be, the statement of a fact, but merely an expression of our ignorance of its purpose or origin".[28]
Unterstützung erfuhr Wallace durch August Weismann. In seinem Artikel „Die Allmacht der Naturzüchtung", einer „Erwiderung an Herbert Spencer" aus dem Jahr 1893, betonte dieser zum einen, dass die natürliche Auslese „die einzig denkbare natürliche Erklärung der Organismen" sei, wenn man deren Merkmale als Anpassungen an die Bedingungen betrachte.[29] Zum anderen kommt er zu dem Schluss, dass die von Darwin behauptete Nützlichkeit der Merkmale nicht nur in vielen Fällen nachzuweisen sei, sondern dass sie zudem großen heuristischen Wert habe:

„Denn der Organismus besteht [...] aus Anpassungen, neuen, älteren und uralten, und was an primären Variationen in der Physiognomie der Arten etwa mitspielt, ist wenig und von untergeordneter Bedeutung. Ich halte deshalb die Entdeckung der Naturzüchtung für eine der fundamentalsten, die auf dem Gebiete des Lebens jemals gemacht worden ist, eine Entdeckung, die allein genügt, den Namen Charles Darwin und Alfred Wallace die Unsterblichkeit zu sichern, und wenn meine Gegner mich als ‚Ultra-Darwinisten' hinstellen, der das Princip des grossen Forschers ins Einseitige übertreibt, so macht das vielleicht auf manche ängstliche Gemüther Eindruck, welche das ‚juste-milieu' überall schon im voraus für das Richtige halten".[30]

Es ging ihm, wie er weiter schreibt, darum, „die ganze Tragweite des Selectionsprincips" zu erkennen: „Nicht Uebertreibung, sondern völlige Durchführung des Princips ist es, was damit erreicht worden ist".[31]

Die Ansichten von Wallace und Weismann wurden durch Spencer und Darwins Schüler Romanes scharf kritisiert. Romanes sah in der Theorie von Wallace und Weismann eine Abkehr von Darwins eigener Evolutionstheorie, die lamarckistische Elemente beinhaltet hatte, und prägte für „die reine Selektionstheorie unter Ausschluss jeder ergänzenden Theorie" den Namen ‚Neo-Darwinismus'.[32] Romanes selbst sprach der natürlichen Auslese eine zentrale, aber nicht die ausschließ-

28 A. R. Wallace, *Darwinism*, S. 137.
29 A. Weismann, *Die Allmacht der Naturzüchtung. Eine Erwiderung an Herbert Spencer,* Jena 1893, S. 42.
30 A. Weismann, *Die Allmacht der Naturzüchtung,* S. 63.
31 A. Weismann, *Die Allmacht der Naturzüchtung,* 63f.
32 G. J. Romanes, *Darwin and after Darwin: An Exposition of the Darwinian Theory and a discussion of Post-Darwinian Questions,* Vol. 2, Chicago 1895, S. 12.

liche Rolle im Evolutionsgeschehen zu. Bedeutende Effekte sollen zudem durch die Vererbung erworbener Eigenschaften entstehen, sowie durch verschiedene weitere Ursachen, die nutzlose Veränderungen bewirken. Entsprechend gelte Darwins *utilitarian doctrine* zwar für viele Merkmale, aber eben nicht allgemein.[33]

Bis heute wird die Frage nach der Existenz der neutralen Merkmale, der Berechtigung von Darwins *utilitarian doctrine* und der Macht der natürlichen Auslese in der Evolutionsbiologie kontrovers diskutiert. Keine der rivalisierenden Gruppen konnte sich bisher auf Dauer durchsetzen. Inwieweit sich tatsächlich zeigen lässt, dass auch scheinbar neutrale Merkmale als Anpassungen an die heutige oder frühere Umwelten entstanden, wie das Wallace und Weismann vermuteten, mag die Zukunft zeigen. Eines aber hat die Geschichte dieser Kontroverse deutlich gemacht: Darwins kühne Behauptung, dass jedes einzelne Detail im Bau jedes Organismus einen Nutzen für das Individuum hat oder für seine Vorfahren hatte, wurde zur Grundlage eines enorm fruchtbaren Forschungsprogramms.[34]

33 G. J. Romanes, *Darwin and after Darwin*, S. 7f.
34 Vgl. T. Junker, S. Paul, *Der Darwin-Code: Die Evolution erklärt unser Leben*, München 2009.

Thomas Potthast

Darwin und Haeckel als Groß-Väter der Ökologie – zwei unterschiedliche wissenschaftshistorische Narrative

> „Die Verwendung Darwins als Maßstab für
> wissenschaftliche Exzellenz ist kein passender
> historischer Parameter, obgleich Haeckel ihn
> selbst angelegt hat."[1]

1. Ökologie – Kariere eines Begriffs

Heutzutage ist „die Ökologie" auf vielerlei Weise im Gespräch: Agrarische, forstliche, wasserbauliche, biotechnische und landschaftsgestalterische Praktiken gelten dann als „ökologisch", wenn sie mit Natur als von Menschen bearbeitetem Substrat angemessen(er) im Sinne ihrer langfristigen Erhaltung umgehen. Und weit darüber hinaus haben sich Selbst- oder Fremdbeschreibungen von Einstellungen, Kritikformen, Parteien, Energiebereitstellungsweisen, Nahrungsmitteln, ja sogar Tourismusformen oder einer Steuerreform mit dem möglichen Attribut „ökologisch" durchgesetzt. Solche Zuschreibungen erfolgten insbesondere seit den 1970er Jahren – und zwar keineswegs allein im deutschen Sprachraum. „Ökologie" erscheint in diesem Kontext als wertender (evaluativer) oder sogar Handlungen vorschreibender (normativer) Begriff.

Aus der Sicht der Biologie dagegen ist Ökologie eine ihrer Teildisziplinen, also eine wertneutrale empirische Naturwissenschaft. Zugleich wird jedoch seitens der naturwissenschaftlichen Ökologie eine absolute Unverzichtbarkeit ihres Fachs als Grundlage für die notwendige Erhaltung von Natur in Anspruch genommen. So eröffnet der Freiburger Biologe Günther Osche (1926–2009) seine weit verbreiteten Einführung in die Ökologie mit den Hinweis, dass auch der Mensch ein Glied in der Natur sei und erkennen müsse „an die ‚Gren-

---

1 M. A. Di Gregorio, „Unter Darwins Flagge: Ernst Haeckel, Carl Gegenbaur und die Evolutionäre Morphologie", in: E.-M. Engels (Hrsg.), *Charles Darwin und seine Wirkung*, Frankfurt am Main 2009, S. 80-110, hier S. 81; Di Grigorios Aufsatz wurde von Eve-Marie Engels ins Deutsche übersetzt.

zen des Wachstums' gelangt" zu sein.[2] Der Erfolg des Begriffs „Ökologie" im oben genannten Sinne stellt dabei ein Problem für die naturwissenschaftlichen Ökologinnen und Ökologen dar, die nicht mit
Greenpeace und *Robin Wood* oder irgendwelchen Öko-Aposteln verwechselt werden wollen.[3] Sie fürchten um ihren Status als Experten,[4]
die für Objektivität und Wertfreiheit der empirischen Wissenschaften
stehen. Immer wieder wandten sie sich – letztlich vergeblich – gegen
den vermeintlichen begrifflichen Missbrauch ihrer Fachdisziplin.[5]
Allerdings scheint es mir eindeutig unproduktiv, diese Debatte als
bloßen Streit um Wörter zu führen. Terminologisch dürfte die ein-
fachste Lösung in einer zusätzlichen qualifizierenden Unterscheidung
von (natur)wissenschaftlicher versus politischer Ökologie zu liegen –
wie sie inzwischen auch weit verbreitet ist.[6]

Doch wie kommt es, dass ein 1866 unter diesem Terminus erstmals abstrakt und theoretisch gefordertes Forschungsfeld der Biologie
gut 100 Jahre später zum Schlagwort einer gleichnamigen Bewegung
werden konnte? Im Folgenden sollen einige Überlegungen zu dieser –
selbstverständlich vielfach erörterten[7] – Frage in historiographischer

2   G. Osche, *Ökologie. Grundlagen – Erkenntnisse – Entwicklungen der Umwelt-
    forschung*, Freiburg i.Br. 1973, S. 7; das Buch erschien bis 1981 in neun Auflagen.
    Interessant im Titel ist die begriffliche Identifikation mit der Umweltforschung, die
    keinesfalls unstrittig ist; vgl. T. Potthast, „Umweltforschung und das Problem episte-
    misch-moralischer Hybride. Ein Kommentar zur Rhetorik, Programmatik und Theo-
    rie interdisziplinärer Forschung", in: S. Baumgärtner, C. Becker (Hrsg.), *Wissen-
    schaftsphilosophie interdisziplinärer Umweltforschung*, Marburg 2005, S. 87-100.
3   Unter vielen anderen: J. Küster, *Das ist Ökologie. Die biologischen Grundlagen
    unserer Existenz*, München 2005. Doch auch hier geht die Verteidigung der Öko-
    logie als Naturwissenschaft bereits im Titel (und nicht nur dort) mit der Betonung
    ihrer Bedeutsamkeit für Umweltfragen einher – unter Verweis auf das klassische
    wissenschaftliche Expertenmodell der Lieferung neutraler Fakten und Zusammen-
    hänge.
4   Im Folgenden verwende ich die männliche Form als Platzhalterin; es sind stets beide
    Geschlechter gemeint.
5   In den politisch-ökologisch ausgesprochen bewegten 1980er Jahren – die Debatte um
    das „Waldsterben" stand in voller Blüte – äußerte Günther Osche in einer vom Ver-
    fasser besuchten Grundvorlesung 1986 aus vollstem Herzen: „Die Grünen haben mir
    meine Ökologie kaputt gemacht".
6   B. Raymond, B. Sinead, *Third World Political Ecology*, London/New York 1997, P. C.
    Mayer-Tasch, *Politische Ökologie*, Opladen 1999, B. Latour, *Das Parlament der
    Dinge. Für eine politische Ökologie*, München 2001 (frz. Orig.: *Politique de la
    nature*).
7   Reichhaltige, unterschiedlich nuancierte ideen- und ideologiegeschichtliche Über-
    blicke bieten D. Worster, *Nature's Economy. A history of ecological ideas*, Second

und in systematischer Perspektive vorgestellt werden. Meine Spurensuche führt zu den beiden ‚Großvätern' der wissenschaftlichen Ökologie: Charles Robert Darwin (1809–1882) und Ernst Heinrich Philipp
August Hackel (1834–1919). Ich möchte die These vertreten, dass bei
beiden in sehr unterschiedlicher Weise die hybride Struktur der Ökologie zwischen Naturwissenschaft und Politik bereits anklingt – dass
nämlich die Ordnung oder der Haushalt der Natur schwerlich ‚rein'
epistemisch und wertneutral beschreibbar sind. Ferner wird aber auch
eine Ambiguität innerhalb der Biologietheorie selbst sichtbar, die in
beiden Autoren in unterschiedlicher Weise angelegt ist, und in der es
unter anderem um zwei miteinander verbundene Fragen geht: Welchen Status haben Organismen in der Ökologietheorie, und inwiefern
lassen sich die treibenden Kräfte des biologischen Geschehens auf rein
physikalisch-chemische Faktoren reduzieren?

2. Der historiographische Ausgangspunkt

Die Ökologie ist eine vergleichsweise junge Naturwissenschaft und es
lassen sich verschiedene Gründerväter – entsprechende ‚Mütter'
finden sich in diesem Bereich bis etwa Mitte des 20. Jahrhunderts leider praktisch keine[8] – identifizieren. Gemäß einer weithin akzeptierten
Darstellung erfolgte gegen Ende des 19. Jahrhunderts in der Botanik
eine Synthese dreier vorher weitgehend getrennter Bereiche: Andreas
Franz Wilhelm Schimper (1856–1901) verband standörtliche und
physiognomische Ansätze zu einen umfassenden vegetationskund-
lichen Forschungsprogramm; Carl Georg Oscar Drude (1852–1933)

Edition, Cambridge/ Mass. 1994/Reprint 1995 (1. Aufl. 1985); L. Trepl, *Geschichte
der Ökologie – von 17. Jahrhundert bis zur Gegenwart. 10 Vorlesungen*, Frankfurt
am Main 1987/²1994; Vgl. E. Morgenthaler, *Von der Ökonomie der Natur zur Ökologie. Die Entwicklung ökologischen Denkens und seiner sprachlichen Ausdrucks-
formen*, Berlin 2000; oder die lokale Fallstudie T. Söderqvist, *The Ecologists: From
Merry Naturalists to Saviors of the Nation. A sociologically informed narrative
survey of the ecologization of Sweden 1895–1975*, Stockholm 1986.

8 Sofern die Ökologie ein Produkt neuzeitlicher Naturwissenschaft ist, sollte dies nicht
überraschen, wenn man einer bestimmten feministischen Geschichtsinterpretation
folgt: C. Merchant, *Der Tod der Natur. Ökologie, Frauen und neuzeitliche Naturwissenschaft*, München 1987. Auch das englische Original von 1980 verwendet den
Terminus „Ökologie" in einem naturphilosophischen und zugleich politisch-öko-
logischen Sinne allgemeiner Mensch-Naturverhältnisse.

brachte zur Erklärung der Vergesellschaftung erstmals in systematischer Weise die Umweltverhältnisse, die Vegetationsform und die Arten als Taxa zusammen.[9] Und schließlich war es der Däne Johannes Eugenius Bülow Warming (1841–1924), der die Beziehungen *zwischen* den Arten betonte und ihre Anpassungen als Resultat eines Wettbewerbs verstand.[10] Die synökologische Betrachtung von (Pflanzen-) Gesellschaften war damit als kohärentes und praktiziertes Forschungsprogramm etabliert – durch das „große europäische Triumvirat der ökologischen Pflanzengeographen".[11] Warming erschien bereits den Ökologen des frühen 20. Jahrhunderts als „Vater der modernen Ökologie".[12]

Osche betont, dass Deutschland als „Geburtsstätte der Ökologie" gelten dürfe, weil dort die Grundbegriffe durch Haeckel („Ökologie" selbst), Möbius („Biozönose") und Thienemann („Ökosystem") geprägt wurden.[13] Ein ganzer Quellenband widmet sich den Europäischen Ursprüngen der Ökologie, wobei hier sowohl Darwin und Haeckel als auch Warming prominent berücksichtigt werden.[14] Unabhängig von regionalpatriotischen Positionierungen ist unstrittig, dass Haeckel als Erfinder des Wortes „Ökologie" und Darwin als Evolutions- und insbesondere als Selektionstheoretiker bedeutsam für die *spätere* Entstehung und Entwicklung der Ökologie als eigenständiger Disziplin waren – insofern also als ‚Großväter' der Ökologie gelten können.[15]

9 Dies hob die bisherige Trennung eines ‚Raums', in dem die Pflanzen ‚sind', von einem ‚Raum', in dem die Pflanzen nach allgemeinen Gesetzen ‚funktionieren' und dem analytisch-taxonomischen ‚Raum' der Vegetation auf; vgl. L. Trepl, *Geschichte der Ökologie*, S. 135f.

10 E. Warming, *Lehrbuch der ökologischen Pflanzengeographie. Eine Einführung in die Kenntnis der Pflanzenvereine*, Berlin 1896, S. 94 (dänisches Orig.: *Plantesamfund*. Grundtræk af den økologiske Plantegeografi, Kopenhagen 1895). Dieses Buch hatte erhebliche Auswirkungen auch auf die englische und nordamerikanische Ökologie, vgl. W. Coleman, „Evolution into ecology? The strategy of Warming's ecological plant geography", in: *Journal of the History of Biology*, 19(2)/1986, S. 181-196.

11 D. Worster, *Nature's economy*, S. 198 (Übers.: d. Verf.).

12 Vgl. L. Trepl, *Geschichte der Ökologie*, S. 138 mit Bezug auf Henry Chandler Cowles (1869–1939).

13 G. Osche, *Ökologie*, S. 9; es ist bemerkenswert, dass hier alle Konzepte von Zoologen stammen.

14 P. Acot (Hrsg.), *The European origins of scientific ecology*, 2 Bände, Amsterdam 1998.

15 Dass sich die Genealogie noch weiter in die Vergangenheit verfolgen lässt, sei hier als selbstverständlich vorausgesetzt. Insbesondere die Namen Friedrich Wilhelm Heinrich Alexander von Humboldt (1796–1859) und Carl von Linné (1707–1778) sind zu nennen, aber dieser Teil der Vor-Geschichte der Ökologie sei hier nicht

Doch wie bedeutsam sind die jeweiligen Beiträge und wie steht es um das Verhältnis der beiden ‚Großväter mit Bezug auf die Ökologie'? Kurz vor dem umfänglich begangenen Darwin-Jahr 1959, anlässlich der 100-jährigen Wiederkehr der Publikation von *Origin of Species*,[16] erschien ein vielbeachteter Beitrag des Wissenschaftshistorikers Robert C. Stauffer (1913–1992).[17] Darin betont er die Bedeutung Darwins für die Ökologie zum einen hinsichtlich der Erklärung von Anpassungen aufgrund entsprechender Selektion durch die Umweltbedingungen und zum zweiten mit Bezug auf die Formulierung von „Stellen in Haushalt der Natur".[18] Zugleich sei Darwins konzeptioneller Rahmen auch direkt Grundlage für Haeckels Ökologiedefinition gewesen, Haeckel selbst aber in späteren Jahren sogar hinderlich für die Entwicklung der modernen quantitativen Ökologie gewesen. Egerton hat Stauffers inzwischen klassisch gewordene Narrativ zu Haeckel als ‚Großvater' der Ökologie pointiert zusammengefasst: „what was good in his ecology he got from Darwin, and what was misguided, he got from himself".[19] Im Folgenden seien die Hintergründe und mögliche Begrenzungen dieser Sichtweise mit Blick auf die Beiträge Darwins und Haeckels zur Ökologie etwas näher betrachtet und dabei eine etwas abweichende Interpretation vorgeschlagen.

3. Darwins implizite Ökologie: Umwelt als Selektionsnetzwerk

Ökologie als Teildisziplin der Biologie muss sich gewissermaßen notwendig auf Darwin beziehen, insofern dieser mit seiner Evolutionstheorie bzw. deren verschiedenen Teiltheorien die Biologie grundlegend

weiter behandelt. Im *Bulletin of the Ecological Society of America* findet sich eine entsprechende bis auf die Antike zurückgreifende enzyklopädische Reihe von Frank Egerton, „A History of Ecological Sciences": http://esapubs.org/bulletin/current/history_links_list.htm.

16 C. Darwin, *On the origin of species by means of natural selection, or the preservation of favoured races in the struggle for life*, London 1859.

17 R. C. Stauffer, „Haeckel, Darwin, and Ecology", in: *The Quarterly Review of Biology*, 32(2)/1957, S. 138-144.

18 R. C. Stauffer, „Haeckel, Darwin, and Ecology", S. 140.

19 F. N. Egerton, „History of Ecological Sciences, Part 47: Ernst Haeckel's Ecology", in: *Bulletin of the Ecological Society of America*, 93/2012 (in Vorbereitung); Egerton folgt seinem Doktorvater Stauffer in dessen harschen Urteil nur teilweise. Ich danke dem Autor für die Einsicht in sein Manuskript.

revolutioniert und seit 1859 maßgeblich geprägt hat.[20] Speziell zur
Ökologie können aus *Origin of Species* drei Elemente herausgehoben
werden. Zum ersten formuliert ist das Kapitel III („Struggle for
existence") eine zumindest auch ökologische Interaktionstheorie: „… the
structure of every organic being is related, in the most essential yet
often hidden manner, to that of all organic beings with which it
comes into competition for food or residence, or from which it has to
escape, or on which it preys."[21]

Darwin illustriert die wechselseitige Abhängigkeit der Organismen
mit der berühmt gewordenen Ketten-Parabel von Hummeln, Mäusen,
Katzen und Klee: Da Rotklee (*Trifolium pratense*) vor allem von
Hummeln bestäubt wird, Hummelnester aber von Feldmäusen zerstört und die Mäuse wiederum von Katzen gefressen werden, hänge
die lokale Verbreitung von Pflanzen eben mittelbar von Katzen ab.[22]
Dass diese wiederum in der Nähe menschlicher Siedlungen häufiger
seien, erwähnt Darwin ausdrücklich, schließt den Menschen in seine
ökologische Wirkungskette aber *nicht* explizit mit ein. Hier scheint
mir die methodische Trennung zwischen natürlicher und künstlicher
Selektion der Grund zu sein – ein Motiv, dass sich auch insofern durch
die gesamte Geschichte der Ökologie zieht, als dass Menschen zumeist nicht als ,natürliche' ökologische Faktoren wahrgenommen werden, sondern eben als ,unnatürliche'. Dies hat – mit etlichen Zwi-
schenschritten – auch Einfluss auf die *ökologische* Gegenüberstellung
von Mensch und Natur sogar nach und trotz der Darwinschen *evolutionären* ,Naturalisierung' des Menschen.[23]

Zum zweiten ist bei Darwin die auf Linné zurückgehende Idee
eines Haushalts der Natur vertreten, wo er von „places in the economy
of nature" spricht.[24] Zugleich ist diese Vorstellung verbunden mit
folgender Beobachtung: trotz dynamischer Ereignisse und Prozesse seien

---

20 Aus der inzwischen unüberschaubaren Fülle der ,Darwin-Industry' sei hier ledig-
    lich auf zwei wichtige neuere Beiträge von Eve-Marie Engels verwiesen: E.-M.
    Engels, *Charles Darwin*, München 2007; E.-M. Engels, T. F. Glick (Hrsg.), *The Re-
    ception of Charles Darwin in Europe*, 2 Bände, London 2008.
21 C. Darwin, *On the origin of species*, S. 60.
22 C. Darwin, *On the origin of species*, S. 73f. Es werden zahlreiche weitere Beispiele
    genannt, die aber nicht diesen ,Kettencharakter' aufweisen.
23 Vgl. dazu ausführlicher dazu T. Potthast, *Die Evolution und der Naturschutz. Zum
    Verhältnis von Evolutionsbiologie, Ökologie und Naturschutzethik*, Frankfurt am
    Main 1999, insbesondere Kap 4.
24 C. Darwin, *On the origin of species*, S. 81f. und öfter.

die Kräfte der Natur langfristig so im Gleichgewicht („nicely balanced"),
dass das Erscheinungsbild der Natur über große Zeiträume gleich
bleibe.[25] Der Ausdruck „economy of nature" findet sich im *Origin* an
vielen Stellen, und eine Interpretation erscheint nicht einfach. In gewisser Weise kann er als erster Schritt zur *späteren* Konzeption der
„ökologischen Nische" verstanden werden, was mit Bezug auf die
„Plätze" einzelner Organismen in der Natur und ihrer entsprechenden Anpassung überzeugend ist.[26] Doch zugleich verweist Darwin mit
diesem Ausdruck sehr viel allgemeiner auf eine Ordnung der Natur,
die Stauffer – hier ganz im Sinne der Biologe des 20. Jahrhunderts –
als „Systemcharakter" bestimmt und sie an entsprechende Konzepte
der Ökosystemökologie anschließt. Andere Autoren haben dargelegt,
dass diese Ökonomie der Natur vor allem einem allgemeinen zeitgenössischen sozialen und gesellschaftspolitischen Ideal entsprach.[27]
Die gemeinsamen Basistheoreme Knappheit, Konkurrenz und Effizienz
sind die Grundlagen der Ökonomie der Natur ebenso wie der Natur
der Ökonomie, sofern man die Ökonomik allein mit Theorien eines
Marktgeschehens identifiziert, wie Friedrich Engels (1820–1895) um
1880 in einer später oft rezipierten Polemik anmerkte:

„Die ganze Darwinsche Lehre vom Kampf ums Dasein ist einfach
die Übertragung der Hobbesschen Lehre vom bellum omnium contra
omnes und der bürgerlichen ökonomischen von der Konkurrenz,
sowie der Malthusschen Bevölkerungstheorie aus der Gesellschaft in
die belebte Natur."[28]

Es sei dahingestellt, ob diese Interpretation Darwins komplexem
Theoriengebäude gerecht wird, aber für bestimmte Ebenen der Rezeption sowohl in den Wissenschaften als auch darüber hinaus kann
man schwer bestreiten, dass sie in ihrer trivialen Form in der Tat sehr
wirkmächtig wurde, indem gesellschaftspolitische Theorien in die
Natur hineingelesen wurden, um sie dann als ‚Beweis' ihrer objektiven Existenz wiederum aus der Natur für die Gesellschaft als gültig
‚abzuleiten'. Im Gegensatz zu heutigen ‚Sozialdeterministen' bzw. ‚Naturalisten' sei hier betont, dass der Weg zwischen wissenschaftlichen

25 C. Darwin, *On the origin of species*, S. 73; diese Sichtweise ist meines Erachtens
    mit seiner naturphilosophischen Konzeption eines Gradualismus eng verknüpft; vgl.
    dazu u. a. E.-M. Engels, *Charles Darwin*, S. 94.
26 Vgl. E.-M. Engels, *Charles Darwin*, S. 94.
27 R. M. Young, *Darwin's Metaphor. Nature's Place in Victorian Culture*, Cambridge/
    New York 1985.
28 F. Engels, *Dialektik der Natur*, Berlin 1990, S. 565.

Konzepten und anderen gesellschaftlichen „Denkkollektiven" keinen notwendigen ‚Ursprung' in einem der beiden Gebiete, sondern im Hin- und Her sich vielmehr kontingent transformiert.

Der dritte Punkt betrifft die Schlussbemerkung von Darwins *Origin*: „It is interesting to contemplate an entangled bank, clothed with many plants of many kinds, with birds singing on the bushes, with various insects flitting about, and with worms crawling through the damp earth, and to reflect that these elaborately constructed forms, so different from each other, and dependent on each other in so complex a manner, have all been produced by laws acting around us. [...] There is grandeur in this view of life, with its several powers, having been originally breathed into a few forms or into one; and that, whilst this planet has gone cycling on according to the fixed law of gravity, from so simple a beginning endless forms most beautiful and most wonderful have been, and are being, evolved."[29]

Die ‚Verwickeltheit' des Uferstücks wird als Hinweis auf Komplexität verstanden, die wiederum ökologische Fragestellungen vorweg genommen habe. Joel Hagen hat die Metapher sogar zum Titel seines Buches über die Entstehung der Ökosystemökologie gemacht, als Hinweis darauf, dass verwickelte Komplexität eines der Kennzeichen moderner Ökologie ist, verweist aber ansonsten vor allem auf Darwins interaktionsbezogene Selektionstheorie als entscheidenden Stimulus für die Biologie insgesamt und auch die Ökologie.[30]

Darwin hat neben seinem Hauptwerk auch in anderen Publikationen an ökologischen Phänomenen gearbeitet. Genannt seien hier vor allem sein letztes Werk über Regenwürmer und deren Bedeutung für die Bodenentwicklung und Bodenfruchtbarkeit sowie das ebenfalls mehrfach überarbeitete Buch über Orchideen und ihre Bestäuber.[31] In beiden Werken wird klar, dass Darwin – im Gegensatz zu Haeckel – auch

---

29 C. Darwin, *On the origin of species*, S. 489f. In der deutschen Übersetzung von Viktor Carus von 1884 wird die Metapher der „entangled bank" durch „dicht bewachsene Uferstrecke" nicht wirklich deutlich. In späteren englischen Auflagen hat Darwin „entangled" durch „tangled" ersetzt.

30 J. B. Hagen, *An Entangled Bank. The Origins of Ecosystem Ecology*, New Brunswick, N.J. 1992, S. 1f.

31 C. Darwin, *The formation of vegetable mould, through the action of worms*, London 1881; C. Darwin, *On the various contrivances by which British and foreign orchids are fertilised by insects.*, London 1862; C. Darwin, *The various contrivances by which orchids are fertilised by insects*, 2. überarb. und rev. Aufl., New York 1877.

experimentell an ‚ökologische‘ Fragen herangegangen ist. Gavin de Beer spricht vom Regenwurm-Buch als „a pioneer study in quantitative ecology".[32] Worster hat darauf hingewiesen, dass Darwins Naturbild einerseits streng selektionistisch („managerial" im Sinne der Konkurrenz und eines ökonomischen Knappheitsprimats) ist, anderseits aber auch voller Vorstellungen natürlicher Harmonie („arcadian ideal of nature") steckt.[33] Diese Ambivalenz findet sich in heutigen Debatten um das vermeintliche „ökologische Gleichgewicht", das einerseits die öffentliche Diskussion beherrscht, andererseits immer wieder aufs Neue gerade von naturwissenschaftlichen Ökologen verworfen wird.[34]

Darwins ‚Ökologie‘ lässt sich also als eine implizite verstehen, in der die Umwelt des Organismus in ein Netzwerk selektionierender Interaktions-Beziehungen (Konkurrenz in einem weiten Sinne) eingebunden ist und sich – damit – eine Ökonomie der Natur ausbildet, die im Detail ihrer Plätze dynamisch ist, insgesamt im Großen aber – meist, nicht immer – langfristig stabil bleibt. Dieser Punkt wird uns später noch beschäftigen.

4. Haeckels explizite Programm-Ideen: Umweltphysiologie und Haushaltslehre

Ernst Haeckel wurde nach der Publikation des *Origin* sehr rasch zum wichtigsten Vertreter der Darwinschen Evolutionstheorie in Deutschland.[35] Dabei ging es – aus heutiger Sicht – Haeckel nicht primär um

---

32 G. De Beer, *Charles Darwin. A scientific biography*, Garden City (New York) 1963; vielleicht ist ein anderer Ausdruck geeigneter: vgl. H. J. Rheinberger, P. McLaughlin, „Darwin's Experimental Natural History", in: *Journal of the History of Biology*, 17/1984, S. 345–368.

33 D. Worster, *Nature's Economy*, S. 184. Worster deutet die Elemente mit Verweis auf biographisch heterogene Erfahrungen Darwins auf Reisen und im ländlichen Down, zugleich aber auch mit festen Überzeugungen viktorianischer Fortschrittsideen, die ein rückwärtsgewandtes Naturideal ausschlössen. Insgesamt erscheint mir die Beobachtung der Ambivalenz sehr zutreffend.

34 T. Potthast, „Die wahre Natur ist Veränderung. Zur Ikonoklastik des ökologischen Gleichgewichts", in: L. Fischer (Hrsg.), *Projektionsfläche Natur. Zum Zusammenhang von Naturbildern und gesellschaftlichen Verhältnissen*, Hamburg 2004, S. 193-221.

35 Auch zu Haeckel ist die Literatur kaum überschaubar, vgl. nur jüngst: M. A. Di Gregorio, *From Here to Eternity: Ernst Haeckel and Scientific Faith*, Göttingen 2005; O. Breidbach, *Visions of nature. The art and science of Ernst Haeckel*, Mün-

die *genaue* Vermittlung von Details der Darwinschen Argumentationen,[36] sondern gerade auch um die biologietheoretisch und weltanschaulich revolutionären Konsequenzen des „Entwicklungsgedankens" im Blick auf die mit Verweis auf Darwin legitimierte Verbreitung von Haeckels eigenen Ideen. Diese waren im Laufe seines Lebens zunehmend weniger von empirisch-biologischer sondern immer stärker von ,rein' weltanschaulicher Provenienz. In diesem Sinne sollte die Rede von Haeckel als dem „Deutschen Darwin" verstanden werden. Zugleich darf aber die biotheoretische Bedeutung des frühen Haeckel nicht unterschätzt werden. Er publizierte 1866 mit der in weniger als einem Jahr geschriebenen *Generellen Morphologie der Organismen* ein ebenso umfang- wie einflussreiches Werk mit dem erwähnenswerten Untertitel des Gesamt-Werkes *Allgemeine Grundzüge der organischen Formen-Wissenschaft, mechanisch begründet durch die von Charles Darwin reformirte Descendenz-Theorie*.[37] Der zweite Band liefert erstmals detaillierte Stammbäume, und zwar bereits einschließlich des Menschen, was zu dieser Zeit über Darwin hinaus ging.[38] Zugleich postuliert Haeckel darin unter vielem anderen das neue biologische Fachgebiet der Ökologie im Rahmen eines umfassenden Entwurfs für ein System der Biologie. Dabei formuliert Haeckel mit der ihm eigenen Schärfe Kritik an der Begriffsverwirrung durch unterschiedliche Verwendungen und Auffassungen biologischer Disziplinen und Fachkollegen. In einer Fußnote erwähnt er die Ökologie erstmals, um der Mehrdeutigkeit zu begegnen, die mit „Biologie" verbunden war: Haeckel meint damit die Biologie als übergreifende „Lebenswissenschaft", während das, was viele Autoren unter „Biologie" verstehen, nunmehr eben neu als „Ökologie" zu bezeichnen sei.[39]

---

chen 2006; R. J. Richards, *The tragic sense of life. Ernst Haeckel and the struggle over evolutionary thought*, Chicago 2008; U. Hoßfeld, *absolute Ernst Haeckel*, Freiburg i. Br. 2010.

36 Obwohl Haeckel auch dies konnte, vgl. M. A. Di Gregorio, „Unter Darwins Flagge", S. 91.

37 E. Haeckel, *Generelle Morphologie der Organismen. Allgemeine Grundzüge der organischen Formen-Wissenschaft, mechanisch begründet durch die von Charles Darwin reformirte Descendenz-Theorie*, 2 Bände, Berlin 1866. Die zusätzlichen Untertitel der Einzelbände sind weiter unten aufgeführt.

38 Hinweise auf weitere wichtige Aspekte geben u. v. a. der Aufsatz von M. A. Di Gregorio, „Unter Darwins Flagge" sowie U. Hoßfeld, *absolute Haeckel*, S. 50f.

39 E. Haeckel, *Generelle Morphologie der Organismen, Erster Band: Allgemeine Anatomie der Organismen, Kritische Grundzüge der mechanischen Wissenschaft von den entwickelten Formen, begründet durch die Descendenz-Theorie*, Berlin 1866,

Doch die terminologische Perspektive ist nur der erste Aspekt. Zum Aufbau eines kohärenten Forschungsprogramms der Biologie entwirft Haeckel exemplarisch sein System der „Gesamtwissenschaft von den Thieren", wobei er dasselbe für die Botanik und die Protistik – als anderen beiden „Reiche" des Lebendigen – fordert. In diesem System, subsumiert unter „Physiologie" – die anderen großen Bereiche sind die Morphologie und die Chemie –, findet sich der Neologismus „Ökologie", dieser ist bei weitem nicht der einzige, den Haeckel prägte und der sich in die Terminologie der Biologie eingeschrieben hat: „Oecologie und Geographie des Organismus oder Physiologie des Organismus zur Aussenwelt".[40]

In der *Generellen Morphologie* erscheint die Ökologie an verschiedenen Stellen und in leichten Differenzierungen, die inzwischen gut dokumentiert sind, ebenso wie die Erwähnung der Ökologie in späteren Publikationen.[41] Eine erste Definition und inhaltliche Ausführungen zur Ökologie finden sich im zweiten Band: „Unter Oecologie verstehen wir die gesammte Wissenschaft von den Beziehungen des Organismus zur umgebenden Aussenwelt, wohin wir im weiteren Sinne alle ‚Existenz-Bedingungen' rechnen können. Diese sind theils organischer theils anorganischer Natur."[42]

Immer wieder rekurriert Haeckel – ganz wie Darwin und zugleich mit ihm – auf den Haushalt der Natur: „Die Descendenz-Theorie erklärt uns also die Haushalts-Verhältnisse mechanisch, als die nothwendigen Folgen mechanischer Ursachen, und bildet somit die monistische Grundlage der Oecologie. Ganz dasselbe gilt nun auch von der Chorologie der Organismen."[43]

Wie in einem Brennglas sind hier alle Elemente versammelt, die den Haeckelschen Ökologieentwurf ausmachen. In späteren Definitionen hat er sowohl die Bedeutung Darwins und seiner Selektions-

---

S. 8. Auch der Begriff „ethologisch" bezeichnete seinerzeit zuweilen das, was dann „ökologisch" heißen sollte.

40 E. Haeckel, *Generelle Morphologie der Organismen, Erster Band*, S. 237.

41 Vgl. Stauffer, „Darwin, Haeckel, and Ecology", S. 140f.; Acot, *European Origins*, S. 671f.

42 E. Haeckel, *Generelle Morphologie der Organismen, Zweiter Band: Allgemeine Entwickelungsgeschichte der Organismen, kritische Grundzüge der mechanischen Wissenschaft von den entstehenden Formen der Organismen, begründet durch die Descendenz-Theorie*, Berlin 1866, S. 237

43 E. Haeckel, *Generelle Morphologie der Organismen, Zweiter Band*, S. 287. Die explizit räumliche (heute: biogeographische) Dimension, die im ersten Band unter Geographie firmiert, heißt im zweiten Chorologie.

theorie sowie die des Gesamt-Haushaltes der Natur noch stärker betont. Seitens der Historiographie wird Ernst Haeckels „historisches Verdienst" als konzeptioneller ‚Bezeichnender' für das Forschungsgebiet der Ökologie als eigenständiges und sich seiner selbst bewusstes Forschungsgebiet gewürdigt – ohne dass er dabei selbst die Ökologie als ‚Bezeichnetes' weiter betrieben oder befördert habe.[44]

5. Darwin, Haeckel und die hybriden Naturen der Ökologie

Im Spiegel der Wissenschaftsgeschichtsschreibung finden sich Themen und Konflikte der Ökologie, die auch mit Blick auf die ‚Großväter' Darwin und Haeckel auf verschiedenen Ebenen verhandelt werden. Sie betreffen a) methodologische, b) evolutionstheoretische, c) weltanschauliche und d) im engeren Sinne ökologietheoretische Fragen, die alle miteinander verzahnt sind und im Folgenden exemplarisch diskutiert werden sollen.

Haeckel selbst ist noch an einer vielbeachteten Episode aus der Frühzeit der sich bildenden Ökologie beteiligt: dem Streit um die quantitativen Studien zum Meeresplankton. Der Kieler Zoologe Christian Andreas Viktor Hensen (1835–1924), Mitbegründer der biologischen Ozeanographie, hatte nach jahrelangen Studien in der Kieler Bucht 1889 eine große Plankton-Expedition im Atlantik durchgeführt. Dabei ging es um quantitative Erfassungen durch systematische Züge v. a. mit dem von ihm entwickelten Planktonnetz. Haeckel griff Hensen 1890 in ausgesprochen scharfer Form („öde Zahlen", „nutzlos") an, dieser antwortete und es entspann sich die „Hensen-Haeckel-Kontroverse", die insbesondere als Konflikt zwischen taxonomisch-qualitativen (Haeckel) und eben quantifizierenden Ansätzen der Planktonforschung und damit pars pro toto der Ökologie gelesen wird. Die methodologische Kritik Haeckels an der konkreten Durchführung dieser ersten Versuche ist nachvollziehbar, und die Antwort Hensens ver-

---

44 K. Jax, „History of Ecology", in: Encyclopedia of Life Sciences, 2001/2011, http://onlinelibrary.wiley.com/doi/10.1002/9780470015902.a0003084.pub2/abstract. Ähnlich verfährt bereits die historische Einleitung mit der im englischsprachigen Raum vielzitierten Formulierung einer „self-conscious ecology": W. C. Allee, A. E. Emerson, O. Park, T. Park, K. P. Schmidt, Principles of animal ecology, Philadelphia/London 1949, S. 42

lagert dann auch den Streit auf technisch-apparative Fragen, aber auch die Betonung der ökonomischen Nützlichkeit für Produktivitätsmessungen. Das Ganze lässt sich nach Breidbach darüber hinaus zugleich als Konflikt zwischen einer statisch-physiologischen und einer morphologisch-evolutionsbiologischen Biologie interpretieren.[45] Stauffer dagegen legt die Opposition auf dieser Ebene etwas anders, nämlich zwischen Haeckel, der Hensen missversteht und der vor allem seinen individuellen subjektiven Zugang zu den Naturerscheinungen (des Planktons) nicht aufgeben will, und Hensen als methodologischen Innovator, der bereits zeitgenössisch durch Darwins Lob geadelt wurde.[46] Und auch in weltanschaulich-naturbezogener Hinsicht taucht ein wichtiger Topos auf: die Ökonomisierung des Biotischen in einem quantifizierend-analytischen Denk- und technischen Praxisstil gegen den holistisch-deskriptiven.[47] Dieser wiederum hat etwas mit einem geradezu naturgeschichtlichen Zugang zu tun: „Haeckel beschreibt, zeichnet, schematisiert und findet in der Illustration sein Bild der Natur".[48]

Die Spannung zwischen Naturgeschichte à la Linné oder Humboldt und quantifizierender moderner Biologie liegt offensichtlich quer zur Frage einer statischen oder evolutionären Sicht. Und zugleich kann der mehrfach „hybride Charakter" als Kennzeichen und vielleicht auch produktive Dialektik der Ökologie interpretiert werden.[49]

Zugleich bilden Haeckels unterschiedliche Definitionen letztlich Vorwegnahmen zweier immer wieder getrennter Gebiete der Ökologie: Zum einen geht es um den Einzelorganismus in seiner belebten und unbelebten Umwelt (später ‚Autökologie' genannt), zum zweiten um die Einheit der Kombination unterschiedlicher Arten und -gruppen (‚Synökologie'). Die „Heterogenität in den Haeckelschen Auffas-

45 O. Breidbach, „Über die Geburtswehen einer quantifizierenden Ökologie – der Streit um die Kieler Planktonexpedition von 1889", in: *Berichte zur Wissenschaftsgeschichte*, 13/1990, S. 101-114, hier S. 110f.
46 Stauffer, „Darwin, Haeckel, and Ecology", S. 142f.
47 O. Breidbach, „Über die Geburtswehen einer quantifizierenden Ökologie", S. 110 und 102.
48 O. Breidbach, „Monismus um 1900 - Wissenschaftspraxis oder Weltanschauung?", in: *Stapfia*, 56 (zugleich *Kataloge des Oberösterreichischen Landesmuseums, Neue Folge*, 131)/1998, S. 289-316, hier S. 310.
49 K. Jax, „History of Ecology", S. 1; J. B. Hagen, *An entangled bank*, S. 3.

sungen" nehme hier wesentliche Tendenzen der Ökologie im 20. Jahrhundert vorweg.[50]

Ein augenfälliger Unterschied zwischen evolutionsbiologischen –
sei es in Morphologie, Systematik oder Populationsgenetik – und ökologischen Fragestellungen liegt gerade im Hinzukommen neuer und
damit *unterschiedlicher Objektbezüge.* In der heutigen Ökologie geht
es auch nicht um Individuen und Populationen, aber auch insbesondere um interspezifische Lebensgemeinschaften sowie Stoff- und En-
ergieströme. Diese Vielfalt von Bezugseinheiten bildet den im Detail
analytisch aufzulösenden Haushalt der Natur, der bei Darwin und auch
noch bei Haeckel eine ungeöffnete ,black box' bleibt.

Die herausgehobene Rolle von Organismen ist mit dem klassischen Darwinschen individualistischen Paradigma verbunden, dem
gemäß Selektion auf der Ebene des Organismus die zentrale Rolle
spielt. Ein Ökosystem ist darin ebenso wenig Einheit der Evolution
wie Lebensgemeinschaften. Im Ökosystemansatz des 20. Jahrhunderts wird Ökologie dagegen in Physik und Chemie auflösbar. Dagegen betont der *community*-Ansatz eine eigenständige ,mittlere' Einheit der Ökologie – die Lebensgemeinschaft. In allen drei Ansätzen
lassen sich bei konsequenter theoretischer Interpretation die Spezi-
fika jeweils anderer Ebenen als weniger bedeutsame Epiphänomene
von Prozessen der jeweils als entscheidend angesehenen Einheit auflösen.[51] Solche Überlegungen haben entscheidenden Einfluss auf den
Ort der Ökologie – oder der Ökologien – nicht nur im System der
Biologie, sondern im System der Naturwissenschaften insgesamt. Ob
nämlich der Haushalt der Natur ein genuin biologischer ist oder doch
eher ein thermodynamisches oder informationstheoretisches *System*
mit einigen belebten und anderen unbelebten Komponenten – dies
hat Auswirkung auf die Art, wie Menschen ihre Naturverhältnisse
nicht nur reflektieren, sondern auch gestalten wollen.

Kommen wir zum Schluss noch einmal auf die Verbindung von
Biologie, Philosophie und Weltanschauung zurück. Bereits in der *Generellen Morphologie* formuliert Haeckel in der ihm eigenen Apodik-
tik: „Alle wahre Naturwissenschaft ist Philosophie und alle wahre
Philosophie ist Naturwissenschaft. Alle wahre Wissenschaft aber ist in

---

50 G. Leps, „Ökologie und Ökosystemforschung", in: I. Jahn (Hrsg.), *Geschichte der
    Biologie. Theorien, Methoden, Institutionen, Kurzbiographien*, 3. Auflage, Jena 1998,
    S. 601-619, hier S. 601.
51 T. Potthast, *Die Evolution und der Naturschutz*, Kap. 3.

diesem Sinne Naturphilosophie".[52] Dies ist einerseits extrem problematisch oder zugleich eine Binsenweisheit, andererseits aber passt es zu vielen Problemen, die sich die Ökologie als doppeltes Praxisfeld zwischen Naturwissenschaft und Naturerhaltung seit dem zweiten Drittel des 20. Jahrhunderts ausgesetzt sieht.[53]

„Die gewaltigen Fortschritte, welche die Naturwissenschaft in den letzten Jahrzehnten auf allen Gebieten gemacht hat, haben auch eine ungeahnte Erweiterung und Vertiefung unserer Natur-Erkenntnis zur Folge gehabt. In demselben Maße. wie diese letztere vorgeschritten ist, hat sie die veralteten dogmatischen und mystischen Vorstellungen über Welt und Menschen, über Körper und Geist, Schöpfung und Entwicklung, Werden und Vergehen der erkennbaren Dinge verdrängt und beseitigt. An die Stelle der alten dualistischen Vorstellungen sind mehr und mehr monistische getreten. Tausende und Abertausende finden keine Befriedigung mehr in der alten, durch Tradition oder Herkommen geheiligten Weltanschauung; sie suchen nach einer neuen, auf naturwissenschaftlicher Grundlage ruhenden, einheitlichen Weltanschauung."[54]

Vieles aus diesem Zitat erinnert an Formulierungen, mit denen in den 1970er Jahren allerlei sich auf Erkenntnisse der neueren Physik oder auch der Ökologie beziehende neue Weltbilder propagiert wurden. Und während die erste Hälfte des Zitats auch heute noch von manchen „Naturalisten" unterschreiben werden könnte – vielleicht nun im Blick auf die Neurowissenschaften –, zeigt der zweite Teil inzwischen weitgehend kritisierte, aber auch nicht ganz überwundene Idiosynkrasien.

Der „Ökologie" eignet offenbar die Fähigkeit, zu einer bestimmten Zeit erfolgreich einen Diskurs um menschliche Naturverhältnisse zu organisieren, in dem sich notwendig Wissen und Wertung von Natur verknüpfen. Die ‚Groß-Väter' Darwin und Haeckel erhellen bereits, dass die Grenze zwischen Ökologie als Weltanschauung und Ökologie als Naturwissenschaft dabei stets aufs Neue aufgelöst bzw. anders gezogen wird.

---

52 E. Haeckel, *Generelle Morphologie der Organismen*, Zweiter Band, Berlin 1866, S. 447.
53 So ausgeführt in L. Trepl, *Geschichte der Ökologie*.
54 H. Schmidt, „Die Gründung des Deutschen Monistenbundes", in: *Das Monistische Jahrhundert*, 22/(1912/1913), S. 740-749, hier S. 748.

Abb. 1: Ernst Haeckel im Alter von 70 Jahren; 1904 wurde er weniger als Ökologe, denn als materialistischer Monist während des Freidenker-Kongresses in Rom zum Gegenpapst ausgerufen. Doch vielleicht ist die Charakterisierung als „Idealist des Materialismus", der beim Pantheismus der „Kristallseelen" landete, angemessener.[55]

55 Vgl. J. Hemleben, *Ernst Haeckel, der Idealist des Materialismus*, Reinbek bei Hamburg 1964. Bildnachweis: Archiv des Ernst-Haeckel-Hauses, Friedrich-Schiller-Universität Jena; ich danke Thomas Bach und Horst Neuper für die Unterstützung.

2. Der Mensch und andere Tiere

Reiner Wimmer

Zu den Quellen von Gut und Böse

Eine anthropologische Spurensuche mit Immanuel Kant
und Simone Weil

1. Einleitende Bemerkungen zu Gut und Böse bei Mensch und Tier

Unser Bemühen in der Ethik ist in der Regel darauf gerichtet, situationsangemessene Antworten auf die uns bedrängenden Fragen nach dem moralisch Guten und Richtigen zu finden, diese Antworten zu rechtfertigen und die besseren Handlungsalternativen vor den schlechteren mit guten Gründen auszuzeichnen. Angetrieben durch die Not, dass das moralisch Erforderliche oft ganz und gar nicht auf der Hand liegt, weil die Situationen zu unübersichtlich, ihre normativen Aspekte zu zahlreich und die involvierten Interessen zu heterogen sind, streben wir bei unseren Antwortversuchen über die jeweils aktuellen Problemlagen hinaus, um grundsätzlichere, allgemeiner gültige Lösungen zu finden.

Dann kann es sein, dass wir zu ersten Prinzipien des Guten und Richtigen gelangen, deren Vielzahl und Heterogenität dann allerdings die weitere Aufgabe stellt, ihr Verhältnis zueinander zu klären und ihren möglichen Einheitsgrund aufzuzeigen. Zu welchen Ergebnissen auch immer man bei diesen Bemühungen kommt – klar ist, dass sie *vernunftgeleitet* sind, auch wenn man an der Aufgabe der systematischen Vereinigung der reduktiv (oder der induktiv, aus den faktisch vertretenen Ethiken und Moralen) gewonnenen Prinzipien scheitert – also der Vernunftanspruch für das *Ganze* oder das *Gesamt* unserer ethischen Bemühungen und Positionen nicht oder noch nicht eingelöst werden kann.

Hier nach den *Quellen* des moralisch Guten und Richtigen zu fragen, kann als ein Fragen nach seinen *Gründen* aufgefasst werden, wobei dieses Fragen in der einen Bedeutung von ‚Grund‘, die oben zur Sprache kam, identisch ist mit der Frage nach einem *guten* – synonym: *vernünftigen, einsichtigen, überzeugenden* – Grund, in der anderen Bedeutung von ‚Grund‘ in die Anthropologie weist: etwa auf vormoralische Dispositionen, über die uns unter anderem die Ethologie, vor allem die Primatenforschung, belehrt.

So gibt es, wie Frans de Waal berichtet,[1] bei Affen nicht nur Versöhnungsverhalten *innerhalb* von Affengruppen, etwa bei Schimpansen, sondern auch *zwischen* Gruppen, etwa bei Rhesusaffen, ja sogar zwischen verschiedenen Arten: Jüngere Rhesusaffen übernahmen im Zusammenleben mit älteren Bärenmakaken deren sehr tolerantes, freundliches Verhalten und verloren ganz ihr unkooperatives Verhalten gegenüber Ihresgleichen und behielten ihr Versöhnungsverhalten auch dann bei, als sie wieder von der Gruppe der Makaken getrennt waren. Frans de Waal fügt hinzu: „Diese große Flexibilität gibt es auch bei Menschen. Die Unterschiede im Sozialverhalten etwa von japanischen und amerikanischen Kindern sind sicher nicht genetisch bedingt". Auf die Frage, ob dann doch auch Affen moralische Wesen seien, antwortet de Waal:

„Das würde ich so nicht sagen. Es gibt Stufen der Moralität, und Affen haben viele dieser Stufen erreicht, aber nicht alle. Die Bausteine der Moralität, psychologische Mechanismen wie Einfühlung, Gefühlsansteckung, Perspektivübernahme und Verhaltensweisen wie Zusammenarbeit, Teilen und Trösten finden sich auch bei Menschenaffen. Und in diesen Bausteinen gibt es eine evolutionäre Kontinuität zu den Menschen."

Auf die Frage, ob sich der Mensch die Moral im Kampf gegen seine Natur zugelegt habe, antwortet der Forscher:

„Nein, sie kommt von innen. Moral ist natürlich, und sie hat eine emotionale Basis, ist nicht nur Sache des Verstandes. Empathie etwa ist zu schnell, um unter der Kontrolle des bewussten Nachdenkens zu stehen. Sehen, dass jemand Schmerzen hat, aktiviert dieselben Hirnregionen, wie selbst Schmerzen empfinden. Moralische Dilemmata aktivieren Hirnregionen, die älter sind als unsere Art."

Zwei redaktionelle Glossen bringen den paradoxen Gehalt dieses Interviews mit de Waal auf den Punkt: „Lausen statt prügeln, versöhnen statt spalten, der Affen-Frieden ist lernbar" und „Kultur, Moral und Zivilisation sind keine Fassade für das Monster in uns, sondern Teil unserer Natur". – Das heißt: Moral ist Teil unserer *Natur!* Und: Moral ist lehr- und lernbar! Also: Moral ist Teil unserer *Kultur!* Es gilt aber auch (was nicht Thema, wohl aber Hintergrund und Implikat des

---

1   Manuela Lenzen, „Der Engel im Affen. Frans de Waal findet Bausteine der Moral auch bei unseren Verwandten", in: *Die Zeit* 52 vom 17.12.2003, S. 34 (Interview mit Frans de Waal, dem Leiter des Living-Links-Forschungszentrums in Atlanta); die folgenden Zitate stammen aus diesem Interview.

Interviews war): Unmoral, vor allem tödliche Aggressivität, ist ebenfalls Teil unserer Natur! Und: Unmoral ist lehr- und lernbar! Also: Auch Unmoral kann Teil unserer Kultur sein!

Sowohl in den redaktionellen Glossen als auch in den Folgerungen aus ihnen werden die Ausdrücke ‚Moral' und ‚Unmoral' in gleicher Weise, univok, für Tier und Mensch verwendet. Jedoch in der Frage danach, ob Affen moralische Wesen seien, und in der verneinenden Antwort darauf wird der Ausdruck ‚moralisch' in einem allein dem Menschen vorbehaltenen Sinne gebraucht. Was ist der Unterschied? Bei der für Tier und Mensch gleichen Verwendung von ‚moralisch' und ‚unmoralisch' bleibt die nur dem Menschen zukommende Fähigkeit zur Einsicht in das Richtige und das Falsche des Verhaltens von Mensch (und Tier) und der (natürlichen und kulturellen) Wurzeln dieses Verhaltens im Hintergrund; bei der den Menschen auszeichnenden Kennzeichnung als moralisches Wesen tritt diese Fähigkeit als Unterscheidungsmerkmal in den Vordergrund. Hier ist der Gegensatz zu ‚moralisch' dann natürlich nicht mehr ‚unmoralisch', sondern ‚nicht-' oder ‚amoralisch'; Tiere sind in dieser zweiten Verwendungsweise von ‚moralisch' keine moralischen Wesen.[2]

Hier jedoch, in diesem Essay, möchte ich mich nicht in erster Linie mit dieser den Menschen allein auszeichnenden Fähigkeit (und deren Quellen) beschäftigen, die moralischen Erfordernisse von Situationen und die moralische Qualität von Verhaltensweisen zu erkennen und zu begründen, sondern mit der Fähigkeit des Menschen (und deren Quellen), dem im moralischen Sinne als gut und richtig Erkannten im *Wollen und Handeln auch zu entsprechen*, und das nicht nur, wenn innere (naturgegebene) und äußere (kulturelle, politische, gesellschaftliche) Bedingungen dem nicht entgegenstehen, es gar begünstigen, sondern auch dann, wenn sie ihm widersprechen. Immanuel Kant hebt hervor, dass sich sowohl die unbedingte, kategorische Geltung des moralisch Geforderten als auch die persönliche Moralität eines Menschen zweifelsfrei erst dort zeigen, wo die Forderungen des Moralgesetzes und die der hypothetischen Imperative bzw. Moralität und Legalität[3]

---

2 Ihnen Bosheit als *moralische* Qualität zuzusprechen, ist deshalb nicht möglich. Vgl. Konrad Lorenz, *Das sogenannte Böse. Zur Naturgeschichte der Aggression* [1963], 20. Aufl., München 1995.

3 Vgl. I. Kant, *Grundlegung zur Metaphysik der Sitten*, Riga 1785, B 8ff. = *Akademie-Ausgabe (AA) IV* 397ff.; I. Kant, *Metaphysik der Sitten, Erster Teil: Rechtslehre*, Königsberg 1797, A 6f., 13-18, 47 = *AA VI* 214, 218-221, 238; I. Kant, *Metaphysik der Sitten, Zweiter Teil: Tugendlehre*, Königsberg 1797f., A 7-9, 48f. = *AA*

inhaltlich differieren, im Konflikt zueinander stehen.[4] Was ist es in einem Menschen – so möchte man fragen –, das ihn noch in den widrigsten Umständen den eigenen Interessen entgegen, ggf. sogar unter Hintanstellung des eigenen Lebens – vielleicht selten, aber eben faktisch doch – das als gut Erkannte, das moralisch Geforderte tun lässt? Was ist es also, das einen Menschen zu einem zweifelsfrei guten Menschen macht? Und was macht ihn zu einem bösen Menschen?

2. Anthropologische Quellen des Guten bei Kant

Die sachlich und in Kants Augen allein angemessene Antwort auf diese Frage lautet: des Menschen freie Entscheidung für das moralisch Gute und das in einer Situation moralisch Geforderte.[5] Die genannten Konflikte zwischen moralischer Pflicht und individuellen Neigungen oder gesellschaftlichen Anforderungen sind dann philosophische *rationes cognoscendi* eines solchen Vermögens der Freiheit moralischen Entscheidens.[6] Allein angemessen ist diese Antwort deshalb, weil Moralität – d. h. ein guter oder ein böser Mensch zu sein – ja genau in dieser Selbstbestimmung pro oder contra moralisches Gebot besteht, die Zuschreibung und Zurechnung moralischer Güte oder Bosheit zu einer Person rechtens nur aufgrund solcher Selbstbestimmung erfolgen kann.

Aber Kant bleibt bei dieser Antwort nicht stehen. Er fragt nach weiteren Bedingungen, die für die moralische Güte oder die Bosheit eines Menschen förderlich oder hinderlich sein können. Diese Bedingungen können zufälliger Art sein, wie Erziehungsstile, gesellschaftliche Leitbilder, kulturelle Strömungen; sie können aber auch anthropologisch weitgehend invariante Faktoren beinhalten. Von dieser Art sind jene drei Anlagen des Menschen, von denen Kant in seiner Religionsschrift sagt, dass sie zusammen die dem Menschen von Natur

---

VI 382f., 406f. (A = Erstauflage, B = Zweitauflage). Die Kant-Zitate sind der heutigen Schreibweise, nicht jedoch der heutigen Zeichensetzung angepasst.

4   Vgl. vor allem I. Kant, *Kritik der praktischen Vernunft*, Riga 1788, A 38-51, 60-71 = *AA* V 21-28, 34-41.

5   Bzw. seine freie Entschiedenheit für das Gute, wenn man davon ausgehen darf, dass die Entscheidung für das Gute ein für allemal, in einer einmaligen „Revolution der Denkungsart", geschieht; vgl. I. Kant, *Die Religion innerhalb der Grenzen der bloßen Vernunft*, Königsberg 1793f., B 54f. = *AA* VI 47f.

6   Vgl. I. Kant, *Kritik der praktischen Vernunft*, A 5 mit Anm., 54 = V 4 mit Anm., 30.

aus zukommende *Anlage zum Guten* ausmachen: 1. die Anlage für die sogenannte „Tierheit" (*animalitas*) des Menschen, die ihn zum Sinnenwesen macht; 2. die Anlage für die sogenannte „Menschheit" des Menschen, die Kant durch Verstand und Vernunft charakterisiert sieht, weshalb er sie wohl besser als ‚die Anlage zur Vernünftigkeit (*rationalitas*)' bezeichnet hätte, weil die spezifisch humane Stufe des Menschen, seine *humanitas*, doch erst mit der 3. Stufe erreicht ist, der Anlage für seine „Persönlichkeit" (*personalitas*), worunter er dessen moralische, der moralischen Zurechnung fähige Personalität versteht.[7] Bei Kants knappen Formulierungen wird leicht übersehen, dass für ihn die höherstufige Anlage die niederstufige(n) Anlage(n) in sich begreift, sodass jene trotz ihrer ontologischen Überlegenheit durch diese spezifische Modifikationen erfährt, wie auch diese durch jene: Die Anlage für die *rationalitas* des Menschen ist eine durch seine Anlage für die *animalitas* spezifizierte und eingeschränkte, wie auch seine *animalitas* durch seine *rationalitas* spezifisch modifiziert ist; entsprechend erfährt die Anlage für die *moralitas* des Menschen durch die spezifischen Anlagen für Sinnlichkeit und Rationalität ihre besondere Prägung. Welcher Art diese Prägung ist, erläutert Kant im Anschluss an die Aufzählung der Anlagen in drei Punkten.[8]

Bemerkenswert für Kants anthropologische Analyse ist die Erweiterung der klassischen Zweiheit der Wesensbestimmung des Menschen (*animal rationale*, ζῷον λόγον ἔχον) zu einer Dreiheit. Diese Erweiterung begründet Kant in einer Anmerkung eigens: Die Anlage für die (moralische) Persönlichkeit oder Zurechnungsfähigkeit des Menschen ist nicht schon mit seiner Anlage zur Vernünftigkeit gegeben:

„Denn es folgt daraus, dass ein Wesen Vernunft hat, gar nicht, dass diese ein Vermögen enthalte, die Willkür [= den Willen] unbedingt, durch die bloße Vorstellung der Qualifikation ihrer Maximen zur allgemeinen Gesetzgebung zu bestimmen, und also für sich selbst praktisch zu sein: wenigstens so viel wir einsehen können. Das allervernünftigste Weltwesen könnte doch immer gewisser Triebfedern, die ihm von Objekten der Neigung herkommen, bedürfen, um seine Willkür zu bestimmen, hierzu aber die vernünftigste Überlegung, sowohl was die größte Summe der Triebfedern, als auch die Mittel, den dadurch bestimmten Zweck zu erreichen, betrifft, anwenden: ohne auch nur die Möglichkeit von so etwas, als das moralische schlechthin ge-

7   I. Kant, *Die Religion innerhalb der Grenzen der bloßen Vernunft*, B 15 = VI 26.
8   I. Kant, *Die Religion innerhalb der Grenzen der bloßen Vernunft*, B 16-19 = VI 26-28.

bietende Gesetz ist, welches sich als selbst, und zwar höchste, Trieb-
feder ankündigt, zu ahnen. Wäre dieses Gesetz nicht in uns gegeben,
wir würden es, als ein solches, durch keine Vernunft herausklügeln,
oder der Willkür anschwatzen".[9]

Diese Erläuterung ist ein Ausdruck der Grundüberzeugung Kants
von der unbedingten Geltung der moralisch-praktischen Vernunft des
Menschen und seiner von allen möglichen außermoralischen Antrie-
ben unabhängigen Freiheit, sich selbst jener Vernunft gemäß zu bestimmen. Kant gelangt zur Dreiteilung der Anlage zum Guten im
Menschen durch die Unterscheidung einer autonomen (,reinen', nämlich empirisch unbedingten) und einer heteronomen (empirisch bedingten) praktischen Vernunft und der entsprechenden unbedingten und
bedingten Freiheit des Willens. Das Wort ,gut' im Ausdruck ,Anlage
zum Guten' hat also drei Bedeutungen: Es meint 1) das von der ani-
malischen Bedürftigkeit des Menschen bestimmte (relative) Gutsein
von Tätigkeiten und Gütern, 2) das von seiner Vernunftnatur bestimmte (relative) Gutsein z. B. von kulturellen, speziell von wissenschaftlichen Tätigkeiten und deren technischen Erzeugnissen und 3) das
spezifisch moralische (absolute) Gutsein des Willens, der das moralisch Gute um seiner selbst willen bejaht.

Kant hebt eigens hervor, dass alle genannten Anlagen auch in sich
oder für sich selbst (im nicht-moralischen Sinne) gut bzw. (in Bezug
auf die Moralität) neutral, jedenfalls dem moralisch Guten nicht abträglich oder dem moralisch Bösen nicht förderlich seien.[10] Speziell in
Bezug auf die menschliche Sinnlichkeit weist Kant mehrfach die Ansicht ab, sie sei die Wurzel oder der Urheber (bzw. eine der Wurzeln
oder einer der Urheber) des moralisch Bösen und könne für es (mit-)
verantwortlich gemacht werden:[11] und auch bezüglich des die hypothetischen Imperative regierenden Prinzips der Selbstliebe oder der
eigenen Glückseligkeit betont Kant die in der Natur des Menschen begründete Notwendigkeit – die als solche und für sich gesehen moralisch neutral sei –, sich das eigene Wohl zum (freilich vorläufigen, nicht

---

9 I. Kant, *Die Religion innerhalb der Grenzen der bloßen Vernunft*, B 15f. = VI 26.
10 I. Kant, *Die Religion innerhalb der Grenzen der bloßen Vernunft*, B 19 = VI 28.
11 I. Kant, *Die Religion innerhalb der Grenzen der bloßen Vernunft*, B 31f., 35, 37,
    48/49, 69 mit Anm., 115 = VI 34f., 37 Z. 10f., 44 Z. 15-24, 58 mit Anm., 83 Z. 15-22;
    vgl. I. Kant, *Anthropologie in pragmatischer Hinsicht*, Königsberg 1798, B 30-34 =
    AA VII 143-146; I. Kant, *Pädagogik*, Königsberg 1803, A 18/19 = *AA* IX 448 Z. 13-17;
    Reflexion Nr. 6665 = *AA* XIX 127 Z. 22.

letzten) Zweck zu machen.[12] Sinnlichkeit als solche, Selbstliebe, Glücksverlangen oder die Anlagen hierzu können deswegen nicht Urheber des moralisch Bösen sein, weil das Böse nur Resultat einer freien Entscheidung ist, einer Entscheidung, die selber notwendig ist, das heißt: der sich das freie Wesen nicht entziehen kann. Das bringt Kant unter anderem durch die Hinweise auf die Faktizität oder die Gegebenheit des Sittengesetzes bzw. des Bewusstseins von ihm[13] und auf die Anlage für die moralische Persönlichkeit zum Ausdruck. „Die Freiheit selbst [ist] nicht in meiner Gewalt"[14] – existenzialistisch formuliert: Ich bin zur Freiheit verurteilt; ich kann mich der moralischen Grundentscheidung nicht entziehen, ich muss entweder gut oder böse sein, und zwar durch mich selbst, durch mein Wollen und Entscheiden. Dieses radikale Wollen, das mich zu einem guten oder zu einem bösen Menschen macht, hat Kant in einer zu Recht berühmt gewordenen Formulierung so ausgedrückt:

„Es ist überall nichts in der Welt, ja überhaupt auch außer derselben zu denken möglich, was ohne Einschränkung für gut könnte gehalten werden, als allein ein *guter Wille*. Verstand, Witz, Urteilskraft, und wie die *Talente* des Geistes sonst heißen mögen, oder Mut, Entschlossenheit, Beharrlichkeit im Vorsatze, als Eigenschaften des *Temperaments*, sind ohne Zweifel in mancher Absicht gut und wünschenswert; aber sie können auch äußerst böse und schädlich werden, wenn der Wille, der von diesen Naturgaben Gebrauch machen soll und dessen eigentümliche Beschaffenheit darum *Charakter* heißt, nicht gut ist. [...]

Der gute Wille ist nicht durch das, was er bewirkt oder ausrichtet, nicht durch seine Tauglichkeit zu Erreichung irgend eines vorgesetzten Zweckes, sondern allein durch das Wollen, d. i. an sich, gut, und, für sich selbst betrachtet, ohne Vergleich weit höher zu schätzen, als alles, was durch ihn zu Gunsten irgend einer Neigung, ja, wenn man will, der Summe aller Neigungen, nur immer zu Stande gebracht werden könnte".[15]

---

12 Vgl. I. Kant, *Grundlegung zur Metaphysik der Sitten*, B 11-13 = IV 399; I. Kant, *Metaphysik der Sitten, Tugendlehre*, A 27 = VI 393 Z. 29-32.
13 I. Kant, *Kritik der praktischen Vernunft*, A 55/56, 81, 96 = V 31, 47, 55.
14 I. Kant, *Reflexion Nr. 7171* = AA XIX 263.
15 I. Kant, *Grundlegung zur Metaphysik der Sitten*, B 1-3 = IV 393f.; vgl. die dem ersten Satz Kants im zitierten Abschnitt nahe kommende Inschrift über dem Portal der päpstlichen theologischen Akademie in Krakau: „Nil est in homine bona mente melius".

3. Anthropologische Quellen des Bösen bei Kant

Soweit Kants Aussagen über die anthropologisch grundlegenden Anlagen zum *Guten*! Gibt es für Kant auch ebenso grundlegende Anlagen
zum *Bösen*? Dies ist die zweite Frage, die sich Kant im ersten Stück
seiner Religionsschrift stellt, das die Überschrift trägt: „Von der Ein-
wohnung des bösen Prinzips neben dem guten: oder über das radikale
Böse in der menschlichen Natur". Über Kants schwierige Bestimmungen des radikalen Bösen im Einzelnen zu räsonieren, ist hier nicht der
Ort.[16] Es sei lediglich hervorgehoben, dass das radikale Böse für Kant,
im Unterschied zu den Anlagen zum Guten, *ein nicht wesentlich,
sondern zufällig dem Menschen eigener Hang* ist. Trotzdem wird dieser Hang zum Bösen von Kant „natürlich" genannt, aber nur in dem
Sinne, als er „als allgemein zum Menschen (also, als zum Charakter
seiner Gattung) gehörig angenommen werden darf".[17] Nicht wesentlich, sondern zufällig zum Menschen gehörig ist er deshalb, weil er
„als von dem Menschen selbst sich *zugezogen*" zu denken ist; denn
ein Hang zum *moralisch* Bösen ist wie zum *moralisch* Guten „nur als
Bestimmung der freien Willkür möglich".[18]

Wie denkt sich Kant diese ausnahmslos von jedem Menschen in
ihm selbst vorgenommene Bestimmung zum Bösen? Sie ist „intelli-
gibele Tat",[19] d. h.: Sie geschieht nicht in der Zeit, sondern zeitlos; sie
ist nicht erfahrungsimmanent, sondern erfahrungstranszendent; sie
betrifft nicht Handlungen und deren Maximen in ihrer Vielfalt, sondern die allen einzelnen Maximen zugrundeliegende „oberste Maxime"
oder den „Grund der Maximen", das, was die moralische „Gesinnung",
die moralische „Denkungsart" eines Menschen ausmacht.[20] Die Grund-
verfehlung, deren Ergebnis der Hang zum Bösen ist, ist auch kein einzelner Willensakt, sondern hat mit der Art des Wollens zu tun, mit
seiner Ausrichtung: Das Wollen ist nicht mehr auf die Befolgung des
Gesetzes um seiner selbst willen, auf die Verwirklichung des Guten als

---

16 Vgl. aber meine diesbezüglichen Erörterungen in R. Wimmer, *Kants kritische Reli-
    gionsphilosophie*, Berlin, New York 1990, S. 113-124.
17 I. Kant, *Die Religion innerhalb der Grenzen der bloßen Vernunft*, B 21 = VI 29 Z.
    9-11; vgl. B 7, 14, 23, 27, 31 = VI 21 Z. 22f., 25, 30 Z. 21-23, 32 Z. 16f., 35 Z. 8f.
18 I. Kant, *Die Religion innerhalb der Grenzen der bloßen Vernunft*, B 21 = VI 29 Z. 3-6.
19 I. Kant, *Die Religion innerhalb der Grenzen der bloßen Vernunft*, B 26 = VI 31 Z. 32.
20 I. Kant, *Die Religion innerhalb der Grenzen der bloßen Vernunft*, B 6, 7f., 14, 23,
    25f., 34-38, 53-56 u. ö. = VI 20 Z. 30-34, 21f., 25, 30, 31f., 36-38, 47-48 u. ö.

des Guten aus, sondern hat die – zumindest gelegentliche – „Abweichung" vom Gesetz „in seine Maxime aufgenommen".²¹

Kant unterscheidet bezüglich dieser Abweichung drei Stufen oder
Grade: 1) „die Schwäche des menschlichen Herzens" bei der Befolgung einer guten Maxime, „Gebrechlichkeit (fragilitas)" genannt; 2) „der
Hang zur Vermischung unmoralischer Triebfedern mit den moralischen", „Unlauterkeit (impuritas, improbitas)" genannt; 3) „der Hang
zur Annehmung böser Maximen", „Bösartigkeit (vitiositas, pravitas)"
oder „Verderbtheit (corruptio)" oder „Verkehrtheit (perversitas)" ge-
nannt.²² Erst die dritte Stufe erfüllt für Kant den vollen Begriff des
radikalen Bösen, weil durch die hier erfolgende grundsätzliche Unterordnung des moralisch Geforderten unter außermoralische Gesichtspunkte die Gesinnung „in ihrer *Wurzel* [...] verderbt" wird.²³ Das heißt:

„Dieses Böse ist *radikal*, weil es den Grund aller Maximen ver-
dirbt; zugleich auch, als natürlicher Hang, durch menschliche Kräfte
nicht zu *vertilgen*, weil dieses nur durch gute Maximen geschehen
könnte, welches, wenn der oberste subjektive Grund aller Maximen
als verderbt vorausgesetzt wird, nicht statt finden kann".²⁴

Wie es dann trotzdem möglich ist, dass der Mensch sich dem Guten
um seiner selbst willen zuwende, sich zum Guten bekehre, deutet Kant
im zweiten Stück seiner Religionsschrift an und bedarf hier keiner
weiteren Erörterung, da sie schon andernorts stattfand.²⁵ Doch auf
etwas anderes sei kurz eingegangen. Kant hebt mehrfach hervor, dass
der Mensch (der Wille des Menschen) nicht im strengsten Sinne des
Wortes ‚böse', nämlich *teuflisch* sein könne, was heiße, das Böse *um
seiner selbst* willen, *als* und *insofern* es böse ist, zu wollen.²⁶ „Der
Mensch (selbst der ärgste) tut, in welchen Maximen es auch sei, auf

21 I. Kant, *Die Religion innerhalb der Grenzen der bloßen Vernunft*, B 26/27 = VI 32
     Z. 15f.
22 I. Kant, *Die Religion innerhalb der Grenzen der bloßen Vernunft*, B 21-23 = VI 29f.
23 I. Kant, *Die Religion innerhalb der Grenzen der bloßen Vernunft*, B 23 = VI 30 Z.
     16-18 (Hervorhebung von mir).
24 I. Kant, *Die Religion innerhalb der Grenzen der bloßen Vernunft*, B 35 = VI 37.
25 Vgl. den Abschnitt „Moralische Umkehr?" meines Aufsatzes: R. Wimmer, „Kann
     Religion vernünftig sein? Zur Metakritik an Kants kritischer Religionsphilosophie",
     in: H. Nagl-Docekal, R. Langthaler (Hrsg.), *Recht – Geschichte – Religion. Die Be-
     deutung Kants für die Gegenwart*, Berlin 2004, S. 173-194, hier S. 186-188 (auch in:
     R. Wimmer, *Religionsphilosophische Studien in lebenspraktischer Absicht*, Frei-
     burg i. Ue., Freiburg i. Br., Wien 2005, S. 229-251, hier S. 242-244).
26 I. Kant, *Die Religion innerhalb der Grenzen der bloßen Vernunft*, B 36 = VI 37
     Z. 18-23.

das moralische Gesetz nicht gleichsam rebellischerweise (mit Aufkün-
digung des Gehorsams) Verzicht".[27] Soweit Kant mit diesen Äußerungen lediglich den widersprüchlichen Begriff (den Unbegriff) einer
verkehrten (praktischen) Vernunft[28] oder die Behauptung, die Anlage
zum radikalen Bösen im Menschen umfasse auch einen Hang zum
teuflisch Bösen, zurückweisen möchte, so wird man geneigt sein, ihm
beizupflichten.

Aber wird dadurch *begrifflich* – etwa vom Begriff der
intelligibelen Freiheit her – die *logische* Möglichkeit oder *anthropologisch* – von der Entscheidungsfreiheit des Menschen her – die *reale*
Möglichkeit einer *teuflischen* Willensbestimmung ausgeschlossen? Ich
vermag dies nicht zu sehen. Natürlich gibt die begriffliche und die reale
Möglichkeit teuflischer Bosheit beim Menschen noch kein Kriterium
für ihr tatsächliches Vorhandensein ab. Auch die moralischen Scheußlichkeiten, von denen die letzten hundert Jahre übervoll waren – das
bürokratisch organisierte fabrikmäßige massenhafte Töten von Menschen in den Vernichtungslagern der Nationalsozialisten, genozidaler
Blutrausch etwa in den Bürgerkriegen Ex-Jugoslawiens oder in Ruanda
und Burundi, Folterexzesse etwa in argentinischen und irakischen Ge-
fängnissen – belegen nicht seine Existenz; denn sie erfüllen *als solche*
nicht einmal den *Begriff* des teuflisch Bösen, nämlich das Böse primär
um seiner selbst willen, als Selbstzweck, zu wollen und zu tun, und
nicht etwa primär um einer rassistischen Ideologie oder um der Befriedigung atavistischer Neigungen willen, etwa der Lust an der Er-
niedrigung Wehrloser. Ebenso wenig erfüllt die von Hannah Arendt ins
Spiel gebrachte (angebliche) ‚Banalität des Bösen'[29] oder die Grund-
und Motivlosigkeit eines verbrecherischen ‚act gratuit'[30] diesen Begriff.
Allerdings kommt die in den nationalsozialistischen Ghettos und KZs
praktizierte Methode, die moralische Persönlichkeit eines Menschen
dadurch zu brechen, dass man ihn zum Werkzeug und Erfüllungs-
gehilfen der physischen Vernichtung seiner Leidensgenossen macht,
dem Begriff des teuflisch Bösen nahe.[31] Andererseits hat man, Hannah

27 I. Kant, *Die Religion innerhalb der Grenzen der bloßen Vernunft*, B 33 = VI 36
    Z. 1-3.
28 Vgl. I. Kant, *Die Religion innerhalb der Grenzen der bloßen Vernunft*, B 32 = VI 35
    Z. 9-25.
29 H. Arendt, *Eichmann in Jerusalem. Ein Bericht von der Banalität des Bösen* [1964],
    Reinbek 1978.
30 Vgl. M. Raether, *Der Acte gratuit. Revolte und Literatur*, Heidelberg 1980.
31 Vgl. R. Aschenberg, *Ent-Subjektivierung des Menschen. Lager und Shoah in phi-
    losophischer Reflexion*, Würzburg 2003; J. Bezwińska, D. Czech, Staatliches Museum

Arendts umstrittene Wortwahl von der ‚Banalität des Bösen' aufgreifend, von der ‚Banalität des Guten' sprechen zu können geglaubt.[32] Doch mit dieser Wortübertragung wird eine Parallele suggeriert, die nicht besteht: Während Adolf Eichmann in sich die Fähigkeit, sich in die Situation eines anderen zu versetzen, sich sein Leiden vorzustellen und Mitleid zu empfinden, zu Gunsten einer leidenschaftslosen Hingabe an die ihm übertragene Aufgabe der ‚Endlösung' unterdrückte, verschloss Giorgio Perlasca seine Augen nicht vor dem den ungarischen Juden drohenden Unheil und rettete als selbsternannter stellvertretender Botschafter der spanischen Gesandtschaft in Budapest vom 1. Dezember 1944 bis zum 16. Januar 1945, dem Tag der Befreiung Budapests durch die Rote Armee, tausenden Juden das Leben. Hier besteht die (angebliche) Banalität wohl in erster Linie in der Selbstverständlichkeit und ‚Skrupellosigkeit', mit der Perlasca seiner Rettungsaufgabe ohne Rücksicht auf die eigene Gefährdung nachging.

Dieses Beispiel bringt uns wieder auf die Spur zurück, die uns zu den vormoralischen (natürlichen und kulturellen) Einflüssen führte, welche den moralischen Charakter eines Menschen prägen können, ohne dass sie allerdings – aufgrund seiner moralischen Entscheidungsfreiheit – als notwendige oder als hinreichende Bedingungen seiner Moralität angesprochen werden dürfen. Bei dieser Suche ist mir neben der Führung durch Kant die Führerschaft Simone Weils von besonderer Bedeutung. Ihre Stimme soll nun zu Gehör kommen.

Auschwitz-Birkenau (Hrsg.), *Inmitten des grauenvollen Verbrechens. Handschriften von Mitgliedern des Sonderkommandos*, Oświęcim 1996; E. Friedler, B. Siebert, A. Kilian, *Zeugen aus der Todeszone. Das jüdische Sonderkommando in Auschwitz* [2002], München 2005; G. Greif (Hrsg.), *„Wir weinten tränenlos …"*. *Augenzeugenberichte des jüdischen „Sonderkommandos" in Auschwitz*, Frankfurt a.M. 1999; F. Müller, *Sonderbehandlung. Drei Jahre in den Krematorien und Gaskammern von Auschwitz*, Gütersloh 1989; S. Venezia, *Meine Arbeit im Sonderkommando Auschwitz*, München 2008.

32 Vgl. E. Deaglio (Hrsg.), *Die Banalität des Guten. Die Geschichte des Hochstaplers Giorgio Perlasca, der 5200 Juden das Leben rettete*, Frankfurt a.M. 1993 (Titel des italienischen Originals: *La Banalità del Bene*).

4. Simone Weil und die anthropologische Möglichkeit von Gut und Böse

Wenn sich Simone Weil mit den anthropologischen Wurzeln der moralischen, politischen und religiösen Lebens- und Praxisformen unserer Kultur beschäftigt, verankert sie ihre begrifflichen Analysen phänomenologisch. Das sei an ihrem Essay „L'*Iliade* ou le poème de la force" illustriert. Dort ist (in deutscher Übersetzung) zu lesen:

„Die Menschen in unserer Umgebung üben durch ihre bloße Anwesenheit eine einzig und allein ihnen zugehörige Kraft aus, jede Bewegung, die unser Körper andeutet, aufzuhalten, abzuschwächen oder zu verändern. Jemand, der unseren Weg kreuzt, lenkt unsere Schritte nicht in derselben Weise ab wie ein Straßenschild; wer aufsteht, herumgeht oder sich wieder hinsetzt, tut es, wenn er allein in seinem Zimmer ist, niemals in genau derselben Weise wie dann, wenn er Besuch hat".[33]

Das heißt: Spontan, vor jeder Überlegung oder absichtsvollen Handlung verhalten wir uns anders, wenn ein Mensch in unserer Nähe ist oder wir seine Nähe zumindest vermuten. Tiere veranlassen uns in diesem Sinne nicht zu einer Änderung unseres Verhaltens, Dinge und Sachen überhaupt nicht. Aber jeder von uns kann einen Mitmenschen zu einer Sache machen, bewusst und absichtsvoll. Doch wir ‚wissen' normalerweise oder sind uns dessen gewiss – im Sinne von: wir sind vor jeder Reflexion davon überzeugt –, dass wir ihm damit Unrecht tun.

Neben der Spontaneität ist es die Reaktivität, die zeigt, dass wir unseresgleichen grundsätzlich anders wahrnehmen und behandeln als Tiere oder Dinge. Auf dem Gehweg treten wir einem Entgegenkommenden aus dem Weg, oder er macht uns den Weg frei, gibt uns die Erlaubnis, unseren Weg fortzusetzen. Wir suchen Blickkontakt oder meiden ihn je nach Situation und Absicht. Die Augen sind es, mit denen wir einander am nächsten sind und die unsere Anerkennung des anderen oder unsere Missachtung oder gar unser Nicht-zur-Kenntnis-Nehmen(-Wollen) am einfachsten, subtilsten, ‚treffendsten' zum Ausdruck bringen. Deshalb ist es uns (normalerweise) unmöglich, jemandem die Augen auszustechen oder sie ihm auszureißen, wie

---

33 „L'*Iliade* ou le problème de la force", in: S. Weil, *Œuvres complètes*, Bd. II 3, Paris 1989, S. 227-253, hier S. 230; zitiert nach der deutschen Teilübersetzung „Ilias, Dichtung der Gewalt", in: *Merkur* 5/1951, Nr. 36, S. 115-126, hier S. 117 (Übersetzung modifiziert).

Simone Weil zu Beginn ihres Essays über die Person und das Heilige sagt.[34] Diese Unmöglichkeit ist keine streng physische, aber auch keine streng moralische. Man könnte sie ‚vormoralisch' nennen; sie ist tief in unser Menschsein eingelassen, gehört zur Basis unserer menschlichen Natur, auf der dann so etwas wie eine Moral sich überhaupt erheben und ansiedeln kann, ohne dass sie von vornherein jeden Realitätsbezugs oder jeder Realisierungschance entbehrte.

Ein anderer Ausdruck für die besondere Wahrnehmungs- und Reaktionsweise gegenüber Mitmenschen, auf den Simone Weil aufmerksam macht,[35] ist das Zögern und das darauf folgende Überwinden eines fast physisch zu nennenden Widerstands, wenn wir jemandem etwas antun, ihn beispielsweise wütend attackieren oder ihn körperlich züchtigen. Allerdings können wir in übermäßigem Zorn, in uns selbst überwältigender Aggression – wie wir zu sagen pflegen: –‚uns selbst vergessen', was zugleich bedeutet: den anderen, insofern er Mensch und Person ist, vergessen. Aber jenes Zögern vor einer inneren Schranke kann auch absichtsvoll überspielt, ja bewusst beseitigt werden: Iwan Karamasoff zählt seinem Bruder Aljoscha eine ganze Serie fürchterlichster Grausamkeiten auf, die Menschen ihren Mitmenschen angetan haben.[36] Die Erinnerungsbücher ehemaliger KZ-Insassen sind voll von moralischen Scheußlichkeiten aller Art.[37]

Aber über die persönliche, freiwillige Grausamkeit hinaus ist das KZ-System selbst eine – als solche natürlich beabsichtigte – institutionelle Form der Enthemmung und damit Entmenschung, der sich der einzelne nur in Momenten entziehen kann.[38] In ihrem Essay über die *Ilias* analysiert Simone Weil den *Krieg* als eine Form der Entmenschung, die sich nicht mehr unmittelbar mit moralischen Kategorien erfassen oder durch moralische Kategorien aufheben lässt, weil der Krieg in seiner Mechanik der Gewalt die Basis der Moralität, das Ansehen

---

34 „La personne et le sacré", in: S. Weil, *Écrits de Londres et dernières lettres*, Paris 1957, S. 11-44; deutsche Übersetzung in: R. Wimmer, *Simone Weil. Leben und Werk*, Freiburg i.Br., Basel, Wien 2009, S. 97-130.

35 „Lutton-nous pour la justice?" in: S. Weil, *Écrits de Londres*, S. 45-57.

36 F. M. Dostojewski, *Die Brüder Karamasoff* (Übers.: E. K. Rahsin) [1906], München 1987, S. 387ff.

37 Auf zwei Begebenheiten im Frauen-KZ Ravensbrück sei eigens hingewiesen: A. Lundholm, *Das Höllentor. Bericht einer Überlebenden*, Reinbek 1988, S. 280-287.

38 Als Beispiel für eine heroische Weise der Wahrung moralischer Integrität unter KZ-Bedingungen mag die Gestalt des ‚Herrn Lehrers' in Imre Kertészs Roman *Kaddisch für ein nicht geborenes Kind*, Reinbek 1996, hier S. 56-65 und 90-97, dienen.

und Behandeln des Mitmenschen als Menschen, zerstört. Simone Weil
hatte im Spanischen Bürgerkrieg einen Geschmack davon gewonnen.
Sie nimmt auf Seiten der Republikaner an ihm teil und erfährt schon
während der wenigen Tage ihrer Teilnahme – wegen einer Verletzung
musste sie bald den Dienst quittieren – die Verrohung ihrer Kamera-
den und die Brutalisierung der Kriegführung.[39] In der Folgezeit macht
sie sich Gedanken darüber, wie der Kampf gegen die drohende Über-
wältigung Europas durch das NS-Regime ohne jene Entmenschung
geführt werden kann. Zu Beginn eines Fragment gebliebenen Textes[40]
schreibt sie:

„Um sich in dem Kampf, bei dem die beiden einzigen demokratisch
gebliebenen großen Länder Europas [gemeint sind Großbritannien und
Frankreich] einem System totaler Herrschaft gegenüberstehen, zu behaupten [...], muss man vor allem ein gutes Gewissen haben. Glauben
wir doch nicht, wir müssten siegen, nur weil wir weniger brutal, weniger gewalttätig, weniger inhuman sind als unsere Gegner. Brutalität,
Gewalttätigkeit und Unmenschlichkeit sind von immensem Prestige. [...]
Die gegenteiligen Tugenden müssen, um zu gleichwertigem Ansehen
zu kommen, ständig und wirksam geübt werden. Wer nicht fähig ist,
genauso brutal, genauso gewalttätig, genauso unmenschlich zu sein wie
irgendein anderer, ohne jedoch die gegenteiligen Tugenden zu üben, ist
dem anderen sowohl an innerer Kraft als auch an Prestige unterlegen;
er wird sich gegen ihn nicht behaupten".

Simone Weil macht deutlich, worauf ihre Ermahnungen zielen: In
Algerien, Marokko, Vietnam und anderswo unterhält Frankreich Ko-
lonialregime. Sie sind ein Unrecht. Natürlich sind sie nicht mit dem
Terror und der Brutalität der faschistischen Regime in Europa zu vergleichen. Aber solange Frankreich an seinen Kolonien festhält und sie
nicht in die Freiheit entlässt, ist sein Kampf für die Freiheit von Unterdrückung und das Recht auf Selbstbestimmung nicht rein und un-

---

39 Vgl. ihr Spanientagebuch und ihr Schreiben an Georges Bernanos, beides abge-
    druckt in: S. Weil, *Écrits historiques et politiques*, Paris 1960, S. 209-216 und 220-224.
    Der Brief an Bernanos findet sich ins Deutsche übertragen in: C. Jacquier (Hrsg.),
    Lebenserfahrung und Geistesarbeit. Simone Weil und der Anarchismus, Netters-
    heim 2006, S. 121-127. Der erste Teil dieses Buchs enthält eine ausgezeichnete
    Dokumentation von weiteren Schriften Simone Weils zu ihren Erfahrungen in
    Spanien sowie ausführliche Kommentare dazu von verschiedenen Autoren.
40 Abgedruckt in: S. Weil, *Écrits historiques et politiques*, 313f. (auch in: S. Weil, *Œuvres
    complètes* II 3, S. 117f.); hier zitiert nach der Übersetzung von Ellen D. Fischer in:
    S. Pétrement, *Simone Weil – Ein Leben*, Leipzig 2007, S. 489.

zweideutig; es ist ein Kampf mit schlechtem Gewissen, weil man den eigenen Prinzipien nicht folgt, denen man sich ansonsten verpflichtet weiß. Wo es um das eigene Wohl geht, bringt man sie in Stellung – wo es um das eigene Verhalten geht, ignoriert man sie.

5. Praktische Konsequenzen im Umgang mit Gut und Böse nach Simone Weil

Simone Weil stellt sich die Frage, ob es eine Art des bewaffneten Kampfs gebe, bei der der Mensch rein zu bleiben vermöge. Als exemplarisch in diesem Sinne erscheint ihr das Verhalten von Arjuna in der *Bhagavad Gita* und von Thomas Edward Lawrence – volkstümlich ,Lawrence von Arabien' genannt – bei seinen Feldzügen in Arabien, die er in seinem Werk *Die sieben Säulen der Weisheit* schildert. Sie macht aber auch einen konkreten praktischen Vorschlag, den sie mit großem Einsatz zu realisieren trachtet und der jene kämpferische Gesinnung erfordert, die mit dem Mitgefühl mit dem Gegner zu koexistieren vermag. Im Exil in London entwirft sie den *Plan zu einer Gruppe von Krankenschwestern an vorderster Front;*[41] denn sie leidet bei dem Gedanken an all jene Verwundete, die auf den Schlachtfeldern sich selbst überlassen sind. Viele von ihnen würden überleben, wenn sie sofort, zumindest notdürftig, versorgt und behandelt werden könnten. Die Vorstellung der Verlassenheit und Einsamkeit im Sterben derer, die zu schwer getroffen und nicht mehr zu retten sind, ist ihr unerträglich. Deshalb regt sie die Bildung kleiner Gruppen von Sanitäterinnen an, die bereit sind, ihr Leben aufs Spiel zu setzen, um während der Kampfhandlungen die Verwundeten und Sterbenden zu betreuen und ihnen beizustehen. Simone Pétrement schreibt: Selbstverständlich hätte Simone Weil in einer solchen Gruppe „einen Platz für sich beansprucht. Genauso selbstverständlich war ihr klar, dass die Mehrzahl dieser Frauen zu Tode kommen würde".[42] Ersichtlich geht es Simone Weil bei diesem Vorschlag nicht um das Opfer des Lebens um des Opfers willen, sondern, wie angedeutet, um zweierlei: Leben zu retten, zumindest Beistand im Todeskampf zu leisten einerseits, und das Bei-

---

41 „Projet d'une formation d'infirmières de première ligne", in: S. Weil, *Écrits de Londres*, S. 187-195.

42 S. Pétrement, *Simone Weil*, S. 513.

spiel eines lauteren, eines nicht vom Willen zum Töten aufgeheizten Muts zu geben andererseits. In ihrer Projektbeschreibung heißt es: „Unsere Feinde werden durch Götzenanbetung, einen Ersatz des religiösen Glaubens, vorwärts getrieben. Die Vorbedingung für unseren Sieg ist vielleicht das Vorhandensein einer ähnlichen, jedoch echten und reinen Inspiration. [...] Ein Mut, der nicht durch den Willen zum Töten aufgeheizt wird und gerade in der größten Gefährdung den Anblick von Verwundungen und Todeskämpfen über längere Zeit aushält, ist sicherlich von seiner Beschaffenheit her etwas viel Selteneres als der Mut der fanatisierten jungen SS-Leute."

Aber würden sich Krankenschwestern finden, die diesen so seltenen Mut besitzen und gleichzeitig die dafür notwendige Warmherzigkeit aufbringen, um ihre Aufgabe gut zu erfüllen? Dazu wiederum Simone Weil:

„Frauen laufen immer Gefahr, hinderlich zu werden, wenn sie nicht das Maß an kühler männlicher Entschlossenheit besitzen, das sie davon abhält, sich selbst unter allen nur denkbaren Umständen für irgendwie wertvoll zu halten. Diese kühle Entschlossenheit findet sich selten bei ein und demselben Menschen im Verein mit der Warmherzigkeit, die für die Linderung von Leiden und die Tröstung im Todeskampf vonnöten ist. Zwar ist es selten, doch nicht unauffindbar.[43]

Diese Gleichzeitigkeit von Tapferkeit und Warmherzigkeit ist es, die Simone Weil bei Lawrence von Arabien so bewunderte. Pétrement, die sie als ehemalige Kommilitonin und als Freundin gut kannte, meint, dass Simone Weil sich durchaus dessen bewusst war, zu dieser Art Frauen zu gehören, und dies zu Recht; „denn in ihrer Seele verband sich größte Warmherzigkeit mit der härtesten und mutigsten Haltung".[44] Sie legt ihren Plan den verschiedensten Leuten vor, von denen sie sich Einfluss bei der französischen Exilregierung in London oder bei der Widerstandsbewegung in Frankreich verspricht. In Marseille und in London nimmt sie an Sanitätskursen teil, die sie für diese Aufgabe auch praktisch vorbereiten sollen. Aber zu ihrem großen Schmerz dringt sie mit ihrem Anliegen nicht durch, sowenig wie man ihrem Wunsch entspricht, sie mit dem Fallschirm hinter den feindlichen Linien abzusetzen.

43 S. Pétrement, *Simone Weil*, S. 514.
44 S. Pétrement, *Simone Weil*, S. 515.

6. Anthropologische und moralische Selbsterkenntnis

Im Kontext unserer Suche nach Wurzeln des Guten und des Bösen im Menschen haben Simone Weils praktische Vorschläge die Funktion, sowohl die Wurzeln des Guten in einem Menschen zu stärken als auch seine freie Entschiedenheit für das Gute zu stützen und dadurch etwaige Wurzeln des Bösen oder etwaige Schwächen in seiner Entschiedenheit für das Gute zu unterdrücken oder zu beseitigen – letzteres vor allem in Situationen, die die Wurzeln des Bösen stärken. So herrschen in einer Kriegssituation oder in einem KZ oder in einer kapitalistischen Konkurrenzwirtschaft des ökonomischen Kampfes ums kommerzielle Überleben jeweils Gesetzlichkeiten, die die ursprünglichen, spontanen Regungen der Rücksichtnahme, des gerechten Ausgleichs und des Mitleids beiseite räumen. Nun erscheinen jene Gesetze als *das Natürliche*, denen man zu gehorchen hat bei Strafe des persönlichen und sozialen Untergangs, deren Geltung man sich nicht entziehen kann bzw. denen man sich nicht entziehen zu können glaubt. Das davon Abweichende, das unter diesen Umständen extrem Unwahrscheinliche, ja als unmöglich Erscheinende ist dann das in diesem spezifischen Sinn *Unnatürliche*. Dieses anscheinend Unmögliche und Unnatürliche nennt Simone Weil *‚das Übernatürliche‘*, *‚das Göttliche‘* oder auch *‚das Heilige‘*, das aber ihrer Überzeugung nach trotz des Anscheins seiner Unnatürlichkeit und Unwahrscheinlichkeit *real* ist!

Diese Unterstellung seiner Realität ist im Übrigen üblicher, als man vielleicht vermutet. Sie geschieht z. B. im ersten Satz unseres Grundgesetzes, welcher lautet: „Die Würde des Menschen ist unantastbar". ‚Menschenwürde‘ kann als ein anderer Ausdruck für jenes Heilige oder Göttliche im Menschen angesehen werden, auf das auch Kant anspielt. Zwischen Kant und Simone Weil gibt es hier keinen sachlichen, sondern höchstens – und das auch nur teilweise – einen terminologischen Unterschied: Statt, wie Kant, sowohl von der *Person* als auch der *Personalität* oder (moralischen) *Persönlichkeit* als dem Unbedingten, Unantastbaren und Unveräußerlichen eines Menschen zu sprechen, das nach Kant absoluten Wert, also Würde hat,[45] redet Simone Weil nur von seiner *personnalité* als dem unbedingt Wertvollen und Heiligen; *‚personne‘* dagegen bezeichnet für sie das Zufällige am Men-

---

45 Für ‚Person‘ vgl. I. Kant, *Grundlegung zur Metaphysik der Sitten*, B 64f., 77 = IV 428, 434f., für ‚Personalität‘ und ‚Persönlichkeit‘ vgl. I. Kant, *Die Religion innerhalb der Grenzen der bloßen Vernunft*, B 15-19 = VI 26-28.

schen, das gesellschaftlich oder anderweitig Bedingte.[46] Für Kant, Simone
Weil und das Grundgesetz ist die Würde des Menschen unantastbar –
und kann doch angetastet werden gemäß der Doppelbedeutung des
Wortes ‚unantastbar': 1) Die Personalität eines Menschen *kann nicht
unmittelbar* verletzt werden, weil sie jene Instanz seiner autonomen
Selbstbestimmung in Vernunft und Freiheit ist, die jedem direkten
Zugriff entzogen ist. 2) Die Personalität des Menschen *darf nicht* verletzt werden, weil sie zwar nicht direkt, wohl aber indirekt, durch
Zugriff auf seinen Leib und seine Seele, die Träger seiner Personalität
sind, verletzt werden kann, etwa durch Folter, durch Entzug der leiblichen und seelischen Lebensbedingungen, durch Versklavung und
Vergewaltigung jedweder Art. Zudem ist uns das Personsein nicht
schlechthin – ‚von Natur' – gegeben, sondern wird uns – von einer
‚humanen', für das personale Menschsein im ganzen förderlichen Kultur – *geschenkt*, nämlich durch *Anerkennung* unseres Person*seins*,
obwohl wir als Nascituri oder als Säuglinge noch gar keine Personen
sind! Solche Anerkennung geschieht in unserer Kultur gewöhnlich
schon vor unserer Geburt, indem die Eltern, vor allem die Mutter, das
werdende Menschlein schon *als* Person behandeln und mit ihm rechnen.[47] Auch Simone Weil benutzt einen solchen phänomenologisch-
dynamischen Begriff der Person. Auch deshalb – und nicht nur, weil
sie den französischen Personalismus ablehnt – verwendet sie die Wörter ‚personne' und ‚personnalité' *abweichend* von der philosophisch traditionellen, vorkantischen *metaphysischen* Bedeutung, die sie ablehnt.

Auch für Simone Weil haben Moral und Unmoral ihre Wurzeln
in spontanen, vorreflexiven Reaktionsweisen. Wie Hühner sich mit
Schnabelhieben auf ein verletztes Huhn stürzen,[48] so ist unsere spon-

46 Dazu vgl. den bereits Anm. 34 genannten Essay: S. Weil, „La personne et le sacré".
    Weils Ablehnung des Ausdrucks ‚personne' ist u. a. motiviert durch ihre Ableh-
    nung der zu ihrer Zeit in Frankreich philosophisch populären Strömung des Perso-
    nalismus; dazu im Einzelnen R. Wimmer, *Simone Weil*, S. 98f. mit Anm. 140.
47 Hierzu vgl. R. Wimmer, „Ethische Aspekte des Personbegriffs", in: E.-M. Engels
    (Hrsg.), *Biologie und Ethik*, Stuttgart 1999, S. 329-345, und R. Wimmer, „Bio-
    ethical Aspects of a Freedom-Based Conception of Personhood", in: *Jahrbuch für
    Wissenschaft und Ethik* 8/2003, S. 117-126. Wieweit Anerkennungsverhältnisse
    auch für unser soziales Personsein (als Erwachsene) konstitutiv sind, erörtert im
    Anschluss an Hegel A. Honneth, *Kampf um Anerkennung. Zur moralischen Gram-
    matik sozialer Konflikte*, Frankfurt a.M. 1992.
48 Vgl. S. Weil, „L'amour de Dieu et le malheur", in: *Œuvres complètes*, Bd. IV 1,
    Paris 2008, 346-374, hier 350 (dt.: „Die Gottesliebe und das Unglück", in: *Zeugnis
    für das Gute. Spiritualität einer Philosophin*, hrsg./übers. v. F. Kemp, Zürich, Düs-

tane Reaktion häufig, den ins Unglück Geratenen zu verachten und
sein Unglück als verdient, als selbstverschuldet oder gar als Gottes-
urteil anzusehen. Alle Menschen tragen diese Tiernatur in sich. Sie bestimmt ihr
Verhalten gegenüber ihresgleichen mit oder ohne ihr Wissen und
ihre Zustimmung. Und so kommt es vor, dass die tierische Natur in
einem Menschen, ohne dass es seinem Denken irgend bewusst wird,
die Verstümmelung der tierischen Natur in einem anderen spürt und
sich dementsprechend beträgt. [...] Dieser mechanischen Notwendigkeit
sind alle Menschen in jedem Augenblick unterworfen; sie entrinnen
ihr nur in dem Maße, wie das wahrhaft Übernatürliche ihre Seelen
erfüllt.[49]

Simone Weil nimmt in diesem Zusammenhang ein Wort Paul Va-
lérys auf: „Die Güte besteht darin, den Unglücklichen ihr Unglück
nicht vorzuwerfen, und das ist schwer", und sieht die christliche Einstellung als Arznei für diese spontane natürliche Einstellung: „Die Revolution des Christentums besteht eben darin, die Schwachen nicht
zu verachten. Der Gott der Christen ist schwach".[50]

Aber der Impuls, sie zu verachten, ist da! Man kann Kants del-
phisch-sokratischen Imperativ zur Selbsterkenntnis[51] und Simone Weils
Betonung der Aufmerksamkeit[52] verstehen als Aufforderungen, sich
dieser anthropologischen Situation zu stellen: weder sie zu leugnen
noch sie zu bekämpfen, sondern sie anzuerkennen. Solche Anerkennung ist möglich, weil sich eine derartige Erkenntnis seiner selbst
nicht auf die *Moralität* der eigenen Person, ob man ein guter oder ein
böser Mensch sei, bezieht. Zwar fordert Kant auch zu solcher Erkenntnis auf, aber ein diesbezüglicher Imperativ erscheint paradox; denn
nach Kants eigenen Prämissen sind aufgrund der Noumenalität der moralischen Willensentschließung „die Tiefen des menschlichen Herzens

seldorf 1998, S. 13-51, hier S. 17), Brief an Pater Perrin vom 26. Mai 1942, in: S.
Weil, *Zeugnis für das Gute*, S. 125-138, hier S. 129.
49 Brief an Pater Perrin in: S. Weil, *Zeugnis für das Gute*. Das hier gemeinte
Übernatürliche ist die allen natürlichen Vorgegebenheiten enthobene, ihnen aber
aufruhende (moralische und religiöse) Aufgeschlossenheit für das Gute. Zu Weils
eigenwilliger, aber nicht unverständlicher Verwendung von ‚übernatürlich' vgl. die
diesbezüglichen Bemerkungen in R. Wimmer, *Simone Weil*, S. 63f.
50 Zitiert nach J. Cabaud, *Simone Weil. Die Logik der Liebe*, Freiburg i.Br., München
1968, S. 178.
51 Die zahlreichen Stellen bei Kant sind zusammengetragen in R. Wimmer, *Kants kritische Religionsphilosophie*, §§ 11 und 12.
52 Dazu vgl. die Darstellung in R. Wimmer, *Simone Weil*, S. 195ff.

unergründlich".[53] Wie kann uns dann trotzdem aufgetragen sein, in aller uns selbst geschuldeten Wahrhaftigkeit über die anthropologischen Wurzeln von Gut und Böse in uns hinaus zu prüfen, ob das eigene Herz selbst „gut oder böse sei, ob die Quelle deiner Handlungen lauter oder unlauter"?[54]

Dieses sokratisch-kantische Paradox des Gebots moralischer Selbsterkenntnis und seiner gleichzeitigen Unerfüllbarkeit ist unaufhebbar. Es lässt sich nur so ‚bewältigen', dass man sich ihm stellt und es gelassen annimmt.

So kommt unsere philosophische Suche jenseits der anthropologischen Wurzeln von Gut und Böse vor den Grenzen moralischer Selbsterkenntnis an ihr Ende und zur Ruhe. Zugleich haben wir so eine Weise gewonnen, mit anderen grundlegenden Problemen, die das Leben uns stellt, umzugehen. Was dürfen wir Anderes und Besseres von der philosophischen Tätigkeit erwarten?

---

53 I. Kant, *Metaphysik der Sitten, Tugendlehre*, A 114 = VI 447.
54 I. Kant, *Metaphysik der Sitten, Tugendlehre*, A 104 = VI 441.

Gisela Badura-Lotter

Vom Menschen und seinen Chimären – wir selbst und der Andere

Vorgeschichte

Seit der Antike ist die Chimäre – Kind des furchtbaren Typhon mit der Schlangenfrau Echidna – charismatischer Begleiter unserer Imagination. Die Chimäre (griech.: Χίμαιρα, *Chímaira*, die Ziege) wird zumeist als Mischung zwischen Löwe, Ziege und Schlange beschrieben. In den Sagen des klassischen Altertums spielt Χίμαιρα nur eine untergeordnete Rolle, und ihr Schicksal wird recht schnell und endgültig durch Bellerophon auf dem göttlichen geflügelten Ross Pegasus besiegelt.[1] Aber sie ist Namensgeberin geworden für eine ganze Kategorie von Wesen, die seit der Antike in mannigfacher Form auch unsere Identifikationsbemühungen als Menschen abbilden: Centauren, Minotauren, Sphingen, sowie in späterer Zeit Werwölfe und andere, rücken die monströse und unmögliche Tiermischung dem Menschen auf den Leib. Was wird in diesen Geschichten aus dem Menschen? Er wird ein Anderer. Allerdings kein beliebiger Anderer: Macht und Zerstörung, Entfesselung und tiefe Weisheit: das sind die stärksten Attribute, die seit der Antike mit den Mensch-Tier-Mischungen verbunden sind. In der Untrennbarkeit der Bestandteile der Chimäre liegt allerdings eine existentielle Unausweichlichkeit. Denn anders als die Götter – ägyptische wie griechische – können wir nicht beliebig unsere Erscheinung bestimmen. Die elegante Unnahbarkeit, mit der Anubis den menschlichen Körper benutzt, um mit den Menschen in Interaktion zu treten oder die reine Lust, mit der Zeus seine Potenz zur Schau stellt, wenn er – z. B. als Stier ,verkleidet' – mit den schönsten Frauen dieser Welt verkehrt: das ist uns verwehrt. Wenn wir uns auf Wildheit und ,Weisheit' des Tieres einlassen, sind wir mit dem dann Entstehenden so beängstigend unauflöslich verbunden, wie bisher mit

---

1 G. Schwab, *Die Sagen des klassischen Altertums*, Wien 1974.

unserem menschlichen Leib. Beruhigend, dass all das natürlich nicht möglich ist – eine Chimäre ist eine Chimäre, oder?[2] Der Hybrid – sowohl in interdisziplinärer als auch historischer Sicht der Begriffsentwicklung – ist in mehrfacher Hinsicht nicht mit der Chimäre gleichzusetzen. Allgemein gesagt handelt es sich bei einem Hybrid um eine Entität, die die Merkmale unterschiedlicher, zuvor eigenständiger Arten oder Klassen in sich vereint und diese zu einem ‚neuen Ganzen' transformiert. Hybride gibt es in den Sprachwissenschaften ebenso wie in der Autoindustrie oder der Biologie. Dem Begriff Hybrid fehlt der griechisch-antike Hintergrund, er wird eher technisch wahrgenommen – etwas, das der Mensch macht, kein Ungeheuer aus den Tiefen des unserer Ratio vorgängigen unbeherrschten Raumes.

Absicht

Gemäß den vielfältigen Bezügen, die die Figur der Chimäre zu unseren menschlichen Seinserfahrungen hat, gibt es viele mögliche Zugänge zu ihrer Analyse. In diesem kurzen Artikel möchte ich die Frage ins Zentrum rücken, wie der Begriff der Chimäre, bzw. des Hybrids, in Bezug auf unsere Konstruktionen des Anderen gedeutet werden kann. Genauer gefragt: Was sagt der aktuelle Diskurs über die Herstellung von Mensch-Chimären über *uns selbst* aus?

Für eine Analyse der Konstruktion des ‚Anderen' im Diskurs über Chimären werde ich versuchen, einige der Begriffe und Konzepte aus den Themenbereichen der Cultural und Post-colonial Studies sowie der Ethnologie auf das Feld der Erzeugung von Mensch-Tier-Chimären und Hybriden zu übertragen. Die in diversen kulturwissenschaftlichen Feldern etablierten Begriffe wie métissage, hybridité (hybridity) und ‚third space' versuchen zu erfassen, was bei der anfänglich durchaus planvollen, nutzen-orientierten ‚Vermischung der Rassen' geschehen ist und wie wir, im Lichte dieser Beschreibungen, Konzepte

---

2   Auch wenn die logische Wahrheit der Tautologie seit Boethius eigentlich gesetzt ist, gab es gerade in der spätmittelalterlichen Logik die Figur der Chimäre als Beweis für die Unwahrheit dieser Tautologie – nicht existierendes wird danach nicht wahrer durch eine nicht-existierende Präposition (Buridan 14. Jahrhundert, s. L. N. Roberts, „A chimera is a chimera: a medieval tautology", in: *Journal of the History of Ideas*, 21(2)/1960, S. 273-278.

des Anderen und des Eigenen begreifen können. Gemäß der zu Grunde gelegten Analysemethode wird es also darum gehen, zu ergründen, welche ,Haltungen' in unserem Diskurs über Chimären und Hybride erkennbar werden und also nicht um die ,real-existierenden' Chimären und an sie anschließende Fragen des Dürfens und Sollens,[3] sondern um ihre Rolle als Repräsentation des ,Anderen' oder ,Fremden' in unseren Selbstdarstellungen, wobei die Differenz zwischen diesen beiden Bestimmungen an dieser Stelle noch vernachlässigt werden soll.[4]

Aufbau

1. Drei Typen im Umgang mit dem Anderen

Zunächst werden drei Typen skizziert, die unterschiedliche Haltungen zu dem Thema der Herstellung von Mensch-Tierhybriden repräsentieren. Dabei kann, so denke ich, diese Typologie durchaus auch im weiteren Kontext der biotechnologischen Entwicklung (Klonen, Keimbahngentherapie, neuro-enhancement u. ä.) angelegt werden. Im Vordergrund steht hier, wie diese ,Typen' sich in Bezug auf die Möglichkeiten des ,Anderswerdens' verhalten.

2. Phantasmatische Räume

Gemeinsam mit unseren drei ,Typen' werden wir dann zwei phantasmatische Räume durchschreiten, die bei der Frage nach den Motiven und Prozessen im Umgang mit der Herstellung von Mensch-Tier-Chimären eine wichtige Rolle spielen und zugleich in der ethischen Debatte kaum präsent sind. Dieser Durchgang ist als ein erster, asso-

---

3   Zu diesen Fragen siehe u. a. G. Badura-Lotter, M. Düwell, „Man made chimeras, hybrids, and mosaics – ethical perspectives", in: J. Taupitz, M. Weschka (Hrsg.), *Chimbrids – Chimeras and hybrids in comparative European and international research – scientific, ethical, philosophical and legal aspects*, Berlin, Heidelberg, London, New York 2009, S. 631-651.
4   Zu den Begriffen Alterität und Alienität vgl. H. Knoblauch, „Kultur, die soziale Konstruktion, das Fremde und das Andere", in: J. Dreher, P. Stegmaier (Hrsg.), *Zur Unüberwindbarkeit kultureller Differenz – grundlagentheoretische Reflexionen*, Bielefeld 2007, S. 21-42. Die Analyse dieses Begriffspaares im Hinblick auf Mensch-Tier-Chimären und -Hybriden soll an anderer Stelle erfolgen.

ziativ-nachdenklicher Spaziergang anzusehen, der zunächst nur mögliche Perspektiven auf unser Tun darbieten soll.

3. Fazit – Was für Menschen wollen wir sein?

Aus dieser Wanderung durch kulturtheoretisch gefärbte Räume ergeben sich diesen gemäße Ideen und – sogar – Schlussfolgerungen. Vielleicht können sie dazu beitragen, bei aller ‚Realaffinität' des gängigen ethisch-politischen Diskurses, der sich so sehr auf Empirie stützen möchte, der Realität des Phantasmatischen etwas Raum zu verschaffen.

1. Typen

Für eine Analyse der vorherrschenden Haltungen im Hinblick auf die Wünschbarkeit und Form biotechnologischer Innovationen, die direkt auf den Menschen zielen, sollen drei verschiedene Typen vorgeschlagen werden: Die experimentell-gestalterische Haltung, die konservative Haltung und die touristische Haltung. Der sprachlichen Einfachheit zu Liebe sollen im Folgenden die dazu passenden Figuren der (radikale) ‚Experimentator', der ‚Konservative' (im Wortsinn, nicht als politische Zuordnung gemeint) und der ‚Tourist' heißen.[5] Allen diesen Haltungen wird unterstellt, dass medizinische Risiken für Patienten nicht in größerem Umfang in Kauf genommen werden, als dies derzeit üblich ist. Also auch der Experimentator soll hier nicht den ‚mad scientist' repräsentieren, für den menschliche Opfer zur Erfüllung seiner wissenschaftlich-technischen Phantasien kein fundamentales Problem darstellen.

Der Experimentator
ist derjenige der – planvoll oder ergebnisoffen – mit der Herstellung von Mensch-Tier-Hybriden die radikale Veränderung des Menschen gestalten oder zulassen will. Anderswerden im existentiellen Sinn wird also angestrebt. Radikale Experimentatoren sehen keinen Wert darin, den Menschen ‚so wie er ist' zu bewahren. Eine ‚Reinform'

---

5   Die weibliche Form sei mitgedacht.

dieses Typs finden wir zum Beispiel unter den Transhumanisten, die mit recht klaren Zielvorgaben an die biotechnologische Veränderung des Menschen herangehen (www.detrans.de). Die eher romantische ergebnisoffene Haltung ist schwerlich auszumachen – ist das wissenschaftliche Handeln doch primär auf Kontrollierbarkeit und Reproduzierbarkeit ausgerichtet. Es mag darüber gestritten werden, inwieweit die in der Kunst und Literatur zu findende Offenheit gegenüber einer ergebnisoffenen Veränderung des Menschen existentielle Ausmaße annehmen kann – für den Moment verorten wir diese Formen der Auseinandersetzung mit dem Anderswerden bei dem dritten Typ (s. u.).

Der Konservative
ist demgegenüber zwar ebenfalls der Auffassung, dass in dem Versuch, den Menschen biotechnologisch zu verändern, der Mensch selbst existentiell auf dem Spiel steht, seine Reaktion darauf geht jedoch in die entgegengesetzte Richtung: bei allem, was wir biotechnologisch erreichen können, darf der Mensch in seiner ‚Essenz' nicht gefährdet werden. Er versucht, die Erkenntnisse biomedizinischer Anwendung auf das Labor und einen konzisen, dem Menschen förderlichen Einsatzbereich zu begrenzen, wissend, dass die Möglichkeiten ‚außer Kontrolle zu geraten' und die menschliche Lebenswirklichkeit und damit sein Selbstverständnis grundsätzlich und unvorhergesehen zu verändern, mannigfaltig sind. Der Konservative will die postulierte Grenze zwischen Mensch und Tier aufrecht erhalten und weiß um die transformatorische Potenz des Experiments. Er fürchtet die möglichen destruktiven Konsequenzen und die Irreversibilität der angestoßenen Prozesse.

Der Tourist
hat im Gegensatz zu den beiden ersten Typen keinen existentiellen Zugang zu den Fragen, die durch die biotechnologische Entwicklung aufgeworfen werden. Er betrachtet das ‚Anderswerden' als ein Anderswerden auf Zeit oder in einem ‚unbedenklichen' Ausmaß, denn er geht davon aus, dass ‚der Mensch' in seiner Essenz gar nicht zur Disposition steht. Entweder, weil er Schwierigkeiten damit hat, das, was den ‚Menschen' ausmacht so genau zu fassen, ihn eher prozesshaft versteht und daher situativ erfasst und keine klaren Grenzen postuliert, oder weil er davon ausgeht, dass wir das Menschliche in uns nicht werden zerstören können. Er ist entspannt und sieht eher die ange-

nehmen Seiten des Unterfangens. In Bezug auf die Kunst – insbesondere Film, bildende Künste und Literatur, kann man, je nachdem wie
viel Distanz man zu den Chimären und Hybriden in diesen Medien
hat, wohl auch von einem eher touristischen Zugang sprechen. Wir
schauen uns einen Film oder ein Kunstwerk an oder lesen den Kaf-
ka'schen Käfer und wenn es vorbei ist, sind wir wieder wir. Allerdings
bleibt, je nach Qualität der Produktion und individueller Verfasstheit
im Moment des sich Einlassens auf das Gebotene, doch zuweilen etwas
zurück. Eine kleine Verunsicherung der Selbstwahrnehmung, vielleicht
eine verschobene Beziehung zu unserer Leibhaftigkeit. Ganz zu schweigen von den Chimären-Schaffenden, den Künstlern, deren Auseinandersetzung mit der Transformation durchaus – so wird es jedenfalls
als Klischee immer wieder bemüht – existentiell sein kann, wenn nicht
sogar soll.

Gehen wir nun, in Begleitung dieser drei Typen, durch zwei Räume
der intellektuellen Auseinandersetzung mit der Erschaffung und Kontrolle des Anderen.

2. Phantasmatische Räume

Die hier als phantasmatische Räume bezeichneten Bereiche kennzeichnen Denkgewohnheiten in diskreten Themengebieten, in denen
lange Zeit und – so die Hypothese – immer noch, latent oder offen,
einfach-kausale Erklärungsmuster und das Denken in diskreten Kategorien vorherrsch(t)en. Man hat zuweilen den Eindruck, dass die in
den theoriekritischen sechziger und siebziger Jahren des 20. Jahrhunderts plausibel analysierten Entstehungsbedingungen wissenschaftlicher
Tatsachen wieder in die Vergessenheit des allgemeinen Bewusstseins
geraten. In etwas anderer Ausrichtung als der der oben vorgeschlagenen
drei Typen könnte man, in Anlehnung an Mary Douglas und Aaron
Wildavsky, wohl auch von einem Wiedererstarken eines Denkens in
Kosmologien reden, in mehr oder weniger hinterfragten Grundannahmen über die Beziehung des Menschen zu (seiner) Natur, die eine
ergebnisoffene Auseinandersetzung eher erschweren – die Analyse
der Tragfähigkeit dieser Beschreibung im Zusammenhang mit der
Herstellung von Mensch-Tier-Chimären steht jedoch noch aus.[6] In

---

6 M. Douglas, A. B. Wildavsky, *Risk and Culture: An Essay on the Selection of
   Technical and Environmental Dangers*, Berkeley 1982.

diesem Artikel soll jedoch als erste Annäherung der Blick in wissen-
schafts- und kulturtheoretische Dekonstruktionsversuche immer noch
bestehender Annahmen über die Definierbarkeit und Kontrollierbarkeit lebendiger Prozesse geworfen werden. Es geht dabei um eine
Analyse unserer Haltung und unseres Handelns als Menschen, um
vielleicht einige aus der Geschichte bekannte Fehlstellungen aufzu-
decken und im besten Fall zu vermeiden.

Erster Phantasmatischer Raum: die Exaktheit der Naturwissenschaften als Garant für (beständige) Ordnungsmuster – über Kate-
gorienbildung in den Naturwissenschaften

Der Raum, der hier durchschritten werden soll, ist ein von Inkohä-
renzen geprägter: was in den täglichen Handlungsentscheidungen
und Deutungsgewohnheiten allgemein unterstellt wird, ist die Verlässlichkeit und generelle Gültigkeit naturwissenschaftlicher Erkenntnisse. Genau diese Annahme ist aber spätestens seit der zweiten Hälfte
des vorigen Jahrhunderts als unhaltbar ausgewiesen. Jedoch scheint
es so, als könnten wir in der Praxis nicht anders, als unter diesen
Prämissen zu agieren. Auch die Wahrheitskonzeptionen des naturwissenschaftlichen Denkens und Handelns scheinen die Dekonstruktions-
arbeiten der 1960er und 1970er Jahre zuweilen recht unbeschadet
überstanden zu haben. Vor allem aber sind das mediale Auftreten, die
politische Schlagkraft und die zuweilen religiös-metaphorische Strahl-
kraft der Naturwissenschaften im öffentlichen Raum immer wieder
ungebrochen zu finden. Merkwürdigerweise scheint das Bewusstsein
um die Grenzen der Aussagekraft empirischer ‚Fakten‘ jenseits des
experimentellen Settings in erschreckend weite Ferne (oder Vergangenheit?) gerückt – und das sowohl innerhalb als auch außerhalb der
‚scientific community‘. Sie sind Welterklärungsangebot, Anker, Phantasma. Allein die Erklärung der Biologie (wobei nicht die Biologie in
ihrer ganzen Bandbreite gemeint ist, wie wir wissen) zur ‚Leitwissenschaft‘ des derzeitigen Jahrhunderts demonstriert, wie sehr unsere
Gesellschaft auf der Suche nach Ordnungsmustern mit Orientierungs-
potential auf Tauchfahrt in die verheißungsvollen Tiefen des biologischen Denkrahmens unterwegs ist.
    Was bedeutet aber diese theoriekritische ‚Erinnerung‘ im Hinblick
auf die Vorstellungen von Chimären und Hybriden? Es geht vor allem

um die Strapazierfähigkeit des Artbegriffs. Auch diese Diskussion ist
eine langwährende und bekannte.[7] Dennoch wird im Zusammenhang
mit der Herstellung von Mensch-Tierhybriden der Artbegriff wie
kein anderer ins Feld geführt wenn es darum geht, die Zulässigkeit
oder Unzulässigkeit des Unterfangens zu begründen.[8] Insbesondere
der auf Genomübereinstimmungen beruhende Artbegriff bereitet im
Zusammenhang mit Mensch-Tierchimären, die vor allem auf Zell-
ebene hergestellt und analysiert werden, Schwierigkeiten. Wenn man
sich die tatsächlich beschriebenen Genomsequenzen und diversen anderen Codes ansieht, die wir für repräsentativ für eine ‚Art‘ halten,
dann müssen wir feststellen, dass sie – wissenschaftstheoretisch sau-
ber beschrieben – eigentlich nur Repräsentationen sind, die auf einem
abstrakten Modell einer bestimmten Art beruhen, welches wir als
‚typisch‘ definieren. Kein einziges Exemplar dieser Art entspricht
diesem Genomtyp exakt. Die Kategorien der Biologie sind Arbeits-
hypothesen, die sich ändern, je nach Erkenntnisinteresse und Methode. So auch der Artbegriff. Bei der vehementen Suche nach biologischen Kategorien als Anker für unsere moralische Orientierung
stellen wir wieder einmal fest, dass sie nicht einmal innerhalb der
Disziplinen Eindeutigkeit und Konstanz aufweisen, was z. B. in der
Vielzahl der momentan in Verwendung befindlichen Artbegriffe deutlich wird. Die Unruhe über Chimären mag daher wohl auch ein Un-
behagen darüber sein, dass die Biologie uns für die dünne Linie zwischen Mensch und Tier kein festeres Material bereitstellt als die
Philosophie oder die Religion (wobei letztere vermutlich das dickste
Seil gespannt hat). Wir stellen fest, dass wir auch hier aushandeln müssen, welches Gewicht wir empirischen Informationen und wissenschaftlicher Expertise geben, wenn wir darüber entscheiden müssen,
ob eine fundamentale Änderung von Kategorien (Mensch/Tier) wissen-

---

7   Wir erinnern uns an die Doktorarbeiten von Thomas Potthast und Uta Eser und die
    Diskussionen im Tübinger Graduiertenkolleg *Ethik in den Wissenschaften* zu die-
    sem Thema.
8   J. S. Robert, F. Baylis, „Crossing species boundaries", in: *American Journal of Bio-
    ethics* 3(3)/2003, S. 1-13. Das *American Journal of Bioethics* veröffentlichte meh-
    rere Kritiken zu diesem Artikel, von denen fast alle u.a. auch auf die Tragfähigkeit
    des Artbegriffes aus unterschiedlichen Perspektiven abzielten, insbesondere R. Streif-
    fer, „In defense of the moral relevance of species boundaries", in: *American Journal
    of Bioethics* 3(3)/2003, S. 37-38.

schaftlich und moralisch angemessen ist? Dieses ambitionierte Projekt erklärt u. a. Rachel Ankeny zum Desiderat unserer Zeit.[9] Wie positionieren sich nun unsere drei (wissenschaftstheoretisch aufgeklärten) Typen in diesem Raum? *Der Experimentator* bemängelt die immer wieder gesetzten und geforderten ,Grenzen' als Hemmschuh, als Fessel. Ihn stört es nicht, wenn bei der Erprobung wissenschaftlich gewonnener Verfahren ,in der Natur' das ein oder andere schief geht (wenn nicht die je individuellen Grenzen des guten Geschmacks oder der Moral überschritten werden), Hauptsache, es tut sich etwas. Der Artbegriff ist ein wissenschaftliches Konstrukt und nichts deutet darauf hin, dass wir nicht neue ,Arten' erzeugen sollten. *Der Konservative* besteht auf Grenzen wissenschaftlichen Handelns zum Schutze des Menschen.[10] Der Artbegriff trägt, weil er sein Korrelat in der alltäglichen Erfahrung und unserer Tradition hat: wir können spontan einen Affen von einem Menschen, und die Affen untereinander eindeutig unterscheiden, daran sollten wir nicht rütteln. Auch wenn bei spitzfindiger Betrachtung kein Artbegriff alle Bedürfnisse befriedigt, so ist doch die Unterscheidung der Lebewesen durch ihre Einordnung in distinkte Arten schon seit der Antike offenbar möglich und sinnstiftend. *Der Tourist* wiederum möchte auch gern sichtbare Grenzen der Wissenschaft, damit er jederzeit wieder ,zurück' kann. Aber er hat nicht unbedingt Angst davor, diese Grenzen zeitweilig verschwimmen zu sehen: für ihn sind Verschiebungen nicht bedrohlich, denn er sieht die Stabilität seiner Lebenswirklichkeit – bei aller Wandelbarkeit. Solange man den Affen vom Menschen unterscheiden kann, darf man ruhig ein bisschen experimentieren. Was sollten ein paar tierische Nervenzellen einem dezidierten Ich anhaben können, erfordert doch eine erfolgreiche Integration fremder Zellen im Gehirn immer, dass das Gesamtgefüge bestehen und funktionsfähig bleibt? Vorausgesetzt, dass die Veränderung die (medizinischen) Symptome nicht verschlimmert, warum sollte die Person daran mehr Schaden nehmen, als an einer fortschreitenden Degeneration durch Parkinson?

---

9 R. A. Ankeny, „No real categories, only chimeras and illusions: the interplay between morality and science in debates over embryonic chimeras", in: *The American Journal of Bioethics* 3(3)/2003, S. 31-33.

10 „[...] with some of the ultimate taboos in science being lack of productivity and lack of boundaries [...]", Ankeny, „No real categories, only chimeras and illusions", S. 32.

Kommen wir zum zweiten phantasmatischen Raum. In der Kulturtheorie und der Ethnologie findet ebenfalls seit langem eine Auseinandersetzung mit der Vermischung von Rassen statt (zuweilen in ähnlicher Rolle wie der Artbegriff verwendet). Die hier entwickelten Begriffe von Hybridität und Métissage können vielleicht weiterhelfen, diejenigen Probleme im Kontext der Erzeugung von Chimären, die auf der Schnittstelle von Natur und Kultur angesiedelt sind, angemessener zu erfassen.

Zweiter Phantasmatischer Raum: Das Tier als der Andere – über Konstruktionen des Anderen durch Vermischungs- und Abgrenzungsphantasien

In den kulturtheoretischen Debatten, die uns hier im Zusammenhang mit Chimären und Hybriden interessieren, geht es immer wieder um die Frage, inwiefern Kultur, Rasse oder Ethnie überhaupt tragfähige Begriffe darstellen. Worum geht es uns, wenn wir versuchen, mittels dieser Begriffe etwas zu beschreiben? „Like gender, class and race, its willing accomplices, culture's categories are never essentialist, even when they aspire to be so. This is because culture is always a dialectical process, inscribing and expelling its own alterity."[11] Können wir den Artbegriff ebenso verstehen? Das folgende Streiflicht durch die Entwicklung verschiedener Begrifflichkeiten der kulturtheoretischen Debatten soll für diese Sichtweise werben.

Ich möchte zunächst, aus chronologischen Gründen, mit der Entwicklung, die der ‚Fremde' seit der Kolonialzeit im europäischen Denken gemacht hat, beginnen. Es scheint, dass – ebenso wie beim Artbegriff – das zunächst Evidente (der Fremde, die andere Kultur) im Laufe der Zeit und des genaueren Hinsehens immer unklarer wurde. Zwar gab es natürlich klare, z. T. sehr komplizierte Konstruktionen des Fremden bereits im „alten Ägypten",[12] dezidierte Überlegungen zur gezielten Vermischung des Fremden mit dem Eigenen

11 R. J. C. Young, *Colonial desire: hybridity in theory, culture and race*, London 1995, S. 30.
12 G. Moers, „Auch der Feind war nur ein Mensch", in: H. Felber (Hrsg.), *Feinde und Aufrührer – Konzepte von Gegnerschaft in ägyptischen Texten besonders des mittleren Reiches*, Abhandlungen der Sächsischen Akademie der Wissenschaften zu Leipzig, Philologisch-historische Klasse, Band 78 Heft 5, Leipzig 2005, S. 224-281.

werden aber insbesondere in der Kolonialzeit diskutiert und in den post-colonial studies kritisch hinterfragt, weshalb wir in dieser Epoche beginnen.

Métissage

Der Begriff Métissage hat eine wechselvolle Geschichte durchlaufen, die ,unseren' Umgang mit dem Fremden und seinen Umgang mit ,uns' besonders deutlich widerspiegelt und vielleicht ein paar Denkanstöße in Bezug auf unsere heutigen Züchtungsphantasien geben kann. Laut Littré[13] stammt der Begriff Métissage aus der Tierzucht und war insbesondere für die Rinderzucht „reserviert". Er bezeichnet die Kreuzung zweier unterschiedlich wertvoller Rassen, mit dem Ziel, die schlechtere zu veredeln und eine intermediäre, neue Rasse zu erschaffen. Kulturell bedeutsam wurde der Begriff im Zuge der kolonialen Entwicklungen seit dem 16 Jhdt. In diesem Kontext stammt er aus dem Portugiesischen und bezeichnet die Mischung verschiedener Ethnien in Brasilien (Mestizao[14]). Hier noch nicht als planvolle Veredelungsstrategie verstanden, geht es eher um die Tatsache der Entstehung von ,Mischlingen' zwischen ,Eingeborenen' und Eroberern. Hier gibt es eine erste Parallele zur heutigen Debatte um die Erzeugung von Mensch-Tier-Mischlingen: Die iberischen Eroberer sahen die Indianer Südamerikas als Wilde, fast als Tiere an. Aufgrund ihrer Nacktheit, ihrer für die Konquistadores nicht erkennbaren Kultur und Moral, standen sie dem Tier näher als dem, was damals unter dem Menschen verstanden wurde. Nur wenn sie sich zum Christentum bekehrten, erhielten sie den Status eines Untertanen des spanischen Königs – und damit Menschenstatus. Das entsprechende Verfahren wurde allerdings auf Spanisch abgehalten, so dass über eine lange Phase die Bewohner des südamerikanischen Kontinents nicht wirklich eine Chance hatten, ,Menschen' zu werden.[15] Dass die christliche Religion gerade in Südamerika eine solche Bedeutung erlangte,

---

13 E. Littré, „métissage", in ders. (Hrsg.), *Dictionnaire de la langue française*, tome 3, 1956.

14 S. hierzu H.-J. Lüsebrink, „Kulturraumstudien und interkulturelle Kommunikation", in: A. Nünning, V. Nünning (Hrsg.), *Konzepte der Kulturwissenschaften*, Stuttgart, Weimar 2008, S. 307-328.

15 H.-J. Lüsebrink, „Kulturraumstudien und interkulturelle Kommunikation".

ist vielleicht auch durch diese höchst diesseitige und körperlich spürbare Funktion als Rettung und Erlösung aus dem Status des entrechteten Tieres noch leichter nachzuvollziehen. Ähnlich mutet es an, wenn heute US-amerikanische Wissenschaftler beteuern, dass Mäuse, deren Gehirn zukünftig fast vollständig aus menschlichen Nervenzellen bestehen soll, selbstverständlich sofort getötet würden, sobald sie irgendwelche Anzeichen ungewöhnlicher, nicht maustypischer, Eigenschaften oder Gehirnstrukturen ‚zeigten'.[16] Wie diese Geschöpfe überhaupt in die Lage versetzt werden sollten, menschenähnliche Fähigkeiten zu ‚zeigen', wird allerdings nicht weiter thematisiert.

Später wurde der Begriff Mestizao von den Franzosen adaptiert (métissage) und bezeichnete in deren Kolonialideologie die gewollte Veredelung der Ureinwohner *ihrer* Kolonien mit dem höherwertigen französischen Blut. Die ‚nation de 100 millions d'habitants' avancierte zum Leitziel. Die assimilatorische Verschmelzung der Kulturen (natürlich nur kontrolliert im Kolonialgebiet!) war anvisiert – körperlich wie auch in allen weiteren kulturellen Kontexten.[17] Dieser hegemonialen Phantasie widersetzten sich insbesondere in der afrikanischen und afro-karibischen Kultur schon früh die so anvisierten Objekte und schufen den Begriff der *Négritude* als Kampfbegriff, der die ästhetischen und kulturellen Werte Afrikas betonte und Métissage insbesondere als ‚Veredelungsideologie' radikal ablehnte. In der postkolonialen Theoriebildung – insbesondere in der späteren Hälfte des 20. Jahrhunderts – bekommt der Begriff Métissage vor allem zwei Dimensionen: 1. Die Ausbildung inter-kultureller Identität[18] und 2. Den kulturellen Widerstand gegen usurpatorische Akte, Widerstand durch Aneignung und Transformation europäischer Kulturphänomene und Identitätsmuster. Neue Worte entstehen, um den kolonial belasteten Métissage-Begriff zu ersetzen (z. B. Créolisation oder Néo-Baroque). Alle diese Kategorien setzen noch, ebenso wie métissage, vorgegebene

---

16 Siehe das Interview mit Hank Greely, juristischer und ethischer Berater der Forschergruppe um Irving Weissman, geführt von Tom Bearden in der Online News Hour July 2005: http://www.pbs.org/newshour/bb/science/july-dec05/chimeras_greely-ext.html

17 Der Wilde (und insbesondere die schöne Métissée) waren natürlich vor allem seit der Romantik auch Projektionsfläche positiver Phantasmen, dem sich in der Romantik entwickelnden Bild der Natur (und damit auch des Tieres) analog. Die Sehnsucht nach Verschmelzung mit diesem Wilden bzw. nach Befreiung desselben in uns entstand als Topos.

18 Siehe insbesondere bei S. Gruzinski, *La pensée métisse*, Paris 1999.

Entitäten voraus – seien es Kulturräume, ethnische oder kulturelle Einheiten. Die neueren Auffassungen von Kultur bzw. Ethnien als konstruierte Kategorien für prozesshafte Entwicklungen setzten später ein (s. u.). Etwas anders akzentuiert ist der Begriff der Hybridité (hybridity):

Hybridité[19] wurde anscheinend bis ins 19. Jahrhundert kaum verwendet und angeblich 1813 erstmals auf den Menschen angewandt.[20] Er wurde zunächst negativ biologisch-kulturalistisch als Entartung aufgefasst – in einer Zeit, in der ‚Reinheit' als Leitidee fungierte. Er lief dann durch eine eher positiv konnotierte Phase (im Sinne der métissage, s. o. und auch als Bereicherung des Genpools verstanden) und wird schließlich zur kulturellen Metapher: Rassen werden ideologisch wie Arten behandelt, es kam die Rassenlehre und die bekannten Folgen: Mischlinge werden einerseits als degeneriert und minderwertig, andererseits als die schönsten Menschen überhaupt aufgefasst.[21] Hybridität wird in den kulturtheoretischen Debatten der zweiten Hälfte des 20. Jahrhunderts zum Kampfbegriff gegen essentialistische Sichtweisen auf Kultur, Nation und Ethnie (sowohl in der Ethnologie, als auch u. a. in den Cultural Studies und Post-colonial Studies). Er geht von multiplen kulturellen Identitäten aus:[22] Hybridität steht für (immer schon sich vollziehende) Wechselwirkungen und Komplexität, Prozess, Wiederaneignung und Entwicklung.

Kultur-Mischung und Globalisierung

Trotz aller Komplexität der wechselseitigen Einflussnahme unterschiedlicher ‚Kulturen', wird heute nicht nur kulturelle Homogenisierung durch Globalisierung, sondern auch eine Globalisierung der Differenz konstatiert.[23] Es gibt viele Beispiele, die gegen eine totale Verschmelzung der Kulturen sprechen: Objekte, Riten etc. sind häufig einer be-

---

19 Siehe hierzu den einführenden Artikel von A. Ackermann, „Das Eigene und das Fremde: Hybridität, Vielfalt und Kulturtransfers", in: F. Jaeger, J. Rüsen (Hrsg.), *Handbuch der Kulturwissenschaften*, Band 3: *Themen und Tendenzen*, Stuttgart, Weimar 2004, S. 139-154.

20 R. J. C. Young, *Colonial desire*.

21 „angstbesetztes und verführerisches Phantasma", A. Ackermann, „Das Eigene und das Fremde".

22 A. Ackermann, „Das Eigene und das Fremde".

23 A. Ackermann, „Das Eigene und das Fremde".

stimmten Kultur zu-ortbar. Die Kulturen bleiben immer wieder patchworkartig, „chimärisch". Nur in manchen Momenten werden sie
wirklich hybrid, nämlich dann, wenn etwas ganz neues entsteht –
Standardbeispiel ist das Entstehen neuer Wörter und Sprachen. Diese
Erkenntnis führte dazu, dass die allseits bekannte Metapher des
‚melting pot', des ‚Schmelztiegels der Kulturen' für die USA, abgelöst
wurde durch den der ‚salad bowl'. Robert Ezra Park prägte schon Anfang des 20. Jahrhunderts diesen Begriff. Er betrachtete Migration als
Transformation, in der die Kulturen niemals vollständig verschmelzen. Es entsteht der Marginal Man: der aufgrund seiner spezifisch erkennbaren Eigenschaften an den Rand gedrängte Typ der Gesellschaft. Auch das ist als zukünftiges Schicksal ‚unserer' Chimären und
Hybride durchaus vorstellbar.

Eine andere Vision des Menschen in der Hybridität zeichnet Homi
Bhabha wohl mit dem Begriff des „third space".[24] Hybridität steht bei
ihm u. a. für die Prozesse, die den ‚Dritten Raum' zwischen Kolonisator und Kolonisiertem schaffen. Externe Differenz wird nach innen
geholt. Die koloniale (oder post-koloniale) Macht zwingt Minderheiten zur kulturellen Mimikry, um überhaupt etwas sagen zu können.
Dadurch entsteht Hybridität.

Es gibt bei diesen eher statischen Kulturkonzeptionen natürlich
ein Problem, das m. E. auch für den Kontext der Chimären wichtig ist:
Die Eigendynamik der Kulturen, ihre ‚innere Variation', ihre Evolution wird oft außer Acht gelassen. Diese innere Variation kann insbesondere mit einem Kulturbegriff gut erfasst werden, der „Kultur als
Möglichkeiten des Menschseins" fasst.[25] Damit hat jeder einzelne
Mensch seine eigene Kultur, auch wenn diese natürlich durch äußere
Faktoren stark bedingt wird (Erziehung, Tradition, gesellschaftliche
Normen etc.). In dieser Beschreibung bedeutet dann die Rede von
‚einer Kultur', wie z. B. der Deutschen, dass man im Grunde eine niemals auf die einzelnen Individuen exakt passende Gruppenbildung vornimmt. Die Mitglieder ähneln sich in einem Set an Eigenschaften
hinsichtlich ihrer Lebensformen, entsprechen aber nie vollständig dem
skizzierten Typ. Damit wäre dann jede ‚Kultur', die mehr als die Le-

24 H. K. Bhabha, „Zeichen als Wunder: Fragen der Ambivalenz und Autorität unter
    einem Baum bei Delhi im Mai 1817", in: H. K. Bhabha (Hrsg.), *Die Verortung der
    Kultur*, Tübingen 2000, S. 151-180.
25 J. Badura, „Kulturelle Pluralität und Ethik", in: C. Mandry (Hrsg.), *Kultur, Pluralität und Ethik*, Münster, Hamburg, London 2004, S. 17-38.

bensform einer Person bezeichnen soll, ein Hybrid. Eine Analogie zum Artbegriff lässt sich auch hier durchaus herstellen (s. o. Erster Phantasmatischer Raum). Zusätzlich ähneln sich die konzeptionellen Probleme in Bezug auf die widersprüchliche Interpretation der ‚Art‘ (oder ‚Kultur‘) als einerseits mit konservativen Merkmalen ausgestattete Gruppe von Individuen, die zugleich jedoch als immer im dynamischen Prozess befindlich anzusehen ist (auch wenn die betrachteten Zeithorizonte natürlich differieren). Hier zeigt sich eine noch nicht geschlossene konzeptuelle Lücke.[26] Für einen Begriff wie „die Integrität der Art", der ja im ethischen Diskurs über Chimären und Hybride durchaus schon seinen festen Platz erobert hat, sind diese konzeptuellen Probleme natürlich zentral.

Heute wird Kultur eher prozesshaft verstanden. Die Repräsentation des Anderen, der Diskurs über ihn, der als entscheidendes Moment von *Wirklichkeitskonstruktion* erachtet wird, wird wichtiger als die sozial-empirische Beobachtung. Wie aber konnte, trotz aller offenbar immer schon gegebenen Hybridität, ‚der Fremde‘ überhaupt entstehen? Hierzu möchte ich einen Begriff aus der Ethnologie darstellen, der m. E. Grundsätzliches zur Erzeugung wie auch immer gearteter Anderer beitragen kann.

Othering – Die Konstruktion des Selbst durch den Anderen

Der Begriff *Othering*, eingeführt von Johannes Fabian[27], soll deutlich machen, dass – nach dem Durchgang durch die wissenschaftstheoretischen und diskursanalytischen Debatten der zweiten Hälfte des 20. Jahrhunderts – ein naiver Glaube an die Objektivität ermöglichende Distanz zum Forschungsobjekt – dem Anderen – nicht mehr möglich ist: die Anderen sind nicht einfach gegeben und erkennbar – sie werden gemacht. Es handelt sich dabei um ein mindestens zweidimensionales *othering*: das Objekt (der Andere) wird anders in der Repräsentation durch unseren subjektiven Blick auf ihn und wir wer-

26 Dieser Widerspruch bereitet ja beispielsweise auch im Umweltschutz diverse Probleme, da ein konservativer Artenschutz eben genau diesem unterstellten Prozesscharakter der Artentwicklung nur schwer Rechnung tragen kann.

27 J. Fabian, „Präsenz und Repräsentation: die Anderen und das anthropologische Schreiben", in: E. Berg, M. Fuchs (Hrsg.), *Kultur, soziale Praxis, Text: die Krise der ethnographischen Repräsentation*, Frankfurt/M. 1993, S. 335-364.

den anders im Prozess seiner Repräsentation, die auch unsere Selbst-
repräsentation darstellt.[28] Ethnographische Daten sind nicht gegeben,
sondern werden in der Kommunikation gemacht, sind also subjektiv
und autobiographisch. Als Motivation des in diesem Sinne naiven
Ethnologen vermutet Fabian,[29] dass dieser seinen Platz in der Welt zu
finden (oder zu verteidigen) trachtet. Es geht darum, Präsenz zu gewinnen durch *othering*. In dem der Andere zum Anderen gemacht
wird (durch systematische wissenschaftliche Betrachtung mittels schein-
barer Distanzierung, Kontextualisierung und Eingrenzung) entsteht
der Forscher selbst.

Was heißt das für unseren heutigen Diskurs über Mensch-Tier
Chimären und Hybride, die doch angeblich insbesondere stofflich erzeugt werden, im Reagenzglas, und sogar im Stall stehen könnten, wo
es vorher schlichtweg keine gab? ‚Unsere' Chimären entstehen doch
nicht durch das bloße Beschreiben wie bei der Konstruktion eines
‚primitiven Stammes' durch den Ethnologen, der, gestehen wir es
versuchsweise zu, zuerst und vor allem sich selbst sucht und im Entwurf des Anderen zu beschreiben trachtet? Die anfangs angesprochenen wissenschaftstheoretischen Analysen ernst nehmend würde
ich sagen: auch diese Reagenzglas-Chimären sind in erster Linie das,
was über sie gesagt wird. Schon einen hybriden Kaninchen-Mensch-
Embryo im Blastozystenstadium von einem ‚rein-menschlichen' unterscheiden zu können, erfordert das Einlassen auf einen distinkten
wissenschaftlichen Denkstil und sein Repertoire – z. B. welche Merkmale als distinktionsqualifizierend zu er- und beachten sind oder
welche Markierung auf einer PCR für ein ‚typisch' menschliches Gen-
produkt steht und welches nicht. Was also ist die Chimäre der biotechnologischen Forschung? Abbild unseres Alter Ego – Repräsentation
unseres Selbstbildes und unserer Selbstzweifel? Oder nur Ausdruck
unseres ‚Spieltriebes'?

Ich denke, wie sich unsere drei Typen im hier eröffneten Raum
verhalten, ist evident: Der Experimentator wird vielleicht etwas vorsichtiger in Bezug auf die selbstverständliche Annahme, er könne planvoll großangelegte Züchtungsphantasien den Menschen betreffend
realisieren und beschränkt seine Ambitionen daher vielleicht eher auf
das Bereitstellen von Möglichkeiten zur substantiellen Veränderung

---

28 „d. h. die Art und Weise, in der die Anderen gemacht werden, ist gleichzeitig die
    Art und Weise, in der man sich selbst macht." Fabian 1993, S. 144.
29 J. Fabian, „Präsenz und Repräsentation."

des Menschen – zum ‚freien' Gebrauch auf dem Markt. Wenn sich einige darauf einlassen, ist aus seiner Sicht auch schon etwas erreicht: eine Erweiterung der „Möglichkeiten, Mensch zu sein".[30] Diejenigen, die von der Auflösung des Menschen, wie wir ihn heute kennen, und von seiner (Re-)Integration in die Natur träumen, sind vielleicht auch vorsichtiger in der Erinnerung daran, dass die angestrebte Harmonie eine Gewaltfreiheit impliziert, die im realen Akt der Erschaffung von Mensch-Tier-Hybriden schon verunmöglicht ist: Macht, Gewalt und Kontrolle sind im wissenschaftlichen Setting unabdingbar. Der Konservative wird weiter versuchen, die Grenzen des wissenschaftlich-technisch Wünschbaren zu definieren, eine Veränderung der Tiere zulassen, solange wir sie eindeutig als solche identifizieren können und damit im Modus der (Aus-)Nutzung agieren können, ohne all zu große Probleme mit unserem derzeitigen moralischen Gefüge zu bekommen. Produktivität und Kontrolle. Der Tourist wiederum wird ‚ein bisschen' weiter gehen wollen. Wenn es tatsächlich der Diskurs ist, der unsere Lebenswirklichkeit bestimmt, wird er im Vertrauen auf dessen zunehmende Volatilität und angebliche Kurzlebigkeit ohnehin keinen Grund zur Besorgnis sehen: Dann wird sich die Aufregung eher früher als später legen – die anfänglich aufscheinenden technischen Möglichkeiten werden vermutlich, wie meistens, begrenzteren realen Anwendungsbereichen weichen und die beängstigenden ebenso wie die faszinierenden Phantasmen der Menschenzüchtung wieder verdrängt. Aber wir haben kurz in einen neuen Raum aufregender Möglichkeiten geschaut und kehren hinterher wieder ‚zurück' in den Alltag.

3. Fazit – Was für Menschen wollen wir sein?

Zunächst sollen, in aller Kürze, die Probleme des skizzierten Zugangs erwähnt werden. Die Übertragbarkeit der kulturtheoretischen Debatte auf die Herstellung von Mensch-Tier Chimären und Hybriden ist im hier betrachteten begrenzten Ausmaß m.E. möglich. Es ist aber sicher nicht möglich, die historische Situation der Kolonialzeit ‚eins zu eins' auf die Geschehnisse bei der wissenschaftlich-technischen Erzeugung

---

30 J. Badura, „Kulturelle Pluralität und Ethik".

von Chimären und Hybriden zu übertragen. Menschen treffen sich,
vermischen sich (in allen möglichen erdenklichen Hinsichten), ohne
weiteres planvolles Zutun, eben ohne die Kontrolle des Labors.
Noch sind wir nicht mit neuen Lebewesen konfrontiert, über deren moralischen Status wir ernsthaft Zweifel entwickeln müssten – so wie
während und nach der europäischen ‚Eroberung' der ‚Wilden' verschiedener Kontinente. Darüber hinaus möchte ich noch zwei Punkte
aufgreifen, die besonders relevant für die hier betrachtete Debatte zu
sein scheinen: 1. Die Fixierung auf Differenz verliert leicht das Gemeinsame aus den Augen und 2. Die analytische Dürftigkeit des Begriffs Hybridität sollte nicht zu gering eingeschätzt werden. Ersteres
soll hier nur genannt werden, um daran zu erinnern, dass eine Analyse der Debatte um die Erzeugung von Mensch-Tier-Chimären unter
dem Aspekt der ‚Gemeinsamkeit' noch aussteht. Dies kann an dieser
Stelle leider nicht erfolgen. Zum zweiten Punkt: Wenn alle Kulturen
nicht anders als immer schon hybrid gedacht werden können – entstanden in Austausch und Abgrenzung mit dem, was vorher war,
gleichzeitig ist und nachher kommt, was für ein diskriminatorisches
Potential hat er dann noch? Gleiches lässt sich wohl auch zum Artbegriff sagen: letztlich ist er entweder eher grobkörnig und nicht trenn-
scharf, oder er ist immer nur brauchbar in Bezug auf das, was gerade
gefragt wird (Fortpflanzungsgemeinschaft, Genotyp etc.). Als Ar-
beitshypothese stellt er dann eigentlich nicht viel Aussagekräftiges
zur Verfügung, insbesondere, wenn er essentialistisch über- oder fehl-
interpretiert wird.

Dennoch glaube ich, dass die Begriffe in der hier verwendeten Form
hilfreich sind, um im Nachgehen dessen, was sie im jeweiligen Frage-
horizont austragen, eine jeweils genauere Bestimmung dessen zu erzielen, was unser menschliches Selbstverständnis prägt und umtreibt.
Es gilt, den jeweiligen Bezugsrahmen klar auszuweisen. Hybridität
zwischen Mensch und Tier ist kein biologisches Problem. Die technisch vermittelte Vermischung von genetischer Information, Zellen
etc. ist möglich. Ich bezweifle aber, dass wir aus der genauen *biologischen* Analyse dessen, was z. B. mit humanen neuronalen Vor-
läuferzellen im Affengehirn geschieht, eine Antwort auf die Frage
bekommen, wer hier wen *essentiell* verändert. Denn wir werden die
biochemischen oder molekularen Marker nicht als essentiell menschliche oder tierisch diskriminieren, geht es doch bei der Verschmelzung oder Vermischung gerade darum, die Unterschiede so weit zu
unterdrücken oder zu nivellieren, dass überhaupt eine lebens- und

funktionsfähige Entität entsteht oder erhalten bleibt. Hinzu kommt die grundsätzliche Untauglichkeit biologischer Begriffe und Zugänge für die Lösung normativer philosophischer Fragen. Eher könnte man in der Biologie ein weiteres Analogieangebot für Prozesse der Hybridisierung oder Métissage bekommen. Man könnte schauen, ob es so etwas wie Mimikry und Subversivität im Zellgetümmel gibt. Ob das hybride Gehirn eher ein Schmelztiegel oder eine Salatschüssel ist, bzw. als was es *beschrieben* wird. Wie wird mit Differenz und Gleichartigkeit in der wissenschaftlichen Diskussion umgegangen? Was konstruieren wir als ‚menschlich' wenn wir wissenschaftlich Hybride und Chimären beschreiben und wie formt sich derselbe Topos in Kunst und Philosophie? Wenn wir es schaffen, aus all diesen Zugängen so eine Art Flickenteppich der *human traits* zu schaffen, schließt sich die nächste große Frage an: Was tun wir jetzt? Lassen wir zu, dass wir anders werden im Anderen? Wollen wir ‚unsere' Eigenschaften mit anderen Lebewesen teilen? Oder bleiben wir doch lieber im altbekannten Modus der Ausgrenzung und Grenzsicherung? Zurzeit hat man eher den Eindruck, dass Angst und Abgrenzung die Debatte beherrschen – neben usurpatorischen oder eugenisch-totalitären Großphantasmen, die in der Erschaffung des Übermenschen (eines bestimmten Typus) Sinn und Zweck des ganzen Unternehmens sehen.

Hier kann der Begriff der Métissage vielleicht tatsächlich zur Nachdenklichkeit anregen. Denn er bildet zwei große Irrtümer ab, die sich, so hoffe ich gezeigt zu haben, möglicherweise auch in der aktuellen Debatte zur Erzeugung von Mensch-Tier Chimären finden lassen: Erstens die Vorstellung von Veredelung bzw. Verschlechterung des Menschen durch die Mischung mit dem als ‚anders' Deklarierten, so wie zweitens die Vorstellung der Steuerbarkeit und Kontrollierbarkeit der Machtverhältnisse im Laufe dieses Vermischungsprozesses. Wollen wir weiter im kolonialistischen Modus agieren?[31] Geht es hier nicht doch auch um Besitzstandsgefechte? Denn wenn wir die Möglichkeit der besonderen moralischen Relevanz von Mensch-Tier-Chimären als denkbar zulassen – wer könnte die Auswirkungen in

---

31 Die oben angeführten Grenzen der Strapazierfähigkeit des Vergleichs bewusst überschreitend könnte man sich ja durchaus in einer Art Science-Fiction-Dystopie die Entstehung einer Animalité vorstellen: eine der Négritude analoge Emanzipationsbewegung der „Tierheit" in den Mischwesen (so sie denn eine Äußerungs- und Solidarisierungschance bekommen). Sie wird den Stolz auf das tierische Erbe Beschwören und versuchen, sich das aufgezwungene Fremde, Menschliche im Eigenen (und hier insbesondere im eigenen Körper) anzueignen.

Bezug auf unsere Vormachtstellung gegenüber den Tieren vorhersagen? Können wir uns andererseits vorstellen, dass sich – analog zur
interkulturellen Identität – eine Interspezies-Identität entwerfen lässt?
Der Versuch zumindest kann nur hilfreich sein, unseren jetzigen Iden-
tifizierungsbemühungen einige Konturierungsmöglichkeiten mehr zu
verleihen.

Zuletzt muss ich also eingestehen, dass ich doch, trotz entgegen-
gesetztem Impuls, zu einer moralischen Frage und ihrer Beantwortung gekommen bin: Können wir (und dann sollten wir) den vielleicht entstehenden Mensch-Tier-Hybriden den hinlänglich bekannten
Durchgang durch Unterdrückung, Entwürdigung und Ausbeutung
ersparen? Ganz im Geiste des ‚aus der Geschichte lernen'? Dann nämlich würde sich vielleicht etwas wirklich Neues ergeben: die Erfahrung,
Übergänge ohne Gewalt, Identität ohne Kampf zu vollziehen.

Arianna Ferrari

Technisch verbesserte Tiere, Mensch-Tier-Chimäre und die Überwindung der Mensch-Tier-Dichotomie in der zeitgenössischen Tierphilosophie

Einführung

Was wäre der Mensch heute ohne Technologie?[1] Was wäre der Mensch heutzutage ohne Tiere in diesem technologisierten Zeitalter? Technologien prägen sowohl das Zusammenleben der Menschen untereinander, als auch ihr Zusammenleben mit Tieren. In unserer Gesellschaft werden Tiere gegessen sowie als Versuchsobjekte bzw. als Quelle für biologisches Material verwendet. Zugleich werden sie aber auch zunehmend als „Freunde fürs Leben" und damit als Subjekte mit Würde betrachtet. Tiere waren von jeher in der Kultur eine Art Spiegel für den Menschen, als Wesen der Differenz und zugleich der Ähnlichkeit. Auch wenn das Thema der „anthropologischen Differenz" (das Verhältnis des Menschen zu seiner tierischen Natur[2]) und der Mensch-Tier-Dichotomie in der philosophischen Tradition keineswegs neu ist, erscheint es, dass die heutige wissenschaftlich-technologische Entwicklung etwas Neues für solche Reflexion anzubieten hat. Mit der Entwicklung der Biotechnologien, der Informations- Elektronik- und den Computertechnologien und später mit dem dann einsetzenden Boom der synthetischen Biologie, den Nanotechnologien bis hin zu konvergierenden Technologien werden zunehmend auch die traditionellen kategorialen Unterschiede zwischen Organischem/Nicht-Organischem, Mensch/Maschine neu gedacht.[3] Außerdem werden auch Ziele der

---

1 Für kritische Anmerkungen möchte ich mich bei Costantino Avanzi und Christopher Coenen herzlich bedanken. Für ausführliche Hinweise und freundliches Korrekturlesen geht mein Dank an Petra Mayr.
2 Siehe dazu M. Wild, *Einführung in die Tierethik,* Hamburg, 2008.
3 Zu diesem Thema siehe u. a. T. Swierstra, R. van Est, M. Boenink, „Taking Care of the Symbolic Order. How Converging Technologies Challenge our Concepts", in: *Nanoethics* 3 2009, S. 269-280.

Technologien neu definiert: „Enhancement" rückt ins Zentrum der
Aufmerksamkeit.[4]
Die Überwindung klassischer und modern geprägter Unterschiede
bzw. Dichotomien, die unsere symbolische Ordnung bestimmen,[5] ist
ein wichtiges Thema sowohl in der heutigen Auseinandersetzung mit
der Epistemologie und der Vorstellung von Natur bei neu entwickelten Technologien als auch der postmodernen bzw. posthumanistischen Tierphilosophie.[6] Ein umfassender Überblick, der diesen unterschiedlichen Denkströmen und Theorien gerecht würde, kann in diesem
Beitrag nicht geleistet werden. Hier wird vielmehr der Zusammenhang zwischen der tatsächlich möglichen Verwischung der Grenzen
des Biologischen durch neue Technologien und der theoretischen Reflexion über die Notwendigkeit einer Überwindung etablierter Kategorien im Bereich des Biologischen untersucht. Einerseits bietet die
wissenschaftlich-technologische Entwicklung die empirische und materielle Basis für eine tatsächliche Verschmelzung einiger bislang getrennter Domänen an. Auf der anderen Seite hat die postmoderne bzw.
posthumanistische tierphilosophische Tradition sich zunächst auf der
theoretischen Ebene mit der Frage nach der Überwindung traditioneller Unterschiede und der Klärung etablierter Begriffe beschäftigt.
Darüber hinaus verteidigt Transhumanismus explizit auch die Möglichkeit einer Überwindung artspezifischer Fähigkeiten von Tieren durch
technische Eingriffe. Ziel dieser Untersuchung ist zu überprüfen, ob
und inwieweit eine postmoderne (posthumanistische bzw. transhumanistische) Position für die Überwindung einer speziezistischen Phi-

---

4 C. Coenen, S. Gammel, R. Heil, A. Woyke (Hrsg.), *Die Debatte über »Human Enhancement«. Historische, philosophische und ethische Aspekte der technologischen
   Verbesserung des Menschen*, Bielefeld 2010. Siehe auch Siehe dazu A. Ferrari, C.
   Coenen, A. Grunwald, A. Sauter, *Animal Enhancement. Neue technische Möglichkeiten und ethische Fragen*, Bern 2010 (im Druck).
5 Der Ausdruck „symbolische Ordnung" stammt aus der anthropologischen Analyse
   von M. Douglas, *Purity and danger. An Analysis of the Concepts of Pollution and
   Taboo*, London 1966. Vgl. hierzu: T. Swierstra, R. van Est, M. Boenink, „Taking
   Care of the Symbolic Order. How Converging Technologies Challenge our Concepts".
6 Unter „postmoderner Tierphilosophie" wird die Theorie derjenigen Autoren verstanden, die sich mit der Frage nach dem Tier unter einer postmodernen Perspektive
   beschäftigt haben. Ähnlich dazu wird unter „posthumanistischer Tierphilosophie"
   die Theorie verstanden, die die Frage nach dem Tier im Posthumanismus erklärt.
   Hier verfolge ich die kritische Analyse von L. Cahoone (Hrsg.), *From modernism
   to postmodernism. An Anthology*, Cambridge MA, Oxford 1996.

losophie und für die Auseinandersetzung mit ethischen und politischen Implikationen solcher Eingriffe fruchtbar ist.

Die Kritik am Speziezismus in der Tierethik

Eine Auseinandersetzung mit der Rolle der klassischen Ordnungskategorien bzw. Hierarchien ist ein zentraler Punkt der zeitgenössischen tierethischen bzw. tierphilosophischen Tradition, die von einer lebendigen Diskussion über Speziezismus geprägt ist. Dieser Begriff bezeichnet die Diskriminierung der Lebewesen auf der Basis der Spezieszugehörigkeit, die sich auf eine Hierarchisierung der Lebewesen stützt und wurde in Analogie zu anderen Formen von Diskriminierung wie Rassismus und Sexismus geprägt. Das dem Speziezismus zugrunde liegende Menschenbild beruht auf einer absoluten Sonderstellung des Menschen in der Natur, die dann mit unterschiedlichen Begriffen wie Gottesebenbildlichkeit, Gattung, Person und Würde[7] begründet wird, und zwar mit Attributen, die ausschließlich dem Menschen zugesprochen worden sind.

Nach Bentham (1789) und seiner Neuformulierung der Frage „Können Tiere denken?" in „Können Tiere leiden"? geht man in der tierethischen Diskussion davon aus, dass die Leidensfähigkeit und nicht die kognitiven Fähigkeiten (sei es Vernunft, Sprache, Selbst-Bewusstsein usw.) die Grundvoraussetzung für Aufnahme in die moralische Gemeinschaft sei. Damit soll der Anthropozentrismus mit Pathozentrismus ersetzt werden.[8] Auf die Unvertretbarkeit des Anthropozentrismus wird traditionell in der Tierethik mit dem Argument der „menschlichen Grenzfälle" verwiesen: Solche Grenzfälle stellen z.B. komatöse Patienten, Menschen mit bestimmten Behinderungen oder anenzephalische Kinder dar, die kein Selbstbewusstsein bzw. Bewusstsein besitzen, was traditionell als Basis einer anthropozentrischen

7 Für eine Auseinandersetzung mit dem Begriff „Würde" und dem Anthropozentrismus siehe u. a. A. Ferrari, *Genmaus & Co. Gentechnisch veränderte Tiere in der Biomedizin*, Erlangen 2008.
8 P. Mayr, *Das pathozentrische Argument als Grundlage einer Tierethik*, Münster 2003; M. Gorke, *Artensterben. Von der ökologischen Theorie zum Eigenwert der Natur*, Stuttgart 1999.

Ethik gesehen wird.[9] Hierbei wird deutlich, dass, wenn diese Art von
moralischer Zuschreibung konsequent auf alle Menschen angewendet
würde, einige Menschen wie komatöse Patienten und anenzephalische Kinder aus der moralischen Gemeinschaft ausgeschlossen würden und damit bestimmte Rechte und den entsprechenden Schutz[10]
verlieren.

Die Kritik an einer speziezistischen Metaphysik und Ethik wird in
der zeitgenössischen Tierphilosophie zum einen im Zusammenhang
mit der Darwinschen Lehre des Gradualismus betrachtet, zum anderen
stützt sie sich auf empirische Ergebnisse der ethologischen Forschungen der letzten Jahrzehnte.[11] Darwin geht von der Ausnahme aus, dass
zwischen tierischen und menschlichen Fähigkeiten nur ein gradueller,
kein wesentlicher Unterschied besteht und er findet das hierarchische
Bild der Natur äußerst problematisch.[12] Wie Engels zu Recht betont,
*„Das Besondere an Darwins Position liegt darin, daß er die selbst
heute noch weitverbreitete starre Unterscheidung zwischen dem Tier
als Instinktwesen und dem Menschen als Intelligenz- und Geistwesen
nicht gelten läßt".*[13] Nach der Logik der von Darwin geprägten evolutionären Erkenntnistheorie können sich alle Fähigkeiten des Menschen entwickelt haben, weil es bereits vor ihm andere Lebewesen gab,
die mit diesen Fähigkeiten in anderer aber bereits angelegter Ausprägung ausgestattet waren. Auch wenn Darwin zugibt, dass der „moralische Sinn" des Menschen ein qualitativ neues Vermögen in der
Evolution ist, bleibt er seinem evolutionären erkenntnistheoretischen
Programm treu und gibt wiederum eine gradualistische Erklärung.[14]

---

 9 Siehe dazu J. Narvenson, „Animal rights", in: *Canadian Journal of Philosophy*, VII,
    1977, S. 164.
10 Allerdings verwenden einige Autoren dieses Argument, um tatsächlich einer Gruppe
    von Menschen (wie zum Teil auch Menschen mit Down-Syndrom) Rechte wie bspw.
    einen fairen Zugang zu Transplantationslisten abzusprechen: Siehe bspw. J. Sava-
    lescu, „Resources, Down's syndrome, and cardiac surgery", in: *British Medical Jour-
    nal* 322 2001, S. 875-876.
11 J. Benz-Schwarzburg, A. Knight „Cognitive Relatives yet Moral Strangers?", in:
    Journal of Animal Ethics 1 (im Druck).
12 Siehe dazu E.-M. Engels, „Charles Darwins evolutionäre Theorie der Erkenntnis-
    und Moralfähigkeit", in: E.-M. Engels (Hrsg.), *Charles Darwin und seine Wirkung*,
    Frankfurt am Main 2009, S. 303-339; vgl. E.-M. Engels, *Charles Darwin*, München
    2007.
13 E.-M. Engels, *Charles Darwin und seine Wirkung*, S. 309 (Kursiv im Original).
14 Vgl. J. Rachels, *Created from animals. The moral implications of Darwinism*, Ox-
    ford 1990.

Zentraler Punkt der Kritik am Speziezismus ist die Idee, dass es unmöglich ist, eine Fähigkeit zu nennen, die nur ausschließlich bei der Gattung Mensch als solcher – d. h. der Gesamtheit aller Menschen – anzutreffen ist. Um die Problematik und logische Inkonsistenz einer anthropozentrischen Metaphysik und Ethik wurde von Anfang an in der tierethischen Debatte eine Parallele mit fiktiven Szenarien von Außerirdischen sowie mit künstlichen Lebewesen diskutiert, die eine oder mehrere für den Anthropozentrismus ethisch relevante Merkmale besitzen: Schon in der 70er Jahren schilderte der Schriftsteller Desmond Stewart eine in der Zukunft von der außerirdischen Spezies „Troog" dominierte Erde, in der die Menschen als Arbeitssklaven und als Ernährung verwendet werden – d. h. in der die Menschen von Troog wie heutzutage eine Vielzahl von Tieren von den Menschen behandelt werden.[15] In seinem Artikel „Barriere im Kopf" schlägt Dawkins ein Gedankenexperiment vor, in dem ein Mensch und ein Schimpanse gegenüber stehen.[16] Beide nehmen sich an die Hand und bilden als direkte Vorfahren eine Kette. Da Mensch und Schimpanse tatsächlich gemeinsame Vorfahren haben, resultiert am Ende eine einzige Kette, an der an einem Ende der Mensch als Wesen mit Grundrechten steht und an dem anderen Ende ein Wesen ohne moralischen Status. Daraus folgt, dass genau an einer Stelle der Kette der moralische Status abbricht. Dawkins diskutiert dann die Möglichkeit der Herstellung einer Affe-Mensch-Chimäre, die als Übergangsform der heutigen beiden Extreme der Kette die Absurdität des Anthropozentrismus qua Speziezismus aufzeigen soll.

Die Diskussion im Bereich der Tierphilosophie bzw. Tierethik wurde in den 80er Jahren von der ethischen Auseinandersetzung mit der Robotik und der künstlichen Intelligenz getrennt geführt, obwohl dann diese Forschungen immer mehr an Bedeutung gewannen. Auch im Bereich der ethischen Reflexion über künstliche Wesen oder Mischwesen wurde die Frage nach dem moralischen Status diskutiert, insbesondere im Zusammenhang mit der Möglichkeit der Erstellung autonomer und frei handelnder Roboter sowie Mischwesen aus organischen und anorganischen Teilen. Die mögliche Diskriminierung gegenüber solchen Mischwesen wird von einigen Autoren als eine Art

---

15 D. Stewart, „The Limits of Trooghaft", in: T. Regan, P. Singer (Hrsg.), *Animal Rights, Human Obligations*, 2te Aufl., Prentice-Hall 1989, S. 273-280.
16 R. Dawkins „Barrieren im Kopf", in: P. Cavalieri, P. Singer (Hrsg.), *Menschenrechte für die Großen Menschenaffen. Das Great Ape Projekt*, München 1994, S. 125-135.

von „Carbonismus" bezeichnet: Ingensiep stellt dann die Frage, ob die Kritik an klassischen Ordnungskategorien in der heutigen Diskussion tatsächlich den Weg vom Speziezismus zum Carbonismus bedeutet.[17] Die Debatte über die metaphysische und ethische Stellung der Tiere in unserer Gesellschaft stellt sich als grundlegende Kritik an der Verwendung einer abstrakten und von der Empirie losgelösten Kategorie „Mensch" dar. Die Zufälligkeit der Entwicklung bestimmter Fähigkeiten im Laufe der Evolution (in Anlehnung an die gradualistische Lehre Darwins) und damit die willkürliche Rolle des „biologischen Schicksals" in der Bestimmung der tatsächlichen Ausstattung der Wesen bringt die Idee der menschlichen Herrschaft über die Natur ins Schwanken.[18]

Die Überwindung der Mensch-Tier-Dichotomie: Postmoderne und posthumanistische Tierphilosophie

Begriffe wie Unsicherheit, Unstabilität, Überwindung metaphysisch konsolidierter Prinzipien prägen die postmoderne Tierphilosophie, die sich kritisch mit der bisherigen metaphysischen abendländischen Tradition auseinandersetzt. Im Mittelpunkt der Auffassung postmoderne Philosophen steht die Überzeugung, dass die Überwindung der Epoche der metaphysischen Einheit, der festen Prinzipien und der Sonderstellung des Menschen als einziges vernünftiges Wesen sich in einem neuen Verständnis der menschlichen Natur und somit einem neuen Verhältnis zwischen Mensch und Tier vervollständigt.

In Derridas dekonstruktionistischem Programm gewinnt das Tier eine entscheidende Rolle, indem es das Andere *par excellence* für den Menschen darstellt. Die Theorie Derridas ist eine grundsätzliche Kritik an der humanistischen bzw. aufklärerischen Metaphysik, die in der monotheistischen Religion verwurzelt, auf eine Reihe von binären Oppositionen und auf einer hierarchischen Ordnung in der Natur

---

17 H. W. Ingensiep, „Chimären & Cyborgs. Vorüberlegungen zum Status und zur Topographie von Objekten der Neuronanobiotechnologie", in: K. Köchy, M. Norwig, G. Hofmeister (Hrsg.), *Nanobiotechnologien. Philosophische, anthropologische und ethische Fragen*, Reihe: Lebenswissenschaften im Dialog, München 2008, S. 107-130.

18 Vgl. dazu C. McGinn, „Menschenaffen, Menschen, Außerirdische, Vampire und Roboter", in: P. Cavalieri, P. Singer (Hrsg.), *Menschenrechte für die Großen Menschenaffen. Das Great Ape Projekt*, München 1994, S. 225-233.

basiert. Eine dieser grundsätzlichen Opposition ist die Mensch-Tier-Dichotomie. Der Begriff „Tier", der vor allem im Singular verwendet wird, verbirgt laut Derrida die Mannigfaltigkeit des Tierreichs, und steht für ein Symbol der menschlichen Gewalt gegenüber Tieren, indem Tiere nicht als Subjekte betrachtet werden können. Da das Tier keine Sprache hat, wird es aus der moralischen Gemeinschaft ausgeschlossen. Dadurch wird auch der Mensch gegenüber sich selbst gewalttätig, indem er seine eigene Natur nicht wahrnimmt und sich selbst das Recht nimmt, auf den Rest des Lebendigen Herrschaft auszuüben.[19] Derrida macht auf das Ungeheure der menschlichen Nutzung in der Massentierhaltung, in der Gen-Manipulation und in der unterschiedlichen technischen Interventionen auf Tiere aufmerksam. Eine Befreiung des Menschen aus den Fesseln seiner eigenen Subjektivität fängt mit einer Umwandlung der Sprache an und damit mit einer Dekonstruktion von Begriffen: das Wort „Tier" (*animal*) wird durch den Neologismus „*animot*" ersetzt, der sich aus dem Wort „animal" und „mot" (Wort) zusammensetzt und der auf die Nichtreduzierbarkeit tierisches Lebens verweist. Die Nutzung der neuen Bezeichnung im Plural („*animots*") stellt dann die Notwendigkeit der Überwindung der „anthropologischen Grenze" als absoluten Grenze dar, weil der Unterschied zwischen Mensch und Tier „verringert" (*demultiplier*) werden soll. Weder sollen wir Derrida folgend den Fehler des Biologismus, der diesen Unterschied im Namen der Kontinuität des Lebendingen nicht anerkennt, noch den Fehler des metaphysischen Separationismus begehen, der diesen Unterschied auf der ontologischen Ebene als absolut betrachtet. Wir müssen einfach von der Mannigfaltigkeit des Lebendingen ausgehen und unsere Verantwortung erweitern.[20] Solche Erweiterung bleibt für Derrida unter der „pluralen Logik der Aporie" erklärt: Dieses Denken der Aporie bietet die ausdauernde Möglichkeit, sich vom Immoralismus bzw. von einer gefährlichen Mystifikation zu retten, die das essentialistische Denken kennzeichnet.

In Anlehnung an Derrida lehnt Lawlor den Weg der Identifizierung gemeinsamer Merkmale zwischen Menschen und Tieren ab, um gegen die Gewalt gegenüber Tieren zu kämpfen, und interpretiert die Denkonstruktion des Tieres als neues revolutionäres Unternehmen, das heutzutage eine ähnliche Rolle wie die Idee der Tierbefreiung von

---

19 J. Derrida, *The animal that therefore I am*, hrsg. von M. Mallet, New York 2006.
20 J. Derrida, *The animal that therefore I am*.

Singer in den 70er Jahren[21] darstellt. Lawlor plädiert für eine Revolution im Denken, die zu einer neuen Auffassung der Mensch-Tier-Dichotomie als gestaffelter Analogie (aus Derridas Ausdruck *analogie décalée*) bringt, laut der es zwischen Mensch und Tier eine Nicht-Gleichzeitigkeit gibt: Das Tier versteht die konstitutive Möglichkeit des Sterbens nicht. Der Mensch ist dem Tier ähnlich, weil er seine Endlichkeit – und zwar die Möglichkeit des Sterbens – als Möglichkeit des Unmöglichen ahnt. Die Ähnlichkeit zwischen Mensch und Tier ist deshalb nicht vollkommen, sondern gestaffelt.[22] Die Endlichkeit – die beim Menschen in seiner Nacktheit bzw. Angreifbarkeit besteht – kennzeichnet tiefgreifend das ganze Lebendige. In Anlehnung an Derrida schlägt Lawlor eine Ethik der Aporien vor und schreibt explizit, dass die Gewalt gegen Tiere nicht zu eliminieren, sondern auf einem Minimum zu reduzieren ist.

In seiner Auseinandersetzung mit der Frage nach der Mensch-Tier-Dichotomie in der Philosophie plädiert Agamben für eine Überwindung der Idee der ontologischen Kluft, die sich in der Beschreibung des Menschen als „anthropologische Maschine" bis Heiddeger verwirklicht hat, und für eine Akzeptanz der „anthropomorphen Animalität" des Menschen.[23] In der postmodernen Geschichte bleibt für eine Menschheit, die sich wieder zu ihren „tierischen Wurzeln" bekennt, nichts anderes übrig als eine Depolitisierung. d. h. sich sich entweder durch eine Zustimmung der wirtschaftlichen Kriterien oder durch eine Akzeptanz des biologischen Lebens als politisches bzw. „impolitisches" Ziel zu orientieren. Agamben setzt sich nicht mit neuen Ergebnissen aus der biologischen Forschung über Fähigkeiten von Tieren auseinander, und thematisiert auch nicht Implikationen dieser theoretischen Veränderung für den Umgang mit Tieren, sondern erklärt offensichtlich das Ende der Geschichte als Idee von einer Menschheit bzw. von Staaten, die sich politische Ziele setzten. Die Eklipse einer historischen und philosophischen Perspektive geht mit der Fundierung eines neuen Menschenbildes einher: statt Abgrenzung gegen das Tier wird Öffnung, „das Offene" propagiert. Agamben schildert aber nicht, was das Offene im Konkreten bedeutet. Er schreibt vielmehr, dass unsere

---

21 Siehe dazu L. Lawlor, *This is not sufficient*, New York 2007, insbesondere die Einführung, S. 1-10.
22 Die gestaffelte Analogie besteht in der Ähnlichkeit zwischen Fehler des Menschen und Fehler des Tieres. Vgl. Lawlor, *This is not sufficient*, S. 77.
23 G. Agamben, *Das Offene. Der Mensch und Das Tier*, Frankfurt Main 2003.

Sprache noch vom Vokabular der „anthropologischen Maschinen" beherrscht wird.[24] In seinem Buch *Zoontologies* interpretiert der Posthumanist Wolfe die tierphilosophische Tradition durch den Blickwinkel einer neuen Fundierung der Ontologie,[25] die er als Zoontology bezeichnet. „Zoontology" bedeutet, dass die Frage nach dem Wesen keine Frage ausschließlich für den Menschen und über den Menschen ist, sondern die Frage nach dem Wesen auch Tiere miteinbezieht, weil sie eine Frage nach dem Wesen der Tiere und des Menschen ist. Dennoch schreibt Wolfe, dass die Frage nach dem Tier (im Singular) als solche für eine posthumanistische Theorie, die auf die Überwindung der ontologischen Tradition abzielt, keinen Sinn mehr macht. Die posthumanistische Philosophie verbindet die theoretische Notwendigkeit der Überwindung einer Metaphysik der Sicherheit stärker und direkter mit der von der wissenschaftlich-technologischen Entwicklung angebotenen Möglichkeit der Verwischung der Grenzen zwischen Mensch, Tier und Maschine. Der Posthumanismus stellt sich in der Tat als neues theoretisches Modell für biologische, mechanische und Kommunikations- Prozesse dar, das sich in der kybernetischen Tradition der 40er und 50er Jahre sowie auch in deren Erweiterung von Maturana und Varela wurzelt. Es handelt sich zunächst um eine neue Perspektive, um Bedeutungszuweisung, Information und Kognition anzudeuten und Prozesse in der Natur auf eine nicht-anthropozentrische Art und Weise zu denken, in denen der Mensch keine Sonderstellung mehr hat.[26] Zum Teil wird aber der Begriff Posthumanismus anders verstanden, und zwar in einem direkten Zusammenhang mit Transhumanismus, indem Posthumanismus einfach als Bezeichnung eines zukünftigen Menschenbildes „nach der heutigen Zeit" bezeichnet wird. Folgt man aber der Definition Wolfes, ist der Posthumanismus durch ein Verschmelzen der materiellen und biologischen Natur des Menschen gekennzeichnet, der als Teil des gesamten Lebendigen gesehen wird, zusammen mit der Einbettung des Menschen auch in die technische Welt. Dadurch wird zum einen die Mensch-Tier-Dichotomie als ontologische Kluft aufgelöst und, zum anderen, konstituiert sich die Subjektivität des Menschen auch in Anlehnung an das Technische, an die von ihm ge-

---

24 G. Agamben, *Das Offene*.
25 Siehe C. Wolfe, *Zoontologies. The question of the animal*, Minneapolis 2003.
26 Siehe dazu C. Wolfe, *What is Posthumanism?* Minneapolis, London 2010, insbesondere S. xi-xiv.

schaffene Welt. Wolfe wiederholt mehrmals, dass Posthumanismus in seinem Sinne „posthumanistisch" aber nicht „posthuman" ist, und zwar als ein Streben nach der theoretischen Überwindung der humanistischen Ideen und nicht dem biologischen Zustand des Menschen, wie er jetzt ist.

Die neue Fokussierung der philosophischen Reflexion auf die unhintergehbaren „Embodiment" und der Mannigfaltigkeit des Subjektes jenseits der Speziesunterschiede teilt Wolfe mit der Feministin und Poststrukturalistin Haraway. Durch den „Companion Species Manifesto" orientiert Haraway ihre kritischen Überlegungen auf Tiere.[27] Aus der Auseinandersetzung mit dem Cyborg kam sie zum Ergebnis, dass es für die Frage nach dem Menschen keine privilegierten anthropozentrischen analytischen Standpunkte mehr gibt, sondern dass durch die Verschmelzung von Tier und Maschine die Identität des Menschen in dieser Relationalität mit den Artefakten konstituiert. Die Feststellung, dass Menschen Organismen sind, denen immer schon fremdes Material in Fleisch und Blut übergangen ist, und dass der multidirektionale Austausch von Genmaterial der Name des Spiels des Lebens auf der Erde schon immer gewesen ist, sind für sie gute Gründe, um sich von der Cyborg-Figur zu befreien und sich auf Tiere zu konzentrieren. Durch den Begriff „companion species" möchte Haraway die die abendländische Kultur prägenden Dualismen auflösen und betonten, dass sich die Subjektivität des Menschen und der Tiere immer in einem gegenseitigen „Werden mit" („becoming with") bestimmen. Unter dieser Perspektive diskutiert sie in ihrem neusten Buch[28] – das allerdings in der posthumanistischen von Wolfe herausgegebenen Reihe veröffentlicht ist – die Ko-evolution von Menschen und Tieren in der Technokultur. Haraway setzt sich deshalb systematisch mit der heutigen Forschung auseinander und erklärt, wie die modernen Praktiken wie das Klonen von Tieren und die Herstellung von gentechnisch veränderten Tiermodellen bis hin zu Nutztierhaltung die Auffassung von Natur (und damit des Menschen als Teil der Natur) verändern.

---

27   Siehe dazu D. Haraway, *The Companion Species Manifesto: Dogs, People, and Significant Otherness*, Chicago 2003.
28   D. Haraway, *When species meet*, Minnesota 2008.

Tierisch, menschlich, übermenschlich, übertierisch?
Animal Enhancement und Transhumanismus

Die transhumanistische Zukunftsvision, die in vielen Interpretationen die Inspiration für den NBIC-Bericht gewesen ist,[29] versucht dieser Entwicklung eine Bedeutung zu geben, indem sie offen für eine Überwindung der menschlichen Spezies mittels Technologien plädiert. Als „transhuman" wird jeder Mensch definiert, der aktiv den posthumanen Zustand anstrebt, einem Zustand von (laut Definition) „fortentwickelten" Menschen, die ihre geistigen und körperlichen Eigenschaften durch die technologische Entwicklung überwunden haben.[30] Statt aber für eine theoretische Überwindung dieser Kategorie wie in der postmodernen Philosophie zu plädieren, wird in der humanistischen Tradition bzw. in der Zentralität des Menschen und in der damit zusammenhängenden Säkularisierung der Gesellschaft die Quelle für den Gedanken der Überwindung der biologischen Grenzen gesehen, die heutzutage durch die wissenschaftlich-technologische Entwicklung möglich geworden ist.[31]

Der junge Transhumanist Núñez-Mujica hat in einer Konferenz vorgeschlagen, Menschenaffen durch gentechnische Veränderung zu verbessern, insbesondere ihre kognitiven Fähigkeiten. Durch eine mögliche Erhöhung der kognitiven Fähigkeiten und gegebenenfalls die Entwicklung der Sprache würde sich auch die Kommunikation mit diesen Tieren verbessern:[32] Sie könnten uns dann direkt mitteilen, was ihre Wünsche und Bedürfnisse sind und dies wäre für eine Implementierung ihres Schutzes vorteilhaft. Mag dieses auch Beispiel zu visionär, und unrealistisch sein (weil es die Idee voraussetzt, dass die Sprachentwicklung allein durch eine Modifikation auf der genetischen Ebene erreicht werden kann), so ist es doch als ein Beispiel für eine zukünftige Vorstellung vom Natur- und Menschenbild sowie der

---

29 M. C. Roco, W. S. Bainbridge (Hrsg.), *Converging Technologies for Improving Human Performance – Nanotechnology, Biotechnology, Information Technology and Cognitive Science*, Arlington 2002, www.wtec.org/ConvergingTechnologies/Report/NBIC_report.pdf.

30 N. Bostrom, „A history of transhumanist thought" 2005, http://www.nickbostrom.com/papers/history.pdf; vgl. N. Bostrom, J. Savalescu, *Human Enhancement*, Oxford 2009.

31 Siehe N. Bostrom, „ A history of transhumanist thought".

32 G. Núñez-Mujica, „The Ethics of Enhancing Animals, Specifically the Great Apes", in: *Journal of Personal Cyberconsciousness*, 1(1)/2006.

Rolle der technischen Entwicklung zu betrachten.[33] Transhumanistische
Vorstellungen einer Überwindung der menschlichen Spezies gehen
Hand in Hand mit jeglicher Form von biologischer Grenzüberschrei-
tung. Erstens symbolisiert die Überschreitung von biologischen Grenzen die tatsächliche Macht des Menschen, die sich dank seiner Vernunft in Form von Technik verwirklicht, von der Sklaverei der Natur
(den Gesetzen der Natur) befreien kann: Das, was vorher in der Macht
der „natürlichen Lotterie" stand, kann jetzt vom Menschen kontrolliert werden. Zweitens stellt eine solche Überwindung auch eine
Möglichkeit für eine Neudefinition dessen dar, was als „menschliche
Natur"[34] bezeichnet wird. Damit wird zugleich auch die Stellung des
Menschen in der Natur und seinen Pflichten gegenüber anderen Lebewesen konstituiert. Zu bemerken ist in der Tat, dass der Bezug auf
die befreiende Macht der Vernunft sich gegen die Autorität der Natur
richtet mit einer starken Verteidigung des Rechts auf die freie Entscheidung in der liberalen Gesellschaft.[35]

Nicht überraschend klingt dann die Verteidigung von Verbesserungen an Tieren von Chan, die trotz seiner Ablehnung, sich selbst
als Transhumanist zu bezeichnen, bezeichnet sie menschliche und tierische Verbesserung sogar als moralische Pflicht.[36] Am Anfang ihres
Artikel definiert Chan „Animal Enhancement" in einem neutralen
Sinn als: (1) Veränderung, die zu einer Steigerung einer Eigenschaft
oder zu einer neuen Eigenschaft führt; (2) als Besserung des Tieres
für die menschliche Nutzung; (3) als Mittel zu einer besseren Erfüllung der Interessen des Tieres. Damit betont sie die Kontinuität der
Ziele technologischer Interventionen, die auf das Tier abzielen und
definiert zugleich den Begriff „Animal Enhancement". Später im
Artikel nimmt sie dann aber eine ethische Bewertung von Enhancement vor, indem Enhancement als etwas betrachtet wird, was gut für
ein Individuum ist, und damit gut an sich ist. „Enhancement" beschreibt

33 Vgl. G. Wolbring, „Enhancement of animals", in: *Free Innovation Watch Newsletter*, 2007 http://innovationwatch-archive.com/choiceisyours/choiceisyours-2007-
03-15.htm"(zuletzt aufgerufen am 15/08/10).
34 Siehe A. Ferrari, *Genmaus & Co.*
35 Zu den unterschiedlichen politischen Strömungen in der transhumanistischen Gesellschaft siehe C. Coenen, „Entgrenzung und Tradition: Zur politisch-historischen
Einordnung des visionären Diskurses über Nanotechnologie", in: A. Ferrari, S. Gammel, *Visionen der Nanotechnologie*, Heidelberg 2010, S. 3-24.
36 S. Chan, „Should we enhance animals?", in: *Journal of Medical Ethics* 35, 2009,
S. 678-683.

dann alle Interventionen, die darauf abzielen, Tieren etwas „Besseres als nur Gutes" zu tun, zum Beispiel ihre Intelligenz zu erhöhen. Die moralische Verpflichtung zum Enhancement von Tieren folgt dann aus der Anerkennung von Tieren als Träger von Interessen, die dann zu respektieren sind. Von daher betrachtet Chan „Animal Enhancement" als aktive Förderung von Tierschutz.

Von der Theorie zur empirischen Forschung: Die Überschreitung der Artgrenzen und die Erzeugung neuer tierischer Eigenschaften in Wissenschaft und Technik

Was bedeutet eine Verbesserung für die Tiere tatsächlich? Die vorher diskutierten Argumente von Núñez-Mujica und Chan bewegen sich auf der rein theoretischen Ebene und beschäftigen sich nicht mit konkreten Beispielen und bereits existierenden Anwendungen von „Animal Enhancement". Auch die postmoderne und posthumanistische Tradition begegnet der Frage nach der Überwindung der Mensch-Tier-Dichotomie und dem daraus folgenden Bedürfnis einer neuen Auffassung des Mensch-Tier-Verhältnisses auf der theoretischen Ebene. Dennoch stellt die wissenschaftlich-technologische Entwicklung uns vor neue Möglichkeiten der tierischen Nutzung und Veränderung und eröffnet damit viele Spielräume.

Technische Eingriffe an Tieren bringen eine Kaskade von Auswirkungen auf das Wohlbefinden und gesamte Wesen von Tieren mit sich. Die gentechnische Veränderung ist durch einen großen Tierverbrauch gekennzeichnet:[37] Für die Herstellung transgener Tiere werden immer auch andere Tiere verwendet und durch Unsicherheiten in der Technik – indem nur in sehr begrenzten Fällen das Genkonstrukt am gewünschten Ort im Genom platziert werden kann – steigt der Tierverbrauch enorm an. Zudem wird durch diese Technik das Risiko der Beeinträchtigung des tierischen Wohlbefindens erhöht. Die Forschung im Bereich der Gehirn-Maschine-Schnittstelle wurde und wird immer noch mit Hilfe von zahlreichen Tierversuchen umgesetzt, die mit Leid und der Tötung von Tieren einhergehen. In tierischen Gehirnen werden bspw. Elektroden implantiert oder die kognitiven Fähig-

---

37 Siehe dazu A. Ferrari, *Genmaus & Co.*

keiten von Tieren werden absichtlich beeinträchtigt, um die Wirkung von Prothesen zu testen. Außerdem steht die Forschung in enger Verbindung mit den Befürworten der menschlichen Verbesserung. Das Klonen, die Gentherapie, das genetische Doping und die Forschungen in der Neuropharmakologie bis hin zum Anti-Aging hängen mit zahlreichen Tierversuchen zusammen, indem alle neuen Anwendungen und Medikamente sowie Eingriffe vorher an Tieren getestet werden[38]. Aus diesen Gründen bin ich der Auffassung, dass die Rede von der Überschreitung der Mensch-Tier-Dichotomie bzw. Spezies-Grenzen nicht von den empirischen Daten und tatsächlichen Implikationen für Tiere absehen kann. Nimmt man konkrete Beispiele von technischen Eingriffen an Tieren unter die Lupe, erfährt man, dass sich zahlreiche Motive und unterschiedliche Interessen kreuzen, und dass die Rede von „Verbesserung" in Bezug auf die Tiere häufig doppeldeutig und fast immer letztendlich im Namen menschlicher Interessen geführt wird. Im Bereich der experimentellen Forschung findet man allerdings einige Maßnahmen, die als Verbesserungen im Interesse des Tieres klassifiziert werden können, und zwar in Bezug auf die Haltungsbedingungen von Versuchstieren. In der Versuchstierkunde wird bspw. von „*environmental Enrichment*" gesprochen, wenn die Haltungsumgebung der Versuchstiere artgerecht gestalten wird und wenn sie kognitiv gefordert werden. Doch darf nicht vergessen werden, dass der gesamte Kontext der experimentellen Forschung allein von menschlichen Zwecken bestimmt ist (mit Ausnahme der tiermedizinischen Forschung). Außerdem existiert sowohl in der Forschung als auch in der Tiermedizin keine Entwicklung im Sinne einer Verbesserung der Gesundheit der Tiere, die über das Maß hinaus geht, das durchschnittlich für jede Tierart als „normal" zu betrachten ist. Ganz im Gegenteil. Die Tiermedizin wird in der Realität mit vielen anderen Problemen konfrontiert, wie bspw. ökonomischen. So mangelt es der Forschung über wilde Tierarten an Geldern, da solche Forschungsbereiche von geringem wirtschaftlichen Interesse sind.

Ein Parade-Beispiel von „Animal Enhancement", das auch im Interesse der Tiere sein kann, ist die Erhöhung der gentechnischen Herstellung krankheits-resistenter-Tiere, insbesondere Mastitis-resis-

---

38 Für eine ausführliche Auseinandersetzung mit der Forschung siehe Kapitel 2 in A. Ferrari, C. Coenen, A. Grunwald, A. Sauter, *Animal Enhancement. Neue technische Möglichkeiten und ethische Fragen.*

tenter Kühe.[39] Argumentiert man mit der Vermeidung von Tötung
und Leid von Tieren, ist die Erhöhung der Krankheitsresistenz – angenommen sie funktioniert – in der Tat ein großes Verdienst: Seuchen
sind bei Nutztieren ein großes Problem und wenn sich eine anste-
ckende Krankheit weit verbreitet, werden die Tiere in Massen getötet.
Mastitis ist insbesondere bei Milchkühen neben Fruchtbarkeitsstö-
rungen der häufigste Grund für eine vorzeitige Schlachtung. Erweitert man aber den Spielraum dieser Betrachtung und stellt man den
Nutzungskontext dieser Tiere in Frage, muss man betonen: erstens,
dass die die Massentötung im Fall einer Krankheit vor allem das Ergebnis der Massentierhaltung ist. Da eine große Zahl von Tieren auf
kleinem Raum lebt, verbreitet sich die Krankheit Blitz schnell. Deshalb stellt sich die Frage, ob die Methode der Massentierhaltung mit
ihren krankheitsverursachenden und zugleich verbreitenden Konsequenzen für eine Vielzahl von Todesfällen verantwortlich ist, oder ob
der Krankheit selbst mehr Tiere zum Opfer fallen. Es zeigt sich, dass
die Tierhaltungsmethode – die ja ein Ergebnis der Leistungsanforde-
rungen des Menschen an die Tiere ist – nicht isoliert von aufgetretenen Erkrankungen betrachtet werden kann. Zweitens, gibt es auch
Indizien, dass die lange Selektion hin zu einer hohen Milchproduktion bei diesen Kühen auch eine Erhöhung der Empfindlichkeit auf
Krankheiten der in dieser Produktion involvierten Organe geführt hat.
Drittens, impliziert die Herstellung dieser Kühe, die in der Tat noch
nicht gelungen ist, eine sehr lange experimentelle Phase, bei der auch
das Leiden anderer Tiere, die in den Prozess eingebunden sind, in Kauf
genommen wird. Nicht zuletzt ist hier die zentrale Vision zu nennen,
die dem gesamten Projekt der gentechnischen Veränderung von Tieren in der Landwirtschaft zugrunde liegt: die Anpassung von Tieren
an die menschlichen Agrarbedürfnisse.
  Die Rede von Animal Enhancement als etwas, das notwendigerweise gut bzw. „besser als gut" und damit im Interesse des Tieres ist,
erscheint deshalb nicht vertretbar. Angesichts der Tatsache, dass technologische Interventionen heutzutage immer einer relativ langen
Phase des Experimentierens unterworfen sind, die vor allem auf Tierversuchen basiert, und vor dem Hintergrund, dass viele Technologien, wie zum Beispiel die Gentechnik die Verwendung und Tötung

---

39 Mastitis ist eine bakterielle Entzündung der Milchdrüsen. Siehe u. a. R. Wall, A.
   M. Powell, M. J. Paape et al., „Genetically enhanced cows resist intramammary
   Staphylococcus aureus infection", in: *Nature Biotechnology* 23/2005, S. 445-451.

vieler (indirekt beteiligter) Tiere impliziert, kann man daran zweifeln, ob technologische Eingriffe dieser Art überhaupt im Interesse der Tiere sind. Hinzu kommt, dass nicht klar ist, welche veränderten Eigenschaften überhaupt nützlich für ein Tier in welchem Sinne (also unter welchen Umweltbedingungen) sind. Die Bewertung dessen, was als „Verbesserung" klassifiziert werden kann, hängt von der konkreten Frage nach der Entscheidungsmacht des Subjektes ab, welches die Entscheidung trifft (hier der Mensch). Die Kriterien für die Bestimmung der Bedürfnisse und Interessen der Tiere in jeweiligen unterschiedlichen Nutzungsbereichen hängen vom Menschen und darüber hinaus von der Vision der Macht und Rolle der Technologie in unserer Gesellschaft ab.

Neu entstehende Technologien als Herausforderung für die Tierphilosophie: Skizze für ein neues Verständnis von Ethik und Politik der Mensch-Tier-Beziehung

Die postmoderne und posthumane Reflexion betont die Notwendigkeit einer Überwindung der Ethik und einem neuen Verständnis der theoretischen Dichotomie der abendländischen Philosophie. Poststrukturalistische Theorien à la Haraway und transhumaniste Ansätze bieten eine neue, veränderte Interpretation des Naturbildes, die zeitgenössische Technologien prägt, indem die Verwischung der Grenze des Lebendigen auch eine empirische Realität geworden ist. Laut postmoderner Perspektive verfällt das Projekt einer traditionellen Tierethik dem gleichen Irrtum der anthropozentrischen Ethik: Genauso, wie es unmöglich ist, das Menschsein an einen oder mehreren Fähigkeiten festzumachen, ist es auch beim Tier unmöglich, ein Kriterium anzugeben, unter das alle und allein Tiere subsumiert werden können. Nicht nur die Rede der „anthropologischen Differenz" macht deshalb unter dieser Perspektive keinen Sinn mehr, sondern auch jegliche Überlegung über die Ähnlichkeiten und Unterschiede zwischen Menschen und Tieren oder unter je verschiedenen Arten von Tieren werden bedeutungslos.

Mag die dekonstruktionistische Kritik an der alten Hauptidee der modernen Philosophie einer ontologischen Kluft zwischen Mensch und Tier sowie der Aufmerksamkeit an der Frage nach Multikulturalismus und dem Gewicht kultureller Traditionen in unserer Gesellschaft

auf den ersten Blick fesselnd erscheinen, so ist diese Tradition meines
Erachtens in zwei Hinsichten problematisch: Erstens, Derrida und seine
Nachfolger stellen sich auch gegen die These der Kontinuität des
Lebendigen, d. h. gegen den Gradualismus à la Darwin. Aus ihrer Ablehnung der analytischen Philosophie, in deren Mittelpunkt der Glaube
steht, dass die naturwissenschaftliche Beschreibung der Welt die einzige und richtige ist, die von einer starken Form von Naturalismus
geprägt ist, folgt die Ablehnung des Darwinschen Erbes[40]. Zweitens,
erscheint mir, dass die Ablehnung moderner Kategorien wie „Recht"
bzw. „Gesetz" eine Zerstörung der ethischen und politischen Sphäre
darstellen und damit keine Rettung mehr für Reformen bzw. Regulierung der Nutzung von Tieren mit sich bringt. Die postmodernen
(Tier)philosophen verleugnen prinzipiell die Idee, dass aus einer neuen
Sichtweise des Tieres bzw. der Tiere irgendwelche präzisen und ein-
deutigen ethischen und politischen Konsequenzen gezogen werden
können, weil das keine genuine Überlegung der metaphysischen Strukturen wäre. Hinter der Schönheit postmoderner schillernder poe-
tischer Ausdrücke verbirgt sich eine Art Relativismus oder ein un-
politisches Programm, das als solches aber wieder politisch wird. Wie
Steiner betont, begehen Derrida und die postmoderne (Tier)philoso-
phie den Fehler, aus der metaphysischen Machtlosigkeit der Sprache
eine politische zu folgern.[41] In seinen Überlegungen zum Fleisch-
konsum betont Deridda beispielsweise die Notwendigkeit des Lei-
dens sowie das Bedürfnis, „gut" zu essen, in dem Sinne, dass wir
diese Leiden zusammen mit der Überlegung wahrnehmen, dass wir
letzten Endes essen müssen. Dies läuft aber das Risiko, den status quo
unkritisch zu akzeptieren.[42]

Wendet man sich an die post-strukturalistische Perspektive und
deren Autoren, die sich mit der Frage nach dem Tier beschäftigt haben,
wie bspw. Haraway, findet man eine systematische Auseinandersetzung mit den materiellen Bedingungen der Eingriffe an Tieren. Haraway betrachtet ausführlich die Entwicklung der genetischen Studien
bei Hunden, insbesondere bei der Australian-Sheperd-Rasse. Den-

---

40   Siehe L. Lawlor, *This is not sufficient*.
41   G. Steiner, „Tierrecht und die Grenzen des Postmodernismus", Vortrag in Heidel-
     berg 2010.
42   J. Derrida, „ ‚Eating Well' or the Calculation of the Subject: An Interview with
     Jacques Derrida", in: E. Cadava, P. Connor, J. Nancy (Hrsg.), *Who Comes After the
     Subject?*, New York 1991, S. 96-119.

noch unterlässt sie, konkrete Angaben für eine Ethik und Politik der
Mensch-Tier-Beziehung zu machen. Auch wenn sie bspw. zugibt, dass
die Rasse-Selektion bei Hunden auch ein Grund ist, dass perfekt se-
lektierte Hunde in vielen Fällen Krankheiten oder Krankheitsanfäl-
ligkeiten entwickeln, wie bspw. die Disposition zu Epilepsie beim
Australian-Sheperd, lobt sie gleichzeitig die Bemühungen von C. A.
Sharp, durch genetische Studien Erkenntnisse über solche Anfällig-
keiten sowie Heilmethoden zu finden: In der Tat gelingt es ihr, viele
Hunde zu retten. Dass aber Sharp auch Australian-Sheperd seit langer Zeit züchtet und verkauft, sieht Haraway nicht als Problem, sondern als Zeichen der Komplexität der Mensch-Tier-Beziehung und als
„Zusammen-Werden" der Arten.[43] Mit dieser Beschreibung distan-
ziert sich Haraway deshalb auch von denjenigen Studien, die dagegen
die rassistischen Andeutungen des Begriffes von Hunderasse historisch
rekonstruiert haben.[44] Für Haraway kann eine Ethik sich nur aus einem
tatsächlichen Engagement mit der Beschreibung moderner Technokultur entwickeln, die aber gleichzeitig die theoretische Absperrung
von Sozio-konstruktivismus und kulturellem Relativismus ablehnt.

Für die Herausforderungen der neuen Technologien braucht man
meines Erachtens ein neues Forschungsprogramm, das Erkenntnisse
aus der Auseinandersetzung mit den bislang diskutierten Traditionen
gewinnen kann. Die ontologische Kritik der postmodernen (Tier)phi-
losophen bietet auf den ersten Blick eine interessante Perspektive, indem sie das im Zentrum stehen des Menschen in philosophischen
Theorien des abendländischen Denkens veranschaulicht. Dennoch
braucht man eine Fortsetzung bzw. Verwirklichung dieses Gedankens.
Das Ziel einer ontologischen Kritik ist immer auch praktisch: Für die
Postmoderne bedeutet dieses Ziel das Ende einer Ethik und Politik.
Dagegen plädiere ich hier für ein ethisches und politisches Programm,
das sich systematisch mit Daten, Fakten und Studien über Tiere und
Tiernutzung auseinandersetzt.

Ein Verdienst der posthumanistischen Studien ist sicherlich das
Anliegen der direkten Beschäftigung nicht nur mit den Ergebnissen
der wissenschaftlich-technologischen Forschung, sondern auch mit
den Praktiken im Labor und der Rekonstruktion von Deutungen und
Visionen aller an der Forschung Beteiligten. Die Untersuchung der

---

43 D. Haraway, *When Species meet*, S. 107.
44 K. P. Fischer, *Animals in Third Reich: Pets, Scapegoats and the Holocaust*, New
    York 2000.

Motive der Akteure, die tatsächlich Forschung betreiben, und deren
Verständnis vom Zusammenleben mit den Tieren soll aber meines
Erachtens nicht vergessen lassen, welche große Dynamik in der Forschung steckt und wie tatsächlich die den einzelnen Individuen über-
geordneten Interessen zu bewerten sind. Darüber hinaus bleibt die
Frage offen, welche praktischen Konsequenzen aus diesen Studien zu
ziehen sind.

Die Auseinandersetzung mit dem Transhumanismus lässt sich
direkt mit einem konkreten Forschungsprogramm und damit mit
Visionen neuer Tiernutzungen und Eingriffe konfrontieren: Die Verteidigung der Idee der Verbesserung in Namen der Interessen der
Tiere baut auf eine von der Empirie abgekoppelte Rede über Technologien, die als harmlose Eingriffe auf Tiere vielleicht nie existieren
würden, auf. Selbst wenn aber solche Eingriffe möglich wären, würde
die Frage nach dem Interesse der Tiere noch offen bleiben: Unter welcher Perspektive werden die Kriterien und die Interessen der Tiere
definiert? Akzeptiert unsere Gesellschaft unkritisch die Vorstellung
von Tieren als ineffiziente Produktionsmaschinen, d. h. befürworten
wir die Leistungsprinzipien unserer Gesellschaft?

Es erscheint, dass die zunehmende Technologisierung der Tiere die
Tierphilosophie mit schwierigen Herausforderungen konfrontiert. Eine
Auseinandersetzung mit Zielen und Wertvorstellungen, die der heutigen wissenschaftlich-technologischen Entwicklung zugrunde liegen,
wird dringend gebraucht. Eine alte, brisante und zugleich die zentrale
Frage können die postmodernen, posthumanistischen bzw. transhumanistischen Strömungen nicht einmal annähernd beantworten:
Welchen Platz können Tiere in unserem technologisierten Zeitalter
einnehmen, oder vielmehr welcher Platz wird Tieren *gerecht*?

Judith Benz-Schwarzburg

Was fehlt uns, wenn die Großen Menschenaffen aussterben?

Wie gehen wir mit unseren nächsten Verwandten um?
Zur Diskrepanz zwischen ethischen Forderungen
und realer Bedrohungslage

Seit Jahrhunderten bestehen zwischen dem Menschen und seinen nächsten Verwandten, den Großen Menschenaffen (Schimpansen und Bonobos, Orang-Utans und Gorillas) besonders intensive Beziehungen. Inzwischen weiß man um die enge genetische Verwandtschaft[1] sowie um Ähnlichkeiten auf verschiedenen anderen Ebenen: es verbinden uns sowohl unsere Gene als auch unser Geist. Die Forschung der letzten Jahre, v. a. in den Bereichen der Kognitiven Ethologie und Komparativen Psychologie, hat gezeigt, dass wir mit diesen Tieren viele komplexe, kognitive und soziale Fähigkeiten teilen, die lange allein dem Menschen zugesprochen worden waren.[2]

---

1 Der Vergleich der DNA Basenabfolgen ergab, dass die Genome von Homo sapiens und Pan troglodytes zu 98,8 % deckungsgleich sind (The Chimpanzee Sequencing and Analysis Consortium, „Initial sequence of the chimpanzee genome and comparison with the human genome", in: *Nature*, 437/2005, S. 69-87). Seitdem wird über die Bedeutung der genetischen Ähnlichkeiten und Unterschiede diskutiert.

2 Klassische, auf höhere Kognition bezogene Differenzkriterien zwischen dem Menschen und anderen Tieren im allgemeinen sowie zwischen dem Menschen und anderen Menschenaffen im speziellen sind als solche deshalb in die Kritik geraten. Hier können nur einige beispielhafte Studien und Überblicksarbeiten zu solchen Fähigkeiten bei nicht-menschlichen Tieren genannt werden: Zur allgemeinen Frage des Bewusstseins vgl. D. R. Griffin, *Animal Minds: Beyond Cognition to Consciousness*, The classic, completely revised and expanded edition, Chicago, London 2001. Zum Satz- bzw. Begriffsverständnis von Graupapageien und Affen vgl. I. Pepperberg, *The Alex studies: Cognitive and communicative abilities of grey parrots*, Cambridge, MA, London 2002, A. Newen, A. Bartels, „Animal minds and the possession of concepts", in: *Philosophical Psychology*, 20(3)/2007, S. 283-308 und K. Ouattara, A. Lemasson, K. Zuberbühler, „Campbell's monkeys concatenate vocalizations into context-specific call sequences", in: *Proceedings of the National Academy of Sciences USA*, 2009 (E-Publikation vor dem Druck, doi: 10.1073/pnas. 0908118106). Zu Kultur und Werkzeuggebrauch bei Schimpansen, Delphinen und

Auch Tierethiker haben die evolutionäre und kognitive Verwandtschaft zum Hauptgrund genommen, manchen Tieren basale personale Rechte zuzusprechen. Das von Paola Cavalieri und Peter Singer
vorangetriebene Great Ape Project fordert beispielsweise in seinem
Kern drei starke, den Menschenrechten vergleichbar begründete Rechte
für alle Großen Menschenaffen: das Recht auf Leben, den Schutz der
individuellen Freiheit und das Verbot der Folter. Ziel ist es, den „Kreis
der moralisch Gleichen" auf Schimpansen, Bonobos, Gorillas und Orang-
Utans auszudehnen, da sie unsere nächsten Verwandten sind und uns
in ihren Eigenschaften und Lebensweisen am meisten ähneln.[3] Ihnen
basale personale Rechte zuzugestehen, hätte weitreichende Konsequenzen wie etwa ein Verbot von Tierversuchen[4] und ein Verbot ihrer Gefangenschaft in Zoologischen Gärten – wenn beides nicht im Sinne der
Interessen und des Wohlbefindens dieser Tiere ist.

Geradschnabelkrähen vgl. A. Whiten, J. Goodall, W. C. McGrew, et al., in: Cultures
in Chimpanzees, *Nature*, 399/1999, S. 682-685, M. Krützen, J. Mann, M. R. Heit-
haus, et al., „Cultural transmission of tool use in bottlenosed dolphins", in: *Proceedings of the National Academy of Sciences USA*, 102(25)/2005, S. 8939-8943
und A. A. S. Weir, J. Chappell, A. Kacelnik, „Shaping of tools in new caledonian
crows", in: *Science*, 297/2002, S. 981. Zum Verständnis mentaler Zustände und
zur Theory of Mind bei Schimpansen und Rabenvögeln vgl. J. Call, M. Tomasello,
„Does the chimpanzee have a theory of mind? 30 years later", in: *Trends in Cognitive Sciences*, 12(5)/2008, S. 187-192 und T. Bugnyar, B. Heinrich, „Ravens, cor-
vus corax, differentiate between knowledgeable and ignorant competitors", in: *Proceedings of the Royal Society B*, 272/2005, S. 1641–1646. Die Erforschung der
kognitiven und sozialen Fähigkeiten nicht-menschlicher Tiere umfasst außerdem
viele weitere Bereiche bis hin zu altruistischem Helfen und Fair-Play (vgl. F. War-
neken, M. Tomasello, „Altruistic helping in human infants and young chimpanzees",
in: *Science*, 311(5765)/2006, S. 1301-1303 und M. Bekoff, *The Emotional Lives of
Animals. A Leading Scientist Explores Animal Joy, Sorrow, and Empathy – and Why
They Matter*, Novato, California 2007).

3   Vgl. P. Cavalieri, P. Singer (Hrsg.), *Menschenrechte für die Großen Menschenaffen:
Das Great Ape Projekt*, München 1994, besonders S. 8-9, 463-476 und http:// www.
greatapeproject.org,   http://www.greatapeproject.org/en-US/oprojetogap/Declaracao/
declaracao-mundial-dos-grandes-primatas und http://www.greatapeproject.org/en-
US/oprojetogap/Historia, Download: 22. Dezember 2009.

4   Diese werden nur noch in wenigen Ländern der Welt, vor allem in den USA durchgeführt. In den meisten Ländern sind sie inzwischen de jure verboten oder de facto
eingestellt worden. Es wird davon ausgegangen, dass sich noch hunderte Schimpansen v. a. in US-Laboren befinden (vgl. A. Knight, „The poor contribution of
chimpanzee experiments to biomedical progress", in: *Journal of Applied Animal
Welfare Science*, 10(4)/2007, S. 282, mit Bezug auf J. L. VandeBerg, S. M. Zola, J.
Fritz, et al., „A unique biomedical resource at risk", in: *Nature*, 437/2005, S. 30-32.

Hier sollen diese ethischen Forderungen nicht in ihren Vor- und Nachteilen diskutiert werden. Stattdessen soll von der auffälligen Diskrepanz ausgegangen werden, die zwischen solchen starken tierethischen Forderungen und der Art und Weise, wie wir tagtäglich mit diesen Tieren umgehen, besteht. Besonders die reale Bedrohungslage der Großen Menschenaffen in freier Wildbahn[5] liefert uns einen ernüchternden Ausgangspunkt für die Frage, was uns fehlen wird, wenn wir unsere nächsten Verwandten tatsächlich ausrotten sollten.

Vieles spricht dafür, dass dies geschehen könnte, denn alle Unterarten der Großen Menschenaffen sind laut der Roten Liste stark gefährdet oder vom Aussterben bedroht. Der Östliche Flachlandgorilla, der Bonobo, die Unterarten des Gemeinen Schimpansen sowie die Unterarten des Borneo-Orang-Utans sind stark gefährdet. Der Westliche Flachlandgorilla, der Cross-River-Gorilla, der Berggorilla sowie der Sumatra-Orang-Utan sind vom Aussterben bedroht. Die Trends ihrer Bedrohung deuten abwärts. Im Falle des Berggorillas und des Borneo-Orang-Utans sind die Trends selbst für die Experten der Roten Liste nicht abschätzbar, was besonders besorgniserregend ist.[6]

Bei allen Großen Menschenaffen ist ein starker Rückgang der Populationsgrößen zu verzeichnen, dessen Ursachen nicht umkehrbar oder nicht beseitigt sind. Mehr als 50-80 % der Populationen wurden in den letzten drei Generationen[7] vernichtet oder werden vermutlich innerhalb einer Zeitspanne von drei Generationen (die teilweise schon in der Vergangenheit liegt) vernichtet sein. Bei allen Unterarten wird der Rückgang der Bestände auf den Rückgang des Lebensraums oder auf den Rückgang der Qualität der Habitate zurückgeführt sowie auf die tatsächliche oder erwartete Ausbeutung der Tiere. Die Beeinträchtigung und Vernichtung des Lebensraums und dessen Verlust für die Tiere entsteht primär durch menschliche Einflüsse wie etwa Landwirtschaft, Straßenbau und die Ausbeutung von Bodenschätzen und Rohstoffen (vor allem durch Holzwirtschaft und Bergbau). Die Anzahl als Buschfleisch gejagter Tiere ist alarmierend, illegale Wilderei,

5   Ich werde mich hier auf die Darstellung der Bedrohung der Großen Menschenaffen in freier Wildbahn beschränken, möchte aber betonen, dass das Wohlergehen dieser Tiere auch in Gefangenschaft gemäß vieler Tierethiker und Tierschützer nicht gewährleistet ist.
6   Vgl. IUCN, *IUCN Red List of Threatened Species 2010.2*, 2010. Download: www.iucnredlist.org, 01. Juli 2010. Vgl. dort die Einschätzung der Bedrohungslage der jeweiligen Unterarten.
7   Eine Menschenaffengeneration wird mit 20-25 Jahren bemessen.

Massaker, Tierhandel, politische Instabilität und Krankheiten (auch durch den Menschen übertragene Krankheiten) tragen außerdem zur Ausrottung der Großen Menschenaffen bei.[8] Im Falle der Orang-Utans wird besonders deutlich, dass einzelne Tiere oder kleine Gruppen nur noch in wenigen verbliebenen Regenwaldinseln existieren, was eine genetisch gesunde Fortpflanzung gefährdet. Korridore zur Wanderung der Tiere wären für Ernährung und Fortpflanzung essentiell, existieren aber oft nicht mehr.[9] Insgesamt ist die bedrohliche Situation der Tiere charakterisiert durch ein ganzes Netz an z. T. miteinander interagierenden und sich gegenseitig verstärkenden Gefährdungsfaktoren.

Inzwischen gibt es nur noch 680 Berggorillas, die verteilt über lediglich zwei Regionen Zentralafrikas, im Bwindi Impenetrable National Park in Uganda und in der Virunga Vulkan Region im Grenzgebiet von Ruanda, Uganda und der Demokratischen Republik Kongo, überlebt haben. Experten schätzen die Anzahl fortpflanzungsfähiger Individuen auf weniger als 250 Tiere und gehen davon aus, dass diese Gruppe in den nächsten 20 Jahren um weitere 25 % schrumpfen wird.[10]

Lieben wir nur, was wir kennen und schützen wir nur, was wir lieben?
Zur emotionalen Dimension des Tierschutzes

Die Forderung nach stärkeren Schutzrechten für Große Menschenaffen steht also vor dem Hintergrund einer tatsächlich fast ausweglosen Bedrohungslage dieser Tiere in freier Wildbahn. Diese Forderung wird aber sicherlich auch aus strategischen Gründen verfolgt, sowohl von Philosophen und Tierethikern wie Peter Singer, die eigentlich

---

8 Vgl. IUCN, *IUCN Red List of Threatened Species 2010.2* und die dortige Einschätzung der Bedrohungslage der jeweiligen Unterarten.

9 Vgl. J. Caldecott, L. Miles, *World Atlas of Great Apes and their Conservation*, Prepared at the UNEP World Conservation Monitoring Centre, Berkeley 2005, S. 418, I. Singleton, S.A. Wich, M. Griffiths, „Pongo abelii" (assessed 2008), in: IUCN (Hg.), *IUCN Red List of Threatened Species, Version 2010.2*, 2010 Download: www.iucnredlist.org, 01. Juli 2010.

10 Vgl. M. Robbins, M. Gray, N. Kümpel, et al., „Gorilla beringei ssp. beringei" (assessed 2008), in: IUCN (Hg.): *IUCN Red List of Threatened Species, Version 2010.2*, 2010, Download: www.iucnredlist.org, 01. Juli 2010.

langfristig die Rechte aller Tiere stärken möchten, als auch von Wissenschaftlern, die von Seiten des aktiven Artenschutzes her argumentieren. Über den Schutz der Großen Menschenaffen soll ein Prozess in Gang gesetzt werden, der langfristig auch zu einem effektiveren Schutz anderer Arten führt. Karl Ammann betont diesbezüglich das außergewöhnliche Potential der Großen Menschenaffen als Botschafter im Artenschutz: „I believe the apes above all other species have the potential to be ambassadors in the fight to save other endangerd wildlife. If we cannot do anything for the great apes, what hope is there for the giant pangolin or the forests these creatures live in?"[11] Die Britische Regierung spricht in Bezug auf die Buschfleischkrise im Falle der Großen Menschenaffen von „flagship species".[12]

Der Tier- und Artenschutz knüpft also große Hoffnungen an „Flaggschiffarten" wie Große Menschenaffen, weil wir eine besondere Nähe zu und Verbundenheit mit diesen Tieren fühlen. Damit wird die emotionale Dimension des Tier- und Artenschutzes angesprochen, die Jacques-Yves Cousteau mit folgender Aussage auf den Punkt brachte: „Ich glaube fest daran, dass die Menschen beschützen werden, was sie lieben. Wir lieben aber nur das, was wir kennen".[13] Hieran kann argumentativ auch mit besonderem Rückbezug auf die kognitive Verwandtschaft angeschlossen werden: unsere nächsten Verwandten kennen wir besonders gut, weil sie uns mit Blick auf viele Fähigkeiten und Bedürfnisse, vor allem mit Blick auf sozial-kognitive Fähigkeiten ähneln. Die tiefste Form des „Kennens" eines Tieres könnte in diesem Sinne ein „sich im Tier Erkennen" sein.

11 K. Ammann, „Bushmeat hunting and the great apes", in: B. B. Beck, T. S. Stoinski, M. Hutchins, et al. (Hrsg.), *Great Apes & Humans: The Ethics of Coexistence*, Washington, London 2001, S. 72.

12 Vgl. UK Parliamentary Office of Science and Technology, „The bushmeat trade", in: *Postnote of the Parliamentary Office of Science and Technology (UK)*, 236/ 2005, February 2005, Download: http://www.parliament.uk/documents/upload/ POSTpn236.pdf, 01. April 2009.

13 J. Cousteau, S. Schiefelbein, *Der Mensch, die Orchidee und der Oktopus: Mein Leben für die Erforschung und Bewahrung unserer Umwelt*, Frankfurt/Main 2008, S. 255.

Fremd und doch wesentlich verwandt?
Zur Ambivalenz der Mensch-Tier-Beziehung im 21. Jahrhundert

Zu den Großen Menschenaffen bauen wir auch deshalb eine besondere emotionale Beziehung auf, weil wir uns selbst in ihnen wiedererkennen. Wichtig könnte sein, dass sie uns in Eigenschaften ähneln, die für uns bedeutsam sind, etwa sogar in denjenigen Eigenschaften, die uns wesentlich zu Personen und Persönlichkeiten machen. Um dies näher auszuführen, lohnt ein Blick auf die Art und Weise, wie wir Tiere bisher wahrgenommen haben. Ihre Rolle war in der Geschichte der Mensch-Tier-Beziehung immer die des klassischen „Fremden". Hegel bezeichnete sie in seiner *Vorlesung über Philosophie der Geschichte* sogar als das „Unbegreifliche" und „schlechthin Fremdartige". Er spricht den schillernden Charakter ihrer Fremdartigkeit an, dass sie teils dämonisiert „als ein unverstandenes, sich verschließendes Gespenst" empfunden, teils „als ein freundliches, sympathisierendes Leben" wahrgenommen würden. Vor allem verstöre aber der Kontrast zwischen ihrer „zweckmäßigen Tätigkeit, Unruhe, Beweglichkeit und Lebhaftigkeit" und ihrer stummen Verschlossenheit und Unzugänglichkeit.[14] Rainer Wiedemann verwendet Hegels Charakterisierung, um davon ausgehend auf die heutige Ambiguität und Ambivalenz im Mensch-Tier-Verhältnis zu verweisen. Obwohl viele Tiere etwa als Haustiere zu unserem sozialen Nahbereich gehören würden, seien sie „„ganz anders" als wir und uns „natürlich" nicht gleichgestellt". Dies gilt prinzipiell immer noch, obwohl wir über Tiere und ihr Verhalten heute wesentlich mehr wissen als noch zu Hegels Zeiten. Sie sind nach wie vor „die fremden Lebewesen schlechthin". Für das Tier als den Fremden gelte beides: dass es unsere Lebenswelt teile und zugleich Vertreter des „Außerhalb" und des „Gegenüber" sei. Wiedemann meint mit Rückgriff auf Georg Simmels soziologische Kategorie des Fremden, dass die formale Position des Tieres gekennzeichnet sei durch eine solche ambivalente „Synthese aus Nähe und Ferne".[15]

14 G. W. F. Hegel, *Vorlesungen über die Philosophie der Geschichte* [1837], Werke Band XII, Frankfurt am Main 1970, S. 261.
15 Vgl. R. Wiedemann, „Die Fremdheit der Tiere", in: P. Münch (Hrsg.), *Tiere und Menschen. Geschichte und Aktualiät eines prekären Verhältnisses*, Paderborn, München, Wien, Zürich 1999, S. 352, G. Simmel, *Soziologie: Untersuchungen über die Formen der Vergesellschaftung*, Berlin 1958.

Allerdings ist Fremdsein eine „Differenzrelation", die relativ zu veränderlichen Perspektiven und nicht abstrakt zu bestimmen ist.[16] Fremdheit, so auch Ortfried Schäffter, ist keine Eigenschaft von Dingen oder Personen, sondern ein „Beziehungsmodus, in dem wir externen Phänomenen begegnen". Sie ist kein „objektiver Tatbestand", sondern „eine die eigene Identität herausfordernde Erfahrung", da neuartige und für das bisheriges Selbstverständnis befremdliche Beziehungen erschlossen werden.[17] Neue Perspektiven auf das Fremde fordern also die eigene Identität heraus und können die Differenzrelation zwischen dem Fremden und dem Eigenen, etwa zwischen dem unbegreiflich Tierischen und dem vertrauten Menschlichen, auch verändern. Eine solche Verschiebung von Differenzrelationen kann durch unser zunehmendes Wissen über Ähnlichkeiten innerhalb klassischer Differenzkategorien zwischen Mensch und Tier (wie etwa Kultur- oder Sprachfähigkeit) geschehen. Auch wenn etwas fremd bleibt, kann es vom „unbegreiflichen" Fremden zu einem „begreiflichen" und respektierten Fremden werden, das in einer neuen Relation zum Eigenen steht.[18]

---

16 Vgl. R. Wiedemann „Die Fremdheit der Tiere", S. 352.
17 Vgl. O. Schäffter „Modi des Fremderlebens. Deutungsmuster im Umgang mit Fremdheit", in: ders., *Das Fremde: Erfahrungsmöglichkeiten zwischen Faszination und Bedrohung*, Opladen 1991, S. 12.
18 Schäffter ordnet innerhalb seiner Theorie unterschiedlicher Modi des Fremderlebens die Wahrnehmung des Tieres – mit deutlichem Rückbezug auf evolutionstheoretische Zusammenhänge – in die Kategorie „Das Fremde als Resonanzboden des Eigenen" ein. Auch im Modus des „Fremden als Gegenbild" sind Tiere aber sicherlich klassischer Weise verankert. Zu prüfen wäre, ob außerdem eine Wahrnehmung des Tieres im Sinne des „Fremden als Ergänzung" oder sogar des „Fremden als Komplementarität" denkbar wäre. Die ersten drei Modi (Resonanzboden, Gegenbild und Ergänzung) haben nämlich gemeinsam, dass das Fremde „nicht stehen gelassen [wird] in seiner Besonderheit, die Auseinandersetzung damit geschieht nicht partnerhaft-dialogisch, sondern alle Andersheit wird auf dem kürzestmöglichen Wege als Eben-doch-Eigenes vereinnahmt". Dies kann jedoch abgelehnt werden, „da es externe Bereiche gibt, die prinzipiell nicht aneignungsfähig sind und daher realistischerweise (und nicht nur aus ethischer Überzeugung) in ihrem autonomen Eigenwert respektiert werden müssen". Man könnte deshalb problematisieren, dass wir auch im Falle des Tieres nicht soweit gehen dürfen oder soweit gehen müssen, dessen Andersartigkeit lückenlos aufzulösen oder im Verhältnis zu unseren eigenen Fähigkeiten und Wesensmerkmalen zu erklären. Dies ist für eine wirkliche Respektierung desselben nicht notwendig. Stattdessen kommt es nach Schäffter darauf an, sich der eigenen Perspektivität bewusst zu werden und „das Fremde als Fremdes zu belassen". Auch am Beispiel des Tieres wird Fremdheit zu einer „mühevollen Erfahrung einer *gegenseitigen* Grenze". Dies ist aber eine andere Art von Grenze

Es ist davon auszugehen, dass das Tier trotz fortschreitendem Wissen über kognitive Verwandtschaft seine Rolle als das grundsätzlich Fremde und grundsätzlich Andere nie verlassen wird. Aber diese Rolle differenziert sich zunehmend zu einer Doppelrolle aus, in der das Tier nicht mehr *ausschließlich* als das Fremde *im Sinne eines Unbegreiflichen* verstanden wird, sondern gleichzeitig als in substanzieller Hinsicht mit dem Menschen verwandt. Substanziell deshalb, weil Nachweise von Ähnlichkeit und Verwandtschaft in Bereiche vorgedrungen sind, die im bisherigen Selbstverständnis des Menschen allein ihm vorbehalten waren.

Kognitive Verwandtschaft als das entscheidende X der Formel? Zum Nachhallen der biologischen Kränkung

Der Mensch nahm hinsichtlich komplexer, sozial-kognitiver Fähigkeiten eine über die übrige lebendige Natur erhabene Sonderrolle ein, nämlich die Sonderrolle als „Das Tier + X". Gemäß dieser Formel wurde, so Markus Wild, der Mensch etwa als das vernünftige Wesen charakterisiert, das Sprache hat, Staaten bildet und sich seiner Hände bedient (Aristoteles), eine Seele besitzt (Descartes), vernunftbegabt ist (Kant), Wissen um den Tod besitzt (Hölderlin), sich an alles gewöhnen kann (Dostojewski), nicht festgestellt ist (Nietzsche), exzentrisch positioniert ist (Plessner) oder eine Welt hat (Heidegger).[19]

---

als die, die wir bisher zwischen Mensch und Tier gezogen haben (vgl. O. Schäffter, „Modi des Fremderlebens. Deutungsmuster im Umgang mit Fremdheit", S. 25-28).

19 Vgl. M. Wild, *Tierphilosophie: Zur Einführung*, Hamburg 2008, S. 26. Verschiedene Autoren diskutieren diese klassischen Charakterisierungen, die oft auf angenommenen Unterschieden zwischen Mensch und Tier im sozial-kognitiven Bereich aufbauen oder bieten einen Überblick über solche Positionen (vgl. z. B. M. Calarco, *Zoographies: The Question of the Animal from Heidegger to Derrida*, New York Chichester, West Sussex 2008, D. Perler, M. Wild, *Der Geist der Tiere: Philosophische Texte zu einer aktuellen Diskussion*, Frankfurt am Main 2005 und L. Kalof, A. Fitzgerald (Hrsg.), *The Animals Reader: The Essential Classic and Contemporary Writings*, Oxford, UK 2007). Den umfangreichsten Zugang zur Geschichte der Mensch-Tier-Beziehung liefern die sechs Bände der *Cultural History of Animals*, die insgesamt 4.500 Jahre dieser Beziehung von der Antike bis zur Moderne abdecken. Jeder Band untersucht dabei auch die philosophischen Positionen der jeweiligen Epoche (vgl. L. Kalof and B. Resl (Hrsg.), *A Cultural History of Animals* (Volumes 1-6), Oxford, UK 2007).

Diesen und anderen Positionen ist gemein, dass der Mensch vorrangig als Geistwesen bestimmt wird, vor allem als Wesen, das denkt und spricht und über herausragende sozial-kognitive Fähigkeiten verfügt. Tiere werden in den Bereich der geistlosen Natur abgedrängt, der Mensch als Kulturwesen aber aus derselben enthoben.[20] In diesem Sinne wurde das Tier als Instinktautomat oft „pauschal und recht übergangslos dem „instinktreduzierten", „weltoffenen" und selbstbewussten „Geistwesen" Mensch gegenübergestellt".[21]

Diese Charakterisierung kann auf zwei Weisen kritisiert werden: indem ihre Einseitigkeit dahingehend aufgedeckt wird, dass auch der Mensch wesentlich körperlich bestimmt ist oder indem gezeigt wird, dass auch nicht-menschliche Tiere wesentlich durch Denken, Bewusstsein und andere geistige Fähigkeiten zu charakterisieren sind.

Tatsächlich ist auch der Mensch biologisch bestimmt und handelt viel stärker Instinkt geleitet, als ihm womöglich klar (und lieb) ist. Viele unserer abstrakten, geistigen Fähigkeiten sind weit weniger abstrakt oder stärker in nicht rein geistige Bereiche eingeordnet, als wir meinen. So kommunizieren wir beispielsweise über viele andere Kanäle außer über eine verbale, grammatikalisch strukturierte Sprache und unser Körper spricht seine ganz eigene, zustimmende oder abweichende Körpersprache. Der Verweis des Menschen in seine körperlichen Schranken muss wohl gemerkt keinem radikalen Reduktionismus folgen und kognitive Fähigkeiten als wichtige Charakteristika des Menschen nicht leugnen. Allerdings werden deren *herausragende Bedeutung* und *losgelöste Stellung* deutlich relativiert.

Andererseits kann die Einseitigkeit der Charakterisierung des Menschen als einzigem Geistwesen in der Natur dahingehend erfolgen, dass gezeigt wird, dass auch andere Tiere wesentlich durch ihre geistigen Fähigkeiten bestimmt sind. Es kann betont werden, dass auch eine angemessene Beschreibung nicht-menschlicher Tiere nicht ohne eine Erfassung ihrer sozial-kognitiven Fähigkeiten auskommt – und

---

20 In diesem Sinne zeigen sich am Beispiel der Mensch-Tier-Differenz zwei sehr alte, miteinander verknüpfte Trennungen der Philosophiegeschichte: die Trennung von Körper und Geist und die Trennung von Natur und Kultur. In der Geschichte der Philosophie und Anthropologie wurde die Kultur des Menschen vornehmlich als etwas verstanden, was sich im Verhalten anderer sozialer Tiere nicht zeigt (vgl. R. Grant, „Culture", in: P. B. Clarke, A. Linzey (Hrsg.), *Dictionary of Ethics, Theology and Society*, London, New York 1996, S. 206f.).

21 Vgl. R. Wiedemann „Die Fremdheit der Tiere", S. 366 mit Bezug auf V. Sommer, *Lob der Lüge: Täuschung und Selbstbetrug bei Tier und Mensch*, München 1992.

eine Tierethik nicht ohne eine Berücksichtigung derselben. Ein konsequent evolutionäres Denken kann demgemäß nicht bei physiologischen Ähnlichkeiten und Abstammungsbeziehungen stehen bleiben. Auch unsere kulturellen, sprachlichen und alltagspychologischen Fähigkeiten verweisen über gemeinsame Vorfahren ins Tierreich und sind an dieses angeschlossen.

Ob wir als physiologische Gemeinsamkeiten etwa den Aufbau unseres Skelettes oder die Beschaffenheit unseres Gebisses mit anderen Tieren teilen, mag für unsere (das Geistige oft überbetonende) Identität nicht von entscheidender Bedeutung sein. Bei sozial-kognitiven Fähigkeiten handelt es sich aber um das entscheidende X aus der Formel „Der Mensch ist ein Tier + X". Nur wenn wir uns mit anderen Tieren auch hinsichtlich solcher Fähigkeiten als verwandt erkennen, werden wir uns unserer eigenen evolutionären Verbundenheit mit der übrigen lebendigen Natur, als einer ebenfalls durch geistige Fähigkeiten geprägten Natur, bewusst. Nur dann fühlen wir uns an sie angeschlossen und nicht von ihr enthoben, nur dann fühlen wir uns eingebunden anstatt entkoppelt. In diesem Sinne können neu aufgezeigte, in den Bereich des Mentalen hinein verweisende Verwandtschaftsbeziehungen entscheidend zu einem neuen konsequent evolutionären Selbstverständnis des Menschen beitragen.

Dass wir das Tier als das Fremde und Andere empfinden, hat allerdings eine Jahrhunderte alte Tradition. Darwins Idee des graduellen Unterschieds[22] in Bezug auf mentale Fähigkeiten und der Beginn

---

22 Charles Darwin schrieb in Kapitel 6 des *Descent of Man*: „the mental faculties of man and the lower animals do not differ in kind, although immensely in degree". Er schloss daraus: „A difference in degree, however great, does not justify us in placing man in a distinct kingdom [...]" (Charles Darwin, *The descent of man, and selection in relation to sex* [1871], 1. Aufl. (entspricht der 2. , v. John Murray herausgegebenen Aufl. v. 1879), London 2004, S. 173). Er lehnte die Idee einer linearen scala naturae, die von „niederen" Lebewesen zum Menschen als der „Krone der Schöpfung" voranschreitet ab. Stattdessen wendete er die Prinzipien der Kontinuität und Gradualität auch auf die kognitiven Fähigkeiten der Tiere an und überwand das Dogma der separaten Schöpfung jeder einzelnen Art. Dennoch wäre zu diskutieren, ob seine Theorie es erlaubt, dass viele graduelle Unterschiede sich zu einem fundamentalen Unterschied aufsummieren können (für eine umfangreichere, sehr gute Diskussion der Darwinschen Theorie vgl. E.-M. Engels, *Charles Darwin*, München 2007, zu den hier angerissenen Punkten vgl. besonders die Seiten 66-68, 74-76, 146-158, 166 und 197-204). Laut Evolutionstheorie sind alle Arten grundsätzlich an die jeweilige biologische Nische angepasst, die sie bewohnen. Die Fähigkeiten nicht-menschlicher Tiere in einem nicht nur biologisch neutralen, auf Komplexität verweisenden Sinne, als „höher" oder „niederer" zu bezeichnen, sondern

ihrer sytematischen, wissenschaftlichen Erforschung durch die Kognitive Ethologie liegen im Vergleich dazu erst einen geschichtlichen Katzensprung weit zurück. Vieles spricht dafür, dass eine konsequente Erfassung der Idee nur gradueller Unterschiede in Bezug auf die Kognition noch nicht stattgefunden hat. Sigmund Freud reihte die Evolutionstheorie 1917 in seinem Artikel *Eine Schwierigkeit der Psychoanalyse* zu Recht unter die drei großen „Kränkungen der Menschheit"[23] ein, ein Hinweis auch auf das Identitäts-bedrohende Potenzial der Idee, die herausragende Stellung als einziges Geistwesen in einer sonst geistlosen Natur aufgeben zu müssen. Neue Erkenntnisse über kognitive Verwandtschaft treffen genau ins Schwarze dieser Kränkung, hinterfragen die Differenzkriterien selbst und die Machthierarchien, die durch solche Differenzen legitimiert werden. Unser Sperren gegen die ethischen Konsequenzen und unsere Resistenz gegenüber einer über-

---

dies wertend zu tun, trifft deshalb evolutionstheoretische Zusammenhänge nicht. Viele nicht-menschliche Tiere verfügen über spezialisierte Fähigkeiten, welche die unsrigen weit übersteigen. White schreibt treffend: „If we take the way that dolphins move in the water as the standard for ‚swimming', even the performance of the best human swimmer doesn't come close. Yet surely we wouldn't say that this means that humans were unable to swim. In other words, when we specify the criteria for complex abilities, it's important to recognize how differently things might look from the perspective of other species" (T. White, *In defense of dolphins: The new moral frontier*, Malden, MA, Oxford, Victoria 2007, S. 165f.).

23 Die biologische Kränkung durch Darwins Evolutionstheorie beschreibt Freud folgendermaßen: „Der Mensch warf sich im Laufe seiner Kulturentwicklung zum Herren über seine tierischen Mitgeschöpfe auf", indem er „begann [...] eine Kluft zwischen ihrem und seinem Wesen zu legen. Er sprach ihnen die Vernunft ab und legte sich eine unsterbliche Seele bei [...]". Die Forschung Darwins und seiner Kollegen habe „dieser Überhebung des Menschen ein Ende bereitet". Der Mensch sei „nichts anderes und nichts besseres als die Tiere, er ist selbst aus der Tierreihe hervorgegangen, einigen Arten näher, anderen ferner verwandt. Seine späteren Erwerbungen vermochten es nicht, die Zeugnisse der Gleichwertigkeit zu verwischen, die in seinem Körperbau wie in seinen seelischen Anlagen gegeben sind". Der biologischen Kränkung ging die „kosmologische Kränkung" voraus, als Kopernikus feststellte, dass die Erde nicht das kosmologische Zentrum darstellt und es folgte ihr die dritte, durch Freuds eigene Theorien hervorgerufene „psychologische Kränkung". Sie klärte darüber auf, dass der Mensch durch viele unbewusste, seelische Vorgänge und Triebe bestimmt wird (vgl. S. Freud, „Eine Schwierigkeit der Psychoanalyse", in: *Imago. Zeitschrift für Anwendung der Psychoanalyse auf die Geisteswissenschaften*, V(1)/1917, S. 4). Alle drei Kränkungen stellen ein Selbstverständnis des Menschen in Frage, das anthropozentrisch konzipiert ist und von einem Machtanspruch über die Natur, auch über die eigene biologische Natur, ausgeht.

dachten – auch fundamental gewandelten – Mensch-Tier-Beziehung zeigt, wie lange diese Kränkung noch nachhallt.

Was wird uns fehlen, wenn wir unsere nächsten Verwandten ausrotten? Zu einem Natur-Defizit der besonderen Art

Angesichts der speziellen Bedeutung großer Menschenaffen für unser evolutionäres Selbstverständnis und angesichts ihrer Bedrohungslage sollten wir uns dringend fragen, was uns fehlen wird, wenn diese Tiere eines Tages womöglich verschwunden sind.[24] Werden wir ein Gefühl des Verloren seins, eine Art „Natur-Defizit" der besonderen Art erleben? Ein Natur-Defizit in unserem Selbstbild und unserer eigenen Positionierung? Es wäre das erste Mal in der Geschichte des heutigen Menschen, dass er sich selbst derart von der Natur abkoppelt, dass er seine direkte evolutionäre Verbindungslinie zum restlichen Tierreich auslöscht. Der Mensch würde durch die Ausrottung seiner nächsten (evolutionären und kognitiven) Verwandten derart in die Evolution eingreifen, dass auch sein evolutionär begründetes, mindestens jedoch evolutionär verwurzeltes Selbstverständnis betroffen sein könnte.

Heute sind diese Tiere noch real existierende Verweise auf einen letzten gemeinsamen Vorfahren und die direktesten Zeugen kognitiver Ähnlichkeit. Zwar bleibt den meisten Menschen eine unmittelbare, unverfälschte Begegnung mit ihnen vorenthalten, denn auch als Zootiere liefern sie nur ein müdes Abbild ihrer Selbst und ihrer Fähigkeiten. Dennoch wissen wir um ihre tatsächliche Existenz und um den live-Charakter der Dokumentationen über sie. Sterben diese Tiere aus, dann könnte dies zu einer besonderen Form der Dissoziation mit der Natur führen.

In den letzten Jahren haben sich die Umweltpsychologie, Umweltschutzpsychologie und Wildnispädagogik als neue Wissenschaftszweige etabliert, die sich mit dem Verhältnis des Menschen zur Natur, auch

---

24 Ich adressiere hier ausschließlich die Bedeutung der Ausrottung dieser Tiere für die *menschliche Identität*. Selbstverständlich bringt die Ausrottung dieser Tiere aber auch viele weitere Problematiken mit sich (etwa für das ökologische Gleichgewicht) und sicherlich ist sie nicht nur aus anthropozentrischer Perspektive problematisch, sondern auch und vor allem für die Tiere selbst. Sie führt zu großem Leid und verletzt den Eigenwert, die Würde und Rechte dieser Tiere.

zu einer immer mehr verschwindenden, ursprünglichen Natur auseinandersetzen. Richard Louv geht in seinem Buch *Last Child in the
Woods: Saving our Children from Nature-Deficit Disorder* der Frage
nach, welche ökologischen, sozialen, psychologischen und spirituellen
Auswirkungen es auf kommende Generationen haben wird, dass ihr
echte Naturerlebnisse und das Wissen um eine persönliche Verbindung zur Natur fehlen.[25] Louv meint: „For a new generation, nature
is more abstraction than reality. Increasingly, nature is something to
watch, to consume, to wear – to ignore".[26]

Konsequenzen der Dissoziation des Menschen bzw. des Kindes von
der Natur sind konkreter und abstrakter Art: sie umfassen ver-
kümmernde Sinne aufgrund von eindimensionaler Wahrnehmung und
Betätigung, eine zunehmende Fettleibigkeit aufgrund von Bewegungsmangel, soziale Verarmung aufgrund mangelnder Kontakte und Freund-
schaften, den Verlust von Wissen über die Natur, Interesse an der
Natur und Interesse am Naturschutz. Louv spricht von einer zunehmenden Trennung des Kindes von der Natur („increasing devide
between the young and the natural world") und von einem Natur-
Defizit Syndrom („Natur-Deficit Disorder").[27] Der Begriff ist bewusst an
den Begriff des Aufmerksamkeitsdefizit-/Hyperaktivitätssyndroms
(ADHS) angeknüpft und beide Störungen haben miteinander zu tun.
Einerseits erfolgte nach Louv die Zunahme von ADHS und die in den
letzten Jahren extrem angestiegene Behandlung von Kindern mit Ritalin auffällig parallel mit der Abnahme an Naturkontakten und dem
Aufkommen einer neuen Form solitär ablaufender, durch Technik bestimmter Alltagsgestaltung. Andererseits kann der Kontakt zur Natur
als Therapieform für ADHS-Kinder eingesetzt werden, da Natur eine
beruhigende, entspannende, Stress abbauende und Stress ausgleichende
Wirkung auf Patienten haben kann.[28]

Viele Experten teilen Louvs Ideen oder haben sie vorbereitet. Sein
Ansatz fußt auf philosophischen Konzepten zum Mensch-Natur-Ver-
hältnis, die von einer fundamentalen Bedeutung letzterer für ersteren
ausgehen.

25 Vgl. R. Louv, *Last Child in the Woods: Saving our Children from Nature-Deficit
     Disorder*, New York, Chapel Hill, NC 2008.
26 Vgl. R. Louv, *Last Child in the Woods*, S. 2.
27 Vgl. R. Louv, *Last Child in the Woods*, S. 2, 10, 36.
28 Vgl. R. Louv, *Last Child in the Woods*, v. a. S. 35ff., S. 100ff., 105ff.

Edward O. Wilson beschreibt die Thematik etwa in seiner auf Erich Fromm zurückgehenden Biophilie Hypothese, nach der der Mensch einen Drang verspürt, sich in Verbundenheit mit anderen Tieren zu sehen und eine angeborene Affinität und Liebe zur lebendigen Natur hat. Deshalb fühlen wir uns zu anderen Lebewesen hingezogen und brauchen den Kontakt mit der Natur um gesund zu bleiben, den Sinn unseres Lebens zu finden und uns zu verwirklichen.[29]

Von soziologischer Seite hat Theodore Rozak dahingehend argumentiert, dass auch die moderne Psychologie eine künstliche Trennung von Innenleben und Außenleben vornimmt und dass wir unser ökologisches Unterbewusstsein unterdrücken, welches unsere evolutionäre Verbindung zur Welt ausmacht. Dysfunktionale Beziehungen zu Natur und Umwelt würden in der Psychotherapie systematisch vernachlässigt. Trennungsängste würden als Bedrohung der Trennung von Zuhause definiert, keine Trennung sei aber so einschneidend und für das Erleben und das Selbstbild so bedeutend wie die Trennung des Menschen von der Natur. Er schlägt deshalb eine auf Natur- und Umweltbeziehung bezogene Definition mentaler Gesundheit vor.[30]

Von pädagogischer Seite her schließlich entwickelte Howard Gardner die Idee der multiplen Intelligenzen, nach der den Menschen verschiedene Intelligenzen auszeichnen, etwa eine linguistische Intelligenz, eine logisch-mathematische Intelligenz oder Intelligenzen, die sich auf räumliche Orientierung, Körperwissen, Musik, interpersonelle oder intrapersonelle Kompentenzen beziehen. Gardner ergänzte später eine achte Form der Intelligenz, die sich auf die Natur und das Wissen von der Natur bezieht. Kern dieser Intelligenz ist es, Pflanzen, Tiere und Objekte der ökologischen Umwelt zu erkennen und einzuschätzen zu können.[31] Andere Wissenschaftler haben, so Louv, Gardners Ideen aufgegriffen und beschreiben Kinder, die diese achte Intelligenz besitzen, als mit herausragenden Wahrnehmungs- und Wissenskompetenzen in Bezug auf die Natur ausgestattete Mitmenschen. Sie fühlen sich mit der Natur verbunden, kümmern sich um Tiere und Pflanzen und entwickeln ein verstärktes Bewusstsein für Umweltschutz und be-

29 Vgl. E. O. Wilson, *Biophilia. The human bond with other species*, 12. Aufl. der Erstaufl. v. 1984, Cambridge, MA 2003 und R. Louv, *Last Child in the Woods*, S. 43f.
30 Vgl. T. Rozak, *The Voice of the Earth: An Exploration of Ecopsychology*, New York 1992 und R. Louv, *Last Child in the Woods*, S. 44.
31 Vgl. H. Gardner, *Intelligence Reframed: Multiple Intelligences for the 21st Century*, New York 1999.

drohte Arten. Kurz: sie sind die Tierethiker, Tierschützer und Arten-schützer von Morgen.[32] Der hier beschriebene Kompetenzbereich ist also direkt an ein Verständnis von Identität geknüpft, das auf einer Verbundenheit mit der Natur und einem Verantwortungsgefühl für diese aufbaut.

Louv stellt eindrucksvoll dar, dass Wissenschaftler auf der ganzen Welt beobachten, dass dieser Kompetenzbereich und eine solche Konstruktion von Identität bei kommenden Generationen tatsächlich verloren gehen könnten. Britische Studien wären beispielsweise zu dem Ergebnis gekommen, dass heutige Kinder die Cartoon-Monster auf japanischen Sammelkarten besser benennen könnten als die Tiere ihrer Umgebung: Pikachu, Metapod und Wigglytuff seien ihnen vertrautere Namen als Otter, Käfer oder Eiche. Während fast alle Erwachsenen einer israelischen Studie angegeben hätten, dass die freie Natur die prägendste Umgebung ihrer Kindheit gewesen sei, hätten weniger als die Hälfte der befragten Acht- bis Elfjährigen diese Meinung geteilt. Dänische Wissenschaftler hätten angegeben, dass dreiviertel der durch sie befragten Schüler meinten, in ihrem Elternhaus bestünde kaum Interesse an der Natur, während 11 % der Meinung waren, dies sei gar nicht der Fall. Mehr als die Hälfte dieser Kinder gehe nie in Naturparks, Zoos oder botanische Gärten. Niederländische Studien hätten belegt, dass Kinder heute weniger und in kürzeren Phasen im Freien spielen. In den USA sei die Zahl Neun- bis Zwölfjähriger, die Freizeitaktivitäten in der Natur ausüben, zwischen 1997 und 2003 um die Hälfte gesunken.[33] Hier fällt offensichtlich ein ganzer Erfahrungs- und Kompetenzbereich weg, der entwicklungspsychologisch von großer Bedeutung ist. Entweder haben kommende Generationen kein sich mit der Natur verbunden fühlendes Selbstbild und legen deswegen keinen Wert auf den Kontakt zur Natur, oder weil sie keinen Kontakt zur Natur haben, entwickeln sie kein solches Selbstbild.

Sowohl bei Louv als auch bei Wilson, Rozak und Gardner geht es meist um die psychologische und anthropologische Bedeutung der Natur als ganzes, nicht speziell um Tiere und erst recht nicht speziell um ganz bestimmte Tiere, wie etwa unsere kognitiven oder evolutionären Verwandten. Ihre Bedeutung kann aber in solchen Konzepten hervorgehoben werden: Sie sind das für uns sichtbare Bindeglied zwischen uns selbst, anderen Tieren und dem Rest der Natur. Wenn wir

---

32 Vgl. R. Louv, *Last Child in the Woods*, S. 72 ff.
33 Vgl. R. Louv, *Last Child in the Woods*, S. 33ff.

an ihnen Ähnlichkeiten zu uns bemerken, denen wir eine Bedeutung beimessen, dann schwindet die ideengeschichtlich seit Jahrhunderten festzementierte Dissoziation des Menschen von der Natur. Den genannten Autoren und vielen anderen Wissenschaftlern, die in diesem Bereich forschen, geht es um einen intimen, engen Kontakt des Menschen zur Natur. Im Hintergrund eines Interesses an einem solchen Kontakt steht aber ein Selbstverständnis, das sich der eigenen Verbundenheit mit der Natur sowie deren Bedeutung für die eigene Gesundheit und Entwicklung bewusst ist. Uns kognitiv und evolutionär verwandte Tiere könnten bei der Entwicklung eines solchen Selbstverständnisses eine besondere Rolle spielen: die Wahrnehmung von Verwandtschaftsbeziehungen kann uns unserer Verbundenheit mit der Natur versichern und aus *Verwandtschafts*beziehungen können *Verantwortungs*beziehungen werden. In den vorgestellten Überlegungen zum Natur-Defizit spielt es nämlich eine große Rolle, dass mit der Entkoppelung des Menschen von der Natur das Verantwortungsgefühl für deren Erhalt verloren geht. Dieses ist aber der motivationale Kitt der Tier- und Umweltschutzbewegung. Louv vertritt die Meinung, dass deren zukünftiger Erfolg nicht nur von der Stärke der involvierten Organisationen abhängt, sondern auch von der *Qualität der Beziehung* kommender Generationen zur Natur und davon, ob sie sich mit der Natur emotional verbunden fühlen. Ein erfolgreicher Natur- und Artenschutz sei auf eine persönliche und während der Kindheit bereits entstehende Verbundenheit mit der Natur im Allgemeinen und auf das Gefühl der Verbundenheit mit nicht-menschlichen Tieren im speziellen angewiesen. Erkenntnisse über deren erstaunliche Fähigkeiten (Louv bezieht sich hier beispielhaft auf Studien zum Walgesang) könnten zwar den direkten Kontakt mit der Natur nicht ersetzen, aber sie brächten zum Staunen und Umdenken: „My hope is, that such research will cause children to be more inclined to cultivate a deeper understanding of their fellow creatures".[34]Auch hier lässt sich sagen, dass sich ein Verständnis anderer Tiere als „fellow creatures" über die Dimension der kognitiven Verwandtschaft vertiefen lässt.

---

34 Vgl. R. Louv, *Last Child in the Woods*, S. 24.

Abschließende Bemerkungen

Eine emotionale Nähe zur Natur lässt sich sicherlich nicht erschöpfend, aber dennoch sehr eindrucksvoll über die Erkenntnis der kognitiven Verwandtschaft mit anderen Tieren herstellen. Tiere, mit denen uns viel verbindet, können ein Bindeglied zwischen uns und der nichtmenschlichen Natur sein, an die wir uns dann auch in Bezug auf für unser Selbstverständnis zentrale Eigenschaften angeschlossen fühlen. Rotten wir diese Tiere aus, dann wird uns dieses Bindeglied fehlen. Ein Selbstverständnis, das auf einer evolutionären Verbundenheit mit der Natur aufbaut, braucht solche Bindeglieder als Anschlussstellen.

Artenschutzexperten, Primatologen und Philosophen haben in einer globalen Anstrengung die Ähnlichkeit des Menschen zu seinem nächsten Verwandten, dem Menschenaffen, betont, um dessen besseren Schutz als unsere moralische Pflicht auszuweisen. Unter dem Dach des Great Ape Survival Projects der Vereinten Nationen riefen sie die World Heritage of Species Initiative aus.[35] Sie schreibt fest, dass wir nicht nur ein Weltkulturerbe und ein Weltnaturerbe im Sinne von besonderen Städten, Gebäuden oder Nationalparks zu erhalten haben, sondern auch ein Welterbe hinsichtlich anderer Arten. Die Großen Menschenaffen werden zu einer für kommende Generationen zu schützenden Art besonderen Ranges erklärt. Auch dieser politischen Initiative liegt das Anliegen zu Grunde, auf die Bedeutung dieser Tiere als ein unverzichtbares Element unserer eigenen Identität aufmerksam zu machen und sie kurzsichtigen Interessen überzuordnen. Anthony Rose beschreibt dieses zugrundeliegende Anliegen treffend folgendermaßen: „a perpetually rich and thriving African rain forest with its apes and other ancestors alive and well is worth far more now and in the future than bundles of wood and bushmeat. Beyond the oxygen and medicine that the forests produce, and the lush beauty and mystery they provide, they give us profound insight into our identity. It is, after all, out of Africa that we hominids came. It is in Africa that we discover who we are and thus face our potential for being more than selfish humans ruling and consuming a vanishing natural world".[36]

35　Vgl. http://www.4greatapes.com/, Download: 15. März 2010.
36　A. L. Rose, „Conservation must pursue human-nature biosynergy in the era of social chaos and bushmeat commerce", in: A. Fuentes, Linda D. Wolfe (Hrsg.), *Primates Face to Face: Conservation Implications of Human and Nonhuman Primate Interconnections*, Cambridge, UK 2002, S. 235.

Der Erfolg solch globaler Anstrengungen, die sich sogar auf die
Auswirkungen des Überlebens verwandter Arten auf unsere Identität
beziehen, wird sich in den nächsten Jahren erweisen müssen. Skepti-
ker mögen den Eindruck nicht loswerden, dass wir trotz ethischer und
umweltpädagogischer Konzepte im Falle unserer nächsten Verwandten
auf deren Ausrottung zusteuern. Sicherlich ist die Diskrepanz zwischen
den erhobenen ethischen Ansprüchen sowie dem besonderen Arten-
schutzauftrag und unserem tatsächlichem Umgang mit diesen Tieren
als solche nicht auflösbar. Sie kann stattdessen – auch im Falle vieler
anderer Arten – als das wesentliche Merkmal der Tierethik und des
Tierschutzes im 21. Jahrhundert festgehalten werden. So ernüchternd
es klingen mag, aber vielleicht ist der deutlich unzureichende Schutz
von solch charismatischen und uns vertrauten Tieren wie den Großen
Menschenaffen tatsächlich das Beste, was wir für andere Tiere überhaupt zu leisten vermögen. Wenn wir aber nichts für die Großen
Menschenaffen tun können, welche Hoffnung besteht dann tatsächlich für andere Arten oder die Habitate, in denen sie leben?

Allerdings ist eine global agierende Tierschutzbewegung eine verhältnismäßig junge Errungenschaft, die in der kurzen Geschichte ihres
Bestehens viel erreicht hat. Sie muss auf eine rapide zunehmende Vernetzung von Bedrohungsfaktoren reagieren und dafür neue Strategien
und Überzeugungskraft entwickeln. Tierethik und Tierschutz können
dafür inzwischen neben dem klassischen Argument der Leidensfähigkeit auch auf das Artenschutzargument der Gefährdung und das bisher in der Forschung wenig ausgearbeitete, aber wichtige Argument
der kognitiven Verwandtschaft zurückgreifen. Es bleibt zu hoffen, dass
alle drei Argumente im Verbund eine immer stärkere Wirkung entfalten und dass wir deshalb in Zukunft lieben und schützen, was uns
ähnlich ist, was leidet und was bedroht ist.

Norbert Alzmann

Zur umfassenden Kriterienauswahl für die Ermittlung der ethischen Vertretbarkeit von Tierversuchsvorhaben

1. Einführung[1]

Forschung dient gesellschaftlichen Zwecken. Sie ermöglicht beispielsweise die Entwicklung von Produkten und Verfahren oder vermittelt uns Erkenntnisse. Hierbei handelt es sich um wünschenswerte Ziele, die jedoch nicht mit allen Mitteln verfolgt werden dürfen.[2] Die Realisation der Zielsetzungen wird in zweierlei Hinsicht eingeschränkt: Erstens durch die Mittel, die zur Verfügung stehen. Zweitens in Form *ethischer Grenzen* bei der Wahl der Mittel. Solche ethischen Grenzen gelten auch für den Einsatz von Tierexperimenten. Das Tierschutzgesetz (TierSchG) trägt dem Grundsatz Rechnung, dass man mit einem Tier nicht beliebig umgehen darf. Paragraph 1 des TierSchG hält fest:

„Zweck dieses Gesetzes ist es, aus der Verantwortung des Menschen für das Tier als Mitgeschöpf dessen Leben und Wohlbefinden zu schützen. Niemand darf einem Tier ohne vernünftigen Grund Schmerzen, Leiden oder Schäden zufügen."

Das TierSchG schreibt vor, wann Tiere zu Versuchszwecken eingesetzt werden dürfen. Es gilt, dass Tierversuche nur dann durchgeführt werden dürfen, wenn sie für die im TierSchG festgelegten

---

1 Der vorliegende Aufsatz basiert auf einer gekürzten Fassung meines Aufsatzes „Zur Notwendigkeit einer umfassenden Kriterienauswahl für die Ermittlung der ethischen Vertretbarkeit von Tierversuchsvorhaben", erschienen in D. Borchers, J. Luy (Hrsg.), *Der ethisch vertretbare Tierversuch. Kriterien und Grenzen*, Paderborn 2009, S. 141-170.

2 Trotz der Freiheit von Forschung und Lehre nach Artikel 5 Abs. 3 des Grundgesetzes (GG) sind Einschränkungen notwendig, wenn die Forschung wichtige Werte, die ebenfalls durch das GG geschützt sind, zu verletzen droht. Vgl. hierzu A. Lorz, E. Metzger, *Tierschutzgesetz: Tierschutzgesetz mit allgem. Verwaltungsvorschr., Rechtsverordnungen u. europ. Übereinkommen; Kommentar*, 5. Aufl., München 1999, S. 244, Rn. 55. Hier wird ausgesagt, dass die grundsätzlich gewährleistete Wissenschaftsfreiheit von dem Abwägungsgebot (wie auch von dem Unerlässlichkeitsgebot des § 7 Abs. 2 TierSchG) berührt wird: „Aber schon wegen der Vorgaben des EG Rechts schränken sie die Freiheit der Wissenschaft nicht unzulässig ein".

Zwecke[3] unerlässlich und alternativlos (§ 7 Abs. 2), sowie ethisch vertretbar sind (§ 7 Abs. 3). In Deutschland wurde festgelegt, dass *vor der Genehmigung* eines Versuchsvorhabens durch eine zuständige Behörde (§ 8 Abs. 1 TierSchG) eine ethische Abwägung stattzufinden hat. Das Gesetz verlangt zunächst dem Forscher ethische Überlegungen ab: Er muss abwägen und anschließend rechtfertigen, ob seine Ziele die Belastung von Versuchstieren rechtfertigen. Die dem Tier zugemuteten Belastungen müssen in ein Verhältnis gesetzt werden zum durch den Versuch erwarteten Erkenntnisgewinn. Diese Abwägung muss zunächst *der Forscher* durchführen, der den Tierversuch plant und der dann die ethische Vertretbarkeit des Vorhabens im Versuchsantrag *wissenschaftlich begründet darzulegen* hat (§ 8 Abs. 3 Satz 1 TierSchG). Dieser Versuchsantrag wird dann *von mehreren Institutionen* einer strengen Prüfung unterzogen.[4] Der Antrag muss vom lokalen *Tierschutzbeauftragten* (TierSchB) kommentiert werden (§ 8b Abs. 3 Satz 3 TierSchG), der für die Einrichtung, an der der Tierversuch durchgeführt werden soll, zuständig ist. Der Antrag, samt Stellungnahme vom TierSchB, wird dann an die *Genehmigungsbehörde* zur Begutachtung weitergeleitet. Die Genehmigungsbehörde wird wiederum von einer *beratenden Kommission* unterstützt (§ 15 TierSchG). Diese Kommission hat ein Votum über den Versuchsantrag abzugeben, welches dann an die Genehmigungsbehörde weitergeleitet wird.

Der gesamte Prozess ist gesetzlich geregelt. Die ethische Reflexion ist daher zwingend *notwendig. Wie* diese ethischen Überlegungen anzustellen sind, wie sie gar zu operationalisieren sind, damit sie in gleicher Weise in den verschiedenen Genehmigungsbehörden/Regierungsbezirken/Bundesländern durchgeführt werden, *schreibt das Gesetz jedoch nicht vor.* Zudem fehlen konkrete Angaben hinsichtlich der bei der Frage der ethischen Vertretbarkeit zu berücksichtigenden Kriterien sowie solche, die die Gewichtung dieser Kriterien betreffen.

---

3   Gem. § 7 Abs. 2 TierSchG sind dies folgende Zwecke: „[...] 1. Vorbeugen, Erkennen oder Behandeln von Krankheiten, Leiden, Körperschäden oder körperlichen Beschwerden oder Erkennen oder Beeinflussen physiologischer Zustände oder Funktionen bei Mensch oder Tier, 2. Erkennen von Umweltgefährdungen, 3. Prüfung von Stoffen oder Produkten auf ihre Unbedenklichkeit für die Gesundheit von Mensch oder Tier oder auf ihre Wirksamkeit gegen tierische Schädlinge, 4. Grundlagenforschung."

4   A. F. Goetschel, „Fünfter Abschnitt – Tierversuche", in: H. G. Kluge (Hrsg.), *Tierschutzgesetz – Kommentar*, Stuttgart 2002, S. 189-237, S. 210, § 7 Rn. 53.

Der Gesetzgeber fordert also die ethische Vertretbarkeit von Tierversuchen, ohne dem Forscher einen Leitfaden für seine ethische Entscheidungsfindung an die Hand zu geben. Ebenso wenig verfügen die
beratenden Kommissionen und die genehmigenden Behörden über
einen einheitlichen Kriterienkatalog, anhand dessen sie ethisch vertretbare von ethisch nicht vertretbaren Tierversuchsvorhaben unterscheiden können.[5]

Im Folgenden werde ich die dem genannten Abwägungsprozess
prinzipiell immanenten Schwierigkeiten benennen und auf Probleme
in der Praxis der Antragstellung eingehen. Anschließend werde ich
einen Ausblick auf Hilfestellungen geben, die zur Ermittlung der ethischen Vertretbarkeit eines Versuchsvorhabens herangezogen werden
können: Sogenannte „Kriterienkataloge". Anhand eines prominenten
Beispiels und seiner Kritik identifiziere ich zwei unterschiedliche Positionen zur Abwägung der ethischen Vertretbarkeit: Eine eng auf das
Experiment beschränkte Position und eine weiter gefasste Position, die
Aspekte berücksichtigt, die über das eigentliche Experiment hinaus
gehen. Dabei benenne ich plausible Gründe, die für die umfassende
Position und damit für die Verwendung eines umfassenden Kriterienkataloges sprechen.

2. Dem Abwägungsprozess immanente Schwierigkeiten

Christoph Maisack, einer der bekanntesten Kommentatoren des deutschen Tierschutzgesetzes, betont den Aspekt der notwendigen Nutzen-
Schaden-Abwägung.[6] Eine besondere Schwierigkeit bei der Abwägung
besteht in der Tatsache, dass die miteinander im Konflikt stehenden
Werte grundsätzlich unvergleichbar sind: Es sind nicht nur die Belastungen der Tiere gegen diejenigen der Menschen zu wägen, sondern es
sind „tatsächliche, d. h. *sichere Belastungen* von Versuchstieren gegen
einen *nur möglichen* Erkenntnisgewinn und einen *möglicherweise* daraus resultierenden Nutzen für den Menschen abzuwägen."[7] Maisack

---

5   D. Borchers, J. Luy (Hrsg.), *Der ethisch vertretbare Tierversuch. Kriterien und
    Grenzen.*
6   A. Hirt, C. Maisack, J. Moritz (Hrsg.), *Tierschutzgesetz – Kommentar*, 2. Aufl., Mün-
    chen 2007, S. 291, § 7 Rn. 49.
7   A. Hirt, C. Maisack, J. Moritz (Hrsg.), *Tierschutzgesetz*, S. 291 ff., § 7 Rn. 50.

relativiert diese Analyse jedoch durch die Feststellung, dass solche Probleme allgegenwärtig und mitnichten auf das Tierschutzrecht beschränkt sind. Gerichte und Behörden sind ständig mit Abwägungsprozessen konfrontiert, „in denen inkommensurable Größen und unterschiedliche Sicherheiten bzw. Wahrscheinlichkeiten miteinander konkurrieren."[8] Maisack betont, dass sich in den meisten Fällen relativ rasch eine übereinstimmende Bewertung erarbeiten lässt. Dies sei genau dann der Fall, „sobald die wahrscheinlichen Folgen aller in Betracht kommenden Entscheidungsalternativen vollständig und richtig ermittelt und in dem dafür vorgesehenen Verfahren mit genügender Distanz zu den beteiligten Interessen einander gegenübergestellt worden sind [...]."[9]

Damit wäre eine der wesentlichen Voraussetzungen einer jeden Güterabwägung angesprochen: Vor jeder Abwägung ist es unbedingt notwendig, das „Abwägungsmaterial" vollständig zu ermitteln. Alle wesentlichen Fakten, die für die Gewichtung der verschiedenen Interessen notwendig sind, müssen für die Güterabwägung vorliegen.[10]

Nach der Beschreibung dieses Grundproblems vieler Abwägungen und der Forderung nach einer vollständigen Faktenerhebung, soll ein Blick in die Praxis klären, ob die mit dem Abwägungsprozess konfrontierten Personen die gegenwärtige Situation der Urteilsfindung als befriedigend einschätzen.

3. Praktische Probleme bei der Antragstellung

Blumer und Kollegen[11] reflektieren über die Anforderungen, die an einen Forscher gestellt werden, wenn er einen Antrag an die Genehmigungsbehörde richtet. Bei der wissenschaftlich begründeten Darlegung der ethischen Vertretbarkeit identifizieren sie zwei generelle Probleme:

„Die Forderung des Gesetzgebers an den Antragsteller, die Voraussetzungen des § 7 Abs. 3 des Tierschutzgesetzes (TierSchG) wissen-

8   A. Hirt, C. Maisack, J. Moritz (Hrsg.), *Tierschutzgesetz*, S. 292, § 7 Rn. 50.
9   A. Hirt, C. Maisack, J. Moritz (Hrsg.), *Tierschutzgesetz*, S. 292, § 7 Rn. 50.
10 A. Hirt, C. Maisack, J. Moritz (Hrsg.), *Tierschutzgesetz*, S. 292, § 7 Rn. 51.
11 K. Blumer, H. G. Liebich, F. S. J. Ricken, E. Wolf, „,Güterabwägung' und Tierversuch – einige Aspekte zur Klärung der ethischen Vertretbarkeit", in: *Der Tierschutzbeauftragte* 3/1995, S. 221-227.

schaftlich begründet darzulegen – und zwar nicht fachwissenschaftlich[12], sondern ethisch-wissenschaftlich – führt sowohl für Antragsteller als auch für die Genehmigungsbehörden zu einer problematischen Situation. Zum einen ist dem Gesetzestext nicht zu entnehmen, welches der zahlreichen momentan diskutierten Ethikkonzepte zugrundegelegt werden soll [...]. Zum anderen wird in aller Regel in den medizinischen und naturwissenschaftlichen Studiengängen gar kein – oder zumindest kein ausreichendes – Wissen über Ethik vermittelt, das die künftigen Wissenschaftler befähigen würde, sich mit dem Problem adäquat auseinanderzusetzen [...]. Ethik ist eine Wissenschaft, eine Reflexionstheorie und nicht etwa eine subjektive Einstellung."[13]

Sicherlich kann man einem Teil des Problems langfristig dadurch entgegenwirken, dass man die Ausbildung junger Wissenschaftler um eine fachorientierte ethische Komponente erweitert. Wünschenswert wäre, einerseits die Ausbildung in Ethik im Allgemeinen und in Tierethik im Speziellen verstärkt in die Studiengänge der Naturwissenschaftler und Mediziner[14] zu implementieren. Andererseits sollte die Weiterbildung für Personen gefördert werden, die bereits ihre Ausbildung abgeschlossen haben.

Dass die ethische Expertise ein erlebtes und vielfach artikuliertes Desiderat für Forscher, Mitglieder von Genehmigungsbehörden und der beratenden Kommissionen darstellt, zeigt der Blick in die Praxis. Die Tagung „Tierschutz in guter Verfassung? – Bestandsaufnahme und Handlungsbedarf nach seiner Einführung ins Grundgesetz"[15] thematisierte u. a. die Erfahrungen bezüglich der Genehmigung von Tierversuchen vor und nach Einführung des Staatsziels „Tierschutz"[16] ins Grundgesetz.[17]

---

12 Anm. N. A.: Im Sinne von naturwissenschaftlich.
13 K. Blumer, H. G. Liebich, F. S. J. Ricken, E. Wolf, „ ‚Güterabwägung' und Tierversuch – einige Aspekte zur Klärung der ethischen Vertretbarkeit", S. 221.
14 Die Medizinethik ist zwar gut etabliert, aber ihr Gegenstand beschränkt sich in der Regel auf den *Umgang mit dem Menschen* in Forschung und Therapie.
15 Evangelische Akademie Bad Boll, 2004.
16 Deutscher Bundestag, 2002: Das Staatsziel „Tierschutz" wird im Grundgesetz verankert. Der Artikel 20a GG lautet nun: „Der Staat schützt [...] die natürlichen Lebensgrundlagen *und die Tiere* [...]." (Hervorhebung von N. A.).
17 Die auf der Tagung wiedergegebenen Einschätzungen und Desiderate wurden ähnlich auf dem Workshop „Die Rolle der Tierversuchskommissionen in der biomedizinischen Forschung in Deutschland" in Tübingen im Jahre 2005 geäußert. N. Alzmann, „Zusammenfassung des Workshops ‚Die Rolle der Tierversuchskommissionen in der biomedizinischen Forschung in Deutschland' unter der Leitung von Dr.

Die Kritik an der derzeitigen Situation bezog sich vor allem auf zwei Bereiche. Einerseits wurde betont, dass den Antragstellern sowie den Kommissionsmitgliedern bei der Bewertung der ethischen Vertretbarkeit der geplanten Tierversuche Hilfe zur Verfügung gestellt werden sollte.[18] Andererseits wurde das Verfahren an sich bemängelt. Es wurde „übereinstimmend [...] für wünschenswert erachtet, die Arbeit und Arbeitsweise der beratenden Kommissionen bundesweit zu vereinheitlichen und zu harmonisieren [...]" (z. B. durch eine Mustergeschäftsordnung). Zudem sollte „ein echter Prozess der ethischen Abwägung in Gang kommen und sich im Sinne einer Verhältnismäßigkeitsprüfung vollziehen".[19] Diese Probleme spiegeln sich auch in den Ergebnissen einer Umfrage zur „Tätigkeit von Genehmigungsbehörden und der beratenden Kommissionen" wider.[20] Die Antworten der Mitglieder der beratenden Kommissionen zeigten, dass die Mehr-

Ursula Sauer" in: C. Brand, E.-M. Engels, A. Ferrari, L. Kovács (Hrsg.), *Wie funktioniert Bioethik?*, Paderborn 2008, S. 321-324.

18 B. Rusche, „Bericht aus der Arbeitsgruppe III – Tierversuche – Rechtsetzung und Vollzug", in: Evangelische Akademie Bad Boll (Hrsg.), *Tierschutz in guter Verfassung? – Bestandsaufnahme und Handlungsbedarf nach seiner Einführung ins Grundgesetz 19.-21. März 2004, Protokolldienst 16/4*, Bad Boll 2004, S. 153-155.

19 B. Rusche, „Bericht aus der Arbeitsgruppe III – Tierversuche – Rechtsetzung und Vollzug", S. 154. Bei der Forderung nach einem „echten Prozess der ethischen Abwägung" wird darauf abgezielt, dass *vor* Aufnahme des Tierschutzes ins Grundgesetz mit Berufung auf ein Verfassungsgerichtsurteil vielerorts keine *inhaltliche* Prüfung der ethischen Vertretbarkeit, sondern lediglich eine *Plausibilitäts*prüfung durch die Kommission und die Genehmigungsbehörde stattfand. „Seit dem Inkrafttreten der Staatszielbestimmung ‚ethischer Tierschutz' [...] besitzen die Genehmigungsbehörden ein eigenständiges Prüfrecht auf Unerlässlichkeit und ethische Vertretbarkeit von Tierversuchsanträgen." K. Herrmann, „Wie lässt sich bei einem Tierversuchsantrag die ethische Vertretbarkeitsprüfung gemäß § 7 (3) und § 8 (3) des deutschen Tierschutzgesetzes praktisch durchführen? Positionspapier: Entwicklung von Kriterien und Grenzen ethisch vertretbarer Tierversuche, insbesondere im Hinblick auf gentechnisch erzeugte Krankheitsmodelle (transgene Tiere)", in: *ALTEX* 25(1)/2008, S. 76-79. S. auch ausführlich: A. Hirt, C. Maisack, J. Moritz (Hrsg.), *Tierschutzgesetz*, 309 f, § 8 Rn. 6.

20 R. Kolar, I. W. Ruhdel, „A Survey Concerning the Work of Ethics Committees and Licensing Authorities for Animal Experiments in Germany", in: *ALTEX* 24(4)/2007, S. 326-334, oder auch I. W. Ruhdel, P. Gansneder, U. G. Sauer, R. Kolar, „Umfrage des Deutschen Tierschutzbundes zur Tätigkeit von Genehmigungsbehörden für Tierversuche und der beratenden Kommissionen nach § 15 TierSchG", in: T. Richter (Hrsg.), *Tagung der DVG-Fachgruppe „Tierschutz" in Verbindung mit der Hochschule für Wirtschaft und Umwelt Nürtingen-Geislingen und der Tierärztlichen Vereinigung für Tierschutz TVT*, Gießen 2007, S. 58-69. N. A. war bei der Ausarbeitung der Fragen im Rahmen seines Dissertationsprojektes beteiligt.

heit (81 % der Antworten) eine *eigene* Bewertung der ethischen Vertretbarkeit – die sich nicht auf die Ausführung des Antragstellers stützt – vornimmt.[21] Dabei wurde am häufigsten *nach der persönlichen moralischen Intuition* vorgegangen. Ein Drittel der Kommissionsmitglieder war der Auffassung, dass die Abwägung der ethischen Vertretbarkeit *nicht* angemessen gewährleistet sei.[22] Zur Optimierung ihrer Tätigkeit wünschten sich die Mitglieder der Genehmigungsbehörden u. a. *einheitliche Belastungskataloge* zur Einschätzung der Belastung der Versuchstiere sowie einen *Kriterienkatalog zur ethischen Vertretbarkeit*.[23] Auf das letztgenannte Hilfsmittel möchte ich im Folgenden näher eingehen.

4. Hilfsmittel zur Ermittlung der ethischen Vertretbarkeit

Präzisierend zum TierSchG sind Einzelheiten zu den für die Genehmigung relevanten Fragestellungen zwar in der Allgemeinen Verwaltungsvorschrift (AVV) niedergelegt.[24]

Wie und *nach welchen Maßgaben* die „wissenschaftlich begründete Darlegung" der ethischen Vertretbarkeit zu erfolgen hat, geht aus dem Gesetz und der AVV jedoch nicht hervor und ist Gegenstand heftiger Diskussionen. In der Praxis ist es häufig so, dass Forscher nicht wissen, was von ihnen bzgl. der ethischen Güterabwägung konkret ver-

---

21 R. Kolar, I. W. Ruhdel, „A Survey Concerning the Work of Ethics Committees and Licensing Authorities for Animal Experiments in Germany", in: *ALTEX* 24(4)/ 2007, S. 330.

22 I. W. Ruhdel, P. Gansneder, U. G. Sauer, R. Kolar, „Umfrage des Deutschen Tierschutzbundes zur Tätigkeit von Genehmigungsbehörden für Tierversuche und der beratenden Kommissionen nach § 15 TierSchG", S. 63.

23 I. W. Ruhdel, P. Gansneder, U. G. Sauer, R. Kolar, „Umfrage des Deutschen Tierschutzbundes zur Tätigkeit von Genehmigungsbehörden für Tierversuche und der beratenden Kommissionen nach § 15 TierSchG", S. 64.

24 Dort sind in Anl. 1 zu Nummer 6.1.1 die erforderlichen Angaben für den Antrag auf Genehmigung eines Versuchsvorhabens nach § 8 Abs. 1 TierSchG benannt. Unter Punkt 1 „Angaben zum Versuchsvorhaben" werden neben der Angabe des Zwecks des Versuchsvorhabens und der Darlegung der Unerlässlichkeit und Alternativlosigkeit unter Punkt 1.7 „Ethische Vertretbarkeit des Versuchsvorhabens" die „wissenschaftlich begründete Darlegung, dass die zu erwartenden Schmerzen, Leiden oder Schäden der Versuchstiere im Hinblick auf den Versuchszweck ethisch vertretbar sind" verlangt (1.7.1).

langt wird,[25] denn „[…] eine Anleitung, nach welchen Kriterien die Abwägung erfolgen sollte, oder auch nur eine Definition des Begriffes ‚ethisch vertretbar' [wird vom Gesetzgeber] nicht mitgeliefert."[26].

Im Verlaufe der vergangenen Jahrzehnte wurden im In- und Ausland Versuche unternommen, den Antrag stellenden Wissenschaftlern sowie den genehmigenden Institutionen, Hilfsmittel in Form von Kriterienkatalogen an die Hand zu geben. Diese sollen dabei helfen, die ethisch relevanten Kriterien umfassend zu beleuchten, zueinander in Beziehung zu setzen und letztlich eine angemessene Abwägung zu treffen. Die in der einschlägigen Literatur vorgestellten Kriterienkataloge weisen bisweilen große methodische Unterschiede in der Herangehensweise an die Problemstellung auf. Ihnen ist jedoch gemein, dass sie sehr bemüht sind, ein Werkzeug bereit zu stellen, das es durchführenden, beratenden und entscheidenden Personen ermöglicht, eine möglichst objektive, unparteiliche, intersubjektive und reproduzierbare sowie transparente Abwägung zu treffen.

Ein geeigneter Kriterienkatalog hilft, den Anspruch intersubjektiver Vergleichbarkeit der Ergebnisse zu erfüllen. Er dient damit der Gerechtigkeit im Sinne der Gewährleistung eines vergleichbaren Schutzniveaus für die Versuchstiere, unabhängig vom jeweiligen Versuchslabor und dem jeweiligen Verantwortungsbereich der genehmigenden Behörde. Zudem übersieht der Forscher bei Verwendung eines geeigneten Kriterienkataloges keine ethisch relevanten Kriterien, da diese in übersichtlicher und logischer Reihenfolge abgearbeitet werden können. Häufig herrscht im Alltag des Wissenschaftlers großer

---

25 Vgl. beispielsweise TVT Merkblatt Nr. 50 (1997), 2: „Während sich noch relativ einfach begründen läßt, ob ein Tierexperiment wissenschaftlich unerläßlich ist, ruft die Forderung nach ‚ethischer Vertretbarkeit' bei vielen Wissenschaftlern, die einen Tierversuchsantrag stellen, eher Ratlosigkeit hervor."
26 W. Scharmann, G. M. Teutsch, „Zur ethischen Abwägung von Tierversuchen", in: ALTEX 11(4)/1994, S. 195-198. Der Gesetzgeber wäre dazu schon deshalb nicht in der Lage, da sehr unterschiedliche Meinungen darüber herrschen, was „ethisch vertretbar" sei oder was z. B. „wesentliche Bedürfnisse" oder „berechtigte Interessen" des Menschen seien. Zudem gebe es „keine einhellige Meinung darüber, welche Art der Belastung für Tiere noch zumutbar und wann eine Leidensbegrenzung zu fordern ist." W. Scharmann, G. M. Teutsch, „Zur ethischen Abwägung von Tierversuchen", S. 193. Vgl. auch U. Sauer, „Die Rolle der Tierversuchskommissionen in der biomedizinischen Forschung in Deutschland", in: C. Brand, E.-M. Engels, A. Ferrari, L. Kovács (Hrsg.), Wie funktioniert Bioethik?, S. 315-319, oder P. Mayr, „Tierversuche als konstruiertes Dilemma. Positionspapier zur Klausurwoche: Kriterien und Grenzen ethisch vertretbarer Tierversuche", in: ALTEX 24(4)/2007, S. 359-363.

Zeitdruck. Ein Kriterienkatalog dient der Vereinfachung und der Beschleunigung des Prozedere. Die Verwendung eines Kriterienkataloges soll und darf aber nicht die eigene ethische Urteilsbildung des Forschers ersetzen. Kriterienkataloge beinhalten idealer Weise bereits die gesellschaftlich akzeptierten Werte und Normen. Ein solcher Katalog muss eine Art „Filter" haben, der die ethischen Normen beinhaltet, welche transparent zu machen sind. Diese ethischen Normen spiegeln sich – neben der unterschiedlichen Gewichtung verschiedener Versuchszwecke – in der Festlegung gewisser Mindestanforderungen wider, die erfüllt sein müssen, damit das Experiment ethisch vertretbar und damit genehmigungsfähig ist. Der „Filter" hilft somit ethisch vertretbare von ethisch nicht vertretbaren Versuchsvorhaben zu unterscheiden.

Einer der ersten und in der Literatur meist beachteten Versuche, einen Kriterienkatalog für die ethische Abwägung bereitzustellen, stammt von David G. Porter.[27] Dessen Katalog möchte ich im Folgenden exemplarisch näher betrachten.

---

27 D. G. Porter, „Ethical scores for animal experiments", in: *Nature* 356/1992, S. 101-102. Einige weitere Ansätze sollen an dieser Stelle lediglich benannt werden: Das „holländische Modell" welches auf Anfrage des Dutch Veterinary Public Health Chief Inspectorate entwickelt und publiziert wurde: Tj. de Cock Buning, E. Theune, „A comparison of three models for ethical evaluation of proposed animal experiments", in: *Animal Welfare* 3/1994, S. 107-128; die „Checklisten" von Scharmann und Teutsch, W. Scharmann, G. M. Teutsch, „Zur ethischen Abwägung von Tierversuchen"; das auf Porter basierende „erweiterte Punkteschema" von Mand, U. Mand, *Zur Abwägung ethischer Vertretbarkeit von Tierversuchen gemäß § 7 Abs. 3 des derzeit geltenden Tierschutzgesetzes (TierSchG), dargestellt am Modell Sepsisforschung am wachen Schwein.* Gießen 1995 sowie U. Mand, „Über die in § 7 Abs. 3 des Tierschutzgesetzes geforderte Abwägung ethischer Vertretbarkeit von Tierversuchen", in: *Der Tierschutzbeauftragte* 3/1995, S. 229-234; das „system to support decision-making" von Stafleu und Kollegen, F. R. Stafleu, R. Tramper, J. Vorstenbosch, J. A. Joles, „The ethical acceptability of animal experiments: a proposal for a system to support decision-making", in: *Laboratory Animals* 33/1999, S. 295-303; die von Maisack benannten Kriterien, A. Hirt, C. Maisack, J. Moritz (Hrsg.), *Tierschutzgesetz*; sowie das Schweizer Internet-Programm „zur Selbstprüfung" für die Güterabwägung, welches von der Ethikkommission der Schweizerische Akademie der Medizinischen Wissenschaften (SAMW) und der Akademie der Naturwissenschaften Schweiz (SCNAT) seit dem Jahre 2007 im Internet angeboten wird (http://tki.samw.ch/, 31.03.2010). Die genannten Modelle werden von N. A. näher erläutert, analysiert und vergleichend diskutiert: N. Alzmann, *Zur Beurteilung der ethischen Vertretbarkeit von Tierversuchen*, Tübingen 2010.

5. Das „Scoring system", ein Modell für einen Kriterienkatalog im Fokus konstruktiver Kritik

Porters „Scoring system" gliedert sich in acht Kategorien, die unterschiedliche Gesichtspunkte bewerten.[28] Die Antworten in jeder Kategorie sind mit Punkten bewertet. Die auf den Nutzen eines Experiments bezogenen Kategorien und die Belastungen, sowie weitere auf die Versuchstiere bezogenen Kategorien, müssen nach diesem Modell *in einem bestimmten Rahmen liegen,* um als vertretbar erachtet zu werden. Dieser Vorschlag ist zum einen von einigen Autoren mit einem ausgesprochenen Lob bedacht worden.[29] Zum anderen wurde auch mannigfaltige konstruktive Kritik geäußert. Diese betraf Gesichtspunkte, die durch Modifikation schnell zu beheben sein sollten, aber auch Gesichtspunkte, die in Porters System nach Ansicht der Autoren noch fehlten.[30] Weitere Kritik wurde an der Verwendung ganz bestimmter Kategorien geäußert, die nach Ansicht der Autoren kein Teil der Güterabwägung zur Ermittlung der ethischen Vertretbarkeit des Tierversuchsvorhabens sein sollen. Dazu gehört u. a. die Frage danach, ob

---

28 Die Forschungskriterien (scoring the science) sollen das Ziel, die Notwendigkeit und die Qualität des Experiments einschätzen. Die tierbezogenen Kategorien behandeln Faktoren, die zu Schmerz oder Stress für die Versuchstiere führen, die verwendete Tierart und Anzahl der Tiere sowie die Qualität der Pflege und Haltung.

29 E. Fulda, „Porters Punktesystem in ethischer Perspektive", In: K. Löffler (Hrsg.), *Thema: „Tierschutzethik": Tagung der Fachgruppe: Tierschutzrecht und Gerichtliche Veterinärmedizin,* Gießen 1993, S. 79-97: Es werde ein „nachahmenswertes Beispiel dafür gegeben, *dass* man eben alle relevanten Aspekte auch *bewußt und explizit* in die Abwägung der ethischen Vertretbarkeit einzubeziehen hat." Teutsch etwa wertet Porters System als wertvollen Denkanstoß zur Versachlichung der Diskussion, G. M. Teutsch, „David G. Porters Punktesystem zur ethischen Bewertung von Tierversuchen", in: *Der Tierschutzbeauftragte* 1/1993, S. 63-65.

30 So z. B.: E. Fulda, „Porters Punktesystem in ethischer Perspektive", S. 80 ff.; G. M. Teutsch, „David G. Porters Punktesystem zur ethischen Bewertung von Tierversuchen", S. 64; I. C. Reetz, „Porters Punktesystem aus Sicht der Praxis (Ist Porters Punktesystem zur ethischen Abwägung von Tierversuchsanträgen geeignet?)", in: K. Löffler (Hrsg.), *Thema: „Tierschutzethik": Tagung der Fachgruppe: Tierschutzrecht und Gerichtliche Veterinärmedizin,* Gießen 1993, S. 73-78; W. Scharmann, G. M. Teutsch, „Zur ethischen Abwägung von Tierversuchen", S. 194; Tj. de Cock Buning, E. Theune, „A comparison of three models for ethical evaluation of proposed animal experiments", S. 113; U. Mand, „Über die in § 7 Abs. 3 des Tierschutzgesetzes geforderte Abwägung ethischer Vertretbarkeit von Tierversuchen", S. 232.

die Haltungsbedingungen *Gegenstand* der Güterabwägung sein sollen.[31] Es stellt sich also die grundsätzliche Frage: *Welche* Kriterien sollen berücksichtigt werden?

6. Haltungsbedingungen: Teil der ethischen Abwägung oder lediglich vorgelagerte Versuchsvoraussetzung?

Die Verwendung des Kriteriums „Haltungsbedingungen" in Porters System zur Ermittlung der ethischen Vertretbarkeit eines Versuchsvorhabens wird von Ingo C. Reetz[32] kritisiert. Seine Kritik basiert auf zwei Prämissen: Zum einen haben die Haltungsbedingungen die allgemeinen Normen des TierSchG zu erfüllen, unabhängig davon, ob ein Tier momentan im Versuch steht oder nicht. Zum anderen beleuchtet Reetz den Porterschen Katalog explizit mit der Fragestellung, „inwieweit unter Berücksichtigung der deutschen Tierschutzgesetzgebung dieses System zur ethischen Abwägung [...] herangezogen werden kann."[33] Dabei bezieht sich Reetz auf § 7 Abs. 3 TierSchG, wo er bei der Frage nach der ethischen Vertretbarkeit als Gegenstände der durchzuführenden Güterabwägung folgendes Wertepaar identifiziert:

„So haben wir zwei konkurrierende Werte gegeneinander abzuwägen: den *Versuchszweck* gegen das *Wohlergehen der Tiere*, wobei die Einschränkung des Wohlergehens, die den Tieren durch den Versuch zugemutet werden soll, ausgedrückt wird durch den Grad der für die Tiere zu erwartenden Belastungen."[34]

Wie Reetz im präzisierenden Satzteil formuliert, sind für ihn nur die „für die Tiere zu erwartenden Belastungen" maßgeblich für die „Einschränkung des Wohlergehens". So wird auch verständlich, dass Reetz zwar *versuchsbedingte* Einschränkungen der Haltungsbedingungen bei der Beurteilung der zur erwartenden Belastung berücksichtigen möchte, *nicht* jedoch die „normalen Haltungsbedingungen".

Anhand der Kommentare von Reetz und der Absicht Porters, über das Versuchsgeschehen hinaus auch die die Haltungsbedingungen und

---

31 I. C. Reetz, „Porters Punktesystem aus Sicht der Praxis", S. 75.
32 I. C. Reetz, „Porters Punktesystem aus Sicht der Praxis", S. 75.
33 I. C. Reetz, „Porters Punktesystem aus Sicht der Praxis", S. 73.
34 I. C. Reetz, „Porters Punktesystem aus Sicht der Praxis", S. 73.

die Pflege der Versuchstiere zu bewerten, lässt sich deutlich zeigen, dass es *zwei Positionen* gibt, die zu differenzieren sind:

A) Die ethische Abwägung umfasst nur Faktoren, die *direkt* im Zusammenhang mit dem eigentlichen Versuch stehen. Ich nenne diese Position die *„reduktionistische pragmatische Position"*.

B) Es werden auch über die *aktuelle Phase* des – zeitlich begrenzten – Experiments *hinausgehende* Faktoren betrachtet und in die Abwägung der ethischen Vertretbarkeit einbezogen. Ich nenne diese Position die *„All-Inclusive Position"*.

Reetz vertritt deutlich die „reduktionistische pragmatische Position" und richtet seine Betrachtungen und Kritik an Porters Kategorien entsprechend aus. Es ist jedoch die gezielte Absicht von Porter, mit der Frage nach den Haltungsbedingungen und der Tierpflege auch Faktoren abzuprüfen, die *über den eigentlichen Versuch hinausgehen*. Er vertritt somit die „All-Inclusive Position". Porter macht dies explizit, indem er bemerkt, dass er unter der Kategorie „quality of animal care" *alle Aspekte der Umgebung* des Versuchstiers evaluieren will, *während das Tier nicht im Experiment steht*.[35] Somit ist Porter der Ansicht, dass diese Faktoren durchaus in die ethische Bewertung mit einfließen sollen, auch wenn diese eben nicht auf den Zeitpunkt des aktuellen Experiments beschränkt sind. Diese Aspekte sind also Teil der Güterabwägung bei Porter. Entwickler anderer Kriterienkataloge teilen diese Auffassung.[36]

7. Plausible Gründe sprechen für die „All-Inclusive Position"

Die explizierten divergierenden Sichtweisen, die „reduktionistische pragmatische Position" und die „All-Inclusive Position", scheinen den

---

35 So beispielsweise die Qualität der Umgebung und deren Geeignetheit für die einzelnen Tiere, die Käfighaltung, die Fertigkeiten der Pfleger, die Qualität der postoperativen Pflege, die Beleuchtungsbedingungen sowie die Ventilation. Vgl. D. G. Porter, „Ethical scores for animal experiments", in: *Nature* 356/1992, S. 102.

36 Die Haltungsbedingungen werden von unterschiedlichen Autoren evaluiert, beispielsweise bei Tj. de Cock Buning, E. Theune, „A comparison of three models for ethical evaluation of proposed animal experiments", U. Mand, „Über die in § 7 Abs. 3 des Tierschutzgesetzes geforderte Abwägung ethischer Vertretbarkeit von Tierversuchen", sowie vom oben erwähnten Schweizer Internetprogramm der SAMW und der SCNAT. *Versuchsvorbereitende* Haltungsbedingungen bei A. Hirt, C. Maisack, J. Moritz (Hrsg.), *Tierschutzgesetz*.

notwendigen Diskurs häufig zu erschweren, da man leicht den Eindruck gewinnt, als müsse man sich für eines der beiden Lager entscheiden. Ein Kompromiss scheint auf den ersten Blick nicht möglich zu sein. Was lässt sich aus der oben skizzierten Diskussion nun konkret erschließen? Meiner Ansicht nach gilt es Porter dahingehend zuzustimmen, dass eine Einschränkung der zu beurteilenden Faktoren für die Bestimmung der ethischen Vertretbarkeit auf den Zeitpunkt des Experiments zu eng gefasst ist. Weiterhin ist anzuerkennen, dass sowohl die Wahl der verwendeten Tierart als auch die Anzahl der im Versuch einzusetzenden Tiere in die ethische Bewertung einfließen müssen. Es ist ein relevanter Unterschied, ob ein Experiment mit 10 oder mit 100 Tieren durchgeführt wird.

Die „reduktionistische pragmatische Position" enthält einen sehr problematischen Aspekt. Der Ansatz enthält eine falsche Annahme in Form eines Bias. Durch falsche Vorannahmen (es werden *zu wenige* Kriterien auf Seiten des Versuchstieres berücksichtigt) kommt am Ende ein verzerrtes Resultat heraus. Der reduzierte Input beeinflusst das Ergebnis der Güterabwägung dergestalt, dass die Seite des Tieres nicht vollständig und ausreichend berücksichtigt und damit ein Vorteil auf der Seite des Versuchszwecks erwirkt wird. Zwar wird eine solche Position gerne vertreten, sie ist aber nicht gerechtfertigt: Die gesamte Vorbereitung des Tierexperiments ist ein notwendiger Bestandteil des Experiments. Wenn sich die Betrachtung nur auf das „eigentliche" Experiment bezieht, wird das gesamte dem Experiment vorausgehende Tier-Leiden nicht gewichtet. Mit einer solchen Denkart werden alle versuchsvorbereitenden Maßnahmen (ggf. Entnahme von Tieren aus der Natur, Transport, Quarantäne, Zucht, „*Waste Animals*", Haltungsbedingungen, versuchsvorbereitende Prozeduren etc.) ausgeblendet, als würde es diese überhaupt nicht geben. Dies ist eine Verfälschung des Gesamtergebnisses der Güterabwägung. Daher gilt es, diese Aspekte zu berücksichtigen. Hierbei sind bestimmte Aspekte nur anteilig zu berücksichtigen, da beispielsweise eine transgene „Mauslinie", die „erzeugt" wurde, nicht nur für ein einzelnes Experiment verwendet werden kann, sondern Tiere, die aus dieser Linie stammen, werden u. U. in mehreren Experimenten Verwendung finden. Würde man das „Erzeugen" der gesamten Linie jedem einzelnen Tierexperiment komplett anrechnen, so würde das „Erzeugen" der Linie fälschlicherweise mehrfach berechnet werden. Jedes Experiment muss in so einem Fall also nur einen gewissen Anteil von der Vorbereitung auf sich nehmen.

Es gibt folglich gute Gründe, die Haltungsbedingungen, die Anzahl der Tiere, die Zahl der im Vorfeld der eigentlichen Versuchslinie verbrauchten Tiere (die sog. „Waste Animals")[37], sowie weitere Faktoren mit einzubeziehen.[38] Das ganze Leben eines Tieres – und ggf. seiner Vorfahren – muss bei der Abwägung von Tierversuchsvorhaben in Betracht gezogen werden.[39] Die Abwägung darf nicht auf ein einzelnes Tier und eine kurze Zeitspanne reduziert werden. So fordert z. B. Birgit Salomon:
„[Die Leidensbeurteilung] muss so oft als möglich während des gesamten Lebens eines Versuchstieres durchgeführt werden. Zumindest aber müssen alle potenziell leidensinduzierenden Einflüsse hinsichtlich ihrer Konsequenzen auf das tierische Wohlbefinden untersucht werden."[40]

Nach der begründeten Forderung der Ausdehnung der Sichtweise auf eine *Gesamtbilanz*, die *alle* relevanten Aspekte evaluiert, stellt sich die Frage der Umsetzung in der Praxis.[41]

37 K. Herrmann, „Wie lässt sich bei einem Tierversuchsantrag die ethische Vertretbarkeitsprüfung gemäß § 7 (3) und § 8 (3) des deutschen Tierschutzgesetzes praktisch durchführen? Positionspapier: Entwicklung von Kriterien und Grenzen ethisch vertretbarer Tierversuche, insbesondere im Hinblick auf gentechnisch erzeugte Krankheitsmodelle (transgene Tiere)" und A. Ferrari, „Kriterien für die Bewertung der Herstellung und Nutzung gentechnisch veränderter Versuchstiere in der biomedizinischen Forschung. Ein Vorschlag. Positionspapier zur Klausurwoche: Kriterien und Grenzen ethisch vertretbarer Tierversuche" in: *ALTEX*, 25(1)/2008, S. 71-75.
38 Aus pragmatischen Gründen kann an dieser Stelle nicht auf weitere ethisch relevante Kriterien eingegangen werden, eine Erläuterung dieser Aspekte findet sich jedoch in meiner Dissertation: N. Alzmann, *Zur Beurteilung der ethischen Vertretbarkeit von Tierversuchen*, Tübingen 2010.
39 B. Salomon, H. Appl, H. Schöffl, H. A. Tritthart, H. Juan, „Das Lebensbilanzmodell zur Bewertung der Leiden transgener Versuchstiere, Vortragsabstract zum 10. Kongress über Alternativen zu Tierversuchen", in: *ALTEX*, 18(3)/2001, S. 189.
40 B. Salomon, „Der Forschung andere Seite, oder Wie sehr leidet ein transgenes Tier? Gentechnisch veränderte Versuchstiere aus Sicht des Tierschutzes" in: *Soziale Technik* 3/2000, S. 3-6.
41 Dies kann hier nicht vertieft werden, in meiner Dissertation formuliere ich dazu jedoch konkrete Vorschläge: N. Alzmann, *Zur Beurteilung der ethischen Vertretbarkeit von Tierversuchen*, Tübingen 2010.

8. Fazit

Seit Aufnahme des Tierschutzes als Staatsziel in das Grundgesetz hat der Tierschutz – nach jahrzehntelangem Ringen – auch formaljuristisch einen Stellenwert, der auch mit dem Grundrecht auf Freiheit von Forschung und Lehre (Art. 5 Abs. 3 GG) eine Konfliktlösung nach Maßgabe praktischer Konkordanz einfordert.[42] Es soll *allen* beteiligten Interessen, möglichst ohne große Einschränkungen, nach Maßgabe der Verhältnismäßigkeit zu ihrer Geltung verholfen werden. Daher erscheint es mir nur konsequent und geboten, eine umfassende, *alle ethisch relevanten Aspekte beinhaltende* Güterabwägung zur Ermittlung der ethischen Vertretbarkeit zu fordern, zu etablieren und zu fördern:

„Ohne die vollständige Sammlung des Abwägungsmaterials kann es keine konkrete, am Grad der jeweiligen Betroffenheit ausgerichtete Abwägungsentscheidung geben. [...] Weil die Abwägung zwischen Staatsziel und Grundrechten nicht abstrakt, sondern nur konkret, d. h. nach dem Ausmaß der konkreten (Ziel-)betroffenheit stattfinden kann, ist die vollständige Ermittlung und Zusammenstellung allen Abwägungsmaterials [...] unverzichtbar [...]."[43]

Die genannten Gründe sowie die Notwendigkeit einer umfassenden Ermittlung des Abwägungsmaterials sprechen logisch und konsequenterweise für die Verwendung eines umfassenden Kriterienkataloges zur Bestimmung der ethischen Vertretbarkeit eines Versuchsvorhabens („All-Inclusive Position"). Seit dem Vorschlag von Porter im Jahre 1992 haben sich die Kataloge kontinuierlich weiterentwickelt. Es ist wünschenswert, einen für die aktuelle Situation der Bundesrepublik geeigneten Katalog zu entwickeln[44] und den Beteiligten – Antrag stellenden Forschern, Behörden sowie beratenden Kommissionen – als Hilfestellung an die Hand zu geben.

---

42 A. Hirt, C. Maisack, J. Moritz (Hrsg.), *Tierschutzgesetz*, S. 291, § 7 Rn. 50 und S. 310, § 8 Rn. 6.
43 A. Hirt, C. Maisack, J. Moritz (Hrsg.), *Tierschutzgesetz*, S. 310, § 8 Rn. 6 und S. 312, § 8 Rn. 9.
44 In meiner Dissertation benenne ich die hierbei zu berücksichtigenden Aspekte und gebe Empfehlungen für einen „idealen" Katalog: N. Alzmann, *Zur Beurteilung der ethischen Vertretbarkeit von Tierversuchen*, Tübingen 2010.

3. Mensch und Biomedizin

Jens Clausen

Anthropologie, Biomedizin und Ethik

Anthropologie, wörtlich: die Lehre vom Menschen, ist ein interdisziplinäres Unterfangen an der Schnittstelle so unterschiedlicher Disziplinen wie Philosophie, Paläontologie, Archäologie, Soziologie, Geschichtswissenschaften und natürlich Biologie und Medizin. Dieser Beitrag wird ausgehend von der philosophischen Anthropologie Helmut Plessners die Bedeutung anthropologischer Annahmen für Biomedizin und Ethik herausarbeiten. Nach einer kurzen Einführung in den Doppelcharakter des Menschen als ein Natur- und Kulturwesen (1), wird gezeigt, dass die Medizin nicht ohne Grundannahmen über das, was der Mensch ist, auskommt. Dieser Abschnitt arbeitet die anthropologischen Komponenten in den für die Medizin zentralen Begriffen Gesundheit und Krankheit heraus (2). Der dritte Abschnitt befasst sich mit den anthropologischen Grundlagen medizinethischer Argumentationen, er zeigt, dass selbst der scheinbar anthropologiefreie Ansatz der Prinzipienethik von Beauchamp und Childress nicht ohne Hintergrundannahmen über den Menschen auskommt (3.1). Wie die gerechte Verteilung knapper Ressourcen im Gesundheitswesen von anthropologischen Annahmen abhängt, thematisiert der darauf folgende Abschnitt (3.2). Anthropologische Argumentationen gelten in ethischen Fragen allerdings als umstritten und sind häufig mit dem Vorwurf eines vermeintlichen Naturalistischen Fehlschlusses konfrontiert. Daher steht eine kurze Auseinandersetzung mit dem Vorwurf des Naturalistischen Fehlschlusses am Ende des normativen Abschnitts (3.3). Alle diese Überlegungen basieren auf Annahmen über den Menschen. Was ist nun also der Mensch?

1. Was ist der Mensch?

Was der Mensch sei, ist die Kernfrage aller Anthropologie, die mit Hilfe unterschiedlicher Disziplinen und ihren je spezifischen Herangehensweisen und Methoden bearbeitet werden kann. Dabei hat die philosophische Anthropologie für die Bioethik eine hervorgehobene Bedeutung[1]. Sie ist zu Beginn des vergangenen Jahrhunderts mit dem Programm angetreten, metaphysischen Überhöhungen einzelner menschlicher Charakteristika entgegenzutreten und biologisch-naturwissenschaftliche Erklärungen als unumgänglichen Bestandteil in die Beantwortung der Frage nach dem Menschen zu integrieren. Dies zeigt sich sehr schön im Doppelcharakter des Menschen: er ist Natur- und Kulturwesen zugleich. Nach Arnold Gehlens Mängelwesen-Theorem ist der Mensch in biologischer Hinsicht durch Mängel charakterisiert. Er hat kein Fell und nur sehr rudimentäre Instinkte. Um diese in der Wildnis lebensbedrohliche natürliche Unterausstattung zu kompensieren, ist der Mensch auf Kulturschaffen angewiesen, nur so kann er überhaupt überleben. Die Frage nach Ursache und Wirkung ist hier aber allenfalls zweitrangig.[2] Denn unabhängig davon bleibt es für die gegenwärtige Situation richtig, dass der Mensch nur durch Kulturschaffen (über)leben kann. Helmut Plessner drückt dies im ersten seiner drei anthropologischen Grundgesetze als die „Natürliche Künstlichkeit" des Menschen aus.[3] Der Mensch ist von Natur aus künstlich und greift in die äußere Natur ein, um sein Leben führen zu können. Die Kultur gehört also zur „Natur des Menschen" und die Kulturtätigkeit wirkt zurück auf seine körperlich-biologische Natur. Schon sein Körper ist dem Menschen also nicht einfach nur vorgegeben und als solcher einfach zu akzeptieren, er verändert sich in Abhängigkeit von kulturellen Aktivitäten. Wer körperlich aktiv ist, Sport treibt oder sogar gezielt trainiert, verändert seinen Körper in eine andere Richtung als beispielsweise jemand der übermäßig isst und sich kaum be-

---

1   E.-M. Engels, „Natur- und Menschenbilder in der Bioethik des 20. Jahrhunderts. Eine Einführung", in: E.-M. Engels (Hrsg.), *Biologie und Ethik*, Stuttgart 1999, S. 7-42, hier: 21f; E.-M. Engels, „Die künstliche Natur des Menschen – Neuroprothesen und Neurotranszender", in: E. Hildt, E.-M. Engels (Hrsg.), *Der implantierte Mensch - Therapie und Enhancement im Gehirn*, Freiburg 2009, S. 129-143.

2   Es kann hier offen bleiben, ob der natürliche Mängelcharakter tatsächlich die Ursache für Kulturtätigkeit ist, oder ob andersherum durch kulturelle Tätigkeiten die natürliche Ausstattung immer mehr an Bedeutung verloren hat.

3   H. Plessner, *Die Stufen des Organischen und der Mensch*, Berlin 1965, hier: 309 ff.

wegt. Über die Partnerwahl wirken sich reproduktive Entscheidungen –
ob überhaupt und mit wem man sich fortpflanzt – sogar auf den Gen-
pool der Population aus.

Als besonders elaborierte Kulturtätigkeit des Menschen lässt sich
die Herstellung und Nutzung von Werkzeugen und technischen Ge-
räten ansehen. Als *homo faber* ist der Mensch ein Techniknutzer, der
durch die technische Unterstützung immer weiter und massiver die ihn
umgebende Natur nach seinen eigenen Vorstellungen bearbeiten und
verändern kann. Schon dies hat einen indirekten Einfluss auf seine
eigene biologische Natur. Durch den Einsatz moderner biomedizinischer Techniken werden die Möglichkeiten, den eigenen Körper zu
gestalten allerdings immer direkter und weiter reichend. Die Selbstgestaltungsmöglichkeiten des Menschen auf der Basis natürlicher Gegebenheiten erfahren dadurch zumindest eine graduelle Steigerung.

Eine Veränderung qualitativer Natur ist allerdings dort erreicht,
wo natürliche Wachstumsprozesse selbst technisch beeinflusst werden. Für Organismen, die aus einer technischen Beeinflussung von
Wachstums- und Entstehungsprozessen hervorgehen, hat Nicole Karafyllis den Ausdruck *Biofakt* geprägt.[4] Damit drückt sie die artifi-
ziellen Entstehungsbedingungen dieser Organismen aus, die dadurch
nicht gänzlich zu einem Artefakt werden, sondern natürlich jeweils
Lebewesen bleiben und sich damit in einer eigenartigen Zwischenstel-
lung zwischen Lebewesen und Artefakt befinden. Durch den Einsatz
reproduktionsmedizinischer Techniken wie der In-vitro-Fertilisation
oder durch die Anwendung des Klonens mittels Kerntransfer entstehen ebenso Biofakte wie durch gezielte gentechnische Veränderungen
an bereits lebenden Organismen.[5] Dies sind teilweise sehr weit reichende technische Eingriffe in die Lebensprozesse und dennoch bleiben die
so entstandenen Lebewesen Menschen. Was ein Mensch ist, ist also
in einem relativ weiten Rahmen offen.

Die prinzipielle Offenheit hat die philosophische Anthropologie
auch als ein Grundcharakteristikum des Menschen ausgemacht. Der
Mensch muss sich zu dem, was er ist erst machen. Seine Natur ist ihm
vorgeben und aufgegeben zugleich. Seine biologische Ausstattung ist

---

4 N. C. Karafyllis, „Das Wesen der Biofakte", in: N. C. Karafyllis (Hrsg.), *Biofakte: Versuch über den Menschen zwischen Artefakt und Lebewesen*, Paderborn 2003, S. 11-26.
5 Zur Klassifizierung unterschiedlicher Typen von Biofakten siehe: N. C. Karafyllis,
   „Biofakte – Grundlagen, Probleme, Perspektiven", in: *Erwägen Wissen Ethik*, 17(4)/
   2006, S. 547-558.

ihm durch die Geburt vorgegeben, nicht als starre, unveränderliche Materie, sondern als dynamisch sich entwickelnder Körper, auf den in gewissen Grenzen auch Einfluss genommen werden kann und soll. Der Mensch ist mit seinem Körper allerdings nur höchst unvollkommen beschrieben. Durch Kulturtechniken, durch Zivilisation, Tradition und Erziehung hat er eine zweite Natur. Durch die ständigen Entwicklungsprozesse auf beiden Ebenen sowohl der biologischen Ebene der ersten Natur als auch auf der kulturellen Ebene der zweiten Natur ist der Mensch in beständiger Veränderung begriffen. Mit dieser grundsätzlichen Offenheit ist eine Aufgabe verbunden: die Aufgabe, sich selbst zu gestalten. In dieser dialektischen Verschränktheit ist dem Menschen seine eigene Natur vorgegeben und aufgegeben zugleich. Die Medizin ist einerseits Teil der zweiten Natur, durch die der Mensch seiner gestalterischen Aufgabe nachkommen kann, andererseits basiert die medizinische Tätigkeit selbst wiederum auf anthropologischen Grundlagen.

2. Anthropologie in der (Bio-)Medizin

Die Auffassung, medizinische Eingriffe zielten auf die Wiederherstellung von Gesundheit, geht letztlich auf die antike Vorstellung einer *restitutio ad integrum* zurück.[6] Diese Vorstellung basiert auf der hippokratisch-galenischen Humoralpathologie, nach der die angenommenen vier Körpersäfte schwarze Galle, gelbe Galle, Blut und Schleim in einem dynamischen Fließgleichgewicht gehalten werden müssen, damit der Mensch gesund ist. Dieser Eukrasie steht bei Krankheiten ein gestörtes Gleichgewicht, die Dyskrasie gegenüber, das – nach dieser Theorie – durch geeignete Maßnahmen wie Schröpfen oder Aderlass wieder in den Gleichgewichtszustand überführt werden muss. Die Wiederherstellung von Gesundheit als eine zentrale Aufgabe der Medizin lässt sich zwar auch ohne Rekurs auf die Vier-Säfte-Lehre denken, allerdings ist sie immer an anthropologische Grundannahmen über das „Integrum" des Menschen gebunden, das es wiederherzustellen gilt. Denn ohne eine Vorstellung davon, was der Mensch ist, wüsste

---

6   U. Wiesing, „Zur Geschichte der Verbesserung des Menschen: Von der restitutio ad integrum zur transformatio ad optimum?", in: *Zeitschrift für medizinische Ethik*, 52(4)/2006, S. 323-338.

ein Arzt gar nicht, wann ein medizinischer Eingriff indiziert ist. In der theoretischen Reflexion spielen dabei die notorisch unscharfen Begriffe „Gesundheit" und „Krankheit" eine zentrale Rolle. Die in dieser Debatte lange Zeit vorherrschende strenge Opposition von Normativismus und Naturalismus scheint inzwischen zwar überwunden. Dennoch ist es sinnvoll, diese Spannung zu thematisieren, um die einzelnen Komponenten des Krankheitsbegriffs herauszuarbeiten. Hat der Krankheitsbegriff einen normativen Gehalt oder lässt er sich rein deskriptiv erfassen? Sind Gesundheit und Krankheit nichts weiter als normativ gehaltvolle, soziale Konstrukte, oder lassen sie sich aus einem naturalistischen Verständnis heraus naturwissenschaftlich erklären? Naturalisten sind der Auffassung, dass sich die Kriterien für Krankheit in der „Natur des Menschen" finden lassen: „Ihre grundlegende Intuition besagt, dass es bestimmte Vorgänge sowohl körperlicher als auch psychischer Form gibt, die nicht so ablaufen, wie es natürlicherweise eigentlich vorgesehen ist. Wenn dies der Fall ist, sprechen wir von Krankheit. Das heißt nicht, dass Krankheit selbst unnatürlich wäre oder dass alles, was unnatürlich ist, eine Krankheit wäre. Die Naturalisten behaupten nur, dass die Kriterien für die Unterscheidung von Gesundheit und Krankheit sich in der Natur finden lassen und nicht durch gesellschaftliche oder individuelle Werte geprägt sind".[7]

Eine der prominentesten naturalistischen Positionen ist die Theorie von Christopher Boorse, die Krankheit (*disease*) als biostatistisch erfassbare Größe ansieht.[8] Nach Boorse ist Gesundheit das normale, natürliche Funktionieren eines Organismus. Krankheit lässt sich diesem Ansatz zufolge als eine Abweichung von der natürlichen Funktionsfähigkeit bestimmen. Aufgrund seines teleologischen Organismusverständnisses sind Überleben und Reproduktion die relevanten Bezugspunkte. Organfunktionen, die in dieser Hinsicht hinter dem für die Referenzklasse (*reference class*) des Organismus typischen Funktionieren zurückbleiben, sind als objektiv krank anzusehen.[9]

---

7   T. Schramme, *Patienten und Personen – Zum Begriff einer psychischen Krankheit*, Frankfurt a.M. 2000.

8   C. Boorse, „On the Distinction between Disease and Illness", in: A. L. Caplan, J. J. McCartney, D. A. Sisti (Hrsg.), *Health, Disease, and Illness – Concepts in Medicine*, Washington 2004, S. 77-89.

9   C. Boorse, „Health as a theoretical concept", in: *Philosophy of Science*, 44/1977, S. 542-573.

Normativisten halten diesen Ansatz für einen unzulässigen Reduktionismus und weisen darauf hin, dass ein Krankheitsbegriff ohne evaluative und normative Elemente gar nicht auskommen könne. Prominenter Vertreter eines normativen Gesundheitsbegriffs und vehementer Kritiker von Boorse ist Lennart Nordenfelt.[10] Diese Opposition braucht nicht weiter ausgeführt zu werden, denn es besteht weitgehend Einigkeit, dass der Krankheitsbegriff beide Aspekte enthält, sowohl deskriptive als auch normative. Auch Boorse selbst ist sich wertender Aspekte im Krankheitsbegriff bewusst und kennt neben dem theoretischen, biostatistischen Krankheitsverständnis (*disease*) ein subjektiv wertendes Krankheitsverständnis, das er allerdings mit dem Begriff *illness* bezeichnet.

Umfassendere Krankheitskonzepte versuchen die Opposition unterschiedlicher Krankheitskonzepte aufzulösen, indem sie verschiedene Aspekte miteinander kombinieren.[11] Wichtig ist mir an dieser Stelle, dass zu einem umfassenderen Krankheitskonzept immer auch eine objektive, naturalistische Komponente gehören sollte. Ein überzeugender Krankheitsbegriff kann ohne einen Rekurs auf naturalistische Aspekte des Menschen nicht auskommen.

3. Anthropologie und biomedizinische Ethik

3.1 Anthropologische Argumentation in der Medizinethik

Matthis Synofzik preist die pragmatische Prinzipienethik nach dem Vorbild von Tom Beauchamp und James Childress als bessere Alternative gegenüber anthropologischen Überlegungen in der biomedizinischen Ethik und fordert, auf die Verwendung der ‚Natur des Menschen' in der ethischen Urteilsbildung gänzlich zu verzichten.[12] Der Principlism hat zweifellos eine große Bedeutung, die ethischen

10 L. Nordenfelt, *Quality of Life, Health and Happiness*, Aldershot 1993.
11 C. Lenk, *Therapie und Enhancement: Ziele und Grenzen der modernen Medizin*, Münsteraner Bioethik-Studien, Münster 2002; M. H. Werner, „Krankheitsbegriff und Mittelverteilung: Beitrag zu einer konservativen Therapie", in: N. Mazouz, M. H. Werner, U. Wiesing (Hrsg.), *Krankheitsbegriff und Mittelverteilung*, Baden-Baden 2004, S. 139-156.
12 M. Synofzik, „Technische Optimierung des Gehirns: Was wäre dagegen einzuwenden?" in: O. Müller, J. Clausen (Hrsg.), *Das technisierte Gehirn: Ändern die aktuellen Neurotechnologien das menschliche Selbstverständnis?*, Paderborn 2009.

Fragen und Konfliktlagen in konkreten Einzelfällen zu erschließen. Diesen Ansatz zum Allheilmittel zu erklären und anthropologische Überlegungen in der Ethik als unangemessen einzustufen geht allerdings zu weit. Denn dies übersieht, dass schon der Bezug auf die allgemeinen Prinzipien mittlerer Reichweite (Autonomie, Nichtschaden, Wohltun, Gerechtigkeit) auf anthropologischen Vorannahmen beruht. Der Principlism geht von einem selbstbestimmten, vergesellschafteten Menschen mit individuellen Interessen aus. Die für die praktische Anwendung im konkreten Einzelfall erforderlichen Spezifizierungen[13] der Prinzipien sind ohne anthropologische Hintergrundkonzepte kaum vorstellbar. Zwar kann man sich – wie Synofzik das tut – zur Bestimmung des subjektiven Nutzens und Risikos ganz auf die Binnenperspektive des Betroffenen zurückziehen, der darüber entscheidet, was er als Nutzen und was als Risiko ansieht. Allerdings geht auch dieses Konzept von einem Menschenbild des selbstbestimmten, an eigenen Präferenzen orientierten Individuums aus.

Synofzik sieht selbst, dass ein ausschließlich an den subjektiven Präferenzen orientiertes Konzept aus unterschiedlichen Gründen nicht ausreichen kann. Daher schlägt er vor, unabhängig von der subjektiven Nutzen-Risiko-Abwägung der Betroffenen „solche neurotechnologischen Anwendungen [zu] verbieten, die ein eindeutig negatives Nutzen-Schadensprofil aufweisen"[14]. Die dafür erforderliche „objektive" Nutzen-Risiko Bestimmung kann ohne Annahmen darüber, was „der" Mensch ist, allerdings nicht auskommen. Denn in diesem Fall kann es nicht mehr nur um die zwar aufgeklärten und reflektierten rein subjektiven Präferenzen gehen. Ein solches Verbot verlangt nach einer externen Bestimmung von Nutzen und Risiko. Was als Nutzen und was als Risiko einzustufen ist, hängt aber zu einem nicht unerheblichen Teil von anthropologischen Konzepten ab. Auch die erforderliche Abwägung zwischen Nutzen und Risiko kommt nicht ohne evaluative Annahmen darüber aus, was gut und zuträglich für einen Menschen ist und was nicht gut, eher abträglich für ihn ist. Wenn nicht alles der Willkür individueller Präferenzen überantwortet werden soll, sind anthropologische Annahmen in der Ethik unerlässlich,

13 Vgl. J. Clausen, „Zur Bedeutung des Reflexionsgleichgewichts für die Spezifizierung allgemeiner Prinzipien zu prima facie gültigen moralischen Regeln", in: O. Rauprich, F. Steger (Hrsg.), *Prinzipienethik in der Biomedizin: Moralphilosophie und medizinische Praxis*, Frankfurt 2005, S. 378-396.
14 M. Synofzik, „Technische Optimierung des Gehirns".

daher lässt Synofzik auch viel sagend offen, wie eine „objektive" Nut-
zen-Risiko-Bestimmung ohne evaluative Annahmen über den Menschen erfolgen könnte.

So bergen beispielsweise Neurochirurgische Eingriffe immer ein
Risiko, Hirnareale zu verletzen und dadurch Funktionseinbußen her-
vorzurufen. Daher untersuchen Neurochirurgen im Zusammenhang
mit Tumorresektionen peritumorale Areale auf ihre Bedeutung für
höhere kognitive Funktionen wie Sprachvermögen, Gedächtnis, Emo-
tionalität etc. Durch intraoperative Testungen am wachen Patienten
soll sichergestellt werden, möglichst viel vom Tumor entfernen zu können und gleichzeitig diese als eloquent bezeichneten Areale zu scho-
nen.[15] Die damit verbundenen Entscheidungen, auf welche Funktionen
hin getestet wird, und wie im Konfliktfall entschieden wird, hängt
nicht nur von pragmatischen medizinisch-technischen Restriktionen
ab, sondern basiert zu einem nicht unerheblichen Teil auf anthropologischen Überlegungen. Natürlich können nur solche Funktionen
gestestet werden, für die es bereits Testverfahren gibt, aber die Entscheidung für welche Funktionen überhaupt Tests entwickelt und
welche existierenden Verfahren eingesetzt werden, hängt ebenso von
anthropologischen, mit Werturteilen gekoppelten Konzepten ab, wie
die Entscheidung gänzlich auf einen Eingriff zu verzichten, weil das
Risiko möglicher Funktionsbeeinträchtigungen als zu hoch eingeschätzt wird.[16]

3.2 Anthropologie und Ressourcenallokation

Auch für die Fragen nach einer gerechten Verteilung knapper Ressour-
cen in einem öffentlichen Gesundheitssystem sind anthropologische
Überlegungen zentral: „Wer über die Art und den Umfang sozialer
Leistungen eines Gemeinwesens nachdenkt, muss von normalen psy-

15 D. Low, I. Ng, W. H. Ng, „Awake craniotomy under local anaesthesia and mo-
    nitored conscious sedation for resection of brain tumours in eloquent cortex-out-
    comes in 20 patients", in: *Annals of the Academy of Medicine, Singapore*, 36(5)/
    2007, S. 326-331.
16 J. Clausen, A. Gharabaghi, „Neuroethics and awake surgery: Anthropological and
    ethical implications of interactive brain surgery", in: M. Tatagiba, M. Pavlova, A.
    Gharabaghi, A. Sokolov (Hrsg.), *Combining Neuroscience with Neurosurgery – Pro-
    ceedings of the 1st International Symposium on Cognitive Neurosurgery*, Kir-
    chentellinsfurt 2007, S. 187-188.

chischen Bedürfnissen der kognitiven, emotionalen und sozialen Entwicklung ausgehen. Wir müssen zumindest prima facie ein menschliches Wesen oder eine menschliche Natur ansetzen, aus der einerseits Anstrengungen für eine Grundversorgung resultieren und andererseits Grenzen dessen gezogen werden, was Menschen in der Verfolgung ihrer persönlichen Glücksvorstellung einander zumuten können."[17]

Ein prominenter Zugang zu den Fragen der Mittelverteilung im Gesundheitswesen empfiehlt die Orientierung an einer Grundbefähigungsgleichheit. Diese Position lässt sich als ein neoaristotelischer Rekurs auf die „Natur des Menschen" ansehen, der sich an den Grundbedürfnissen und -befähigungen orientiert, die erforderlich sind, um ein gelingendes Leben führen zu können. Der auf Amartya Sen zurückgehende und von Martha Nussbaum aufgegriffene Capabilities-Approach[18] kann zumindest als der bekannteste Ansatz angesehen werden, der für die Frage nach einer gerechten Mittelverteilung im Gesundheitswesen in Form einer neoaristotelischen Position auf die „Natur des Menschen" rekurriert.

„Gesundheitsfürsorge muss sich daran ausrichten, den Bürgern einer Gesellschaft die Kooperation miteinander zu ermöglichen."[19] (Heinrichs 2005). Voraussetzung dafür sind die Grundbefähigungen (Capabilities). Heinrichs nennt in Anlehnung an Sen, Nussbaum und Rawls zehn Befähigungen, die er als Minimum zur Konstituierung des kooperationsfähigen Bürgers ansieht: 1. Leben, 2. körperliche Gesundheit, 3. körperliche Unversehrtheit, 4. Sinneswahrnehmung, 5. Gefühle, 6. praktische Vernunft, 7. Verbundenheit, 8. Beziehung gegenüber anderen Spezies, 9. Spiel, 10. Kontrolle über die eigene Umwelt.

Diese Befähigungen ermöglichen die Teilnahme an gesellschaftlicher Kooperation, sie sind aber nicht als Eintrittsvoraussetzungen anzusehen, sondern im Gegenteil: der Mangel an einer oder mehreren

---

17 L. Siep, „Natur als Norm? Zur Rekonstruktion eines normativen Naturbegriffs in der angewandten Ethik", in: M. Dreyer, K. Fleischhauer (Hrsg.), *Natur und Person im ethischen Disput*, Freiburg 1998, S. 191-206.

18 P. Anand, „Capabilities and health", in: *Journal of Medical Ethics*, 31(5)/2005, S. 299-303; M. C. Nussbaum, „Nature, function, and capability: Aristotle on political distribution", in: *Oxford studies in ancient philosophy/Supplementary volume/1988*, S. 145-184; M. C. Nussbaum, „Non-Relative Virtues: An Aristotelian Approach", in: M. C. Nussbaum, A. Sen (Hrsg.), *The Quality of Life*, Oxford 1993, S. 242-269.

19 J.-H. Heinrichs, „Grundbefähigungsgleichheit im Gesundheitswesen", in: *Ethik in der Medizin*, 17(2)/2005, S. 90-102.

Befähigungen stellt einen Grund für besondere Berücksichtigung in
der gesellschaftlichen Kooperation dar, etwa durch eine besondere Fürsorge mittels einer Kostenübernahme durch die Solidargemeinschaft.
Da die Kooperation ermöglichenden Befähigungen in der natürlichen Konstitution des Menschen gründen, liefert im Capabilities
Approach die „Natur des Menschen" also eine Orientierung hinsichtlich der Verteilung knapper Ressourcen in einem solidarisch finan-
zierten Gesundheitssystem.

Zur Bestimmung eines aus Gerechtigkeitsgründen einforderbaren
Minimalanspruchs rekurrieren neben Verfechtern des Capabilities-
Approachs auch Vertreter des Politischen Liberalismus auf die „Natur
des Menschen". Allerdings kommen sie zu unterschiedlichen Ergebnissen, was zur notwendigen Gesundheitsversorgung zu rechnen ist,
die aus Gerechtigkeitsgründen öffentlich bereitgestellt werden sollte.[20]
Die Unterschiede der beiden Positionen gründen nicht zuletzt in unterschiedlichen Auffassungen über die „Natur des Menschen". In Abhängigkeit vom jeweils zugrunde gelegten Menschenbild kann das
durch ein öffentliches Gesundheitssystem zu garantierende Minimum
sehr unterschiedlich ausfallen. Darüber, welche Auffassung über den
Menschen in Anbetracht der Fragen nach einer gerechten Verteilung
knapper Ressourcen im Gesundheitssystem die richtige oder auch
nur die angemessene ist, kann die Anthropologie selbst allerdings
keine Auskunft mehr geben. Für diese Entscheidung sind andere Kriterien erforderlich. Wird der Capabilities Approach zugrunde gelegt,
gehören mehr Leistungen in den Bereich des geschuldeten Mini-
mums, das solidarisch finanziert bereitgestellt werden sollte, als auf
der Grundlage eines lediglich an einem negativen Freiheitsverständnis
orientieren Liberalismus. Die anthropologischen Hintergrundannahmen können also eine erhebliche praktische Bedeutung entfalten. Ist
es aber überhaupt zulässig normative Urteile auf anthropologische
Annahmen zu stützen, oder begeht man damit einen Fehlschluss vom
Sein aufs Sollen?

---

20 P. Dabrock, „Capability-Approach und Decent Minimum: Befähigungsgerechtig-
    keit als Kriterium möglicher Priorisierung im Gesundheitswesen", in: *Zeitschrift
    für evangelische Ethik*, 46/2001, S. 202-215.

3.3 Anthropologische Grundlagen der Medizinethik und der Naturalistische Fehlschluss

Der klassische, grundsätzliche Einwand gegen einen normativen Bezug auf deskriptive Aussagen ist der des ,Naturalistischen Fehlschlusses'. Oftmals wird allerdings nahezu reflexhaft ein Naturalistischer Fehlschluss vermutet, wenn die Wörter ,Natur' und ,Norm' oder ,Ethik' zu nahe beieinander in einem Text vorkommen. Gemeint ist dann meistens eine angeblich von David Hume begründete Unzulässigkeit, ein Sollen aus einem Sein abzuleiten.

„In jedem Moralsystem, das mir bisher vorkam, habe ich immer bemerkt, dass der Verfasser eine Zeitlang in der gewöhnlichen Betrachtungsweise vorgeht, das Dasein Gottes feststellt oder Beobachtungen über menschliche Dinge hervorbringt. Plötzlich werde ich damit überrascht, dass mir anstatt der üblichen Verbindungen von Worten mit „ist" und „ist nicht" kein Satz mehr begegnet, in dem nicht ein „sollte" oder „sollte nicht" sich fände. Dieser Wechsel vollzieht sich unmerklich; aber er ist von größter Wichtigkeit. Dies *sollte* oder *sollte nicht* drückt eine neue Beziehung oder Behauptung aus, muss also notwendigerweise beachtet und erklärt werden. Gleichzeitig muss ein Grund angegeben werden für etwas, das sonst ganz unbegreiflich scheint, nämlich dafür, wie diese neue Beziehung zurückgeführt werden kann auf andere, die von ihr ganz verschieden sind."[21]

In dieser einschlägigen Passage über den Sein-Sollens-Fehlschluss in seiner Abhandlung über den menschlichen Verstand geht es Hume aber keineswegs um die Unzulässigkeit eines Übergangs vom Sein zum Sollen. Er verweist vielmehr auf dessen *Begründungsbedürftigkeit*. Dies impliziert, dass ein solcher Übergang zumindest grundsätzlich auch begründungsfähig ist. Er fordert die Offenlegung der normativen Prämissen, die den Wert begründen sollen.

Der mit Humes Überlegungen verwandte, allerdings keineswegs identische ,Naturalistische Fehlschluss' geht auf George Edward Moore zurück, der ausgeklügelte metaethische Überlegungen zur Definierbarkeit des Prädikats ,gut' anstellte. Er postuliert erstens dessen grundsätzliche Undefinierbarkeit und zweitens vertritt er die These, dass Wertaussagen grundsätzlich nicht aus deskriptiven Aussagen abgeleitet werden können.[22] Eigentümlich ist die Beobachtung, dass der Na-

---

21 D. Hume, *Traktat über den menschlichen Verstand*, Berlin 2004, hier: S. 211.
22 G. E. Moore, *Principia Ethica*, Stuttgart 1970.

turalistische Fehlschluss weit häufiger als Vorwurf erhoben wird, als er tatsächlich begangen wird.[23] Gravierender erscheint allerdings die von Michael Quante nachgewiesene begrenzte Reichweite des Naturalistischen Fehlschlusses, der vom zugrunde gelegten Naturbegriff und zusätzlich von weit reichenden metaethischen Prämissen abhängt.[24] Der Vorwurf des ‚Naturalistischen Fehlschlusses' ist – wenn er denn zutrifft – für jede ethische Argumentation diskreditierend. Eine ethische Argumentation, die explizit auf anthropologische Grundlagen rekurriert, mag dafür besonders anfällig erscheinen. Zu fordern ist – wie für alle anderen ethischen Argumentationen auch –, die direkte Ableitung von Wertaussagen aus bloßen Beschreibungen zu vermeiden. Allerdings ist in Bezug auf Aussagen über das, was der Mensch ist, die Reinheit der Deskription zweifelhaft. Meistens wird es sich um gemischte Urteile handeln, in denen Beschreibungen mit Wertzuschreibungen verknüpft sind. Aufgrund dieses Doppelcharakters kann der Brückenschlag von der deskriptiven zur normativen Ebene gelingen.[25] Franz-Josef Bormann spricht sogar von einem dezidiert „antinaturalistischen Charakter" naturrechtlicher Argumentationen.[26] Schon die implizite Werthaftigkeit von Naturaussagen würde dem ‚Naturalistischen Fehlschluss' entgegenwirken, er bestünde nur scheinbar. Eve-Marie Engels hat schon früh auf die Notwendigkeit hingewiesen, zur Identifikation eines naturalistischen Fehlschlusses die Hintergrundannahmen der Argumentation und die Interpretation der verwendeten Begrifflichkeiten zu kennen.[27] Am Beispiel eines ethischen Arguments zur Xenotransplantation hat sie sehr anschaulich gezeigt, wie der Eindruck eines naturalistischen Fehlschlusses entstehen kann, wenn implizit vorausgesetzte normative Prämissen nicht ausdrücklich

23 Vgl. D. Birnbacher, „ ‚Natur' als Maßstab menschlichen Handelns".

24 M. Quante, Einführung in die Allgemeine Ethik, Darmstadt 2003.

25 M. Quante, „Natur, Natürlichkeit und der naturalistische Fehlschluss: Zur begrenzten Brauchbarkeit eines klassischen philosophischen Arguments in der biomedizinischen Ethik", in: Zeitschrift für medizinische Ethik, 40/1994, S. 289-305, hier: S. 298.

26 F.-J. Bormann, „Die Natur des Menschen als Grundlage der Moral? Zur Relevanz des Naturbegriffs für die Bio- und Neuroethik", in: J. Clausen, O. Müller, G. Maio (Hrsg.), Die „Natur des Menschen" in Neurowissenschaft und Neuroethik, Würzburg 2008, S. 13-36, hier: 22f.

27 E.-M. Engels, „George Edward Moores Argument der ‚naturalistic fallacy': in seiner Relevanz für das Verhältnis von philosophischer Ethik und empirischen Wissenschaften", in: L. H. Eckensberger (Hrsg.), Ethische Norm und empirische Hypothese, Frankfurt am Main 1993, S. 92-132.

genannt werden.[28] Um dem scheinbar nahe liegenden Vorwurf des ‚Naturalistischen Fehlschlusses' erst gar keine Nahrung zu geben, ist es daher sinnvoll, die normativen Prämissen explizit zu benennen.[29]

28 E.-M. Engels, „Was und wo ist ein ‚naturalistischer Fehlschluss'? Zur Definition und Identifikation eines Schreckgespenstes in der Ethik", in: C. Brand, E.-M. Engels, A. Ferrari, L. Kovács (Hrsg.), *Wie funktioniert Bioethik?*, Paderborn 2008, S. 125-141, hier: 134ff.

29 Der vorliegende Beitrag führt einzelne unterschiedliche Aspekte zweier früherer Publikationen zusammen: J. Clausen, „Die ‚Natur des Menschen': Ihre notorische Vieldeutigkeit und ihre Bedeutung für die biomedizinische Ethik", in: U. Wiesing, S. Michl (Hrsg.), *Pluralität in der Medizin*, Freiburg 2008a, S. 165-194; J. Clausen, „Mehr als gesund? Die ‚Natur des Menschen' in der Enhancement-Debatte", in: D. Schäfer, A. Frewer, E. Schockenhoff, V. Wetzstein (Hrsg.), *Gesundheit im Wandel*, Stuttgart 2008b, S. 225-242.

Beate Herrmann

Die normative Relevanz der körperlichen Verfasstheit zwischen Selbst- und Fremdverfügung[1]

1. Der normative Status des menschlichen Körpers in verschiedenen Moraltheorien

Im Unterschied zu äußeren Gütern sind der eigene Körper und seine Teile traditionell nicht Gegenstand von Forderungen der Solidarität oder gar der Verteilungsgerechtigkeit. Vielmehr verstand das öffentliche Bewusstsein den menschlichen Körper sowohl als Medium der Person wie auch als deren Grenze zur Außenwelt. Gegenüber schädigenden Zugriffen Dritter wie auch seitens der eigenen Person erklärten Moral und Recht den menschlichen lebenden Körper als weitgehend unverfügbar. Eben deshalb darf eine Person nach traditioneller Vorstellung mit ihrem Körper auch selbst nicht wie mit einer verwertbaren, insbesondere auch veräußerbaren, Ressource verfahren. Im Zuge der zunehmenden Fremdverwertbarkeit von Körperteilen und Körpersubstanzen, aber auch körperbezogenen, z. B. genetischen Informationen, gerät diese Auffassung unter Druck. Es scheint prima facie z. B. nicht rational, die so genannte Cross-Over Spende[2] zu verbieten, wenn damit zwei Menschenleben gerettet werden können und alle Betroffenen zustimmen.

Mit der *faktischen* Verfügbarkeit des menschlichen Körpers wird auch dessen *normative* Unverfügbarkeit infrage gestellt. Deshalb bedarf es einer Verständigung über Reichweite und Grenzen der Befugnis, über den menschlichen Körper zu verfügen. In diesem Kontext

---

1   Dieser Beitrag ist auch in dem von Jochen Taupitz herausgegebenen Sammelband *Kommerzialisierung des menschlichen Körpers*, Berlin, Heidelberg 2007, S. 173-184 erschienen. Nachgedruckt © Mit freundlicher Genehmigung von Springer Science+ Business Media.

2   Bei der Cross-Over Spende sind zwei Paare involviert. Der Partner des einen Paares spendet jeweils sein Organ für den erkrankten Partner des anderen Paares. Diese Spendenform ergibt sich aus dem Umstand, dass eine direkte Spende zwischen den Partnern aus medizinischen Gründen (zumeist wegen einer Blutgruppenunverträglichkeit) nicht möglich ist.

wird zunächst danach gefragt, wie verschiedene Theorien der Verteilungsgerechtigkeit den normativen Status des menschlichen Körpers bestimmen.

Libertäre Positionen in der Tradition von John Locke gehen von der Prämisse aus, dass jeder Mensch der rechtmäßige Eigentümer seiner Person und seines Körpers ist.[3] Mit diesem sogenannten Postulat der „Self-Ownership"[4] sollen zunächst Eigentumsrechte an äußeren Gütern begründet werden.[5] Indem die eigene Arbeitskraft auf natürliche Ressourcen angewendet wird und beides sich in einem hergestellten Produkt verbindet, wird an diesen Ressourcen rechtmäßiger Weise Eigentum erworben. Für den menschlichen Körper und seine Teile bedeutet dies, dass jede Person hierüber uneingeschränkte Verfügungsrechte besitzt. Libertären Theorien zufolge sollten Personen demnach befugt sein, beispielsweise ihre Organe zu veräußern, sich als Leihmütter zur Verfügung zu stellen oder auch, sich zu beliebig riskanten Forschungszwecken opfern zu dürfen.[6]

Egalitaristische Theorien hingegen gehen von der grundlegenden moralischen Intuition aus, dass jede Person die gleiche Chance bekommen sollte, ein erfülltes Leben zu führen.[7] Ungleiche Chancen, die auf moralisch willkürlichen Umständen beruhen, müssen kompensiert werden.[8] Diese Forderung steht im Widerspruch zur These der Self-Ownership, denn sie verlangt eine Umverteilung sowohl von natürlichen äußeren Gütern als auch von den Erträgen aus unseren Fähigkeiten

3   J. Locke, *Two Treatises of Government II*, § 27, Cambridge: University Press 1988.
4   Der Begriff „Self-Ownership" wurde von Gerald Cohen, einem egalitaristischen Kritiker libertärer Theorien, in die Debatte eingeführt. Vgl. G. A. Cohen, „Self-ownership, world-ownership, and equality", in: F. Lucash (Hrsg.), *Justice and equality here and now*, Cornell 1986, S. 108-135, oder G.A. Cohen, *Self-Ownership, Freedom and Equality*, Cambridge 1995, S. 67ff.
5   Als einer der bedeutendsten Vertreter der Self-Ownership-These ist Robert Nozick zu nennen, vgl. R. Nozick, *Anarchy, State, and Utopia*, New York 1974, S. 30ff.
6   T. Gutmann, U. Schroth, *Organlebendspende in Europa. Rechtliche Regelungsmodelle, ethische Diskussion und praktische Dynamik*, Berlin, Heidelberg, New York 2002, sowie L. Andrews, „Surrogate Motherhood: The challenge for feminists", in: K. D. Alpern (Hrsg.), *The Ethics of Reproductive Technology*, New York, Oxford 1992, S. 205-219.
7   R. Dworkin, „Comment on Narveson. In Defense of Equality", in *Social Philosophy and Policy*, 24/1983, S. 24-40, sowie G.A. Cohen, *Self-Ownership, Freedom and Equality*, Cambridge 1995, S. 67ff.
8   Vgl. hierzu Dworkins Unterscheidung von brute luck und option luck: R. Dworkin, *What is Equality? Part 2: Equality of Resources*, Philosophy and Public Affairs 10(4)/1981, S. 283-345.

und Talenten. So beruht beispielsweise eine angeborene körperliche Behinderung ebenso auf moralisch arbiträren Umständen wie eine überdurchschnittliche intellektuelle Begabung.[9] Einkommen, welches vermittelst der eigenen Fähigkeiten und Talente erzielt wurde, ist somit Gegenstand der Umverteilung.

Eine sehr viel weiter reichende Konsequenz egalitaristischer Theorien ergibt sich für den normativen Status des menschlichen Körpers: Wenn unverdiente Nachteile im Zuge der Chancengleichheit kompensiert werden müssen, dann hat dies nicht nur Konsequenzen hinsichtlich der Frage, wer über die Erträge aus unseren körperlichen Fähigkeiten und Talenten disponiert, sondern auch hinsichtlich der Frage, wer über unseren Körper bestimmt.

Mit den Argumenten für die Umverteilungspflichtigkeit äußerer Güter gerät somit zugleich der menschliche Körper als grundsätzlich umverteilungspflichtige Ressource in den Blick.[10] Die radikalen Konsequenzen, die sich daraus im Falle (fingierter oder bereits realer) technischer Umverteilungsmöglichkeit ergeben, möchten die meisten Egalitaristen nicht in Kauf nehmen. Der Umstand, dass sie ihre beiden gesunden Augen aufgrund moralisch arbiträrer Umstände besitzen, und dass blinde Menschen dringender ein gesundes Auge brauchen als Gesunde ihr zweites Auge, veranlasst die meisten Egalitaristen nicht zu der Überzeugung, dass sie ihren Anspruch auf zwei gesunde Augen zugunsten eines Blinden aufgeben sollten.[11]

Deontologische Ethiken (zumeist in der Nachfolge Kants) verfolgen ein konträres Begründungsziel, nämlich weit reichende Verfügungsbeschränkungen über den eigenen Körper. Diese ergeben sich aus der Pflicht des Menschen, sich als moralisches Subjekt zu erhalten.[12] Als moralische Person kommt dem Menschen Würde zu. Diese hat einen unbedingten, nicht-komparativen Wert. Entitäten, die eine Würde

---

9   J. Rawls, *Eine Theorie der Gerechtigkeit*, Frankfurt/M 1979, S. 205, 212f.

10 J. Harris, „The Survival Lottery", in: B. Steinbock, A. Norcross (Hrsg.), *Killing And Letting Die*, New York 1994, S. 257-265, sowie E. Rakowski, *Equal Justice*, Oxford 1991, S. 167ff.

11 Vgl. hierzu G. A. Cohen, *Self-Ownership, Freedom and Equality*, S. 70. Es sei in diesem Zusammenhang jedoch erwähnt, dass beispielsweise John Harris, Vertreter einer utilitaristischen Gerechtigkeitstheorie, eine solche Konsequenz ausdrücklich akzeptiert. Er hält eine Organlotterie für gerechtfertigt, da sie ein geeignetes Mittel sei, die Überlebenschancen eines jeden Teilnehmers zu maximieren. Vgl. J. Harris, „The Survival Lottery", S. 260.

12 I. Kant, *Die Metaphysik der Sitten*, in: I. Kant, *Werke in zehn Bänden*, Bd. 7, hrsg. v. Wilhelm Weischedel, Darmstadt 1983, S. 382.

haben, unterscheiden sich somit grundsätzlich von Entitäten, die einen Preis haben.[13] Das daraus abgeleitete Argument gegen die Veräußerung von Körpersubstanzen lautet: Wenn Menschen Eigentumsrechte an ihren Körperteilen hätten und diese ausüben würden, würden sie in einer Weise handeln, die mit ihrer Würde in Konflikt geriete und sich erniedrigen zu einer Entität, die einen Preis hat.[14]

Wie weitgehend die Verfügungsbeschränkungen über den eigenen Körper sind, ergibt sich aus einschlägigen Bemerkungen der Tugendlehre, wo Kant von den Pflichten gegen sich selbst handelt. Danach ist es bereits ein Verbrechen an der Person, sich „eines integrierenden Teils als Organs [zu, B. H.] berauben". Unter diese Bestimmung fallen nicht nur die für die Aufrechterhaltung der vitalen Körperfunktionen notwendigen Organe. Schon „einen Zahn zu verschenken, oder zu verkaufen, um ihn in die Kinnlade eines andern zu pflanzen (...) gehört zum partialen Selbstmorde".[15]

Ein Problem besteht nun darin, dass derart weit reichende Verfügungsbeschränkungen über den eigenen Körper nicht aus der Pflicht des Einzelnen, sich als vernunftbegabtes und somit der Freiheit fähiges Wesen zu erhalten, ableitbar sind. Eine solche Pflicht kann die besondere Schutzwürdigkeit des Körpers allenfalls insoweit begründen, als dieser zur Aufrechterhaltung der Person notwendig ist. Das schließt Eingriffe – freiwillige oder erzwungene – nicht aus, welche die Personeneigenschaft unbeeinträchtigt lassen. Der Körper kann in bestimmter Hinsicht „gebraucht" und damit als Sache behandelt werden, ohne dass wir uns hiervon in unserer Personeneigenschaft beeinträchtigt sehen. Dies gilt beispielsweise für die Entnahme von Blut ebenso wie für die in manchen Ländern bestehende Möglichkeit, die eigenen Eizellen zu verkaufen.

Entsprechend kann mit diesem Argument das Ausmaß des bestehenden Rechts auf körperliche Unversehrtheit nicht erklärt werden. Dieses verbietet nicht nur lebensbedrohliche oder die Gesundheit stark beeinträchtigende, sondern nahezu alle körperlichen Zwangseingriffe. So kann nach herrschender Meinung im Falle von dringend benötigtem Transfusionsblut, etwa bei einem Verkehrsunfall, eine Zwangsblutentnahme an einem Passanten nicht einmal durch Notstand ge-

---

13 I. Kant, *Grundlegung zur Metaphysik der Sitten*, S. 68.
14 S. R. Munzer, „An uneasy Case against Property Rights in Body Parts", in: *Social Philosophy and Policy* 11/1994, S. 259-286.
15 I. Kant, *Die Metaphysik der Sitten*, S. 555.

rechtfertigt werden.[16] Auch wenn man die kantische Annahme akzeptiert, wonach jede Person eine Würde hat, somit Zweck an sich und als solche gerade keine Sache ist, die einen Preis hat, so folgt daraus nicht zwingend, wie Kant meinte, dass diese Eigenschaft eo ipso auch jedem einzelnen Körperteil zukommt. Vielmehr sind bestimmte Körperteile und -substanzen für die Aufrechterhaltung des Personstatus unerheblich, weshalb hierfür das Sachprinzip nicht generell ausgeschlossen ist.

Im Ergebnis bleibt festzuhalten, dass die genannten Moraltheorien mit ihren je unterschiedlichen Begründungsansprüchen hinsichtlich der Frage der Verfügungsgewalt über den eigenen Körper nicht nur zu konträren, sonder auch zu jeweils kontraintuitiven Konsequenzen gelangen: Libertären zufolge steht der menschliche Körper zur beliebigen Befugnis des Einzelnen – analog zu dessen Sacheigentum. Egalitaristen können nicht begründen, warum eine Person zwar einen Teil ihres Einkommens, nicht jedoch auch ihre zweite gesunde Niere aus Gerechtigkeitserwägungen heraus zur Verfügung stellen soll.[17] Kantische Positionen erklären mit der Person als moralischem Subjekt zugleich den menschlichen Körper als unverfügbar. Der Grund für dieses unbefriedigende Resultat liegt darin, dass die genannten Theorien zur normativen Verortung des menschlichen Körpers eine Dichotomie voraussetzen, die diesem unangemessen ist: Die Dichotomie von Sache und Person.

Im folgenden zweiten Teil wird anhand einiger leibphänomenologischer Überlegungen dargelegt, dass eine angemessene Beschreibung der körperlich-leiblichen Verfasstheit des Menschen diese Dichotomie gerade überwindet. Vor diesem Hintergrund werden im dritten Teil einige normative Überlegungen zur Frage der Verfügung über den eigenen Körper dargelegt, die geeignet sind, die Probleme der genannten Moraltheorien zu vermeiden.

---

16 G. Jakobs, *Strafrecht, Allgemeiner Teil: Die Grundlagen und die Zurechnungslehre.* 2. Aufl., Berlin, New York 1993, S. 422.
17 Ausführlicher hierzu B. Herrmann, „Der menschliche Körper: Sache oder Person?", in: A. Emil, B. Baertschi (Hrsg.), *Der Körper in der Philosophie. Le corps dans la philosophie*, Studia Philosophica 62, Berlin, Stuttgart Wien 2003, S. 61-73.

2. Die Leibhaftigkeit des menschlichen Körpers

Die Auseinandersetzung mit der Frage des moralischen Status des menschlichen Körpers und die Erarbeitung normativer Empfehlungen zur Verfügbarkeit bestimmter Körpersubstanzen erfordern zunächst eine Auseinandersetzung mit der anthropologischen Frage, was es für den Menschen bedeutet, ein verkörpertes Wesen zu sein. Im Folgenden wird anhand einiger anthropologischer und leibphänomenologischer Überlegungen die These skizziert, dass der Leibbegriff die Dichotomie von Sache und Person in dreifacher Hinsicht überwindet:

1. Auf der Ebene der leiblichen Existenzweise
2. Auf der Ebene leiblicher Fähigkeiten
3. Auf der Ebene intersubjektiver Identifikation und Kommunikation von Personen

Ad 1:
In seiner philosophischen Anthropologie beschreibt Helmuth Plessner die grundsätzliche Doppelseitigkeit menschlicher Existenz, die sich in der körperlich-leiblichen Verfasstheit widerspiegelt. Für den Menschen ist es nach Plessner kennzeichnend, dass er eine „Mitte" bildet zwischen Natur und Künstlichkeit.[18] Hierbei setzt er nicht einen Dualismus voraus, wie man ihn etwa bei Descartes oder Kant findet, vielmehr wird das spezifische Aufeinanderbezogensein von Natur und Künstlichkeit als Konstituens menschlicher Existenz erkannt. Dass der Mensch ein *leibliches* Wesen ist, unterscheidet ihn Plessner zufolge noch nicht vom Tier. Während der Begriff „Körper" die Summe der Organe (oder den Gesamtorganismus) bezeichnet, ist der Leib diejenige Zentralinstanz, die den Körper als Einheit repräsentiert. Bereits Tiere haben einen Leib dergestalt, dass sie mittels ihres Körpers auf eine Umwelt bezogen sind und zugleich als leibliche Wesen über ein Zentrum verfügen, von dem aus sie sich auf die Umwelt beziehen.[19] Im Unterschied zum Tier ist sich der Mensch seiner Zentriertheit, d. h. seiner Leiblichkeit, bewusst und muss sich zu ihr verhalten. Dieses besondere Verhältnis des Menschen zu seiner Leiblichkeit einerseits und seiner Umwelt andererseits bezeichnet Plessner als exzentrische Posi-

---

18   H. Plessner, *Die Stufen des Organischen und der Mensch, Gesammelte Schriften,*
      Bd. 4, Hrsg. v. Günter Dux, 1. Aufl., Frankfurt/M. 1981, 70f.
19   H. Plessner, *Die Stufen des Organischen und der Mensch,* S. 303.

tionalität.[20] Hieraus resultiert nach Plessner der unaufhebbare Doppelaspekt seiner Existenz als Körper *und* Leib. Während auf der Ebene des Leibes eine Einheit zwischen Wahrnehmendem und dem Wahrgenommenen besteht („Ich bin mein Leib"), wird der Körper als eine vom eigenen Selbst unterschiedene Entität erfahren. Körper und Leib bilden somit irreduzibel zwei Dimensionen der Seinsweise des Menschen als eines verkörperten Wesens.

Eine dichotome Beschreibung, wonach der Körper als materielle Substanz seinen Sinn und seine Bestimmung allein durch das Bewusstsein des in ihm verkörperten Subjekts erhält, ist somit unangemessen. Vielmehr gilt es, der spezifischen Bezogenheit von Subjekt- und Objekthaftigkeit im leiblichen Selbstverständnis Rechnung zu tragen. Denn eine angemessene Beschreibung des Menschen als eines verkörperten Wesens ist Grundlage und „Richtungsgeber" für eine Ethik der Selbstverfügung. Denn die normative Bewertung des Umgangs mit unserem Körper setzt insbesondere auch in Anbetracht biotechnologischer Eingriffsmöglichkeiten eine weitere Klärung der Frage voraus, in welcher Weise die körperlich-leibliche Verfasstheit des Menschen für dessen Selbstverhältnis konstitutiv ist.

Zur Beantwortung dieser Frage lassen sich einige Überlegungen aus Hermann Schmitz' Leibphilosophie anwenden. Er bestimmt den menschlichen Leib in einer nicht-dualistischen Weise, in dem er sich sowohl gegen Descartes' Spaltung von Körper und Geist wendet als auch gegen phänomenologische Auffassungen, die den Leib vor allem als fungierenden Leib beschrieben haben, der durch den Willen gesteuert und beherrscht wird. Schmitz hingegen betont die Dimension der Eigentätigkeit des Leibes. Der Mensch ist primär nicht Autor seiner leiblichen Existenz, sondern sie widerfährt ihm als ein „betroffenes Sich-Spüren".[21] Die Erfahrung des leiblichen Spürens gibt Aufschluss über das eigene Selbst, jedoch gerade nicht in einer kognitiv vermittelten Weise. Was im leiblichen Spüren erfahrbar wird, ist nicht Selbst*erkenntnis*, sondern Selbst*vergewisserung*. Ein solches leibliches Bewusstsein bildet eine eigenständige Weise des Daseins, der es

20 H. Plessner, *Die Stufen des Organischen und der Mensch*, S. 360ff.
21 H. Schmitz, *System der Philosophie*, zweiter Bd., erster Teil: *Der Leib*, Bonn 1965, S. 5f.

eigen ist, dass sie die Spaltung von Subjekt und Objekt und damit die
Spaltung von Sache und Person gerade überwindet.[22]

Ad 2:
Nicht nur auf der Ebene der Wahrnehmung entzieht sich die körperlich-leibliche Verfasstheit des Menschen einer Trennung von (wahrnehmendem) Subjekt und (wahrgenommenen) Objekt. Gleiches gilt
für eine spezifische Form leiblicher Fähigkeiten und dem darin inkor-
porierten Wissen. So bezeichnet Rom Harré mit „embodied skills" ein
Vermögen, welches erstens nicht verbal vermittelt werden kann, sich
zweitens ausschließlich in Taten dokumentiert und drittens nur durch
eine entsprechende Praxis erworben werden kann.[23] Während sich bewusst ausgeführte Handlungen durch Intentionalität und damit durch
die bewusste Steuerung des Körpers auszeichnen, sind die von Rom
Harré sogenannten embodied skills der Leibstruktur eingeschrieben und
von dieser nicht lösbar.[24] Sie können als leibliche Eigentätigkeit verstanden werden. Anschaulich wird dies etwa an dem Beispiel des Judo-
kämpfers, der einen Sturz „auffängt", ohne sich zu verletzen. Würde
man ihn bitten, seine körperliche Aktivität in detaillierten Abläufen zu
erklären, müsste er wohl passen.
    Als Vermögen, das sich ausschließlich in Taten manifestiert, können
embodied skills als eine spezifische Weise menschlicher Handlungs-
fähigkeit bestimmt werden. Harré weist den Begriff der embodied skills
in einem nächsten Schritt als Kriterium für seinen Personbegriff aus.[25]
Gegen eine kognitivistische Tradition, die vor allem Selbstbewusstsein als Konstituens des Personbegriffs erklärte, begreift er die Person
wesentlich als leibliches Wesen, ausgestattet mit einem spezifischen
Können, das nicht im Bewusstsein, sondern im Leib – und nur dort –
lokalisiert ist.

---

22 Vgl. hierzu auch G. Böhme, *Leibsein als Aufgabe. Leibphilosophie in pragmatischer
    Hinsicht*, Zug/Schweiz 2003, S. 120.
23 R. Harré, *Physical Being. A Theory for a Corporeal Psychology*, Cambridge 1991,
    S. 28f.
24 R. Harré, *Physical Being*, S. 28.
25 R. Harré, *Physical Being*, S. 29.

Ad 3:

Der menschliche Körper hat nicht zuletzt eine intersubjektive Bedeutungsstruktur: Er ist ein Medium der Identifikation und der Kommunikation von Personen. Zunächst bildet er einen einheitlichen und räumlich-zeitlich definierten Standpunkt in der materiellen Welt. Dieser ist nicht nur für das Selbstverhältnis der in ihm verkörperten Person konstitutiv, sondern auch die Bedingung dafür, um von anderen als Person identifiziert zu werden. Die Identifikation von Personen erklärt sich nach Harré durch deren spezifische, von anderen unterschiedene physische Erscheinung.[26] Er bezieht sich hierin auf Peter Strawsons Persontheorie, die die körperliche Verfasstheit zum entscheidenden Kriterium der Identifikation und Reidentifikation von Personen macht.[27] Damit ist auch eine Asymmetrie in der Wahrnehmung des eigenen Körpers und des Körpers anderer Personen bezeichnet. Während wir einen privilegierten Zugang zur Wahrnehmung des eigenen Körpers, nämlich aus der Innenperspektive, haben, ist das Wissen über andere Körper lediglich ein diskursiv vermitteltes.[28]

Gleichwohl erfährt in der Übermittlung der Fremdperspektive die erkannte Person zugleich eine weitere Dimension ihres leiblichen Selbst. Die Wahrnehmung des eigenen Körpers ist nach Harré wesentlich durch die objektivierende *Fremd*wahrnehmung desselben bedingt. Die Konstitution des eigenen Körperbildes und damit einhergehende Aspekte des Körperverstehens sind somit keine individuelle Angelegenheit, sondern notwendig auf eine Mitwelt und auf Mitmenschen bezogen.

Der Körper eines anderen wird jedoch nicht nur in einer objektivierenden Weise wahrgenommen. Vielmehr gibt es Formen der Interaktion und Kommunikation zwischen Menschen, die auf einer rein leiblichen Ebene stattfinden. Mit dem Begriff der „Einleibung" beschreibt Schmitz die Erfahrung, dass Menschen auch auf einer Ebene des leiblichen Befindens interagieren.[29] So wird etwa im Gespräch die wechselseitige Einleibung als wichtigste Form leiblicher Kommunikation erfahrbar. Sie findet über den Blick, die Stimme, den Händedruck oder auch das Atmen statt. Man lauscht beispielsweise atemlos einer

26 R. Harré, *Physical Being*, S. 28.
27 P. F. Strawson, *Individuals: An Essay in descriptive metaphysics*, London 1959, 51ff.
28 R. Harré, *Physical Being*, S. 22.
29 H. Schmitz, *Der unerschöpfliche Gegenstand. Grundzüge der Philosophie*, Bonn 1990, S. 137.

Erzählung oder erstarrt vor einem kalten Blick. Das Erleben und Empfinden des Gegenübers wird auf die eigene Leiblichkeit übertragen und
am eigenleiblichen Spüren „abgelesen" und erkannt.

Dieses „sympa-
thetische" Verstehen ist eine Form der Kommunikation und des Ver-
stehens, die als rein leiblich realisierte grundsätzlich anderer Natur ist
als etwa Empathie, Projektion oder Nachahmung.[30] Für die Frage nach
dem Spezifikum der leiblichen Verfasstheit des Menschen ist der Begriff der Einleibung als anthropologischer Grundbefindlichkeit insofern
von Interesse, als er eine Form leiblicher Kommunikation präsentiert,
die die Spaltung von wahrnehmendem Subjekt einerseits und wahr-
genommenem Objekt andererseits überwindet.

Die Wahrnehmung und das Verstehen der eigenen körperlichen
Verfasstheit und damit das eigene *Selbst*verständnis sind somit bedingt durch die Wahrnehmungen und Äußerungen einer Mitwelt. Die
eigene körperliche Gestalt stiftet eine Beziehung zu Anderen. Sie ist
als solche der Schnittpunkt zwischen dem eigenen Selbst, dem Anderen und der Welt und stiftet als solche eine gemeinsame Realität.[31]
Anerkennungsverhältnisse zwischen Personen konstituieren sich somit immer auch über die körperlich-leibliche Wahrnehmung.

Aus diesen phänomenologischen Überlegungen, ergeben sich einige
Konsequenzen, die als ontologische Grundlage für normative Über-
legungen zur Frage der Selbstverfügung dienen können. Denn die Auseinandersetzung mit der Frage des moralischen Status des menschlichen Körpers setzt zunächst ein angemessenes Verständnis des
Menschen als einem körperlich-leiblichen Wesen voraus.
1. Einerseits kann man auf den eigenen Körper in instrumenteller
   Weise Bezug nehmen, diesen gebrauchen. Andererseits ist er qua
   Leib in den genannten Aspekten dem eigenen Zugriff entzogen.
   Das Verhältnis einer Person zu ihrer Körperlich-leiblichen Verfasstheit ist somit zugleich als Einheit *und* als „Gegenüber" zu
   denken. Daraus resultiert erst die Notwendigkeit, über Reichweite
   und Grenzen körperlicher Selbstverfügung nachzudenken.
2. Dem instrumentellen Zugriff auf den Körper sind infolge der Eigentätigkeit des Leibes *faktisch* Grenzen gesetzt. Er ist qua seiner
   Leibhaftigkeit der Sphäre dessen, dem wir uns instrumentell in

30 A. Moldzio, B. Schmid-Siegel, „Selbstverletzendes Verhalten", in: *Psychothera-
   peut*, 47/2002, S. 165-170.
31 Vgl. hierzu auch B. Weber, *Leib-Erleben und Körperwahrnehmung als Faktoren
   beruflicher Professionalität*, Regensburg 2003, S. 13.

beliebiger Weise bemächtigen können, gerade entzogen. Auf einer normativen Ebene muss berücksichtigt werden, dass instrumentelle Eingriffe in den menschlichen Körper gegebenenfalls auch Auswirkungen auf die leibliche Verfasstheit haben, die nicht vorhersehbar oder beherrschbar sind.

3. Grundlegende Eingriffe und Veränderungen der Leibstruktur bergen die Gefahr, die Voraussetzungen der Handlungsfreiheit, etwa die genannten leiblichen Handlungskompetenzen („embodied skills"), zu zerstören.

4. Der eigene Körper eignet nicht nur der jeweiligen Person, sondern konstituiert immer auch einen Bezug zu Dritten, die von seiner Veränderung mit betroffen sind.

3. Konsequenzen für die Grundlinien einer Ethik der Selbstverfügung

Ausgehend von den vorhergehenden phänomenologischen Überlegungen wird im Folgenden die These dargelegt, dass der menschliche Körper als Gegenstand „anthropotechnischer Selbstgestaltung" nicht nur Adressat, sondern in seiner spezifisch leiblichen Verfasstheit auch eine Quelle von Normativität ist. Zu diesem Zweck werden einige normative Überlegungen zur Frage der Verfügungsbefugnis über den eigenen Körper skizziert, mit deren Hilfe die eingangs genannten ethischen Theorien nochmals kritisch beleuchtet werden können.

3.1 Die Werthaftigkeit des Körpers

Wenn davon gesprochen wird, dass der menschliche Körper eine Quelle von Normativität ist, dann ist damit nicht gemeint, dass er ein Wert an sich ist.[32] Vielmehr ergibt sich dieser Wert aus der dargelegten Bedeutung der körperlich-leiblichen Struktur für das einzelne Individuum wie auch für das Selbstverständnis einer Rechts- und Moralgemeinschaft. Wenn, wie dargelegt, ein Zusammenhang besteht zwischen

32 Vgl. hierzu etwa Volker Caysas Konzept der „Eigenrechte" des Körpers. V. Caysa, „Vom Recht des Leibes" in: R. Reschke (Hrsg.), Zeitenwende, Wertewende. Internationaler Kongreß der Nietzsche-Gesellschaft zum 100. Todestag Friedrich Nietzsches vom 24.-27. August 2000 in Naumburg, Berlin 2001, S. 217-222.

der körperlichen Verfasstheit und der Art und Weise, wie Personen
interagieren und wie sich unsere soziale Welt konstituiert, dann sollten beispielsweise solche biotechnologischen Eingriffsmöglichkeiten,
die grundlegende Veränderungen unserer körperlichen Verfasstheit
bewirken, nicht ins Belieben einzelner Individuen gestellt werden. So
sind z. B. Körperpraktiken, die einen grundlegenden Wandel unseres
Selbstverständnisses nach sich ziehen könnten, im Hinblick auf die
Gewünschtheit dieses veränderten Selbstverständnisses kritisch zu
überprüfen. Zu denken wäre in diesem Zusammenhang an Veräuße-
rungsmodi von Körpersubstanzen, die dazu führen, dass sich Personen
wesentlich in einer instrumentellen Weise, etwa als „lebendige Ersatz-
teildepots", wahrnehmen und begegnen.[33] Denn die Art und Weise, wie
wir mit unserer Körperlichkeit umgehen, entscheidet zugleich über die
normativen Grundhaltungen, die wir uns als Personen *insgesamt* ent-
gegenbringen.

3.2 Der menschliche Körper als Grundlage sozialer Werte und Normen

Ludwig Siep hat jüngst auf den bedeutenden Aspekt hingewiesen, dass
der menschliche Körper in verschiedenen Hinsichten eine Grundlage
von sozialen Werten und Normen ist.[34] Grundlegende Wertvorstellungen und soziale Ansprüche beruhen auf einem intersubjektiv geteil-
ten Körperverständnis. Siep zeigt dies u. a. am Wert der Gleichheit.
Die moderne Idee der Rechts- und der Chancengleichheit habe eine bestimmte Auffassung natürlicher Unterschiede zur Grundlage. Diese
bestehe in der natürlich-zufälligen Verteilung körperlicher Eigenschaften und damit einhergehender Unterschiede zwischen Personen.[35] Daraus resultiere eine weithin geteilte moralische Intuition, wonach
natürliche Ungleichheit kompensiert werden sollte, etwa mittels Sach-
hilfen oder Geldleistungen. Diese Forderung, so Siep, setze eine kon-

---

33 Ausführlicher hierzu z. B. B. Herrmann, „Body Shopping? Der Körper zwischen
    Unverfügbarkeit und Vermarktung", in: S. Schicktanz, S. Ehm (Hrsg.), *Körper als
    Maß? Biomedizinische Eingriffe und ihre Auswirkungen auf Körper- und Identi-
    tätsverhältnisse*, Stuttgart 2006, S. 207ff.
34 L. Siep, „Normative Aspekte des menschlichen Körpers", in: Bayertz (Hrsg.), *Die
    menschliche Natur. Welchen und wieviel Wert hat sie?*, Paderborn 2005, S. 157-173.
35 L. Siep, „Normative Aspekte des menschlichen Körpers", S. 164.

sensuelle Vorstellung dessen voraus, was wir als eine „normale" kör-
perliche Verfassung betrachten.[36] Im Zuge der zunehmenden biotechnologischen Möglichkeiten, den
menschlichen Körper zu verändern und zu optimieren, ist zu fragen,
inwieweit unsere moralischen Überzeugungen gegenüber diesen Veränderungen stabil sind. Möglicherweise ist die moralische Berücksichtigung von „natürlichen" körperlichen Unterschieden bislang vornehmlich dem Faktum ihrer Unabänderlichkeit geschuldet. Unsere
moralische Haltung könnte sich ändern, wenn sich diese Ungleichheit
nicht mehr dem Zufall, sondern der Entscheidung von Personen verdankt, etwa derjenigen, bestimmte pränatale Interventionen zu unterlassen. Des Weiteren könnten sich im Zuge biotechnischen Fortschritts
auch unsere Intuitionen hinsichtlich der Umverteilungspflichtigkeit
von Körpersubstanzen ändern. Siep zufolge liege es *nicht* in der
Gleichheitsidee, „die Verteilung der natürlichen Anlagen nach normativen Gesichtspunkten zu veranlassen bzw. zu verändern".[37]

Es liegt jedoch in der Logik unserer derzeitigen Praxis der Kompensation natürlicher Ungleichheiten durch finanzielle sowie geeignete
Sachmittel, dass im Falle technischer Machbarkeit körperliche Ungleichheiten nicht nur (via „Surrogate") kompensiert, sondern durch
die Behebung des entsprechenden körperlichen Mangels nivelliert
werden. Der Ausgleich bestimmter unverschuldeter körperbezogener
Ungleichheiten ist eine weitgehend unkontroverse moralische Forderung, und grundsätzlich stellt sich in Anbetracht technischer Realisierbarkeit die Frage, warum nicht auch ein Anspruch auf Kompensation
durch Umverteilung auch körperlicher „Ressourcen" bestehen sollte.
So wird im Rahmen bestimmter (glücks-)egalitaristischer Theorien der
Verteilungsgerechtigkeit vereinzelt darüber nachgedacht, ob unter bestimmten Bedingungen eine Zwangsorganentnahme gerechtfertigt
ist, wenn dies die einzige Möglichkeit darstellt, einen Erkrankten zu
retten.[38]

Diese Überlegungen stellen zwar nicht Sieps grundsätzlichen Punkt
infrage, dass ein geteiltes Verständnis der körperlichen Verfassung eine
Grundlage der moralischen Haltungen ist, die Personen einander ent-
gegenbringen. Allerdings kann hieraus nicht die Forderung für ein

---

36 L. Siep, „Normative Aspekte des menschlichen Körpers", S. 163.
37 L. Siep, „Normative Aspekte des menschlichen Körpers", S. 164.
38 E. Rakowski, *Equal Justice*, S. 167ff, sowie G.A. Cohen, *Self-Ownership, Freedom
    and Equality*, S. 243ff.

bestimmtes Körperverständnis, etwa ein biokonservatives, abgeleitet werden. Letzteres scheint in Sieps Vorschlag anzuklingen, den menschlichen Körper als eine Art „Natur- bzw. Kulturerbe" zu betrachten.[39]

3.3 Handlungsautonomie im Sinne der Erhaltung der physischen Integrität

Die vorhergehenden Überlegungen haben Konsequenzen für die Befugnis des Einzelnen, über den eigenen Körper zu verfügen. Sie bilden eine Argumentationsgrundlage für einen Begriff der Handlungsautonomie, der sich zunächst negativ bestimmen lässt, nämlich in Abgrenzung zu einem libertären Autonomiebegriff. Libertäre Theorien stellen aufgrund ihres methodologischen Individualismus das autonome, solitär handelnde Individuum in den Mittelpunkt der Überlegungen. Ein Maximum erlaubter Handlungsoptionen wird gleichgesetzt mit einem Maximum an personaler Freiheit.[40] Diese Annahme ignoriert die Tatsache, dass jede neu geschaffene Handlungsoption ihrerseits eine normierende Kraft hat, die die Wahl, sich dieser Option zu widersetzen, erschwert, manchmal sogar unmöglich macht. Die neuen biotechnologischen Entwicklungen führen also nicht nur zu einer Pluralisierung von Lebensformen, unter denen das autonome Individuum wählen kann, sondern sie verunmöglichen gleichzeitig andere Lebensformen. Wenn beispielsweise die eigene Niere ein (ver-)käufliches Gut unter anderen ist, hat der Betroffene nicht mehr die Wahl, diese – etwa im Falle eines finanziellen Engpasses – zu veräußern. Oder wenn die Mehrzahl der Eltern ihren Kindern Ritalin verabreicht, ein Medikament, das die Konzentrations- und Leistungsfähigkeit steigert, dann können andere Eltern dies nur um den Preis unterlassen, dass ihre Kinder den gegebenenfalls entsprechend adjustierten Anforderungen in der Schule möglicherweise nicht mehr gewachsen sind. Die autonome Entscheidung Einzelner hat also Konsequenzen für die Lebensformen einer Gemeinschaft von Personen.

Ein Begriff der Handlungsautonomie, wenn er für Fragen der Verfügung über den eigenen Körper sinnvoll anwendbar sein soll, muss

39 L. Siep, „Normative Aspekte des menschlichen Körpers", S. 167.
40 T. Gutmann, U. Schroth, *Organlebendspende in Europa. Rechtliche Regelungsmodelle, ethische Diskussion und praktische Dynamik*, S. 114, sowie L. Andrews, „My Body, my Property", in: *Hastings Center Report* 1986, S. 28-38.

deshalb bereits einige normative Annahmen darüber implizieren, was wir als wertvolle menschliche Eigenschaften bzw. als ein gutes Leben betrachten. Unter der Voraussetzung, dass die Aufrechterhaltung der körperlich-leiblichen Integrität als eine solche wertvolle Eigenschaft gelten kann, wird für einen Begriff der Handlungsautonomie argumentiert, der diese Dimension umfasst. Dies beinhaltet neben der Abwehr von Fremdeingriffen Grenzen der legitimen Selbstschädigung. Unter der, wenn auch nicht unkontroversen, Voraussetzung, dass der Begriff der Handlungsautonomie plausibler weise auch die Aufrechterhaltung der Autonomie*fähigkeit* der betreffenden Person beinhaltet, und letztere in der bereits dargelegten Weise in wesentlichen Hinsichten ein verkörpertes Wesen ist, lässt sich zumindest ein moderater Paternalismus im Hinblick auf solche Körpereingriffe rechtfertigen, die die körperlich-leibliche Integrität stark beeinträchtigen. Denn die körperliche Verfasstheit des Menschen ist nicht nur Voraussetzung des (Über-)*Lebens*, sondern auch des *guten* Lebens.[41]

---

41 Ähnlich Bayertz im Kontext der Frage der Rechtfertigung von Eingriffsschranken in den menschlichen Körper. K. Bayertz, „Die menschliche Natur und ihr moralischer Status", in: K. Bayertz (Hrsg.), *Die menschliche Natur. Welchen und wieviel Wert hat sie?*, Paderborn 2005, S. 9–31.

Elisabeth Hildt

Identität und Selbstgestaltung im Kontext der Biomedizin

Dieser Beitrag beschäftigt sich mit biomedizinischen Verfahren, die eine selbstgestaltende Einflussnahme auf Lebensverlauf oder Persönlichkeitscharakteristika ermöglichen, und thematisiert hiermit einhergehende Implikationen, Chancen und Schwierigkeiten. Im Vordergrund steht dabei das Spannungsverhältnis zwischen Identität und Selbstgestaltung im Zusammenhang prädiktiver genetischer Diagnostik und im Umfeld kognitiven Enhancements. So stellen sich Fragen der Selbstgestaltung besonders deutlich in nicht-therapeutischen Kontexten, bei denen – anders als in medizinisch-therapeutischen Situationen – nicht die Behandlung bestehender Erkrankungen im Vordergrund steht, sondern bei denen es bei aktuell gesunden Personen um das Verhindern des Auftretens künftiger Erkrankung (Prävention) oder um eine mögliche Verbesserung von Eigenschaften und Fähigkeiten (Enhancement) geht. Zum einen ist hier der Bereich prädiktiver genetischer Diagnostik zu nennen, bei dem Fragen nach einem selbstbestimmten Umgang mit prädiktiven genetischen Analyseverfahren und den sich hieraus eröffnenden Möglichkeiten selbstbestimmter Lebensgestaltung zu thematisieren sind. Zum anderen machen in den letzten Jahren zunehmend biomedizinische Verfahren von sich reden, die Eingriffsmöglichkeiten zu Enhancementzwecken eröffnen, d. h. die eine Verbesserung menschlicher Gestalt, Eigenschaften oder Fähigkeiten jenseits gesundheitlich relevanter Zusammenhänge anstreben.

Allerdings mag man hier zu Recht fragen: Inwieweit ist Selbstgestaltung, zunächst einmal rein praktisch gesehen, in diesen Kontexten überhaupt möglich? Inwieweit ist ein Mensch nicht vielmehr durch biologische Charakteristika in seiner Identität in wesentlicher Hinsicht festgelegt, sodass hier letztlich nur geringfügige Gestaltungsspielräume bleiben? Darüber hinaus stellt sich zudem die Frage: Welche Implikationen gehen mit selbstgestaltender biomedizinischer Einflussnahme einher? Inwieweit mag sie angemessen erscheinen? Hier sind auch weitergehende Aspekte zu thematisieren wie: Inwieweit lässt sich eine auf Selbstgestaltung abzielende biomedizinische Einflussnahme mit den

eigenen Identitätsvorstellungen und dem Selbstbild verbinden? Oder
ist die Rede von Identität eine irreführende Fiktion? Ein Konzept, das
möglicherweise zu unangemessener Unflexibilität animiert? Ist nicht
vielmehr menschliches Leben durch Veränderung, idealerweise selbst-
gestaltete Veränderung, charakterisiert?

Im folgenden Beitrag möchte ich entsprechende Fragen thematisieren, indem zunächst der Frage nach der Identität eines Menschen in
verschiedenen Bedeutungsvarianten nachgegangen wird. Anschließend
werden Überlegungen zur selbstgestaltenden Einflussnahme durch biomedizinische Verfahren angeführt, wobei zur Konkretisierung auf zwei
Beispiele eingegangen wird: prädiktive genetische Diagnostik und kognitives Enhancement.

1. Identität

Der Begriff der Identität ist ein äußerst vielschichtiger und vielseitig
verwendeter Begriff. Bezogen auf Personen dient er zunächst einmal
dazu, die Charakteristika eines Menschen zu umschreiben, die ihn als
Individuum von anderen Wesen unterscheiden. Zudem spielen hier
Überlegungen eine Rolle, die sich auf das Fortbestehen einer Person
über die Zeit hinweg beziehen.

Im Folgenden werden zur Verdeutlichung verschiedene im biomedizinischen Kontext relevante Bedeutungsfacetten des Identitätsbe-
griffs skizziert: körperliche Identität, genetische Identität, Identität
des Selbst und Identität individueller Persönlichkeitscharakteristika.
Die entsprechenden Überlegungen beziehen sich jeweils auf die Identität einer individuellen Person und stehen in direkter Nähe zum Konzept der personalen Identität. Fragen, die sich um soziale Identität
ranken, werden hier nicht behandelt.

a) Körperliche und genetische Identität

Den augenfälligsten Identitätsgesichtspunkt bildet zweifellos die körperliche Identität. Gemeint ist hiermit die raumzeitliche Kontinuität im
Sinne des kontinuierlichen Weiterexistierens des Körpers bzw. Leibes
einer Person in Raum und Zeit. Dabei geht es nicht um ein exaktes
Gleichbleiben, vielmehr treten im Rahmen des normalen Stoffwech-

selumsatzes und der Zellerneuerung ständig kontinuierliche Veränderungen des Körpers auf. Auch in Fällen, in denen abrupte körperliche Veränderungen oder Diskontinuitäten zu verzeichnen sind, so bspw. bei Operationen oder Organtransplantationen, steht – rein quantitativ gesehen – die körperliche Identität des Betreffenden üblicherweise nicht in Frage.

Zudem kann von einer Lebenszyklus-beeinflussten Körperlichkeit bzw. Identität eines Menschen gesprochen werden in dem Sinne, dass aufgrund des kontinuierlichen Entwicklungs- und Alterungsprozesses über den Lebensverlauf hinweg deutliche Veränderungen des Erscheinungsbildes und der körperlichen Funktionen zu verzeichnen sind.[1]

Darüber hinaus spielen Fragen der körperlichen Identität im Kontext neurotechnologischer Verfahren eine Rolle, wenn – vor dem Hintergrund von Formulierungen wie Cyborg (Cybernetic Organism) oder Mensch-Maschine-Hybrid – angesichts der veränderten Körperlichkeit nach der körperlichen Identität eines Menschen gefragt wird. Zudem mag man darüber reflektieren, inwieweit für Menschen innerhalb von Mensch-Maschine-Hybriden die Möglichkeit oder die Gefahr eines Verlusts der menschlichen Identität besteht.[2]

Ein weiterer Gesichtspunkt betrifft die genetische Identität, d. h. die individuelle genetische Ausstattung eines Menschen. Überlegungen zur genetischen Identität sind innerhalb bioethischer Diskussionen insbesondere in zwei Kontexten von Bedeutung: Zum einen in Bezug auf die äußerst kontroverse Debatte um den moralischen Status menschlicher Embryonen. So wird die Bedeutung der genetischen Identität von Positionen betont, welche ihre Argumentation zugunsten einer mit dem Abschluss des Befruchtungsvorgangs beginnenden Schutzwürdigkeit früher menschlicher Embryonen begründen, indem sie auf das Entstehen eines neuen, in genetischer Hinsicht einzigartigen Individuums hinweisen.[3]

Zum anderen stehen Überlegungen zur genetischen Identität im Kontext der Frage: Inwieweit ist ein Mensch durch seine Gene festgelegt? Allerdings muss der Annahme eines starken genetischen Deter-

1   C. Overall, *Aging, Death, and Human Longevity*, Berkeley 2003.
2   A. Clark, *Natural-Born Cyborgs: Minds, Technologies and the Future of Human Intelligence*, Oxford 2004.
3   K. Dawson, „Fertilization and Moral Status: A Scientific Perspective", in: P. Singer, H. Kuhse, S. Buckle, K. Dawson, P. Kasimba (Hrsg.), *Embryo Experimentation*, Cambridge 1990, S. 43-52; G. Damschen, D. Schönecker (Hrsg.), *Der moralische Status menschlicher Embryonen*, Berlin 2003.

minismus, demzufolge Charakter, Verhalten oder individueller Gesundheitszustand in hohem Maße durch die Gene bestimmt sind, hier eine
deutliche Absage erteilt werden. Wenn sich auch einige seltene, zu
schweren genetisch bedingten Erkrankungen führende Mutationen
schicksalhaft bestimmend auf das Leben des Betreffenden auswirken,
so ist doch das Leben der meisten Menschen nicht in irgendeinem starken Sinne von ihren Genen kontrolliert; die meisten Charakteristika
sind vielmehr multifaktoriell bedingt. Insbesondere können aus der
Basensequenz eines Menschen keine konkreten Aussagen über dessen
komplexe Persönlichkeitscharakteristika oder über sein Verhalten getroffen werden.[4]

b) Identität des Selbst und Erhalt individueller
   Persönlichkeitscharakteristika

Personale Identität wird innerhalb der philosophischen Literatur insbesondere im Kontext von Überlegungen um die diachrone Identität
einer Person diskutiert. Im Mittelpunkt steht dabei die Frage, was es
ausmacht, dass über den Zeitverlauf hinweg eine Person als ein und
dieselbe Person weiterexistierend betrachtet werden kann. Diesbezüglich liegen zwei grundlegend unterschiedliche Positionen vor:[5]
    Auf der einen Seite befinden sich Vertreter der eher traditionellen
Position (wie bspw. Thomas Reid), die personale Identität mit dem
Fortbestehen eines „Selbst" oder „Subjekt der Erfahrung" im Sinne
eines Alles-oder-Nichts-Prinzips in Verbindung bringen. Im Vordergrund steht dabei der Bezug auf das Subjekt der Erfahrung, das sich
seine Erlebnisse zuschreibt. Allerdings erweist sich als nachteilig, dass
mithilfe entsprechender Positionen keine Aussagen darüber getroffen
werden können, wie Veränderungen individueller Charakteristika einer
Person zu bewerten seien. Denn da Vertreter dieser Position personale
Identität als nicht analysierbar betrachten und unabhängig von aufgetretenen Veränderungen individueller Charakteristika vom Erhalt der

4   W. Buselmaier, G. Tariverdian, *Humangenetik*, 2. Auflage, Berlin 1999; S. Holm,
    „There is Nothing Special about Genetic Information", in: A. K. Thompson, R. F.
    Chadwick (Hrsg.), *Genetic Information – Acquisition, Access, and Control*, New
    York 1999, S. 97-103; J. P. Evans, W. Burke, „Genetic exceptionalism. Too much of a
    good thing?", in: *Genetics in Medicine*, 10(7)/2008, S. 500-501.
5   Vgl.: E. Hildt, *Hirngewebetransplantation und personale Identität*, Berlin 1996.

Identität eines Menschen ausgehen solange das Subjekt der Erfahrung erhalten bleibt, stehen aus dieser Sichtweise keine Kriterien zur Verfügung zur Diskussion der im Umfeld biomedizinischer Verfahren bei Persönlichkeitsveränderungen auftretenden Fragestellungen.

Von der Identität des Selbst ist also das Gleichbleiben individueller Persönlichkeitscharakteristika über den Zeitverlauf hinweg zu unterscheiden. Vertreter der zweiten, teilweise auch als reduktionistisch bezeichneten Sichtweise greifen bei der Diskussion der Frage, was als wichtig für das Weiterbestehen einer Person über den Zeitverlauf hinweg angesehen werden kann, auf verschiedene körperliche und mentale Kriterien zurück. So beschreibt Derek Parfit die sog. Relation R als zentral für das Weiterbestehen einer Person. Relation R umfasst psychische Konnektivität und psychische Kontinuität.[6] Psychische Konnektivität wird von Parfit umschrieben als das Vorhandensein direkter Verbindungen, wie sie zwischen einer Intention und der Umsetzung dieser Intention in eine spätere Handlung, aber auch zwischen einem Erlebnis und der späteren Erinnerung an dieses Erlebnis bestehen. Darüber hinaus liegen gemäß diesem Konzept auch direkte psychische Verbindungen vor, wenn eine Überzeugung oder Meinung, ein Wunsch, eine Hoffnung oder andere mentale Charakteristika über einen bestimmten Zeitraum hinweg andauern. Die psychische Konnektivität stellt eine graduelle Relation dar. Unter psychischer Kontinuität versteht Derek Parfit demgegenüber das Vorhandensein von überlappenden Ketten starker psychischer Konnektivität. Hierzu gehört neben dem Vorhandensein überlappender Ketten direkter Erinnerungen auch die Kontinuität anderer mentaler Charakteristika wie der kontinuierliche Verlauf von Charaktereigenschaften oder von Meinungen, Interessen und Präferenzen. Gemäß dieser Zugangsweise stellt personale Identität keine Alles-oder-Nichts-Relation sondern vielmehr eine graduelle Relation dar.

Kriterien wie Konnektivität und Kontinuität gestalten sich zweifellos als hilfreich bei der Diskussion von in biomedizinischen Kontexten möglicherweise auftretenden Veränderungen individueller Charakteristika. Allerdings neigen Vertreter reduktionistischer Sichtweisen, wie insbesondere Derek Parfit,[7] dazu, im Fall starker Veränderungen der Persönlichkeitscharakteristika den Lebensverlauf einer Person in

6 D. Parfit, *Reasons and Persons*, Oxford 1984.
7 D. Parfit, *Reasons and Persons*.

aufeinander folgende Personenabschnitte aufzugliedern, d. h. von früheren oder späteren Personenabschnitten oder „Ichen" zu sprechen. Dies bringt jedoch vielfältige komplexe Auswirkungen mit sich. Insbesondere impliziert es, dass im Fall deutlicher Persönlichkeitsveränderungen dem derzeit existierenden „Ich" nicht die volle Verantwortung für Handlungen zugeschrieben werden kann, die in ferner Vergangenheit von einem früheren „Ich" begangen wurden.

2. Selbstgestaltung durch biomedizinische Verfahren

Gerade bei nicht-therapeutischen Einsatzmöglichkeiten biomedizinischer Verfahren spielen Selbstgestaltungsgesichtspunkte und somit autonomiebezogene Fragestellungen eine wesentliche Rolle.

Insgesamt kommt dem Autonomiekonzept – einem vielschichtiges Konzept, in dessen Zentrum die Fähigkeit und Möglichkeit zur Selbstbestimmung und zum Selbstentwurf sowie das maßgebliche Gestalten des eigenen Lebensverlaufs steht – innerhalb des gesamten Gebiets der Medizin zentrale Bedeutung zu. Im medizinisch-therapeutischen Kontext wir es insbesondere im Zusammenhang des *Informed Consent* thematisiert, d. h. der umfassend informierten freien Zustimmung des Patienten zu einer bevorstehenden medizinischen Behandlung. Im Vordergrund stehen hierbei die für das Treffen selbstbestimmter therapiebezogener Entscheidungen auf Seiten des Patienten relevanten Voraussetzungen: adäquate Kenntnis der relevanten medizinischen Zusammenhänge und Abwesenheit äußerer Zwänge.[8] In nicht-therapeutischen medizinischen Kontexten erfahren autonomiebezogene Überlegungen dahingehend eine veränderte inhaltliche Füllung, dass hier darüber hinaus in verstärktem Maße Gesichtspunkte wie selbstbestimmte Lebensgestaltung, individuelles Selbstverständnis, Selbstverwirklichung, Lebensplanungsgesichtspunkte, Individualität und Unabhängigkeit Berücksichtigung finden.

So stellen sich denn auch bei auf Selbstgestaltung ausgerichteten biomedizinischen Maßnahmen vielfältige autonomie- und identitätsbezogene Fragen: Inwieweit dient ein entsprechendes Verfahren tatsächlich der jeweiligen Person, ihrer Autonomie und ihrem Wohlbe-

---

8 R. Faden, T. Beauchamp, *A History and Theory of Informed Consent*, Oxford 1986.

finden? Inwieweit liegen authentische, auf unabhängiger Entscheidungsfindung beruhenden Veränderungswünschen zugrunde, inwieweit wird
externen Erwartungen oder äußeren Zwängen entsprochen? Wie ist
die entsprechende Maßnahme mit dem Selbstkonzept und mit mittel-
und langfristigen Lebensplänen vereinbar? Inwieweit sind andere Personen involviert oder von negativen Auswirkungen betroffen?

Da sich in Abhängigkeit des jeweiligen Verfahrens die relevanten
Zusammenhänge unterschiedlich gestalten, wird im Folgenden auf zwei
Beispiele eingegangen, die unterschiedliche Formen der Selbstgestaltung thematisieren: Zum einen prädiktive genetische Diagnostik, hierbei stehen Fragen der selbstbestimmten Lebensgestaltung im Vordergrund; zum anderen kognitives Enhancement, in dessen Umfeld der
Gesichtspunkt der Selbstmodifikation thematisiert wird.

a) Prädiktive genetische Diagnostik und selbstbestimmte
   Lebensgestaltung

Durch prädiktive genetische Diagnostik ist es möglich zu ermitteln, ob
eine Person genetische Varianten trägt, die in Zusammenhang mit dem
künftigen Auftreten bestimmter Erkrankungen stehen. Zumeist können lediglich Wahrscheinlichkeitsaussagen über das künftige Auftreten
von Krankheiten getroffen werden (Suszeptibilitätstests auf polygen
oder multifaktoriell bedingte Erkrankungen). Lediglich bei einigen wenigen autosomal dominanten oder X-chromosomalen Erkrankungen
kann vom Vorhandensein einer Mutation direkt auf einen voraus-
sichtlichen künftigen Krankheitsausbruch geschlossen werden (Prä-
symptomatische genetische Diagnostik).[9]

In welcher Weise können sich prädiktive genetische Analyseverfahren und ihre Ergebnisse nun auf das Selbstverständnis und die
Möglichkeiten einer Person auswirken, in selbstbestimmter Weise ihr
Leben zu gestalten? Identitäts- und Selbstgestaltungsüberlegungen beziehen sich hier auf die Frage nach dem Umgang mit dem Analyse-

9 W. Buselmaier, G. Tariverdian, *Humangenetik*; Bundesärztekammer, „Richtlinien zur
   prädiktiven genetischen Diagnostik", in: *Deutsches Ärzteblatt*, 100/2003, A-1297-
   1305.

verfahren und dem Analyseergebnis sowie nach den Implikationen auf den Lebenskontext.[10] Generell können basierend auf den erhaltenen Daten besser informierte Entscheidungen in Bezug auf die Lebens- und Familienplanung getroffen werden. Wurde anhand einer genetischen Analyse eine entsprechende Mutation ausgeschlossen, so erscheint die Zukunft in Bezug auf die in Frage stehende Erkrankung in gesundheitlicher Hinsicht unbelastet.

Im Fall einer Mutationsfeststellung eröffnen sich durch eine prädiktive genetische Analyse erweiterte Möglichkeiten zu selbstbestimmter und selbstverantworteter Lebensgestaltung und Familienplanung angesichts des erwarteten bzw. wahrscheinlichsten gesundheitlichen Verlaufs. In vielen Fällen erscheint die Teilnahme an einem geeigneten medizinischen Programm ratsam, um einen möglichen Krankheitsausbruch umgehend zu erkennen und frühzeitig entsprechende therapeutische Maßnahmen ergreifen zu können. Im Falle präventiv vermeidbarer Erkrankungen besteht die Möglichkeit, Lebensstilveränderungen vorzunehmen und geeignete Präventionsmaßnahmen zu ergreifen um das Erkrankungsrisiko zu verringern.

Bereits bei der Frage nach einer Inanspruchnahme prädiktiver genetischer Analyseverfahren spielt eine Rolle, welche Bedeutung eine Person genetischen Faktoren für ihr Selbstverständnis zuschreibt. Wer genetischen Faktoren eine hohe Bedeutung zuweist, wird eher eine entsprechende Analyse durchführen lassen. Allerdings ist hier zweifellos auch die jeweilige in Frage stehende Erkrankung von Relevanz: je wirksamer durch geeignete präventive Maßnahmen oder Lebensstilveränderungen dem künftigen Krankheitsauftreten entgegengewirkt werden kann, desto nahe liegender und desto ratsamer erscheint die Inanspruchnahme einer entsprechenden Analyse.

Demgegenüber steht bei prädiktiven genetischen Analyseverfahren auf nicht präventiv vermeidbare Erkrankungen bei der Frage nach einer Testinanspruchnahme im Vordergrund, welche Bedeutung die betreffende Person selbst dem Wissen um genetischen Faktoren und künftige Erkrankungswahrscheinlichkeiten für das eigene Selbstverständnis zuschreibt und wie stark sie bereit ist, ihre Lebensgestaltung und Lebensplanung danach auszurichten. Hinzu kommen häufig Fa-

10 E. Hildt, *Autonomie in der biomedizinischen Ethik. Genetische Diagnostik und selbstbestimmte Lebensgestaltung*, Frankfurt/M. 2006.

milienplanungs-Zusammenhänge, bei denen Überlegungen um eine mögliche Weitergabe genetischer Faktoren an die kommende Generation von Bedeutung sind.

Als grundlegende Schlüsselfrage erweist sich: Welche Rolle spielen Kenntnisse um genetische Zusammenhänge überhaupt für das Selbstbild und die Identität der jeweiligen Person? Da sich die Beziehungen zwischen DNA-Mutation und klinischer Manifestation äußerst komplex gestalten (vgl. verminderte Penetranz und/oder variable Expressivität), lassen sich zumeist aus dem Analyseergebnis keine konkreten Vorhersagen sondern eben nur Wahrscheinlichkeitsaussagen über den künftigen gesundheitlichen Verlauf treffen. Häufig ist daher das Ausmaß, in welchem sich eine Mutation tatsächlich künftig im Lebensverlauf einer Person bemerkbar machen wird, in wesentlicher Hinsicht unklar. Zudem ist hier auch relevant, welche Bedeutung die Person selbst ihrer genetischen Konstitution für die Ausrichtung ihres Lebensverlaufs und für ihre Lebensplanung zumessen will. Je stärker eine Person sich mit entsprechenden genetischen Gesichtspunkten beschäftigt und je stärker sie ihre Planungen danach ausrichtet, desto größere subjektive Bedeutung erhalten entsprechende genetische Zusammenhänge für sie. Und dies zunächst einmal unabhängig davon, ob oder inwieweit diese sich überhaupt jemals gesundheitlich auswirken werden.

Aus dieser Sicht mag sich für eine Person der Umfang der in bestimmten Entscheidungssituationen tatsächlich vorhandenen Handlungsalternativen unter Umständen deutlich verringern. So mag sie es angesichts der durch genetische Analyse erhaltenen Kenntnisse um genetische Faktoren für nicht verantwortbar halten, bestimmte Wahlentscheidungen zu treffen. Als problematisch an einer solchen Ausrichtung an den Ergebnissen prädiktiver genetischer Analysen erweist sich jedoch, dass anhand der Analyseergebnisse zumeist lediglich Wahrscheinlichkeitsaussagen über das künftige Auftreten von Erkrankungen getroffen werden können. Hier besteht also durchaus die Möglichkeit, dass eine Person sich aufgrund von Kenntnissen um genetische Faktoren selbst Beschränkungen auferlegt und damit ihren Handlungsspielraum einschränkt, ohne zu wissen, inwieweit diese überhaupt angemessen sind. In Fällen, in denen Krankheitssymptome sehr viel später auftreten als erwartet, weniger gravierend sind, oder entgegen der Erwartung gar nicht auftreten, mögen sich einige der selbstauferlegten Handlungsbeschränkungen und Planungen als völlig unangemessen erweisen.

Demgegenüber ist für die betreffende Person auch ein Verdrängen der Bedeutung genetischer Faktoren und der Kenntnis um genetisch bedingte Gesundheitsrisiken möglich. Auch wenn eine Person nicht bereit ist, ihr Selbstbild zu verändern oder ihr Verhalten aufgrund bestehender genetischer Risiken umzustellen, und quasi ihre Identität unabhängig von der Kenntnis um genetische Faktoren definiert, so mag sie dennoch zu einem späteren Zeitpunkt durch einen Krankheitsausbruch von diesen eingeholt werden – oder eben auch nicht, denn schließlich können zumeist ja lediglich Wahrscheinlichkeitsaussagen über einen künftigen möglichen Krankheitsausbruch getroffen werden.

Auch nach Ausbrechen einer Erkrankung spielt für das Selbstverständnis hier durchaus eine Rolle, ob man die Erkrankung als in wesentlicher Weise durch genetische Faktoren bedingt ansieht oder ob eine Sichtweise gewählt wird, die sich auf das aktuelle Krankheitsbild konzentriert. Bei letzterem stehen wesentlich deutlicher die jeweiligen aktuell vorhandenen Symptome im Vordergrund und der Versuch, diesen entgegenzuwirken, während bei der ersten Sichtweise stärker der zu erwartende gesamte Verlauf, seine Ursachen, aber auch familiäre Kontexte wie ein mögliches Betroffensein weiterer Familienangehöriger oder Familienplanungsfragen im Vordergrund stehen.

Je stärker die Bedeutung genetischer Faktoren für die eigene Identität betont wird, desto geringer erscheint insgesamt der eigene Gestaltungsspielraum in Bezug auf Charakteristika, von denen bekannt ist, dass genetische Faktoren für deren Ausprägung eine Rolle spielen. Desto nahe liegender erscheint jedoch auch, nach Feststellen einer krankheitsrelevanten Mutation die Lebensgestaltung und Lebensplanung an den durch prädiktive genetische Diagnostik erzielten Kenntnissen auszurichten oder durch entsprechende Verhaltensänderungen oder präventive Maßnahmen dem künftigen Auftreten der Erkrankung nach Kräften entgegen zu wirken.

Der Einfluss von Kenntnissen hinsichtlich der eigenen genetischen Konstitution auf Selbstgestaltungsmöglichkeiten und Identitätsvorstellungen bzw. Selbstbild gestaltet sich also ausgesprochen vielfältig. Sowohl ein zu intensives Ausrichten des Selbstbildes und der Lebensgestaltung an Kenntnissen über genetische Zusammenhänge als auch ein umfassendes Verdrängen derselben kann sich unter Umständen als problematisch erweisen.

b) Kognitives Enhancement und Selbstmodifikation

Mit dem Begriff „Kognitives Enhancement" bezeichnet man den Einsatz von medizinischen Verfahren bei gesunden Personen mit dem Ziel, eine Verbesserung kognitiver Funktionen zu erreichen, wie bspw. gesteigerte geistige Leistungs- und Konzentrationsfähigkeit oder verbesserte Gedächtnisfunktionen. Vieles deutet darauf hin, dass in den letzten Jahren in zunehmendem Maße Psychostimulanzien an Schulen, Universitäten und am Arbeitsplatz zu Enhancement-Zwecken benutzt werden mit der Absicht, in kompetitiven Situationen einen Vorteil zu erzielen. Bei den derzeit als kognitive Enhancer verwendeten Substanzen sind in erster Linie Psychostimulanzien wie Methylphenidat (Ritalin®) oder Modafinil (Vigil®) sowie Amphetamine zu nennen.[11]

Insgesamt ist wichtig zu betonen: Zum jetzigen Zeitpunkt sind die mit einer Einnahme dieser Substanzen bei gesunden Personen einhergehenden Wirkungen und Nebenwirkungen in weiten Bereichen nicht umfassend geklärt, wobei insbesondere auch die langfristigen Auswirkungen bisher nicht untersucht sind. Zudem bleibt zu ermitteln, inwieweit die derzeit als kognitive Enhancer angesehenen Substanzen tatsächlich unter realen Lebensbedingungen objektiv feststellbare verbessernde Effekte zeigen, oder inwieweit hier nicht in erster Linie Aspekte wie subjektive Selbstwahrnehmung, Selbstüberschätzung oder Wunschdenken – nicht zuletzt auch angeheizt durch intensive Berichterstattung in den Medien – im Vordergrund stehen.

Mit kognitivem Enhancement sind vielfältige medizinische, anthropologische, ethische und gesellschaftliche Fragen verbunden. Diese beziehen sich auf die bislang weitgehend ungeklärten Wirkungen und Nebenwirkungen der Substanzen bei Gesunden, auf Autonomie, Authentizität und Identität der betreffenden Personen, aber auch auf

---

11 B. J. Sahakian, S. Morein-Zamir, „Professor's little helper", in: *Nature*, 450/2007, S. 1157-1159; T. E: Wilens, L. A. Adler, J. Adams, S. Sgambati, J. Rotrosen, R. Sawtelle, L. Utzinger, S. Fusillo, „Misuse and diversion of stimulants prescribed for ADHD: a systematic review of the literature", in: *J Am Acad Child Adolesc Psychiatry*, 47(1)/2008, S. 21-31; DAK (Deutsche Angestellten-Krankenkasse), *Gesundheitsreport 2009. Analyse der Arbeitsunfähigkeitsdaten. Schwerpunktthema Doping am Arbeitsplatz*, 2009. Verfügbar unter http://www.dak.de/content/filesopen/Gesundheitsreport_2009.pdf (zuletzt gesehen am 20.08.2010); A. G. Franke, K. Lieb, „Mit Hirndoping zu intellektuellen Spitzenleistungen?", in: *INFO Neurologie & Psychiatrie*, 11(7-8)/2009, S. 42-51; K. Lieb, *Hirndoping – Warum wir nicht alles schlucken sollten*, Mannheim 2010.

Gerechtigkeits- und Fairness-Gesichtspunkte sowie mögliche gesellschaftliche Auswirkungen.[12]

Im Rahmen dieses Beitrags möchte ich im Zusammenhang kognitiven Enhancements auftretende Fragen der Selbstgestaltung und der Identität herausgreifen und thematisieren. Denn im Unterschied zu den traditionellen Umsetzungsmöglichkeiten des für Personen zentralen Bestrebens nach Selbstgestaltung durch Selbstdisziplin, konzentriertes Arbeiten und Ähnliches wird bei kognitivem Enhancement auf pharmakologische Möglichkeiten der Selbstgestaltung zurückgegriffen. Zu diskutieren ist hierbei, inwieweit solche biomedizinischen Möglichkeiten als adäquate, mit den eigenen Identitätsvorstellungen übereinstimmende Mittel zum Erreichen des angestrebten Ziels angesehen werden können oder ob sie demgegenüber als unangemessene Abkürzung charakterisiert werden können.[13] So mag man vorbringen, nur aus eigener Kraft resultierende Einflussnahmen seien identitätskonform, während durch psychoaktive Substanzen bewirkte Effekte letztlich auf externe Einflüsse zurückzuführen seien.

Eine Rolle bei der Beantwortung dieser Frage spielt auch, inwieweit die Ansicht vertreten wird, entsprechende Einflussnahmen müssten dem realen Lebenskontext entspringen, d. h. quasi ein lebensweltliches Pendant haben. Aus dieser Sicht mag man pharmakologisch herbeigeführte Effekte, so bspw. ein durch pharmakologische Einflussnahme bedingtes Glücksgefühl, welches keine lebensweltliche Basis hat, schlichtweg als „Fake" bezeichnen. Und vielmehr demgegenüber einfordern, authentisches Glücksgefühl müsse in Übereinstimmung mit dem wirklichen Leben stehen. Allerdings muss hierbei gesehen werden, dass durch pharmakologische Einflussnahme bedingte Veränderungen – ebenso wie die auf anderen Wegen herbeigeführten Veränderungen – zweifellos Bestandteil der jeweiligen Lebensrealität wer-

12 B. J. Sahakian, S. Morein-Zamir, „Professor's little helper"; H. Greely, B. Sahakian, J. Harris, R. C. Kessler, M. Gazzaniga, P. Campbell, M. J. Farah, „Towards responsible use of cognitive-enhancing drugs by the healthy", in: *Nature*, 456/2008 S. 702-705; T. Galert, C. Bublitz, I. Heuser, R. Merkel, D. Repantis, B. Schöne-Seifert, D. Talbot, „Das optimierte Gehirn", in: *Gehirn & Geist*, 11/2009, S. 40-49; E. Hildt, Th. Metzinger, „Cognitive Enhancement", in: J. Illes, B. Sahakian (Hrsg.), *Oxford Handbook of Neuroethics*, Oxford 2011 (im Erscheinen).
13 R. Cole-Turner (1998), „Do Means Matter?", in: E. Parens (Hrsg.), *Enhancing Human Traits: Ethical and Social Implications*, Washington, D.C. 1998, S. 151-161; E. T. Juengst, „What does Enhancement Mean?", in: E. Parens (Hrsg.), *Enhancing Human Traits: Ethical and Social Implications*, Washington D.C. 1998, S. 29-47.

den und somit den lebensweltlichen Hintergrund für künftiges Handeln bilden. Insofern mögen auf authentischen Entscheidungen beruhende pharmakologische Einflussnahmen durchaus zu einer selbstbestimmten Lebensgestaltung beitragen. Zwar mag man zu Recht argumentieren, es stelle letztlich eine Frage der individuellen Autonomie und der persönlichen Entscheidungsfindung dar, ob eine Person mittels psychoaktiver Substanzen Einfluss auf ihre Gehirnaktivität nehmen möchte.[14] Allerdings mag angezweifelt werden, ob es als autonome Entscheidung angesehen werden kann, seine eigenen Eigenschaften und Fähigkeiten durch pharmakologische Substanzen zu modifizieren um externen Erwartungen oder bestehendem Leistungsdruck zu entsprechen – denn dieser Aspekt spielt zweifellos eine zentrale Rolle beim Einsatz kognitiver Enhancer im beruflichen, schulischen oder universitären Bereich. Demgegenüber mag auf Identität Bezug nehmende Selbstgestaltung hier vielmehr darin gesehen werden, effektiv mit den eigenen körperlichen und mentalen Gegebenheiten und mit der eigenen Begrenztheit umzugehen und sich nicht übersteigerten externen Erwartungen zu unterwerfen.

Im Hintergrund steht bei entsprechenden Überlegungen zudem die Frage nach dem Ausmaß, mit welchem sich eine Person mit sich selbst und ihren jeweiligen individuellen Charakteristika in positiver Weise zu identifizieren vermag im Sinne von: das bin wirklich ich; dieser Mensch mit den und den Verhaltensweisen und Lebenskontexten entspricht tatsächlich mir, meinen eigentlichen Überzeugungen und Wertvorstellungen. Auch das so verstandene Selbstbild ist jedoch nicht statisch, sondern unterliegt über die Zeit hinweg einem gewissen Wandel – nicht zuletzt auch aufgrund von faktisch eingetretenen lebensweltlichen Veränderungen.

Wenn hierbei der Gesichtspunkt des Gleichbleibens, des sich und seinen Eigenschaften im Wesentlichen treu Bleibens, in den Vordergrund gerückt wird, dann liegt beim Auftreten von durch biomedizinischen Verfahren herbeigeführten Veränderungen individueller Charakteristika die Ansicht nahe, dass nun nicht mehr die eigenen,

---

14 W. Sententia, „Neuroethical considerations: Cognitive Liberty and Converging Technologies for Improving Human Cognition", in: *Ann. N.Y.Acad. Sci.*, 1013/2004, S. 221-228; H. Greely, B. Sahakian, J. Harris, R. C. Kessler, M. Gazzaniga, P. Campbell, M. J. Farah, „Towards responsible use of cognitive-enhancing drugs by the healthy"; T. Galert, C. Bublitz, I. Heuser, R. Merkel, D. Repantis, B. Schöne-Seifert, D. Talbot, „Das optimierte Gehirn".

eigentlichen Persönlichkeitscharakteristika vorliegen, sondern dass vielmehr durch die jeweilige Maßnahme eine externe Modifikation erfolgte. Aus diesem Blickwinkel betrachtet impliziert eine entsprechende Vorgehensweise eine Entfremdung vom eigentlichen Selbst oder vom eigentlichen Ich, es resultiert ein unauthentisches Leben.[15] Allerdings wurde von Autoren wie Gerald Dworkin auch eine andere Sichtweise vertreten.[16] Demnach können die Entscheidungen und Handlungen von Personen dann als authentisch bezeichnet werden, wenn sie mit ihren eigentlichen Überzeugungen, Werten und längerfristigen Lebensplänen übereinstimmen. Aus dieser Sichtweise können durch psychoaktive Substanzen herbeigeführte Veränderungen der eigenen individuellen Charakteristika, die den eigenen Wünschen, Vorstellungen und Überzeugungen entsprechen, durchaus authentischen Charakter besitzen.[17]

Vor dem Hintergrund der Tatsache, dass zu Enhancement-Zwecken eingesetzte psychoaktive Substanzen jeweils nur für begrenzte Zeit eingenommen werden und somit auch nur für begrenzte Zeit wirksam sind, stellt sich darüber hinaus eine weitere identitätsbezogene Frage mit vielfältigen Implikationen: Welches Selbstbild, welche Identitätsvorstellung entwickelt eine auf kognitives Enhancement zurückgreifende Person, die realisiert, dass sich unter der Wirkung psychoaktiver Substanzen kognitive Aspekte wie bspw. Wachheit, Konzentrationsfähigkeit, Aktivitätszustand und Stimmung sowie hierdurch beeinflusste Verhaltensweisen in signifikanter Weise von den normalerweise vorhandenen, nicht beeinflussten individuellen Charakteristika unterscheiden?

Wer in Bezug auf Fragen der personalen Identität eine Sichtweise vertritt, welche das Subjekt der Erfahrung betont, wird hier zu einer anderen Einschätzung gelangen als wer eine auf Kriterien wie psychische Konnektivität und Kontinuität rekurrierende Position einnimmt. Während aus Sicht der ersten Position auch über Persönlichkeitsveränderungen hinweg das Weiterbestehen des Subjekts der Erfahrung betont wird und somit identitätsbezogene Fragen nicht problematisiert

---

15 C. Elliott, „The Tyranny of Happiness: Ethics and Cosmetic Psychopharmacology", in: E. Parens (Hrsg.), *Enhancing Human Traits: Ethical and Social Implications*, Washington, D.C. 1998, S. 177-188.

16 G. Dworkin, *The Theory and Practice of Autonomy*, Cambridge 1988.

17 D. DeGrazia, „Prozac, enhancement, and self-creation", in: *Hastings Center Report*, 30(2)/2000, S. 34-40; J.C. Bublitz, R. Merkel, „Autonomy and authenticity of enhanced personality traits", in: *Bioethics*, 23(6)/2009, S. 360-374.

werden, mag bei einer Betonung von durch kognitives Enhancement bewirkten Veränderungen individueller Charakteristika eine Aufspaltung in aufeinanderfolgende Personenabschnitte oder „Iche" nahe liegen, was letztlich die Auflösung eines einheitlichen Selbstkonzepts impliziert.

3. Fazit

Wie anhand der Überlegungen um Identität und Selbstgestaltung im Umfeld von prädiktiver genetischer Diagnostik und kognitivem Enhancement deutlich wurde, stehen bei den entsprechenden Maßnahmen nicht Fragen nach Identität im eigentlichen Sinne im Vordergrund, d. h. Fragen des *Erhalts* oder des *Verlusts* von *Identität*, sondern Überlegungen zum Selbstverständnis, zur Lebensgestaltung sowie zur Bedeutung individueller Charakteristika.

Die identitätsbezogenen Überlegungen können jedoch wichtige Hinweise über den Kontext von auf Selbstgestaltung ausgerichteten nicht-therapeutischen biomedizinischen Maßnahmen geben. Zum einen sind sie relevant in Bezug auf die faktische Bedeutung der nicht hintergehbaren grundlegenden biologischen Randbedingungen. Zum anderen geben sie auf einer reflektierenden Ebene Aufschluss über die Implikationen selbstgestaltender Einflussnahmen für die betreffenden Personen.

Julia Wolf

Neuroenhancement: (K)ein Grund zu Sorge?

Gedanken zur ethischen Einordnung und Bewertung
von pharmakologischen Enhancementmaßnahmen

1. *Einführung und Definitionen*

Der Versuch die geistige Leistungsfähigkeit unseres Gehirns zu verbessern wird gemeinhin mit den Begriffen *Gehirn-Doping, Moodenhancement, Neuroenhancement* oder auch *Cognitive Enhancement* umschrieben. Im weiteren Verlauf wird der Begriff *Neuroenhancement* verwendet, da dieser nicht nur auf einen Wirkungsbereich oder auf einen Teilaspekt einer Veränderung, sondern ganz allgemein auf den Versuch einer *Verbesserung* durch einen Eingriff in das zentrale Nervensystem des Menschen verweist. Unter Neuroenhancement verstehe ich damit zunächst eine individuell oder sozial verstandene Verbesserung oder Steigerung von kognitiven und emotionalen Fähigkeiten und Eigenschaften. Der Begriff Neuroenhancement wird dabei im Allgemeinen als eine qualitative oder quantitative Verstärkung einer Eigenschaft oder eines Zustandes bezeichnet, die zunächst positiv konnotiert ist, in der Nebenbedeutung von „Übertreibung" aber auch einen negativen Beiklang haben kann.[1] Neuroenhancement kann sowohl mit chemischen (psychoaktiven Substanzen) wie auch mit technischen Mitteln mit dem Ziel einer Steigerung von z. B. Gedächtnisleistungen, der Aufmerksamkeit oder aber einer Veränderung der Stimmungen erreicht werden. Zu den mikrotechnischen Möglichkeiten zählen unter anderem die Neuroprothetik, die Magnetresonanzstimulation sowie Mensch-Maschine-Schnittstellen. Enhancement-Maßnahmen werden aufgrund ihrer Zielstellung von medizinisch induzierten Therapiemaßnahmen abgegrenzt. Ihre Abgrenzung ist im Allgemeinen davon abhängig wie die Begriffe „Krankheit" und „Gesundheit" im medizinischen und sozialen Kontext definiert werden und welche anthropologischen, sozialen und psychologischen Vorstellungen wir von Verbesserung und Steigerung von Hirnfunktionen voraussetzen.

---

1   C. Lenk, *Therapie und Enhancement. Ziele und Grenzen der modernen Medizin*, Münsteraner Bioethikstudien. LIT-Verlag, Münster 2002, S. 49.

Juengst gibt zu Bedenken, dass psychosoziale Fähigkeiten und Leistungen des Menschen sich nicht in ein empirisches und objektivierbares Spektrum oder in einer sozialen Norm fassen lassen.[2] Daher kann es auch keine artspezifischen oder normalen psychosozialen Fähigkeiten und kognitiven Leistungen geben. Die Ausführungen von Juengst verdeutlichen die Schwierigkeiten einer Einordnung von Enhancement-Maßnahmen und der sprachlichen Bestimmung dessen, was wir im Kontext möglicher neuronaler sowie kognitiver Veränderungen als normal, überdurchschnittlich oder als Verbesserung verstehen wollen.[3] Eine Grenzziehung hat darüber hinaus Konsequenzen für die Diskussion um die Zulässigkeit eines Neuroenhancements und dessen Umsetzung. Eine Abgrenzung wird vor allem auch deshalb für zentral gehalten, weil die Abgrenzung von therapeutischen gegenüber Enhancement-Maßnahmen zugleich eine Grenzziehung zwischen einer durch das ärztliche Ethos gerechtfertigen medizinischen Behandlung einerseits und ethisch zumindest zweifelhaften Eingriffen sowie einem off-label-use andererseits ermöglichen soll.[4]

Die Problematik, die das Neuroenhancement erzeugt, liegt so zum einen in der ethisch-moralischen Bewertung von Eingriffen, die nicht-medizinischen Zwecken, sondern der Steigerung und Erweiterung menschlicher Fähigkeiten und Eigenschaften in einem sozial definierten Sinne dienen und zum anderen gerade in der begrifflichen Abgrenzung zwischen Therapie und Enhancement, begründet. Der Fokus der weiteren Ausführungen liegt ausschließlich auf den Möglichkeiten eines psychopharmakologischen Enhancements, welches sich in Form einer psychopharmakologischen Steigerung menschlicher Gedächtnisleistungen, einer Erhöhung der Aufmerksamkeit und der Veränderung von Stimmungslagen durch herkömmliche Psychopharmaka bereits aktuell anwenden lässt.[5] Der Begriff Neuroenhancement bezieht sich

2   E. Juengst, „What does Enhancement mean?", in: E. Parens (Hrsg.), *Enhancing Human Traits. Ethical and Social Implications*, Georgetown Univ. Press, Washington D.C. 1998, S. 29-47.
3   E. Juengst, „What does Enhancement mean?", S. 29-47.
4   D. Talbot, J. Wolf, „Dem Gehirn auf die Sprünge helfen. Eine ethische Betrachtung zur Steigerung kognitiver und emotionaler Fähigkeiten durch Neuro-Enhancement", in: J. Ach, A. Pollmann (Hrsg.), *No Body is Perfect, Baumaßnahmen am menschlichen Körper*, Transcript-Verlag, Bielefeld 2006, S. 253-278.
5   Eine von der DAK 2009 durchgeführte Umfrage zum Thema „Doping am Arbeitsplatz" (DAK 2009) zeigt, dass 17 % von 3.000 befragten Versicherten zwischen 20 und 25 Jahren bereits Medikamente zur Verbesserung der geistigen Leistungsfä-

daher im weiteren Verlauf nur auf psychopharmakologische Modifikationen des zentralen Nervensystems. Hier lassen sich zudem die Steigerung von kognitiven Fähigkeiten (kognitives Enhancement) von einer Modifikation von Emotionen und Stimmungen (Mood-Enhancement) unterscheiden. Die Spekulationen über die Wirksamkeit und die Möglichkeiten neuer Psychopharmaka gehen weit auseinander und erzeugen derzeit Uneinigkeit hinsichtlich ihrer ethischen und rechtlichen Einordnung.

2. Ethische Problemsondierung: Die Neuroenhancement-Debatte

In den USA und Europa entwickelte sich vor allem durch die steigende Einnahme von leistungssteigernden Substanzen, wie z. B. Modafinil und Ritalin, in der Bevölkerung zunehmend eine Diskussion über den Einsatz aktueller und zukünftiger Neuroenhancementmethoden und deren moralische und rechtliche Zulässigkeit. Analog zum genetischen Enhancement wurde in diesem Zusammenhang die zentrale Frage aufgeworfen, ob die Ziele und Mittel, die mit einem Neuroenhancement verbunden sind, ethisch legitim sind und inwiefern hier ein gesetzlicher und politischer Handlungsbedarf besteht.[6] Bisher lassen sich in der Diskussion verschiedene Argumentationsstränge erkennen, die sowohl für und gegen derartige Enhancementmaßnahmen sprechen. Befürworter des Neuroenhancements sehen in der Steigerung kognitiver Fähigkeiten lediglich die Verlängerung eines Handlungsspielraumes, der durch die verschiedenen Bildungsmöglichkeiten, durch Lernen und Erziehung, bereits vorgezeichnet ist und sich qualitativ und moralisch nicht signifikant davon unterscheidet.[7] Im Rahmen einer liberalen oder utilitaristischen Auseinandersetzung mit dem Neuroenhancement wird die Frage, ob eine Veränderung des Gehirns und seiner Leistungen generell moralisch zulässig ist, positiv

---

higkeit oder der psychischen Befindlichkeit eingenommen haben. DAK, Schwerpunktthema „Doping am Arbeitsplatz", Gesundheitsreport 2009.

6   S. Rose, „Smart Drugs: Do They Work? Are They Ethical? Will They Be Legal?",
     in: *Nature Reviews Neuroscience*, 3/2002, S. 975-979, und M. J. Farah, „Neurocognitive Enhancement: What can We Do and What Should We Do?", in: *Nature Reviews Neuroscience*, 5/2004, S. 421-425.

7   A. Caplan, „Is better best?", in: *Scientific American*, 289/2003, S. 104.

beantwortet. Es werden dementsprechend lediglich mögliche medizinische Risiken einzelner Verfahren sowie die kulturelle Einbindung von aktuellen und zukünftigen Methoden kontrovers diskutiert. Darüber hinaus werden der gesellschaftliche Nutzen, die Notwendigkeit von gerechten Zugangsbedingungen sowie das mögliche Diskriminierungspotenzial durch sozialen Druck thematisiert. Befürworter rekurrieren dabei vor allem auf den Respekt vor der Selbstbestimmung des Einzelnen, solange die Veränderung freiwillig durchgeführt wird und Dritten nicht schadet. In Deutschland haben sich Wissenschaftler in einem Memorandum der Zeitschrift Gehirn & Geist ähnlich geäußert: Sollte es möglich sein, nebenwirkungsarme und hochwirksame Enhancer zu erschaffen, dann wäre ein liberaler und gerechter Umgang mit derartigen Substanzen auch in Deutschland denkbar, so das Fazit.[8] Gegenwärtige Diskussionen zum Thema erwecken daher oft den Anschein, dass die Frage nach der ethischen Zulässigkeit des Neuroenhancements bereits geklärt ist und nur noch die notwendigen sozialen und rechtlichen Rahmenbedingungen zur Disposition stehen.

Kritiker des Neuroenhancements befürchten auf der anderen Seite, dass aktuelle und vor allem zukünftige Maßnahmen die Persönlichkeit einzelner Menschen in Frage stellen und die personale Identität und Authentizität einer Person verletzen könnten.[9] Der mögliche Verlust von Autonomie, Verantwortung und der Authentizität einer Person steht im Fokus ihrer aktuellen Diskussionen. Die Verbesserung von kognitiven Fähigkeiten und psychischen Befindlichkeiten könnte, so Fukuyama, letztlich sogar zu einem Verlust des Menschseins führen, da sich der Mensch den zur Verfügung stehenden „Anthropotechniken" unterordnet.[10] Als Anthropotechnik werden in diesem Kontext Methoden verstanden, die konkrete Defekte und Defizite beim einzelnen Menschen ausgleichen und das Projekt eines Sich-Selbst-Entwerfens und einer Perfektionierung des Menschen unterstützen können.[11] Habermas spricht im weiteren Kontext des „Human Enhance-

8   T. Gallert, C. Bublitz, I. Heuser, R. Merkel, D. Repantis, B. Schöne-Seifert, D. Talbot, „Memorandum: Das optimierte Gehirn", in: Gehirn und Geist 11, 2009, S. 40-48.

9   E. Parens, „Is better Always Good? The Enhancement-Project", in Parens (Hrsg.), Enhanceing Human Traits. Ethical and social implications, Georgetown University Press, Washington 1998, S. 1-28.

10 F. Fukuyama, Das Ende des Menschen. Deutsche Verlagsanstalt, Stuttgart/München 2002.

11 K. Bentele, „Neurotechnologie und Ethik", in: W. Beer, P. Markus, K. Platzer (Hrsg.), Was wissen wir vom Leben? Wochenschau-Verlag, Schwalbach 2003, S. 333-344.

ment" von einem Verlust oder der Zerstörung der menschlichen Natur.[12] Engels betont im Kontext des Neuroenhancements demgegenüber jedoch, dass sich die Natur ohne zusätzliche normativen Prämissen nicht als Grundlage der Ableitung von Urteils- und Handlungsnormen für einen ethisch vertretbaren Umgang mit ihr in Anspruch nehmen lässt.[13]

In den Argumentationssträngen von Befürwortern und Gegnern wird deutlich, dass sowohl die Mittel, wie auch die Ziele und damit einhergehenden Folgen des Neuroenhancements aus moralischer Sicht unterschiedlich bewertet werden können. Die Zielsetzung, sich als Individuum verbessern oder weiterentwickeln zu wollen, ist dabei nicht spezifisch für den Kontext des Neuroenhancements. Ein Aspekt der moralischen Einordnung bezieht sich in diesem Zusammenhang auf die Frage, ob der Einsatz eines *künstlichen* Mittels zur Veränderung von Stimmungen und kognitiven Leistungen von der Steigerung eigener Fähigkeiten durch Ausbildung, Training oder Ernährung aus moralischer Sicht zu unterscheiden ist. Im Zentrum einer derartigen Betrachtung stehen deshalb die innerhalb der bisherigen Diskussion erzeugten konzeptuellen Gegensätze zwischen „künstlichen" und „natürlichen" Fähigkeiten und Stimmungen, zwischen „eigenen" und „fremden" Eigenschaften und Verhaltensweisen und deren Bedeutung und Nützlichkeit für die weitere Diskussion. Darüber hinaus stellt sich die Frage, ob Möglichkeiten des Neuroenhancements vorhandene und anerkannte moralische Werte und soziale Normen verletzen und sich langfristig auf unser Zusammenleben und den gegenseitigen Respekt der Mitglieder einer Gesellschaft auswirken werden.

In den aufgeführten Argumentationen von Befürwortern wie auch Gegnern werden dabei meiner Meinung nach implizit Vorannahmen zum Ausdruck gebracht, die in die Bewertung der individuellen, sozialen und anthropologischen Folgen des Neuroenhancements direkt einfliessen, aber nicht immer ausreichend begründet werden. Dazu gehört zum Beispiel die Annahme einer hohen, selektiven Wirksamkeit von Enhancern, deren medizinischen Unbedenklichkeit sowie die Voraussetzung, dass wir das menschliche Gehirn auf Ebene der Informationsverarbeitung und den damit korrelierten kognitiven und

---

12 J. Habermas, *Die Zukunft der menschlichen Natur. Auf dem Weg zu einer liberalen Eugenik?*, Frankfurt/M 2002.

13 E.-M. Engels, „Was und wo ist ein naturalistischer Fehlschluss? Zur Definition und Identifikation eines Schreckgespenstes der Ethik", in: C. Brad, E.-M. Engels, A. Ferrari, L. Kovács (Hrsg.), *Wie funktioniert Bioethik?*, Paderborn 2008, S. 125–141.

emotionalen Fähigkeiten bereits gut genug verstehen, um es in einer ganz konkreten Funktion beeinflussen zu können. Im weiteren Verlauf möchte ich daher prüfen, inwiefern die Vorannahmen zutreffen und ob sich diese aus neurowissenschaftlicher und ethischer Sicht rechtfertigen lassen. Dies möchte ich durch einen Vergleich des pharmakologischen Neuroenhancements mit Dopingmaßnahmen im Sport einerseits und illegalem Drogenkonsum anderseits weiter erörtern. Der Vergleich soll dabei vor allem auf die Frage eingehen, warum wir im Neuroenhancement per se etwas Gutes erkennen und inwiefern sich psychopharmakologisches Enhancement von anderen Formen einer geistigen oder körperlichen Veränderung im Sinne einer *Verbesserung* oder *Optimierung* unterscheiden. Letztlich geht es dabei gerade auch um die Kernfrage, ob das Neuroenhancement und hier das pharmakologische Neuroenhancement qualitativ neuartige ethische Fragestellungen aufwirft und damit eine „Sonderstellung" und „Sonderbehandlung" rechtfertigt. Diese Frage muss sicher auch im Rahmen der von Georg Northoff[14] postulierten „Sonderstellung des Gehirns" und der Bedeutung die das Gehirn für das menschliche Selbstverständnis besitzt diskutiert werden.

Im Folgenden möchte ich daher zusammenfassend auf folgende Fragen im Kontext des pharmakologischen Enhancements näher eingehen: 1.) Was wissen wir bisher über die Wirksamkeit und mögliche Nebenwirkungen von aktuell verfügbaren Enhancern? 2.) Wie oder warum unterscheiden sie sich von anderen Strategien zur Optimierung des Menschen, wie z. B. dem Doping im Leistungssport oder der Einnahme illegaler Drogen bzw. legaler psychotroper Substanzen? 3.) Kommt der pharmakologischen Veränderung des Gehirns aus ethischer und anthropologischer Sicht dabei eine Sonderstellung zu? Durch die Fokussierung auf diese Aspekte ist es aus zeitlichen Gründen leider nicht möglich in diesem Beitrag weitere der bereits vorgestellten Aspekte der Neuroenhancement-Debatte sowie die Abgrenzung zwischen Enhancement- und Therapiemassnahmen zu vertiefen.

Die angesprochenen Fragen tragen jedoch aus meiner Sicht dazu bei die aktuelle Debatte zu reflektieren und um zusätzliche Aspekte zu erweitern.

14 G. Northoff, J. Witzel, B. Bogerts, „Was ist Neuroethik – eine Disziplin der Zukunft?", in: *Nervenarzt* 77, 2006, S. 5-11.

3. Wirkungen und Studien zum pharmakologischen Neuroenhancement

Die gegenwärtigen Anwendungsziele des Neuroenhancements beziehen sich auf eine Veränderung von Persönlichkeitseigenschaften, Stimmungen und kognitiven Fähigkeiten, über die der Mensch bereits in einem gewissen Maß verfügt. Der gegenwärtige Fokus liegt daher klar auf dem kognitiven Enhancement, mit welchem eine Erhöhung der Gedächtnisleistung, der Aufmerksamkeit, der Konzentrationsfähigkeit sowie eine verlängerte Phase von Wachheit bzw. der Wachzeit erzielt werden soll. Dazu gehören derzeit Medikamente aus der Gruppe der Stimulanzien und der Antidementiva sowie Proteine und Neuropeptide. Die bisher überwiegend medizinisch indiziert eingesetzten Substanzen aus diesen Gruppen sind Donepezil (Antidementiva), Modafinil (Vigil®), Methylphenidate (Ritalin®), Dopaminantagonisten, die derzeit auch nicht indiziert (off-label-use) von Gesunden genutzt werden. Bei der Einnahme von z. B. Ritalin versprechen sich User eine erhöhte Aufmerksamkeitsleistung und eine bessere Fokussierung auf Aufgaben. Der Wirkstoff, Methylphenidat ist ein Psychostimulanz, das letztlich zu einem Anstieg der Dopaminkonzentration im synaptischen Spalt führt. In der Neurobiologie wird eine Erhöhung der Dopaminkonzentration mit einem belohnenden Effekt in Verbindung gebracht. Der belohnende Effekt einer Substanz wird aber gerade auch als eine notwendige Voraussetzung für das Suchtpotential einer Substanz angesehen. In einer Reihe von Studien konnte bereits ein erhöhtes Suchtpotenzial bei Tieren wie auch Menschen, die mit Methylphenidat vorbehandelt waren, nachgewiesen werden.[15]

Die positive Wirkung von Methylphenidat auf gesunde Probanden ist wissenschaftlich umstritten. So gehen Metha et al von einer signifikanten Leistungssteigerung bei Aufgaben aus, die das räumliche Gedächtnis involvieren.[16] Schermer et al berichten dagegen, dass in Studien mit Ritalin bei gesunden Probanden keine Steigerungen der

---

15 M. Huss, U. Lehmkuhl (in press), *Methylphenidate and substance abuse: A review of pharmacology, animal, and clinical studies. J Attent Disord.* S. H. Kollins, E. K. MacDonald, C. R. Rush, „Assesing the abuse potential of methylphenidate in non-human and human subjects: a review", in: *Pharmacol, Biochem Behav,* 68, 2001, S. 611-627.

16 M. A. Metha, A. M. Owen, B. J. Sahakian, „Methylphenidate enhances working menory by modulating discrete frontal and parietal lobe regions in the human brain", in: *J. Neurosci* 20, 2000, S. 65.

Konzentration und Aufmerksamkeit nachgewiesen werden konnte[17]. Einige Studien weisen sogar darauf hin, dass Methylphenidat langfristiges Lernen eher behindern könnte[18].

Modafinil (Vigil®, Porvigil®) ist für die Behandlung von Narkolepsie und Schlafstörungen entwickelt worden. Es dient eigentlich der Bekämpfung krankhafter Tagesmüdigkeit und Erschöpfungszuständen. In Deutschland ist der Wirkstoff Modafinil gesetzlich als Betäubungsmittel klassifiziert und fällt damit unter das Betäubungsmittelgesetz. In Experimenten mit Mäusen konnte gezeigt werden, dass Modafinil Lernprozesse positiv beeinflusst. Hall berichtet, dass Modafinil auch zur Stimmungsverbesserung verwendet werden kann (Mood-Enhancement). Modafinil ist zudem inzwischen auf die Liste der verbotenen Dopingmittel im Sport gesetzt worden, nachdem einige Athleten positiv darauf getestet wurden.[19] Stimulanzien wie Modafinil oder Ritalin wirken sich bei Gesunden, wenn überhaupt, eher auf die Wachheit, die innere Erregung (engl. Arousal) und die Motivation aus. Quednow bezeichnet sie daher als Enhancer zweiter Ordnung, die sich aus Gründen der Klarheit besser als Vigilance- oder Motivation-Enhancer beschreiben lassen.[20]

Einen weiteren Ansatzpunkt zur Verbesserung von Lern- und Gedächtnisleistungen bieten die sogenannten CREB-Proteine (*cyclo- AMP response element binding protein*) auch als second messenger bezeichnet, die darauf abzielen die Ausbildung des Langzeitgedächtnisses für Lerninhalte zu beschleunigen. Hierzu gehört beispielsweise die Substanz Rolipram, ein Phosphodieseraseinhibitor. Bei einer Gabe von Rolipram konnte bei Mäusen eine Erhöhung der Lernfähigkeit nachgewiesen werden.[21] Die Firma *Helicon Therapeutics* zielt ebenfalls auf die Beeinflussung der CREB-Proteine; sie forscht jedoch zusätzlich auch

17 M. Schermer, I. Bolt, R. de Jongh, B. Olivier, „The Future of Psychopharmacological Enhancement: Expectations and Policies", in: *Neuroethics* 2, 2009, S. 75-87.
18 R. Elliott, B. J. Sahakian, K. Matthews, „Effects of methylphenidate on spatial working memory and planning in healty young adults", in: *Psychopharmacology* 131, 1997, S. 196-206.
19 C. Normann, I. Boldt, G. Maio, M. Berger, „Möglichkeiten und Grenzen des pharmakologischen Neuroenhancements", *Nervenarzt* 2009, S. 1-9.
20 B. B. Quednow, „Neurophysiologie des Neuro-Enhancements: Möglichkeiten und Grenzen", in: *SuchtMagazin 2* 2010, S.19-25.
21 M. Barad, R. Bourtchoulasze, D. Winder, „Rolipram, a type IV-specific phosphodiesterase inhibitor, facilitates the establishment of long-lasting long term potentiation and improves memory", in: *Proc. Natl. Acad Sci 95*, 1998, S. 15020-15025.

an CREB-hemmenden Wirkstoffen, um die Gedächtnisbildung zu unterdrücken und so z. B. die Erinnerung an traumatische Erlebnisse zu blockieren.

Quednow berichtet darüber hinaus, dass sich in den bisherigen Studien zum kognitiven Enhancement eine Verbesserung einzelner kognitiver Leistungen vor allem bei Personen mit einer niedrigen intellektuellen Basisleistung aufzeigen lässt. Personen mit höheren intellektuellen Kapazitäten weisen dagegen oft eine schlechtere kognitive Leistungsfähigkeit in Tests auf.[22]

Dagegen erhält das Mood-Enhancement, welches vor allem durch das Medikament Prozac® (Fluoxetin) bzw. Serotonin-Wiederaufnahmehemmer (SSRI) aber auch β-Blockern (z. B. Metoprolol) und Neuropeptiden thematisiert wird, sowohl in ethischen, rechtlichen wie auch fachlichen Diskussionen derzeit weniger Aufmerksamkeit.[23] SSRIs werden üblicherweise zur Behandlung von Depressionen, aber auch von Angst- und Zwangsstörungen eingesetzt. In Tierexperimenten regt der Wirkstoff Fluoxetin außerdem die Bildung von Nervenzellen im Hippocampus an. Dieser Gehirnregion ist u. a. daran beteiligt, dass Lerninhalte vom Kurzzeit- ins Langzeitgedächtnis gelangen. Eine weitere Gruppe stellen die Neuropeptide dar, die unter anderem auch zum Zweck eines Mood-Enhancements genutzt werden können. Ein Beispiel ist Oxytocin, ein zyclisches Peptid, welches normalerweise die Uteruskontraktionen und die Milchproduktion bei Säugetieren stimuliert. Es wird unter dem Begriff „Kuschelhormon" als eine Möglichkeit von Mood-Enhancement diskutiert. Das Peptid kann offensichtlich eine Regulation des Sozialverhaltens durch die Verminderung des Cortisolspiegels unter Stress bewirken.[24]

22 B. B. Quednow, „Neurophysiologie des Neuro-Enhancements: Möglichkeiten und Grenzen", S. 19-25.
23 M. Schermer, I. Bolt, R. de Jongh, B. Olivier, „The Future of Psychopharmacological Enhancement: Expectations and Policies", S. 75-87.
24 B. Ditzen, M. Schär, B. Gabriel, G. Bodenmann, U. Ehlert, M. Heinrichs, „Intranasal Oxytocin Increases Positive Communication and Reduces Cortisol Levels during Couple Conflict", in: Biological Psychiatry,10, 2008.

4. Zu Risiken und Nebenwirkungen ...

Neben den erwünschten Effekten einer Leistungssteigerung und Veränderung des emotionalen Zustandes einer Person, lassen sich bereits
heute mögliche Nebenwirkungen und Risiken dieser Verfahren aufzeigen. Antidepresssiva weisen zum Beispiel immer noch eine ganze
Reihe von direkten Nebenwirkungen auf. Dazu gehören unter anderem Kopfschmerzen, Übelkeit, Schlafstörungen, Nervosität sowie
Störungen der Sexualfunktionen. Aber auch in der Gruppe der Stimulanzien und Antidementiva gibt es Zweifel an ihrer Unbedenklichkeit.
Die Erhöhung der Aufmerksamkeit durch Substanzen wie Modafinil
kann beispielsweise auch gerade zu einer reduzierten Filterfähigkeit
des Gehirns für eingehende Informationen führen und die Konzentrationsfähigkeit eines Menschen so senken.[25] Mögliche Nebenwirkungen einer gezielten Veränderung von neuronalen Prozessen werden auch im Tierversuch deutlich. Gentechnisch veränderte Mäuse,
deren Lernfähigkeit über die Modulation der physiologischen Aktivität im Hippocampus erhöht werden konnte, wiesen zugleich ein
ausgeprägtes Schmerzgedächtnis und eine allgemeine Schmerzüber-
empfindlichkeit auf.[26] Es könnte demnach sein, dass sich eine ähnliche
Modulation der Schmerzempfindung auch nach einer langfristigen
Einnahme beim Menschen finden lässt. Die Beispiele zeigen, dass in
Folge des Einsatzes von leistungssteigernden Methoden und Substanzen mit Auswirkungen auf andere kognitive und emotionale Fähigkeiten und Eigenschaften gerechnet werden muss.[27] Der Gedächt-
nisforscher James McGaugh gibt zu Bedenken, dass die Folgerung „ein
gutes Gedächtnis ist gut, ein verbessertes Gedächtnis noch besser"
nicht notwendigerweise richtig und daher kritisch zu hinterfragen ist.
„Our capacity to form and store more memories might leave us too
focused on the past, which might alter our phenomenological experience of persisting from the past to the future".[28] Ein überdurch-
schnittliches Gedächtnis könnte so die Flexibilität und Anpassungs-

25 P. R. Wolpe, „Treatments, Enhancement, and the ethics of neuroprothetics", in: *Brain
    and Cognition* 50, 2002, S. 387-395.
26 Y. Tang, E. Shimizu, J .Z. Tsien, „Do smart mice feel more pain or are they just
    better learners", in: *Nature Neuroscience* 4, 2001, S. 453.
27 Vgl. dazu P. R. Wolpe, „Treatments, Enhancement, and the ethics of neuropro-
    thetics", S. 387-395.
28 J. McGaugh, *Memory and emotions: The making of lasting memories*, New York,
    Columbia University Press, 2003.

fähigkeit an neue Situationen gerade beeinträchtigen. Unklar bleibt auch, welche Auswirkungen die langfristige Einnahme von leistungssteigernden Substanzen auf die genetische Regulation von Neurotransmittern besitzen und welche strukturellen Veränderungen im Gehirn dadurch langfristig zu erwarten sind. Ein längerer Gebrauch von Neuropsychopharmaka könnte beispielsweise zu einer Rezeptor-down-Regulation an Nervenzellen führen und damit zu einem Wirkungsverlust der Substanz. Des Weiteren existieren nur wenige Daten zum Suchtpotential und dem Risiko einer psychischen Abhängigkeit für die aktuellen Enhancer. Erste Studien mit dem Wirkstoff Methylphendiat verweisen bereits auf die Möglichkeit einer Suchtentwicklung und einer möglichen Missbrauchsgefahr, vor allem bei gesunden Menschen. Ein weiteres Problem könnten Arzneimittelinteraktionen bei den Konsumenten darstellen, die zu mehreren Neuroenhancern greifen oder bereits andere Medikamente regelmäßig einnehmen. Die langfristigen Risiken und Nebenwirkungen von kognitiven und emotionalen Enhancern sind daher derzeit schwer abschätzbar. Förstl schreibt hierzu: „Die meisten der bisher vorgelegten Studien nehmen überhaupt keinen Bezug auf mittel- und langfristige Effekte innerhalb des gemessenen neuropsychologischen Leistungsbereichs oder auf Einbußen in anderen Bereichen des Erlebens und Verhaltens".[29] Vorstellbar wäre hierbei gerade auch eine Zunahme an neuropsychiatrischen Erkrankungen.

Den Nebenwirkungen und möglichen Risiken stehen im Moment nur moderat wirksame Enhancer gegenüber, die die hohen Erwartungen der neuen Life-Style-Medikamente bisher jedenfalls nicht wirklich erfüllen können. Es liegt demzufolge nahe, dass einige der von Nutzern beschriebenen positiven Wirkungen von aktuell anwendbaren Enhancern wie Ritalin und Modafinil auf Placeboeffekte hindeuten könnten. Es stellt sich darüber hinaus die Frage, ob die Steigerung einzelner kognitiver Merkmale, wie die der Aufmerksamkeit und einer besseren Gedächtnisleistung hinreichende Bedingungen dafür sind, eine komplexe Aufgabe nicht nur schneller, sondern vor allem auch qualitativ besser lösen zu können. Die von Quednow vorgeschlagene Einordnung von Enhancern in sekundäre Enhancer oder Enhancer zweiter Ordnung, die jeweils nur an den Voraussetzungen unseres Denkens und Erlebens ansetzen, indem sie Wachheit, Arousal und

29 H. Förstl, „Neuro-Enhancement: Gehirndoping", in: *Nervenarzt* 80, 2009, S. 840-846.

Motivation fördern, hat damit sicher eine Berechtigung. Die Steigerung der Leistungsfähigkeit scheint sich in aktuellen Enhancementdiskussionen hauptsächlich auf eine Steigerung des Durchhaltevermögens, der Konzentrationsfähigkeit und letztlich der Effizienz zu beziehen, die so scheint es zum Erfolg und zur sozialen Anerkennung beiträgt. Eine Steigerung komplexen und assoziatives Denkens oder der Kreativität ist vermutlich allein aus empirischer Sicht dagegen schwer erfassbar. Die bisherigen Studien lassen damit auch erkennen, dass wir im Rahmen der Diskussion um das Neuroenhancement auch den kognitiven Leistungsbegriff näher bestimmen und zur Diskussion stellen müssen.

Letztlich könnte man aufgrund der Gesamtkapazität und Plastizität des Gehirns auch erörtern, ob es langfristig überhaupt möglich ist, kognitive Leistungen nennenswert zu steigern. So wäre es auch denkbar, dass jede Person eine individuelle Grenze in ihrer kognitiven Leistungsfähigkeit besitzt, die sich in Bezug auf das qualitative Ergebnis einer Leistung und vor allem im Hinblick auf die Gesamtleistung des Gehirns nicht weiter ausbauen lässt. Damit wäre dann die generelle Realisierbarkeit einer Optimierung des Gehirns, zumindest durch pharmakologische Maßnahmen in Frage gestellt.

Eine daran anschließende Frage ist daher, welche individuellen und sozialen Vorteile wir von einem pharmakologischen Neuroenhancement tatsächlich erwarten können und inwiefern sich dieses von anderen, vergleichbaren Formen geistiger und körperlicher Veränderungsmaßnahmen unterscheidet.

5. Gibt es relevante Unterschiede zwischen Neuroenhancement, Dopingmaßnahmen und Drogenkonsum?

Vergleichbare Maßnahmen sollten gleich behandelt werden, es seitdem ihre Ungleichheit kann entsprechend ausgewiesen und begründet werden. Unterschiedliche Enhancement-Maßnahmen werden jedoch derzeit rechtlich wie auch moralisch unterschiedlich bewertet, ohne dass die Gründe hierfür hinreichend bekannt sind.[30] Dies mag unter anderem an den bereits erwähnten unterschiedlichen und implizit vor-

---

30 S. Beck, „Enhancement – die fehlende Debatte einer gesellschaftlicher Entwicklung, in: *MedR*, 2006, Heft 2.

handenen Vorannahmen liegen, die vor allem in die öffentliche Diskussion des Neuroenhancements eingebracht und nicht weiter reflektiert
werden. Racine und Forlini beschreiben unterschiedliche Denkmuster,
die im Rahmen von Doping, dem Missbrauch von Drogen und Psychopharmaka sowie dem Neuroenhancement benutzt werden.[31] Für
die Autoren unterliegen die Einordnung und Bewertung der genannten Maßnahmen unterschiedlichen Denkmustern, die jedoch vor allem
in ihrer Abgrenzung voneinander begründungsbedürftig sind: 1.) Missbrauch von verschreibungspflichtigen Medikamenten und illegalen
Drogen, der meist aus einer Public-Health-Perspektive erfolgt und vor
allem den Schutz der Bevölkerung sowie die Schadensvermeidung in
den Vordergrund stellt. Im Rahmen dieses klassischen Paradigmas werden vor allem die Handhabung von illegalen Drogen und der Missbrauch von Psychopharmaka diskutiert. 2.) Kognitives Enhancement,
welches Grundlage für wissenschaftliche Diskussionen darstellt und
vor allem die positiven Vorannahmen und Erwartungen eines nicht-
medizinisch indizierten off-label-use in der Vordergrund stellt und
neue Möglichkeiten einer individuellen und gesellschaftlichen Leistungssteigerung thematisiert; und 3.) Life-Style-Medikamente die vor
allem in den Medien thematisiert werden und bisher verschreibungs-
pflichtige Medikamente mit verschiedensten Angriffsorten (Gehirn,
Hormone, Sexualorgane) schlicht als Lifestyle-Produkte und „smart
drugs" bezeichnen und vor allem auf das Prinzip der personalen Autonomie und individuellen Wahlmöglichkeiten rekurrieren sowie im
Sinne einer wunscherfüllenden Medizin das Selbstverständnis von
ÄrztInnen thematisieren. Die Einordnung in ein Denkmuster trägt
laut Racine und Forelini maßgeblich zu einer unterschiedlichen moralischen Bewertung bei. Es verengt darüber hinaus den Fokus auf
bestimmte Fragestellungen und rückt jeweils spezifische Interessens-
gruppen in den Vordergrund und erzeugt gerade dadurch, so die
Autoren, ethische und rechtliche „blind spots". Auffällig ist dabei
beispielsweise wie selten das Suchtrisiko und die psychische Abhängigkeit in Bezug auf die beiden *modernen* Paradigmen des kognitiven
Enhancements und der Life-Style-Medizin angewandt und wissenschaftlich diskutiert werden. Und dies obwohl bekannt ist, dass gerade
der langfristige Missbrauch von gängigen Psychopharmaka ein aktuell großes Problem der Suchtmedizin darstellt.

---

31 E. Racine, C. Forelini, „Cognitive enhancement, Lifstyle Choice or missuse of pre-
    scription drugs? Ethics blind spots in current debates", in: *Neuroethics 3*, 2010, S. 1-4.

Es ist daher zu diskutieren, inwiefern sich das Neuroenhancement tatsächlich von anderen Enhancementformen und einem Arzneimittelmissbrauch unterscheidet und ob derartige Unterschiede als ethisch wie rechtlich relevant für die Bewertung und eine mögliche Gesetzgebung gelten können. Anhand dieser Frage lassen sich dann weitere bereits angesprochene Aspekte und Überlegungen des Neuroenhancements weiter verfolgen.

Im Folgenden sollen vor allem vergleichbare Maßnahmen betrachtet werden, die bereits im Kontext des Neuroenhancements als Referenzpunkte dienen, wie dies für das Doping im Sport (Bodyenhancement) sowie den legalen und illegalen Konsum von psychoaktiven Substanzen gilt. Darüber hinaus werden bei diesen drei Arten der körperlichen und geistigen Manipulation ähnliche oder sogar gleiche Substanzgruppen genutzt. Ampethamine zum Beispiel gelten zugleich als verbotenes Dopingmittel im Sport, als illegale Droge und im Sinne eines Aufputschmittels als kognitives Enhancement. Je nach Verwendung und dem gewählten Denkmuster scheinen diese Substanzen jedoch unterschiedlichen moralischen Bewertungen ausgesetzt zu sein. Warum ist das so und lässt sich dies ausreichend begründen?

Während Doping im Sport und auch der Konsum von illegalen und legalen Drogen rechtlich verboten bzw. eingeschränkt (z. B. Rauchverbote, Altersbeschränkungen) sind, steht man dem Neuroenhancement in gegenwärtigen Diskussionen dagegen positiver gegenüber. Rechtliche Grenzen sind bisher nur in Form des Betäubungsmittel- und Arzneimittelgesetzes gegeben. Im Vergleich zu den bereits diskutierten Neuroenhancern wirken Dopingsubstanzen und Drogen im Sinne der intendierten Wirkung im Moment effektiver als sich dies in Studien zur Wirkung von gegenwärtig zur Verfügung stehendem Enhancement zeigen lässt (siehe 3.). Die langfristigen Gesundheitsrisiken und das Selbstschädigungspotenzial durch legale wie auch illegale Drogen sowie für die gelisteten Dopingsubstanzen sind zudem hinreichend bekannt und dokumentiert. Zu den Risiken des Neuroenhancements liegen dagegen noch keine validen Daten vor. Dies liegt sicher daran, dass langfristig ausgelegte Studien mit Neuroenhancern bei gesunden Menschen selbst als ethisch fragwürdig einzustufen sind und dass bisher noch keine aussagekräftigen Ergebnisse zu den langfristigen Wirkungen von Neuroenhancern durch einen off-label-use bei Gesunden dokumentiert sind. Das Schadensprinzip bzw. die Selbstschädigung wird im Kontext des Neuroenhancements daher zunächst vernachlässigt; dies ist allerdings durchaus kritisch zu hinterfragen. Durch den Ausschluss des Schadensprinzips für Konsumenten oder Dritte wird auch das Argument einer staatlichen Fürsorgepflicht zum Schutz des Einzelnen nur ansatzweise bzw. nur von Gegnern des Neuroenhancements in die Diskussion eingebracht. Letzteres würde dem Denkmuster „Missbrauch von verschreibungspflichtigen Medikamenten" entsprechen.

Doping im Sport wird im internationalen Kontext offiziell abgelehnt. Die Argumente für ein Verbot von leistungssteigernden Substanzen im Sport und die damit verbundenen Sanktionen fokussieren zum einen auf die bekannten Gesundheitsrisiken und zum anderen auf die im Sport implementierten Ideale der Fairness, Chancengleichheit und der Anstrengung, ohne sich dabei einen regelwidrigen Vorteil gegenüber Mitstreitern zu erkaufen („spirit of sport"). Auch wird befürchtet, dass Doping zu einer künstlichen Anhebung des Leistungsniveaus führen könnte, welches nur durch Dopingsubstanzen aufrechterhalten werden kann. Dass eine gesundheitsschädigende und „unfaire" Verhaltensweise zur Voraussetzung für Konkurrenzfähigkeit im Leistungssport und bei Wettkämpfen führt, erscheint im Rahmen von sportlichen Wettkämpfen gesellschaftlich zumindest offiziell nicht akzeptabel. Die sportlichen Ideale erscheinen jedoch vor dem Hintergrund vieler positiver Dopingtests, den stetig steigenden Anforderungen an die Athleten und einer weit verbreitenden „Siegermentalität" als Illusion und Doppelmoral. Auch eine weitere Form des Dopings, nämlich das Gen-Doping hat längst Eingang in die Sportwelt genommen. Genau wie im Sport werden auch im Kontext von kognitiven Leistungsprüfungen und Bildungsangeboten faire Zugangsbedingungen und Chancengleichheit eingefordert. So könnte laut Befürworter eine Chancengleichheit durch eine Verbesserung der kognitiven Leistungsfähigkeit bei Kindern oder Erwachsenen befördert werden, indem man von der Natur weniger begünstigte hinsichtlich ihrer kognitiven Fähigkeiten verbessern und damit ihre Chancen in Ausbildung und Beruf erhöhen könnte. Von Kommunitaristen wird im Sinne eines sozialen Gleichgewichts von kognitiven Fähigkeiten sogar gefordert, Neuroenhancement nur in Fällen zuzulassen, wo bereits Leistungsdefizite oder Leistungsnachteile bestehen. In den bisherigen Studien zeichnet sich, wie bereits erwähnt, tatsächlich ab, dass eine Verbesserung einzelner kognitiver Leistungen vor allem bei Personen mit einer niedrigen intellektuellen Basisleistung zu beobachten ist. Stehen Neuroenhancer allen autonomen und erwachsenen Personen zur Verfügung ist jedoch auch im Kontext der kognitiven

Leistungssteigerung zu diskutieren, ob dies zu einer künstlichen Anhebung des Leistungsniveaus und damit zu einem sozialen Druck
führen könnte. Voraussetzung dafür ist natürlich, dass zukünftige Substanzen im Sinne der intendierten Wirkung effektiver einsetzbar sind.
Zudem müssen gleiche Zugangsbedingungen nicht notwendigerweise
zu gleichen oder sogar besseren Ergebnissen für Einzelne führen. Individuelle Unterschiede und Ausgangsbedingungen scheinen beim
pharmakologischen Enhancement im Vergleich zum körperlichen Enhancement wesentlich relevanter zu sein und maßgeblich zum Endergebnis in einem kognitiven Leistungstest beizutragen.[32] Außerdem
wird im Kontext des Sports längst diskutiert, ob das Ziel und der
gesellschaftliche Wert eines Wettkampfes allein im Erreichen immer
neuer Rekorde liegt, oder darüber hinaus nicht gerade auch der Weg
zum Erfolg einen relevanten Wert darstellt. Anders gefragt, stellen
Training, Übung und das Überschreiten eigener Grenzen einen eignen
Wert bzw. eine wertzuschätzende Erfahrung dar? Die Frage nach der
moralischen Bedeutung der eingesetzten Mittel erhält im Sport daher
eine zentrale Bedeutung. Die Einnahme von Dopingmitteln im Sport
wird dabei als Betrug im doppelten Sinne verstanden. Zum einen als
unlauterer Vorteil gegenüber Mitstreitern und zum anderen als Betrug an sich selbst und der eigenen persönlichen Weiterentwicklung.
Es ist jedoch legitim zu fragen, ob diese Argumentation nicht auch
auf das Neuroenhancement zutrifft. Berauben wir uns mittels Pillen
den eigentlichen Erfahrungen des aktiven Lernens und der Erarbeitung eines Problems sowie der intensiven Beschäftigung mit einem
Sachverhalt? Mit den bisherigen sekundären Enhancern ist dies vermutlich nicht der Fall. Befürworter von Neuroenhancement-Maßnahmen sehen jedoch generell kein Problem in der Wahl der eingesetzten Mittel.[33] Sie verweisen auf die bereits im Kontext der
Ausbildung und Arbeitswelt zugelassenen „künstlichen Hilfsmittel"
(Taschenrechner, Computer, Nachschlagewerke, Roboter etc.), die dem
Ziel der Beschleunigung von Arbeitsaufgaben und der Effizienzsteigerung dienen. Allein die „Künstlichkeit" der Mittel sei daher kein
tragbares Argument. Doch es geht nicht nur um die Wahl der Mittel,
sondern auch um den Erfahrungswert und die soziale Funktion der

32 Vgl. dazu W. Glannon, „Psychopharmacological Enhancement", in: *Neuroethics* 1,
    2008, S. 45-54, und B. B. Quednow, „Neurophysiologie des Neuro-Enhancements:
    Möglichkeiten und Grenzen", S. 19-25.
33 A. Caplan, „Is better best?", S. 104.

eingesetzten Mittel.[34] So scheinen wir bestimmte Tugenden im Kontext des Lernens und auch im Sport sozial wertzuschätzen. Der Preis oder die Belohnung beziehen sich so in vielen Wettbewerbssituationen nicht nur auf das Ergebnis allein, sondern auch auf die Mühe, Vorbereitung sowie die damit verbundenen Erfahrungen und Erkenntnisse. Dies trifft auch auf kognitive Fähigkeiten zu. So kann man zum Beispiel die Nutzung des automatischen Rechtschreibprogrammes einer Software als durchaus hilfreich und zeitsparend erachten. Dennoch wäre es wohl wenig wünschenswert, wenn wir unsere Kenntnisse der Rechtschreibung durch derartige Programme völlig ersetzen würden und nicht mehr in der Lage wären, korrekt zu buchstabieren.

Beim Konsum von legalen und illegalen Drogen liegt die dahinter stehende Intention dagegen meist in der kurzweiligen Entspannung, Beruhigung, Bewusstseinserweiterung oder dem kurzen Gefühl eines Glücksmomentes. In Diskussionen zum Drogenkonsum werden traditionell vor allem Argumente der Selbstschädigung, der Schädigung Dritter, das damit assoziierte (Fehl)Verhalten, Folgekosten für die Gesellschaft sowie das Suchtrisiko und der damit postulierte Verlust von Autonomiegraden als Gegenargumente für einen liberalen und legalen Umgang mit Drogen ins Feld geführt. Bei Diskussionen zur Aufrechterhaltung von Drogenverbote greift ebenfalls das Argument der staatlichen Fürsorgepflicht, das einen Schutz gegen gesundheitsschädliche Verhaltensweisen gewährleisten soll. Weitere Argumente gegen eine Legalisierung sind die mangelnde kulturelle Einbettung und fehlende kulturelle Rituale in unserer Gesellschaft. Ausnahmen stellen Substanzen dar (z. B. Alkohol, Nikotin), die kulturell zumindest teilweise als eingebettet gelten können. Befürworter einer Legalisierung von Drogen rekurrieren ähnliche wie beim Neuroenhancement auf das Selbstbestimmungsrecht über Geist und Körper sowie auf die Folgeerscheinungen einer repressiven Drogenpolitik. Sowohl bei Konsumenten von illegalen Drogen und Arzneimitteln wie auch bei potenziellen Nutzern des Neuroenhancements besteht darüber hinaus der Wunsch sich als Mensch sein kognitives wie auch emotionales Erleben frei bestimmen zu können. Die Einnahme von psychoaktiven Substanzen und Medikamenten dient im Vergleich zum Doping im Sport nicht nur als individueller Wettbewerbsvorteil des Einzelnen,

---

34 R. Cole-Turner, „Do means matter?", in E. Parens (Hrsg.), *Enhancing human traits. Ethical and social implications,* Georgetown University Press, Washington D.C. 1998, S. 151-161.

sondern spricht offensichtlich Grundbedürfnisse des Menschen an. Während Drogenkonsum jedoch mit Auflehnung und alternativen Lebensweisen assoziiert wird, spiegeln Enhancementmassnahmen ein menschliches Selbstverständnis wider, welches auf Funktionsfähigkeit, Effizienz und vor allem auf soziale Anpassung verweist. Ist der Versuch seine kognitive Leistungsfähigkeit zu optimieren oder seinen emotionalen Zustand sozial anzupassen tatsächlich moralisch besser zu bewerten als dies im Fall eines Körpertunings oder eines Rauscherlebnisses der Fall ist? Dem Gehirn wird heutzutage als Träger von Bewusstseins- und Persönlichkeitseigenschaften eine zentrale Rolle zugeordnet. Sind Eingriffe in die Funktionsweise des Gehirns damit automatisch von anderen Eingriffen und Maßnahmen zu unterscheiden? Während man die Abgrenzung zum Bodyenhancement noch über eine Sonderstellung des Gehirns für unser Selbstverständnis und den damit verbundenen Modifikationen begründen könnte, lassen sich weder der Angriffsort, die Mittel, noch die unmittelbare Wirkung als Kriterium der Abgrenzung zum Konsum von illegalen Drogen oder einem Missbrauch von Psychopharmaka verwenden. Die unterschiedliche Bewertung der beschriebenen Maßnahmen führt nach Beck gerade zu deutlichen Wertungswidersprüchen, die eine rechtliche Einordnung von Neuroenhancmentmaßnahmen weiterhin erschweren.[35] Auf der einen Seite werden Eingriffe in das Gehirn als invasive Manipulationen der Person und seiner Eigenschaften begriffen und damit als besonders riskant eingestuft. In diesem Sinne müssten gerade auch pharmakologische Veränderungen auf der neuronalen Ebene mit besonderer Vorsicht betrachtet werden. Auf der anderen Seite stellen Eingriffe in das Gehirn offensichtlich gerade eine Möglichkeit dar, das eigene Selbstverständnis und Lebensperspektive autonom zu verändern, um möglichst ein *besseres oder glücklicheres Leben* führen zu können. Grenzüberschreitungen und die Suche nach psychopharmakologisch erzeugtem Glück sind sicher gerade auch Gründe für den Konsum von Drogen und weisen in vielen Aspekten Parallelen zum Neuroenhancement auf. Es stellt sich jedoch auch die Frage, ob diese Bedürfnisse durch Neuroenhancer oder Drogen tatsächlich befriedigt werden können und welche Alternativen zur Verfügung stehen. In diesem Kontext ergeben sich daher vor allem Fragen nach der gesellschaftlichen und individuellen Interpretation von Glück, einem geglück-

---

35 S. Beck, „Enhancement – die fehlende Debatte einer gesellschaftlicher Entwicklung", Heft 2.

tem Leben und den in unserer Gesellschaft als positiv wahrgenommen Tugenden und Fähigkeiten eines Menschen. Letztlich müssen wir uns, wie bereits durch Thomas Metzinger angesprochen, fragen, ob bzw. welche kognitiven und emotionalen Zustände wir gesellschaftlich als gut und zulässig bewerten wollen, mit welchen Mitteln wir diese Zustände überhaupt erreichen können und welche Kriterien wir für deren Bewertung und die soziale Einbettung benötigen.[36]

Zusammenfassend lässt sich eine unterschiedliche Behandlung der vorgestellten Konsummittel gegenwärtig nur durch eine unterschiedliche Einordnung der Risiken und Nebenwirkungen (z. B. auch dem Suchtpotential) ausreichend begründen. Diese Begründung ist jedoch wie bereits gezeigt wurde fragwürdig und kann bisher nicht empirisch belegt werden. Aus meiner Sicht ist der Konsum von illegalen Drogen wie Ampethaminen oder der off-label-use von verschreibungsmittelpflichtigen Medikamenten vor allem hinsichtlich der Zielsetzungen und der Mittel nur schwer vom psychopharmakologischen Neuroenhancement zu unterscheiden. Befürworter sollten sich dies im Rahmen einer Diskussion um gerechte Zugangsbedingungen, Verteilungsgerechtigkeit und Konsumbedingungen vergegenwärtigen und mit der bestehenden Drogenpolitik und deren Folgeerscheinungen vergleichen. Eine normative Unterscheidung der Ziele und Substanzen müsste aus meiner Sicht stichhaltig begründet werden, vor allem in Abgrenzung zum gegenwärtigen Umgang mit legalen und illegalen psychoaktiven Substanzen. Eine daran anschließende Frage ist sicher, welche Ziele wir in Bezug auf unsere geistigen Fähigkeiten und Emotionen sowie unsere Bewusstseinszustände aus ethischer Sicht als „gute Ziele" betrachten wollen. Hier könnte die von Thomas Metzinger vorgeschlagene „Bewusstseinskultur" einen Denkanstoss anbieten. Metzinger regt durch seine Ausführungen zu einer reflektierten Diskussion über die Wünschbarkeit und Zulässigkeit von pharmakologisch induzierten Bewusstseinszuständen an.[37]

6. Fazit und Ausblick

Es lässt sich postulieren, dass die gegenwärtigen Enhancer wenig effektiv sind, aber dennoch mit gewissen gesundheitlichen Risiken und Neben-

---

36 T. Metzinger, „Bewusstseinsethik", in: *Wechselwirkungen*, Dez. 1996, S. 31-37.
37 T. Metzinger, „Bewusstseinsethik", S. 31-37.

wirkungen verbunden sind. Bisher lassen sich nur geringfügige Leistungssteigerungen erkennen, die vor allem bei Personen mit einer niedrigen Ausgangsleistung bestehen. Die bisher im off-label-use verwendeten Substanzen lassen sich als sekundäre Enhancer oder Enhancer zweiter Ordnung einordnen, da sie bisher nur Bedingungen wie z. B. Aufmerksamkeit, Motivation etc. für das Erbringen einer komplexen kognitiven Leistungen modifizieren können. Weiterführende Fragestellungen der Neuronhancementdebatte werden erst dann ethisch relevant, falls wir in Zukunft tatsächlich über effektivere Substanzen (primäre Enhancer) verfügen werden.

Eine reflektierte Forschung über die Vor- und Nachteile gegenwärtiger und zukünftiger psychopharmakologischer Enhancementmaßnahmen stellt daher sicher ein dringendes Desiderat dar, sonst besteht die Gefahr eines intuitiven Pauschalisierens von einzelnen Möglichkeiten. Vor allem implizit vorhandene Annahmen und Vermutungen müssen aus meiner Sicht erst einmal ausgewiesen und weiter begründet werden. Dies fordert eine ausführliche Analyse ein, die zunächst wenig spektakulär und medienwirksam sein dürfte. Die spezifischen Fragen, die sich im Kontext des Neuroenhancements aus meiner Sicht dabei weiter stellen werden, beziehen sich zum einen auf die ethisch relevanten Unterschiede und Gemeinsamkeiten von Neuroenhamcement, Drogenkonsum, Medikamentenmissbrauch aber auch Doping im Sport. In diesem Kontext wird dann zu erörtern sein, ob sich gängige Dopingregelungen und auch der Umgang mit legalen und illegalen psychoaktiven Substanzen weiterhin rechtfertigen lassen. Die Rolle der pharmazeutischen Industrie und der direkten oder indirekten Werbung für Substanzen in den Medien ist dabei ebenfalls kritisch zu hinterfragen.

Auch die zentrale Frage, warum psychopharmakologisches Enhancement „gut" bzw. ein für gesunde Personen und die Gesellschaft erstrebenswertes Mittel zum Zweck sein soll, ist aus meiner Sicht, nicht ausreichend beantwortet. Die Frage nach der moralischen Zulässigkeit von Neuroenhancern ist gerade auch an vorhandene Konzeptionen des „Guten" und der Möglichkeit einer Integration von Enhancementmaßnahmen in ein ethisch gutes Leben gebunden.

Die verschiedenen Facetten des Neuroenhancements und seine ethischen und rechtlichen Implikationen werden die Gesellschaft, Wissenschaft und Politik auch in den nächsten Jahren weiter beschäftigen.

Jon Leefmann, Jutta Krautter,* Robert Bauer, Marcos Tatagiba &
Alireza Gharabaghi*

Die Authentizität modulierter Emotionen bei der Tiefen Hirnstimulation

1. Einleitung

„Daß ein Mensch sein Leben samt dessen Umfeld als vollkommen empfindet, dieses Sonntagsglück höchsten Wohlergehens ereignet sich selten. Sollte es doch eintreten, so läßt es sich kaum auf Dauer halten. Und daß es eintritt, hängt von einer glücklichen Konstellation der Umstände ab, die nur begrenzt in der Hand des Menschen liegt."[1]

In diesem Bild des Menschen klingt etwas an, das seit jeher eine mehr oder minder große Bedeutung im Denken der Menschen einnimmt: die empfundene Unverfügbarkeit des Glücks und die begrenzte Kontrollierbarkeit der eigenen Gefühle. Zum anderen lässt sich darin der Wunsch *nach* einer Verfügbarmachung und Kontrollierbarkeit des Gefühlslebens, vor allem der positiv besetzten wie Zufriedenheit, Liebe, Glück erkennen.

Dringlicher wird dieser Wunsch dort, wo lebensbejahende Gefühle fehlen oder als unerreichbar empfunden werden, wo es nicht um das „Sonntagsglück höchsten Wohlergehens" geht, sondern darum, überhaupt wieder einen Gemütszustand zu erreichen, der das Leben nicht als Qual erscheinen lässt. Einem depressiven, angst- oder zwangserkrankten Menschen dazu zu verhelfen, wieder Freude zu empfinden statt Trauer, Mut und Vertrauen statt Angst und Zweifel, Freiheit statt Zwang, ist seit langem das Bemühen zahlreicher Professionen, darunter v. a. der Psychiatrie. Ihre Verfahren der Psychotherapie und Pharmakotherapie sind aber langwierige und mühsame Prozesse, die letztlich nicht einmal von Erfolg gekrönt sein müssen.

Die Vorstellung, psychische Krankheiten, die auf klassische Therapien nicht ansprechen, in einem überschaubaren Zeitraum behan-

* Jutta Krautter und Jon Leefmann haben zu gleichen Teilen zu dem Artikel beigetragen.
1 O. Höffe, *Lebenskunst und Moral – oder macht Tugend glücklich?*, München 2007, S. 104.

deln zu können, scheint in weiter Ferne zu liegen. Daher richtet sich
das Interesse oft auf neue Behandlungsformen und in letzter Zeit auf
eine Behandlungsmethode innerhalb der Hirnchirurgie, die tiefe Hirnstimulation (THS). Seit ca. 20 Jahren wird diese Methode zur Behandlung neurologischer, motorischer Störungen eingesetzt. Allerdings erkannte man schnell ihre Bedeutung auch für den psychiatrischen
Bereich. In den letzten Jahren findet sie zunehmend experimentellen
Einsatz bei affektiven Störungen wie etwa Zwangs- und Angststö-
rungen, Depressionen, kurz: „pathologischen" Gefühlen. In bisher
kaum geklärter Weise moduliert sie die Regelkreisläufe des Gehirns
und den Haushalt der Neurotransmitter. Dabei ändern sich auch Stimmung und Motivation.

Die THS birgt zahlreiche ethisch brisante Fragen. Im Folgenden soll
jedoch vor allem *einem* Aspekt nachgegangen werden, dessen ethische
Beurteilung für die Anwendung der THS von wesentlicher Bedeutung sein könnte: die Frage nach der Authentizität des Gefühlslebens.

Wenn das Gefühlsleben einen wesentlichen Teil der Persönlichkeit
ausmacht und auch immer in einen Lebenszusammenhang gebettet
ist, könnte die Authentizität und damit gegebenenfalls sogar die Identität einer Person gefährdet sein, wenn ‚künstlich' auf ihre Gefühlslage Einfluss genommen wird? Können sich Personen, die durch einen
Eingriff in ihr Gehirn ein anderes Lebensgefühl erfahren, als ‚authentisch' erleben? Diese Fragen sollen im Folgenden aus unterschiedlichen
Perspektiven beleuchtet werden.

2. Qualität, Intentionalität, evaluative Valenz, Motivation

Emotionen und Gefühle sind für das Verständnis des menschlichen
Handelns wesentliche Begriffe, bezeichnen aber nur auf den ersten
Blick leicht verständliche Phänomene. Während die Gefühle von philosophischer Seite im 20. Jahrhundert nur wenig Aufmerksamkeit erfahren haben, wurden sie immer mehr zu einem Forschungsgegen-
stand der Emotionspsychologie.[2] Die Gründe für das zunehmende
philosophische Desinteresse mag in der Vielfalt der Phänomene liegen,
die wir im Alltag mit dem Begriff ‚Gefühl' bezeichnen und die eine

2   J. Otto (Hrsg.), *Emotionspsychologie: Ein Handbuch*, Weinheim 2000.

umfassende Theorie der Gefühle schwierig macht. Erst in der Gegenwart werden von philosophischer Seite wieder vermehrt Versuche der Ausarbeitung umfassender Theorien der Gefühle unternommen[3]. Die Theorie der Gefühle hat zu Beginn des 20. Jahrhunderts zwei philosophische Hauptlinien hervorgebracht. Auf der einen Seite die auf den amerikanischen Psychologen und Philosophen William James und den deutschen Physiologen Wilhelm Wundt zurückgehende Schule der sogenannten Feeling-Theorien, auf der anderen Seite die Schule des Kognitivismus, deren Vordenker Franz Brentano und Alexius von Meinong waren. Die Feeling-Theoretiker gehen davon aus, dass „gefühlte Phänomene" sich von sinnlichen und propriozeptiven Wahrnehmungen nur durch ihre phänomenale Erlebbarkeit unterscheiden.[4] Im Unterschied zu anderen mentalen Zuständen wie z. B. Überzeugungen fühlen Emotionen sich subjektiv anders an, haben eine Intensität und unterscheiden sich qualitativ voneinander. Im Unterschied dazu sind die Theoretiker des Kognitivismus von der Priorität der Intentionalität der Emotion vor dem qualitativen Erleben ausgegangen.[5] Der Kognitivismus behauptet daher, dass es unmöglich ist, etwas zu empfinden, wenn die Empfindung nicht auf ein Objekt gerichtet ist. Dieses Objekt muss in Form eines repräsentationalen Gehaltes mittels einer Kognition gegeben sein. In den kognitivistischen Theorien, welche Intentionalität nur als notwendig, aber nicht als hinreichend für Emotionen erachten, wird die Kognition noch durch weitere Komponenten, wie Wünsche oder Evaluationen bezüglich des kognitiv repräsentierten Inhaltes ergänzt.

Während die Feeling-Theorien in der Vergangenheit neben dem Problem, die Intentionalität von Emotionen zu integrieren, vor allem damit zu kämpfen hatten, ausschließlich über spontane und gelernte Formen der Körperwahrnehmung die große Bandbreite emotionaler

---

3   S. A. Döring, „Allgemeine Einleitung: Philosophie der Gefühle heute", in: S. A. Döring (Hrsg.), *Philosophie der Gefühle*, Frankfurt/M. 2009, S. 12-65; R. Reisenzein, S. A. Döring, „Ten Perspectives on Emotional Experience: Introduction to the Special Issue", in: *Emotion Review*, 1(3)/2009, S. 195-205.

4   R. Reisenzein, S. A. Döring, „Ten Perspectives on Emotional Experience: Introduction to the Special Issue", in: *Emotion Review*, 1(3)/2009, S. 195-205; W. James, *The principles of psychology* [Erstausgabe 1890], Cambridge 1983; W. Wundt, *Grundriss der Psychologie* (Repr. d. Ausg. Leipzig, 1896), Leipzig 2004.

5   A. von Meinong, „Über emotionale Präsentation", in: *Sitzungsberichte der Kaiserlichen Akademie der Wissenschaften in Wien, Philosophisch-Historische Klasse*, 183/1917, S. 2-181; F. Brentano, *Psychologie vom empirischen Standpunkt*, Bd. 1 (unveränderter Nachdruck von 1924), Hamburg 1982.

Phänomene erklären zu müssen, stehen klassische kognitivistische Theorien vor dem Problem, Erlebensqualität, evaluative Valenz und motivationale Kraft von Emotionen nur schwer zusammendenken zu können. Beide Denkschulen sind, um ihren jeweiligen Problemen beizukommen, mit mehr oder weniger überzeugenden Ergebnissen auf die Konstruktion von Mehrkomponententheorien ausgewichen, in denen entweder die Körperwahrnehmungen (Feeling-Theorien)[6] oder die Überzeugungen und Urteile (Kognitivismus)[7] durch weitere mentale Zustände zu Emotionen kombiniert werden. Leider gelingt es diesen Mehrkomponententheorien in der Regel nicht, die Zusammenwirkung der verschiedenen Komponenten in einer Emotion schlüssig zu erklären[8]. Dennoch scheinen sich innovative theoretische Ansätze beider Denkschulen bei der Konstruktion integrativer Theorien in den letzten Jahren einander anzunähern.[9] Ein einheitliches Modell zur Erklärung gefühlter Phänomene wird wahrscheinlich noch für lange Zeit unerfüllt bleiben müssen, jedoch liegt eine Ausrichtung auf eine integrative Theorie nahe.

Solange diese nicht vorliegt, bleibt es dennoch möglich, die verschiedenen Phänomene, welche wir in der Alltagssprache im weitesten Sinne als Gefühle bezeichnen, anhand qualitativer Kriterien in Stimmungen, Gefühle und Emotionen einzuteilen.[10] Emotionen zeichnen sich gegenüber Gefühlen durch ihre Intentionalität aus. Gemeinsam mit den Gefühlen besitzen Emotionen eine phänomenale Erlebensqualität und damit verbunden eine evaluative Valenz. Stimmungen unterscheiden sich von Gefühlen durch das Fehlen dieser evaluativen

---

6 W. B. Cannon, „The James-Lange theory of emotion: A critical examination and an alternative theory", in: *American Journal of Psychology*, 39/1927, S. 106-124; P. Ekman, W. V. Friesen, „Constants across cultures in the face and emotion", in: *Journal of Personality and Social Psychology*, 17(2)/1971, S. 124-129; P. Ekman, R. J. Davidson (Hrsg.), *The nature of emotion: Fundamental questions*, New York 1994.

7 M. B. Arnold, *Emotion and personality*, Bd. 1 u. 2, New York 1960; C. Castelfranchi, M. Miceli, „The Cognitive-Motivational Compound of Emotional Experience", in: *Emotion Review*, 1(3)/2009, S. 223-231.

8 S. A. Döring, „Allgemeine Einleitung: Philosophie der Gefühle heute".

9 A. R. Damasio, *Der Spinoza-Effekt: Wie Gefühle unser Leben bestimmen*, Berlin 2005; P. Goldie, *The emotions: A philosophical exploration*, Oxford 2002; M. C. Nussbaum, *Upheavals of thought: The intelligence of emotions*, 7. Aufl., Cambridge 2007; J. Prinz, „Embodied Emotions", in: R. C. Solomon (Hrsg.), *Thinking about feeling. Contemporary philosophers on emotions* (Series in affective science), Oxford 2004, S. 44-58.

10 S. A. Döring, „Allgemeine Einleitung: Philosophie der Gefühle heute"; C. Demmerling, H. Landweer, *Philosophie der Gefühle: Von Achtung bis Zorn*, Stuttgart 2007.

Valenz. Sie besitzen weder ein intentionales Objekt, noch ist das Gestimmtsein im Moment des unreflektierten Erlebens auf eine spezifische Weise angenehm oder unangenehm. Stimmungen sind wertfreie, ungerichtete phänomenale Qualitäten. Darüber hinaus sind Stimmungen in der Regel länger anhaltend als die eher flüchtigen Gefühle und Emotionen. Damit haben sie einen disponierenden Charakter, auf dem Gefühle und Emotionen aufbauen. Es ist möglich, dass eine Stimmung auf ein geeignetes Objekt in der Welt trifft und sich in eine Emotion mit evaluativer Valenz und Intentionalität wandelt, z. B. eine gute Laune in die Freude über Sonnenstrahlen an einem schönen Sommertag. Umgekehrt kann eine Emotion in ein Gefühl oder eine Stimmung übergehen, z. B. der Ärger über einen verspäteten Zug in eine generelle Gereiztheit. Allen drei Phänomentypen – Stimmungen, Gefühlen, Emotionen – ist gemeinsam, dass sie häufig von spezifischen, physiologischen Veränderungen begleitet werden und Einfluss auf die Motivation einer Person nehmen können. Die Grenzen zwischen diesen Kategorien sind dabei fließend. Diese fließenden Grenzen tragen der Vielschichtigkeit gefühlter Phänomene Rechnung.

Da es sich bei der THS um ein neurochirurgisches Verfahren handelt, müssen wir uns nun der Frage zuwenden, wie Stimmungen, Gefühle und Emotionen durch neuronale Korrelate im Gehirn erklärt werden können. Ein solches für den Kontext der THS relevantes Verständnis von Emotionen muss plausibel machen können, worin neurobiologisch betrachtet die Intentionalität von Emotionen besteht und wie im Zusammenspiel zwischen den verschiedenen Teilen des Nervensystems Prozesse entstehen, die sich als Korrelat der Erlebensqualität und evaluativen Valenz von Emotionen interpretieren lassen. Moderne neurowissenschaftliche Theorien sind implizit meist elaborierte Varianten der Feeling-Theorien und es gibt derzeit keine neurowissenschaftliche Theorie, die gleichzeitig phänomenale Erlebensqualität, evaluative Valenz und Intentionalität erklären kann. Aufgrund des ungelösten Qualiaproblems[11] sind Aussagen über die phänomenale Erlebensqualität von Emotionen im neurobiologischen Paradigma auch gar nicht möglich. Dennoch haben gerade die Neurowissenschaften in den letzten zwanzig Jahren viele Ergebnisse gebracht, auf die sich ein Bezug lohnt. Daher werden wir im Folgenden eine für die Entstehung

---

11   A. Beckermann, *Analytische Einführung in die Philosophie des Geistes*, 2. Aufl., Berlin 2001.

von Emotionen wichtige neuroanatomische Struktur – die meso-cortico-limbische Schleife – und ihre Funktionen genauer betrachten.

3. Neurobiologie der Emotionen: Die meso-cortico-limbische Schleife

Mehrere recht heterogene Hirnregionen in der Umgebung des Thalamus sind mit der Kodierung von Emotionen und der Modulation motorischer, autonomer und viszeraler Reaktionen auf sensorische Stimuli
befasst.[12] Dazu zählen vor allem die Amygdala, der präfrontale Kortex
(PFC) und der Nucleus accumbens (NAc), deren Verbindungen, die
wichtige Rollen in der für die Entstehung von Emotionen notwendige
meso-cortico-limbische Schleife übernehmen.

Wie die meisten anderen Hirnregionen ist die Amygdala keine
homogene Struktur, sondern besteht aus Subarealen. Die Einteilung
der Amygdala ist dabei recht uneinheitlich. Einschlägig ist jedoch die
Unterscheidung zwischen der zentralen Amygdala und der basolateralen Amygdala.[13] Die basolaterale Amygdala bildet das Haupteingangs-
tor für Reize. In sie münden Projektionen aus fast allen sensorischen
Kernen des Thalamus und aus dem sensorischen Kortex. Gleichzeitig
ziehen Nervenfasern aus dem Hippokampus und aus anderen Kortex-
arealen zur basolateralen Amygdala. Die basolaterale Amygdala ist
daher in der Lage, äußere und innere Reize zu integrieren und diese
mit einer emotionalen Valenz zu versehen. Dabei werden auch die mo-
mentane Bedürfnislage und über die Hippokampusprojektionen im
Gedächtnis gespeicherte, frühere Erfahrungen in die Bewertung integriert. Die basolaterale Amygdala sendet Projektionen zur zentralen
Amygdala sowie zu NAc und PFC. Bildet die basolaterale Amygdala
den Haupteingang, so kann man die zentrale Amygdala als ihren Haupt-
ausgang bezeichnen. Sie schickt Projektionen in den Hypothalamus
und in das im Hirnstamm gelegene periaquäduktale Grau, sowie in
die dopaminergen, noradrenergen und cholinergen modulatorischen

12 E. A. Phelps, „Emotion and Cognition: Insights from Studies of the Human Amyg-
    dala", in: Annual Reviews in Psychology, 57/2006, S. 27-53.
13 Eine konkurrierende Unterscheidung erkennt die Amygdala gar nicht erst als ana-
    tomisch eigenständige Struktur am, sondern betrachtet die basale und laterale Amyg-
    dala als Erweiterungen des Neokortex, die zentrale und mediale Amygdala dage-
    gen als ventrale Erweiterungen des Striatum (J. E. LeDoux, „The Amygdala", in:
    Current Biology, 17(20)/2007, S. 868-874).

Systeme und in das parasympathische Nervensystem. Daher ist die zentrale Amygdala vor allem an der Modulation von endokrinen Reaktionen und autonomen Reflexen in Folge eines Reizes beteiligt und kann komplexes Verhalten und gesamte emotionale Lage des Organismus relativ unspezifisch beeinflussen.[14] Insgesamt ist die Amygdala besonders wichtig bei der negativen affektiven Besetzung von Reizen.

Der NAc ist histologisch ein Teil des ventralen Striatums und stellt ein wichtiges Areal zur Integration von in der Amygdala generierter motivationaler Information und Informationen zur motorischen Kontrolle dar.[15] Dadurch kommt dem NAc eine zentrale Rolle bei der Regulation von angemessenem und zielgerichtetem Verhalten zu. Anatomisch gliedert sich der NAc in zwei Hauptgebiete – eine Kernregion und eine Schalenregion – die sich indirekt gegenseitig beeinflussen. Während die Kernregion direkt neben dem für die Motorik relevanten dorsalen Striatum liegt, besetzt die Schalenregion die eher ventral und medial gelegenen Anteile des NAc. Die Kernregion des NAc wird als die wichtigste Struktur zur Anpassung des motorischen Verhaltens an zu erwartende Belohnungen angesehen und ist damit für die Regulation von instrumentellem Verhalten entscheidend.[16] Die Kernregion des NAc übersetzt Informationen, die Erfahrungen über den Zusammenhang von Reizen und Verhalten repräsentieren, in motorisches Verhalten, und ermöglicht es dem Organismus so, sein Verhalten an die zu erwartenden kurz- wie langfristigen Folgen anzupassen. Die Schalenregion des NAc moduliert dagegen die Stärke einer Reaktion auf unkonditionierte Reize. Insgesamt ist der NAc besonders entscheidend für die Anpassung des Verhaltens an affektiv positiv besetzte Reize.

Der PFC ist ein Teil des Frontallappens und umfasst die Bereiche des Neokortex, die rostral der prämotorischen Rinde liegen. Die allokortikalen Regionen weisen insgesamt die engste Verknüpfung mit der Amygdala auf, von besonderer Bedeutung sind aber auch die periallokortikalen Bereiche, zu denen der rostral gelegene anteriore cinguläre Kortex (ACC) und der caudale orbitofrontale Kortex (OFC)

14 E. A. Phelps, „Emotion and Cognition: Insights from Studies of the Human Amygdala".

15 S. R. Sesack, A. A. Grace, „Cortico-Basal Ganglia Reward Network: Microcircuitry", in: Neuropsychopharmacology Reviews, 35/2010, S. 27-47.

16 E. A. Phelps, J. E. LeDoux, „Contributions of the Amygdala to Emotion Processing: From Animal Models to Human Behavior", in: Neuron, 48/2005, S. 175-187.

gehören. Insgesamt wird dem PFC mittlerweile eine unüberschaubare
Anzahl an funktionellen Bedeutungen zugeschrieben.[17] Er spielt eine
wichtige Rolle in kognitiven Prozessen, in welche Motivation und
Emotion involviert sind, ist aber auch am Arbeitgedächtnis, an der
Aktualisierung von Gedächtnisinhalten und bei der Steuerung von
Aufmerksamkeit und Handlungen beteiligt. Der ACC ist besonders für
die Fehlerüberwachung bei Handlungsabläufen und bei der subjektiven Einschätzung von Anstrengungen wichtig. Der OFC ist bedeutsam für die instrumentelle Anreizmotivation und für die emotionale
Bewertung von Situationen. Insgesamt lassen sich ohne die Funktion
des PFC die Intentionalität und Ereignishaftigkeit von Emotionen nur
schwer erklären. Auch soziale Darstellungsregeln, die mit emotionalen
Inhalten verknüpft sind, wie das Lachen über einen Witz, benötigen
vermutlich den PFC zur Integration komplexer Informationen und um
der Emotion einen bestimmten sozialen oder kontextuellen Sinn zu
geben, der sich dann in einem adäquaten Verhalten ausdrückt.[18]

Zusammenfassend lässt sich sagen, dass die negative Valenz von
Emotionen im Wesentlichen über die zentrale Amygdala gesteuert, die
positive Valenz vor allem über die opioidergen Neurone der Schale
des NAc erreicht werden. Diese Regionen sind mit Arealen für moto-
rische Annäherungs- und Vermeidungsreaktionen verbunden und können daher auch entsprechendes Verhalten auslösen. Intentionalität und
Ereignishaftigkeit von Emotionen scheinen dagegen ohne die Beteiligung kortikaler Strukturen nicht möglich zu sein. Basisemotionen
wie Freude, Trauer, Angst, Ekel, Wut und Überraschung[19] genauso wie
Lernen und motiviertes Verhalten lassen sich nicht in einer Region verorten, sondern entstehen durch die Kooperation verschiedener Areale.[20]
Komplexere Affekte bauen vermutlich besonders auf die integrativen
Leistungen der meso-cortico-limbischen Schleife. Man kann zu Recht
vermuten, dass Stimmungen, Gefühle und Emotionen sich analog zum
Grade ihrer theoretischen Komplexität auch in der Komplexität der
vernetzten Areale unterscheiden, in denen sie prozessiert werden.

17 R. N. Cardinal, J. A. Parkinson, J. Hall, B. J. Everitt, „Emotion and motivation: the
    role of the amygdala, ventral striatum and prefrontal cortex", in: *Neuroscience and
    Behavioural Review*, 26/2002, S. 321-352.
18 R. N. Cardinal, J. A. Parkinson, J. Hall, B. J. Everitt, „Emotion and motivation: the
    role of the amygdala, ventral striatum and prefrontal cortex".
19 P. Ekman, W. V. Friesen, „Constants across cultures in the face and emotion".
20 E. A. Phelps, „Emotion and Cognition: Insights from Studies of the Human Amyg-
    dala".

Um genauer zu verstehen, welche Rolle der meso-cortico-limbischen Schleife bei der Modulation von Emotionen durch die THS zukommt, müssen wir nun die Effekte und die Wirkungsweise der Technik näher untersuchen.

4. Tiefe Hirnstimulation

Die THS ist ein therapeutisches Verfahren, das sich seit den 90er Jahren vor allem für durch Erkrankungen des zentralen Nervensystems verursachte Bewegungsstörungen, wie sie etwa beim Morbus Parkinson oder bei Dystonien auftreten, etabliert hat. Es handelt sich dabei um einen neurochirurgischen Eingriff in das Gehirn, bei dem einem Patienten über ein kleines Bohrloch in der Schädeldecke Elektroden implantiert werden. Die Lokalisation und die Trajektorie zu den relevanten Hirnarealen können mittels bildgebender Methoden sehr genau berechnet werden. Die Elektroden sind subkutan über Elektrodenleitungen mit einem für gewöhnlich unterhalb des Schlüsselbeins oder am Oberbauch implantierten batteriebetriebenen Impulsgenerator verbunden, der elektrische Impulse mit einer Pulsdauer von ca. 60-200 µs mit einer Intensität zwischen 1 bis 5 V und je nach Anwendung hoch- (über 120-180 Hz) oder niederfrequent an die Elektroden aussendet.

Als zu stimulierende Zielpunkte werden beim Morbus Parkinson meist der Nucleus subthalamicus, bei der Dystonie der Globus pallidus internus und beim essentiellen Tremor der Nucleus ventralis intermedius thalami festgelegt – in Abhängigkeit davon, an welcher Stelle die Symptome am besten behandelt werden können. Sowohl die thalamischen Kerne als auch die Basalganglien, zu denen der Nucleus subthalamicus und der Globus pallidus internus gezählt werden, wiesen direkte Projektionen in die meso-cortico-limbische Schleife auf. Eine Modulation dieser Areale könnte also Einfluss auf Stimmungen, Gefühle und Emotionen haben. Mit dem Einsetzen der Stimulation tritt in der Regel eine signifikante Verbesserung der Symptomatik ein. Bei aller Effizienz und Wirksamkeit des Eingriffs aber bewirkt die Stimulation doch keine *Heilung* von den Krankheiten und damit auch kein Aufhalten ihrer Progredienz: Die Symptomatik kehrt mit dem Aussetzen der elektrischen Stimulation in ihrer ursprünglichen Stärke zurück. Es gilt als gesichert, dass die THS ein Verfahren ist, das zeitnah Symptomverbesserungen bewirken kann, langfristig wirksam

ist[21] und sich gegenüber anderen operativen Behandlungsmethoden
wie der Ablation, bei der Zellareale irreversibel zerstört werden, durch
Reversibilität und ihre geringe Invasivität auszeichnet.
Die THS hat sich nicht nur als äußerst wirksam darin erwiesen,
Patienten von ihren *motorischen* Erkrankungen zu befreien. Wenn-
gleich dies bis Ende der 1990er noch als Nebenwirkung auftrat und
nicht intendiert war, ist es auch gezielt möglich, verschiedene Ebenen
gefühlter Phänomene zu beeinflussen. So werden seit 1999 in klinischen Studien erste Erfahrungen mit der Behandlung von schweren,
therapieresistenten psychiatrischen Erkrankungen gemacht. Kuhn und
Gründler liefern in ihrer 2010 erschienen Übersichtsarbeit[22] eine Auf-
führung aller bis Februar 2009 veröffentlichten Studienergebnisse von
Behandlungen psychiatrischer Erkrankungen mit THS: Für die Zwangs-
störung wurde die Wirkung der THS bis zu dem Zeitpunkt bei 46
Patienten, für die depressive Störung bei 44 Patienten und für das
Tourette-Syndrom bei 37 Patienten untersucht. Die Unterschiede in
der Methodik und der Stimulationsorte erschwert allerdings eine klare
Bewertung der Ergebnisse und machen deutlich, dass nach dem optimalen Zielpunkt für die Behandlung psychiatrischer Störung immer
noch gesucht wird.[23] Im Bereich der Zwangserkrankungen[24] zeigte sich
bei der Hälfte der Patienten im Verlauf von einem Jahr eine moderate
bis gute Verbesserung der Symptomatik. Die stimulierten Hirnareale
waren bisher der NAc, der Nucleus subthalamicus und der anteriore

21 P. Krack, A. Batir, N. van Blercom, S. Chabardes, V. Fraix, C. Ardouin, A. Koudsie, P.
    Dowsey-Limousin, A. Benazzouz, J. F. LeBas, A.-L. Benabid, P. Pollak, „Five-Year
    Follow-up of Bilateral Stimulation of the Subthalamic Nucleus in Advanced Par-
    kinson's Disease" in: *The New England Journal of Medicine*, 349(20)/2003, S. 1925-
    1934.
22 J. Kuhn, T. O. J. Gründler, D. Lenartz, V. Sturm, J. Klosterkötter, W. Huff, „Tiefe
    Hirnstimulation bei psychiatrischen Erkrankungen", in: *Deutsches Ärzteblatt*, 107(7)/
    2010, S. 105-111.
23 N. Lipsman, J. S. Neimat, A. M. Lozano, „Deep Brain Stimulation for Treatment-
    Refractory Obsessive-Compulsive Disorder: the Search for a Valid Target", in: *Neuro-
    surgery*, 61(1)/2007, S. 1-11.
24 B. Nuttin, P. Cosyns, H. Demeulemeester, J. Gybels, B. Meyerson, „Electrical Stimu-
    lation in Anterior Limbs of Internal Capsules in Patients With Obsessive-Com-
    pulsive Disorder", in: *Lancet*, 354/1999, S. 1526; B. Nuttin, L. A. Gabriëls, P. R.
    Cosyns, B. A. Meyerson, S. Andréewitch, S. G. Sunaert, A. F. Maes, P. J. Dupont, J.
    M. Gybels, F. Gielen, H. Demeulemeester, „Long-term Electrical Capsular Stimu-
    lation in Patients with Obsessive-Compulsive Disorder", in: *Neurosurgery*, 52(6)/
    2003, S. 1263-1274.

Teil der Capsula interna. Auch für das Tourette-Syndrom[25] und für schwere, therapieresistente Depressionen liegen erste Ergebnisse klinischer Studien vor. Auch hier variieren die Zielareale der Stimulation[26]. Schläpfer et al. legten den NAc als Zielpunkt der Stimulation fest und berichten positive Ergebnisse.[27] Ähnliche Erfolge erzielten Mayberg et al. und Lozano et al., die den subgenualen Bereich des Cingulum als Stimulationsareal festlegten. Sechs Monate nach Operation und Stimulationsbeginn konnte bei 24 von 26 Patienten eine deutliche Besserung der Depressionswerte[28] gezeigt werden, zum Teil mit einer Latenz von bis zu einer Woche.

Allerdings sind die Wirkmechanismen und damit die Ursache für den Behandlungserfolg bisher im Detail nicht ausreichend verstanden. Plausibel ist, dass es entweder durch die Stimulation zu einer ‚funktionellen Ablation' der stimulierten Areale kommt, oder zu einer Aktivierung oder Modulation der neuronalen Aktivität, die aber netzwerkweite Effekte mit sich brächte. Gegenwärtig wird angenommen, dass weder alleine die Hemmung, noch alleine die Aktivierung von Neuronen, sondern ein komplexes Zusammenspiel an inhibitorischen, aktivierenden, (frequenz-) überlagernden und (frequenz-) ersetzenden Einflüssen die Aktivität ganzer Netzwerke moduliert.[29] Zum Teil

---

25   Zielgebiete der Stimulation waren für das Tourette-Syndrom der Thalamus, der Nucleus accumbens, der Kopf des Nucleus caudatus und der interne Teil des Globus pallidus.

26   Stimulationsareale waren der Nucleus accumbens, der ventrale Teil der Capsula interna, das ventrale Striatum und der subgenuale Bereich des Cingulum.

27   T. E. Schläpfer, M. X. Cohen, C. Frick, M. Kosel, D. Bordesser, N. Axmacher, A. Young Joe, M. Kreft, D. Lenartz, V. Sturm, „Deep Brain Stimulation to Reward Circuitry Alleviates Anhedonia in Refractory Major Depression", in: Neuropsychopharmacology, 33/2008, S. 368-377.

28   H. S. Mayberg, A. M. Lozano, V. Voon, H. E. McNeely, D. Seminowicz, C. Hamani, J. M. Schwalb, S. H. Kennedy, „Deep Brain Stimulation for Treatment-Resistant Depression", in: Neuron, 45/2005, S. 651-660.

29   J. L. Vitek, „Mechanisms of Deep Brain Stimulation: Excitation or Inhibition (comment)", in: Movement Disorders, 17(Suppl. 3)/2002, S. 69-72; E. B. Montgomery, K. B. Baker, „Mechanisms of Deep Brain Stimulation and Future Technical Developments", in: Neurological Research, 22/2000, S. 259-266; T. Hashimoto, C. M. Elder, M. S. Okun, S. K. Patrick, J. L. Vitek, „Stimulation of the Subthalamic Nucleus Changes the Firing Pattern of Pallidal Neurons", in: Journal of Neuroscience, 23/2003, S. 1916-1923; Eine Zusammenstellung der verschiedenen Theorien bieten C. C. McIntyre, M. Savasta, B. L. Walter, J. L. Vitek, „How Does Deep Brain Stimulation Work? – Present Understanding and Future Questions", in: Journal of Clinical Neurophysiology, 21(1)/2004, S. 40-50.

ungeklärt ist bisher auch, weshalb – teilweise auch erst längere Zeit nach der Operation[30] – positive sowie negative Nebenwirkungen im Bereich der Emotionen, Gefühle und Stimmungen auftreten.[31] Diese Nebenwirkungen lassen sich aber entweder durch postoperative Feinjustierungen der Stimulationsparameter oder durch Medikamentengabe beheben oder aber sie verlieren sich sogar von allein. Da sie jedoch sehr drastisch sein können, lohnt es sich, einen Blick auf die Auswirkungen der THS auf die ‚gefühlten Phänomene' zu werfen.

Eine durch THS verursachte Veränderung der *Stimmung*, die sich wie beschrieben in ihrer Unbestimmtheit und Ungerichtetheit von Emotionen und Gefühlen unterscheidet, schildern zum Beispiel eindrücklich Herzog und Kollegen.[32] Sie beschreiben eine Patientin, die eine Woche nach Stimulationsbeginn eine auffällige Veränderung ihrer Stimmung erlebte: Sie fand sich in einer für sie unerklärlichen und abnormalen Euphorie wieder, die sich in gesteigerter Gesprächigkeit, Ideenflucht und Hyperaktivität äußerte. Ihre Hypomanie bezog sich dabei auf kein Objekt und wurde von ihr ebenso wenig bewusst erfahren: „she had little insight into her disorder". Gleichzeitig aber disponierte die Stimmung die Frau dazu, den Dingen ihres Alltags mit anderen Gefühlen zu begegnen, was die Ärzte als eine Verbesserung der Stimmung der Frau beschrieben.

Auch auf *Gefühle*, die sich wie beschrieben in ihrer evaluativen Valenz von Stimmungen unterscheiden, kann sich die THS auswirken. So schildern Bejjani und Kollegen den Fall einer Patientin, bei der THS zur Behandlung von Morbus Parkinson angewandt wurde. Nach Stimulationsbeginn verschwanden zwar die Bewegungsstörungen der Frau, daneben aber trat eine unerwünschte Veränderung ihrer Gefühlswelt auf. Fünf Sekunden nach Stimulationsbeginn war ihr, die sie nie zuvor unter einer Depression litt, tiefe Traurigkeit anzumerken,

30 K. Østergaard, N. Sunde, E. Dupont, „Effects of Bilateral Stimulation of the Sub-
    thalamic Nucleus in Patients with Severe Parkinson's Disease and Motor Fluctua-
    tions", in: *Movement Disorders*, 17/2002, S. 693-700; M. I. Hariz, F. Johansson, P.
    Shamsgovara, E. Johansson, G. M. Hariz, M. Fagerlund, „Bilateral Subthalamic Nucleus
    Stimulation in a Parkinsonian Patient with Preoperative Deficits in Speech and
    Cognition: Persistent Improvement in Mobility but Increased Dependency: a Case
    Study", in: *Movement Disorders*, 15/2000, S. 136-139.
31 B. S. Appleby, P. S. Duggan, A. Regenberg, P. V. Rabins, „Psychiatric and Neuro-
    psychiatric Adverse Events Associated With Deep Brain Stimulation: A Meta-
    Analysis of Ten Years' Experience", in: *Movement Disorders*, 15/2007, S. 1722-1728.
32 J. Herzog, G. Deuschl, „Tiefe Hirnstimulation bei der Parkinson-Krankheit", in:
    Der Nervenarzt, 6/2010, S. 669-679.

einige Minuten später begann sie sogar zu weinen und ihre Trauer auch verbal zu äußern. Sie sprach von unangenehmen, negativen Gefühlen der Leere, der Schuld, Nutzlosigkeit und Hoffnungslosigkeit – sie wolle nicht mehr leben und empfinde Angst. Ihre gesamte Gefühlswelt hatte sich plötzlich und fundamental geändert. Kaum wurde jedoch die Stimulation beendet, verschwanden auch die Gefühle. Nach 90 Sekunden fing sie sogar an, mit dem Experimentator zu scherzen und zu lachen.[33]

Bisher gibt es keine Berichte, in denen nicht die gesamte Stimmungs- und Gefühlsdisposition, sondern Emotionen moduliert wurden. Jedoch können Stimmungen in Emotionen umschlagen, teilweise noch bevor die Stimmungsänderung subjektiv bemerkt wird. In ihrer Studie an drei Patienten mit therapieresistenter Depression, die im NAc stimuliert wurden, zeigten sich bereits 60 Sekunden nach Stimulationsbeginn erste positive Effekte: Einer der Patienten äußerte spontan den Wunsch, den Kölner Dom zu besteigen – was er einen Tag später auch tat. Eine zweite Patientin plante noch während der Operation, bald wieder ihrer früheren Freizeitbeschäftigung des Kegelns nachzugehen. Jedoch nahmen erst nach ein paar Tagen alle drei Patienten Verbesserungen ihres depressiven Gemütszustands wahr.

Insgesamt fällt auf, dass die Wirkung von THS auf gefühlte Phänomene in der Regel auf der Ebene der Stimmungen ansetzt. Insofern Stimmungen länger anhaltende gefühlte Phänomene sind und Personen zu bestimmten Gefühlen und Emotionen disponieren, bilden sie die Grundlage des psychischen Befindens der Person. Zwar hängt von den Grundstimmungen auch ab, welche Gefühle eine Person tendenziell bezüglich bestimmter Situationen und Sachverhalte entwickelt, die Modulation von Gefühlsdispositionen ist aber viel zu unspezifisch, um sie als eine direkte Beeinflussung der Handlungssteuerung oder Rationalität einer Person zu betrachten. Die Befreiung schwer depressiver und angstgestörter Patienten von eigenständig nicht mehr regulierbaren Stimmungen kann vielmehr dazu beitragen, Bedingungen zu schaffen, unter denen die Erkrankten wieder in der Lage sind, ihr Leben in einem höheren Maße selbstbestimmt zu leben.

Die angesprochenen empirischen Studien belegen eindrucksvoll, dass der Einsatz der THS zur Generierung von Stimmungen, Gefühlen

---

33 B.-P. Bejjani, P. Damier, I. Arnulf, L. Thivard, A.-M. Bonnet, D. Dormont, P. Cornu, B. Pidoux, Y. Samson, Y. Agid, „Transient Acute Depression Induced by High Frequency Deep-Brain Stimulation" in: *The New England Journal of Medicine*, 40/ 1999, S. 1476-1480.

und Emotionen – und damit auch zur Modulation der Verhaltensdispositionen einer Person – führen kann. Das wirft ethische Fragen nicht nur bezüglich der Sicherheit der Techniken und der gesellschaftlichen Konsequenzen ihres Einsatzes auf, sondern auch die Frage nach der Legitimität des Eingriffs in die für das individuelle Wertempfinden wichtigen kognitiven Strukturen einer Person. So berichten Chun-Hung und Kollegen den Fall eines durch THS hypersexualisierten Patienten, dessen affektive Veränderungen mit dem Wertempfinden des Patienten und seinem Selbstbild in fundamentaler Weise konfligieren: „he was a conservative Christian and [...] he was uncomfortable with his increased sexual drive".[34] Schüpbach und Kollegen berichten von einer Patientin, die auch achtzehn Monate nach der Operation nicht in der Lage war, sich an die Technik zu gewöhnen. Sie gab an: „I feel like a machine, I've lost my passion, I don't recognize myself anymore".[35] Romito und Kollegen[36] berichten von einem Patienten, der bereits einen Tag nach Beginn der Stimulation manische Symptome entwickelte. Diesen genannten Patienten schien es nicht mehr möglich zu sein, ihre Bedürfnisse, ihr Verhalten oder ihre sozialen Beziehungen in Einklang mit ihrem Selbstbild zu bringen. Das Resultat war ein Gefühl der Inauthentizität und Fragmentierung. Gefühlte Phänomene und Verhaltensweisen, die nicht in den bisherigen Lebenskontext der Person passen, verlangen nicht nur vom behandelten Patienten, sondern von seinem ganzen Umfeld eine Neu-Interpretation seiner Persönlichkeit. Dieser Prozess ist im Falle der THS besonders gravierend, weil bei dieser Intervention die Modulation von Stimmungen und Gefühlen innerhalb von Minuten und Stunden erfolgen kann. Während eine Behandlung mit Psychopharmaka oder eine Psychotherapie zeitliche Rahmen setzen, die eine schrittweise und behutsame Passung von subjektivem Erleben und Verhalten, intersubjektiven Wertungen und der objektiven Lebenssituation ermögli-

34 C. H. Chang, S. Y. Chen, Y. L. Hsiao, S. T. Tsai, H. C. Tsai, „Hypomania with hypersexuality following bilateral anterior limb stimulation in obsessive-compulsive disorder", in: *Journal of Neurosurgery*, 12(6)/2010, S. 1299-1300.
35 M. Schüpbach, M. Gargiulo, M. L. Welter, L. Mallet, C. Béhar, J. L. Houeto, D. Maltête, V. Mesnage, Y. Agid, „Neurosurgery in Parkinson disease: A distressed mind in a repaired body?", in: *Neurology*, 66/2006, S. 1811-1816.
36 L. M. Romito, M. Raja, A. Daniele, M. F. Contarino, A. R. Bentivoglio, A. Barbier, M. Scerrati, A. Albanese, „Transient Mania with Hypersexuality after Surgery for High-Frequency Stimulation of the Subthalamic Nucleus in Parkinson's Disease", in: *Movement Disorders*, 17(6)/2002, S. 1371-1373.

chen, kann die Geschwindigkeit der Veränderungen durch THS zu Überforderungen führen. Inwiefern die Gefühle und Bedürfnisse, die in Folge der THS entstehen, nicht authentisch sind und inwiefern uns die Inauthentizität von Emotionen vor ein ethisches Problem stellt, darauf soll in den folgenden Abschnitten ein Schlaglicht geworfen werden.

5. Authentizität als normatives Ideal

In welchem Sinne können durch die THS erzeugten Stimmungen, Gefühle und Emotionen nicht authentisch sein? Und ist es möglich und wenn ja in welcher Weise, dass unechte gefühlte Phänomene die Identität und Integrität der Person gefährden? Man könnte zunächst anzweifeln, dass es so etwas wie inauthentische Gefühle überhaupt gibt.[37] Haben nicht alle Gefühle, ob sie nun unwillkürlich erlebt, willentlich erzeugt oder gar durch die Stimulation mittels Elektroden im Gehirn hervorgerufen werden, die gleiche unmittelbare Phänomenalität? Da sich im phänomenalen Erleben Qualität, Unmittelbarkeit und Intentionalität bei allen drei Formen der Genese gefühlter Phänomene nicht unterscheiden, muss der Unterschied zwischen authentischen und inauthentischen gefühlten Phänomenen auf einer anderen Ebene gesucht werden. Wenn wir im Erleben der Emotion nicht entscheiden können, ob die Erlebensqualität einer Emotion echt ist oder nicht, so haben wir dennoch eine Vorstellung davon, was eine inauthentische Emotion ist.[38] Authentizität lässt sich also nur in Abgrenzung zu ihrem Gegenteil – der Inauthentizität – bestimmen. Mulligan zufolge entstehen unechte Gefühle, wenn wir ein volitional erzeugtes oder moduliertes affektives Phänomen behandeln, als wäre es ein echtes Gefühl. Die Intentionalität derartiger Phantasiegefühle ist aber nicht auf ein Objekt in der Welt gerichtet. Ihnen liegt daher auch keine Wahrnehmung der Welt zu Grunde, sondern eine Pseudo-Wahrnehmung. In ähnlicher Weise ist ein Phantasiegefühl – wie die im Kino „erlebte" Furcht – ein fingiertes Gefühl. Auch sentimentale Affekte, die dazu

---

37   K. Mulligan, „Was sind und was sollen die unechten Gefühle?", in: U. Amrein (Hrsg.), *Das Authentische. Zur Konstruktion von Wahrheit in der säkularen Welt*, Zürich (im Druck). Im Internet verfügbar unter: http://www.unige.ch/lettres/philo/enseignants/km/doc/ShamUnechteGefuehle3.pdf. Zuletzt geprüft 11.07.2010.

38   K. Mulligan, „Was sind und was sollen die unechten Gefühle?", S. 1ff.

veranlassen, realitätsferne oder -inadäquate Gefühle oder Stimmungen aufrecht zu erhalten, sind nach Mulligan inauthentisch.

Offensichtlich problematisch ist dieses Verständnis von Authentizität als Aufrichtigkeit gegenüber spontanen und unregulierten Affekten bei psychiatrischen Erkrankungen. Hier ist den Betroffenen häufig bewusst, wie unbegründet ihre Emotionen sind. Dennoch können sie es nicht vermeiden, mit bestimmten Emotionen zu reagieren und sind nicht fähig, diese zu regulieren. Daran wird deutlich, dass unregulierte Gefühle nicht zwangsläufig authentisch sind.[39] Viele Menschen verspüren auch zum Beispiel Höhenangst, selbst wenn sie gesichert sind und ihnen nichts passieren kann. Zudem dürfte es schwierig sein, in unserem emotionalen Alltag Gefühle auszumachen, die nicht schon auf irgendeiner Ebene durch soziokulturelle Regeln vorgeprägt sind. Da Menschen in sozialen Kontexten lernen sich zu verhalten, lernen sie auch in sozialen Kontexten, ihre Gefühle zu regulieren. Die Regulation des emotionalen Lebens ist schlicht eine Funktion, das Erleben kohärent in Lebenskontexte und Wertelandschaften[40] einzubinden.

Daher haben einige Autoren versucht, die Authentizität von Persönlichkeiten und ihren Eigenschaften über die regulierte und willentliche Identifikation mit bestimmten Werten, Eigenschaften oder Emotionen zu beschreiben. So sind es zum Beispiel bei Frankfurt volitionale Notwendigkeiten, welche die Authentizität einer Person in letzter Instanz charakterisieren.[41] Eine Persönlichkeit ist immer dann authentisch, wenn sie ihren Willen und ihre Emotionen in Übereinstimmung mit ihren definierenden Persönlichkeitseigenschaften reguliert und damit für Kohärenz sorgt. Dieses identifikatorische Modell der Authentizität kann aber nicht plausibel begründen, worin die Autorität der die Emotionen regulierenden Instanz als Überprüfungsvorlage besteht.

Daher besteht bei einem Verständnis von Authentizität als Kohärenz grundsätzlich die Frage, woher die Autorität von evaluativen Eigenschaften, Gefühlen oder sozialen Rollen kommen soll, die jeweils

---

39 F. Kraemer, „Picturing the authenticity of emotions", in: M. Salmela, V. Mayer (Hrsg.), *Emotions, ethics, and authenticity,* Consciousness & emotion book series, Amsterdam 2009, S. 71-90.

40 M. C. Nussbaum, *Upheavals of thought: The intelligence of emotions.*

41 H. G. Frankfurt, „The importance of what we care about", in: H. G. Frankfurt (Hrsg.), *The importance of what we care about. Philosophical essays,* Cambridge 1988, S. 80-94.

anderen Instanzen der Persönlichkeit kohärent anzupassen.[42] Frankfurt hat versucht, dieses Problem mit dem Begriff der volitionalen Notwendigkeit zu beantworten. Aber dies führt zu einem statischen Begriff der Persönlichkeit. Persönlichkeiten sind aber dynamisch und daher häufig Veränderungen unterworfen, sodass die Kohärenz von Einstellungen, Emotionen und Verhalten der Person, die sich als authentische Persönlichkeit präsentieren kann, immer wieder neu erarbeitet werden muss. Weiterhin besteht die Frage, inwieweit die Genese der zur Kohärenz zu bringenden Instanzen selbst autonom und nicht aufgrund von Indoktrination oder Manipulation erfolgt ist. Dies verweist auf eine enge Verknüpfung des Authentizitätsbegriffes mit dem Autonomiebegriff. Eine durch Fremdbestimmung kohärent gemachte Persönlichkeit würden wir nicht als authentisch bezeichnen.

Daher fassen wir die Authentizität von Emotionen weder als bloße Aufrichtigkeit gegenüber spontanen und ungehemmten Emotionen auf, noch als bloßen Abgleich an einer statischen Persönlichkeitsvorlage, sondern verstehen Authentizität als das selbstbestimmte Streben nach einem soziale, kognitive und emotionale Eigenschaften integrierenden, kohärenten Selbstbild. Weil Personen sich ändern, ist Authentizität ein niemals abzuschließendes Projekt, eine regulative Idee.[43] Im Gegensatz zur Aufrichtigkeit ist die Authentizität also ein normatives Ideal. Dabei bleibt die Selbstkenntnis einer Person sowohl für die Aufrichtigkeit als auch für die Authentizität eine entscheidende Voraussetzung. Diese Selbstkenntnis ermöglicht einer Person den Zugang zu ihrer Lebensgeschichte, ihrer sozialen Situation und ihrer Gefühle und Stimmungen. Für die Unterscheidung von authentischen und inauthentischen Gefühlen bedeutet dies, dass sie nicht analog zur Unterscheidung zwischen regulierten und unregulierten Gefühlen gezogen werden kann, sondern als Unterscheidung zwischen Gefühlen, die passend in die Wertelandschaft einer Person eingebunden sind und solchen, die es nicht sind.

Dieses Authentizitätsverständnis wird auch den ethischen Intuitionen bezüglich der Nebenwirkungen und Potentiale der THS gerecht.

42 M. Salmela, „What Is Emotional Authenticity", in: *Journal for the Theory of Social Behaviour*, 35(3)/2005, S. 209-230.
43 So ähnlich sieht dies auch J.-P. Sartre, *Das Sein und das Nichts: Versuch einer phänomenologischen Ontologie*, 1. Aufl. der Neuübersetzung, Reinbek bei Hamburg 1991, S. 119 ff., wenn er die Unaufrichtigkeit als strukturelles Problem fasst, das sich aus der ontologischen Priorität der Existenz gegenüber der Essenz des Seienden ergibt.

Denn Unaufrichtigkeit den eigenen affektiven Phänomenen gegenüber scheint nicht in erster Linie das Problem der Patienten der THS zu sein. Das Problem z. B. des hypersexuellen chinesischen Patienten ist die Inkohärenz der Gefühle mit seinem Wertempfinden und seiner Lebenseinstellung. Die THS kann, indem sie in die Entstehung von Stimmungen und Gefühlen eingreift, dazu beitragen, Menschen, die durch schwere Erkrankungen in ihrem Gefühlsleben stark beeinträchtigt sind, zu einer kohärenteren Lebensführung und damit zu mehr Authentizität und Lebensqualität zu verhelfen.

Daneben gibt es noch einige nur scheinbare Gründe, die aus einer Authentizitätsperspektive gegen THS sprechen. So scheinen Wertempfinden und Biographie bei der Entstehung und Modulation der Affekte überhaupt keine Rolle zu spielen. Anders als bei der Psychotherapie hat die THS diese Wirkung zwar mit Psychopharmaka gemein. Im Gegensatz zu der meist langsamen Wirkung therapeutischer Psychopharmaka treten die Effekte der THS aber meist binnen Sekunden fühl-, sicht- und erlebbar auf. Daher hält die THS die ‚Steuerbarkeit‘ und ‚Manipulierbarkeit‘ des Gefühlslebens deutlicher als andere Methoden vor Augen. Der abrupte und übergangslose Wirkungseintritt der THS könnte zudem schockieren und eine kohärente ‚Einpassung‘ der veränderten Gefühlslage verhindern. Damit könnte ein Risiko für die Authentizität bestehen. Dieser Einwand muss allerdings einer differenzierteren ethischen Betrachtung unterzogen werden. Es mag richtig sein, dass die Gefühle eines Menschen in einem solchen Maß moduliert werden *können*. Dies ist aber nicht das Ziel der therapeutisch angewendeten THS. Die Modulation ist stets abhängig von den Stimulationsparametern, die immer auch dem Erleben des Patienten angepasst werden. Dessen subjektive Authentizität ist dabei ein äußerst relevantes Kriterium. Eine solche Modulation in einem therapeutischen Rahmen halten wir für ethisch vertretbar.

6. *Konklusion*

Mit Blick auf die vorangegangenen Überlegungen wird deutlich, dass die Modulation von Emotionen durch die THS ein Thema mit vielen Unbekannten ist. Zum einen fehlt innerhalb der theoretischen Debatte in Philosophie, Psychologie und Neurowissenschaften ein einheitliches Verständnis von Emotionen, Gefühlen und Stimmungen. Zum anderen ist das Verständnis der komplexen Neurobiologie emotionaler Phänomene noch immer begrenzt. Daraus ergibt sich, dass über die Theorie der Wirkung von THS auf Affekte meist nur begründet spekuliert werden kann. Gleiches gilt aber für Psychopharmaka: Auch hier weiß man meist nicht im Detail, wie und warum sie wirken. Der ethisch relevante Unterschied zwischen beiden Methoden betrifft den zeitlichen Aspekt. Die THS kann innerhalb von Minuten und Sekunden wirken, während psychopharmakologische Wirkungen in der Regel mehrere Wochen benötigen, um zur vollen Entfaltung zu kommen. Die Problematik der THS liegt also darin, dass sie durch das schnelle Eintreten ihrer Wirkungen die Persönlichkeit in ihrer Authentizität eher beeinflussen kann. Um die Authentizität modulierter Stimmungen beurteilen zu können, ist es geboten, die subjektiven Einschätzungen des Patienten mit in die Einstellung der Stimulationsparameter einfließen zu lassen.

Die Authentizität der Persönlichkeit, verstanden als das selbstbestimmte Streben nach einem soziale, kognitive und emotionale Eigenschaften integrierenden und kohärenten Selbstbild, ist ein wichtiger Orientierungspunkt und ein normatives Ideal.[44] Das Authentizitätsideal kann helfen, wichtige ethische Aspekte der Anwendung medizinischer Techniken und ihrer Konsequenzen für die psychosoziale Integrität von Personen aufs Tapet zu bringen. Angesichts der THS scheint das eingangs erwähnte Sonntagsglück nicht mehr nur von der „glücklichen Konstellation der Umstände" abzuhängen. Dennoch zeigen die vorangegangenen Überlegungen, dass gerade die Möglichkeiten der THS immer mit einem orientierenden Blick auf die Wahrung der Authentizität der Persönlichkeit konfrontiert werden müssen.

---

44 C. Taylor, *The ethics of authenticity*, Cambridge 1992; L. Trilling, *Das Ende der Aufrichtigkeit*, 2. Aufl., München 1982.

Sabine Paul

Zivilisationskrankheiten: Neue Lösungswege der Evolutionären Medizin

Die engagierte Angestellte litt seit einigen Wochen immer wieder unter Bauchkrämpfen, Blähungen, Darmkoliken, starken Durchfällen und Übelkeit. Für ihre noch junge Karriere wurde der damit verbundene Leistungsabfall immer bedrohlicher, die körperlichen Beschwerden lösten ernsthafte familiäre Probleme und schließlich auch Existenzangst aus. Eine Reihe von Besuchen bei Spezialisten führte nach vielen ergebnislosen Anläufen schließlich zur entscheidenden Diagnose: Laktose-Intoleranz – Milchzuckerunverträglickeit, die aufgrund einer genetischen Eigenschaft ab dem frühen Erwachsenenalter auftreten kann. Besonders überraschend war die Erfahrung, dass ein gesundes Nahrungsmittel, das bislang problemlos vertragen wurde, ernsthafte Gesundheitsprobleme auslösen kann. Eine ursächliche Therapie gibt es nicht – die Patientin muss daher für den Rest ihres Lebens auf Milch und Milchprodukte mit Milchzucker verzichten, wenn sie das Auftreten der unangenehmen Symptome verhindern will, oder sich das Enzym Laktase zuführen, das Milchzucker in verträgliche Bestandteile spalten kann. Trotz aller Einsicht in diese Notwendigkeit fällt der jungen Frau die Ernährungsumstellung sehr schwer.

Von einer ähnlichen Problematik sind sehr viele Menschen betroffen. Die Ursachen von Magen-Darm-Beschwerden sind allerdings vielfältig – und zudem unterschiedlich häufig in der Bevölkerung verteilt. Etwa einer von hundert bis zweihundert Menschen ist in Deutschland von Zöliakie betroffen, einer Autoimmunerkrankung, die durch glutenhaltiges Getreide ausgelöst wird.[1] Von einer Fructose-Malabsorption (Fruchtzucker-Aufnahmestörung) sind etwa 30-40 % betroffen.[2] Noch häufiger sind in Mitteleuropa verzögerte Nahrungsmittelallergien, die schätzungsweise bei bis zu 60 % der Bevöl-

---

1   D. Brunner, J. Spalinger, „Zöliakie im Kindesalter", in: *Paediatrica*, 16(3)/2005, S. 34-37.
2   M. Ledochowski et al., 2000. „Fructose- and sorbitol-reduced diet improves mood and gastrointestinal disturbances in fructose malabsorbers", in: *Scandinavian Journal of Gastroenterology*, 10/2000, S. 1048-1052.

kerung auftreten.[3] An einer Lactose-Intoleranz leiden ca. 10-15 % der Bevölkerung in Deutschland.[4]

Das Rätsel der Zivilisationskrankheiten und erfolglosen Ernährungsprogramme

Allergien und Unverträglichkeiten werden in der Medizin als neue Volkskrankheiten betrachtet. Gleichzeitig breiten sich Übergewicht und Fettleibigkeit nach Einschätzung der Mediziner epidemieartig aus. Die häufig notwendigen Ernährungsumstellungen sind selten erfolgreich, sei es bei Diäten oder bei anderen medizinischen Indikationen. Die Deutsche Gesellschaft für Ernährung stellt nach mehr als 50 Jahren Aufklärungsarbeit enttäuscht fest, dass ihre Appelle und Anstrengungen nicht fruchten: Nicht nur die Deutschen essen zu fett und salzig, zu wenig Obst und Gemüse. Allen guten Vorsätzen zum Trotz kommen Menschen offensichtlich kaum gegen bestimmte Nahrungspräferenzen an. Ernährungswissenschaftler, Mediziner, Soziologen und Gesundheitspolitiker stehen vor der Herausforderung, dass derzeit keine ursächliche Lösung der Problematik in Sicht ist. Da es vor allem bei chronischen Krankheiten sehr schwer ist, den möglichen Ursachen auf den Grund zu kommen, wird meist eine reine Symptombehandlung durchgeführt – die aber keine Heilung ermöglicht. Die Krankheiten dauern daher meist über viele Jahre an und haben durch die Belastung des Organismus teilweise weitere Erkrankungen zur Folge. Aufgrund dieser medizinisch unbefriedigenden Situation und auch angesichts der hohen Kosten im Gesundheitswesen suchen medizinische Fachkreise und Politiker nach neuen und effektiven Wegen der Krankheitsvermeidung und -behandlung. Unterstützung bei der Lösung dieser Fragestellung könnten sie bei einem der bedeutendsten Biologen finden: Charles Darwin. Die Werke von Frau Engels haben entscheidend zum Verständnis seiner Biografie, seiner Theorie und ihrer Rezeption in Europa beigetragen und seien an die-

---

3 A. R. Gaby, „The Role of Hidden Food Allergy/Intolerance in Chronic Disease", in: *Alternative Medicine Review*, 3(2)/1998, S. 90-100.

4 T. H. Vesa et al., „Lactose Intolerance", in: *Journal of the American College of Nutrition*, 19(29)/2000, S. 165S-175S.

ser Stelle zur vertiefenden Lektüre empfohlen.[5] In seinem berühmten Werk „Über die Entstehung der Arten durch natürliche Zuchtwahl" beschrieb Darwin vor gut 150 Jahren die Grundprinzipien der Evolution. Demnach kann man „von jeder Einzelheit der Struktur in jedem lebenden Geschöpf [...] annehmen, dass sie entweder von besonderem Nutzen für einen Vorfahren war oder dass sie jetzt von besonderem Nutzen für die Nachkommen dieser Form ist, entweder direkt oder indirekt".[6] Dies führt dazu, dass langfristig körperliche Merkmale und Verhalten optimal an ihre Funktion in einer bestimmten Umwelt angepasst sind. Ändert sich die Umwelt, können aber auch andere Eigenschaften vorteilhaft sein und die bisherigen Merkmale oder Verhaltensweisen einen Nachteil darstellen.

Nahrungsaufnahme ist ein zentrales biologisches Merkmal und Gesundheit Voraussetzung für das erfolgreiche Überleben und die erfolgreiche Reproduktion. Wenn heute die Nahrungsaufnahme zu Gesundheitsproblemen führt, dann erscheint der Blick auf die evolutionsbiologischen Zusammenhänge von Ernährung, Stoffwechsel, Zivilisationskrankheiten und Verhaltensbarrieren sehr vielversprechend, um ein tiefer gehendes Verständnis zu möglichen Ursachen zu erhalten.[7] Diesen neuen Weg geht die noch relativ junge Disziplin der Evolutionären Medizin. Sie beschäftigt sich mit der Entstehung von Gesundheit und Krankheit als Erbe der Evolution. Dazu wurde erstmals Mitte der 1990er Jahre von Nesse und Williams ein viel beachtetes Buch veröffentlicht.[8] Ihre Thesen und Erklärungen setzten in den letzten zwanzig Jahren einen neuen Denkprozess in Gang.[9] Der Blick wird weg von den Symptomen hin auf die Erklärung von Krankheitsursachen gelenkt, d. h. auf die Frage, warum bestimmte Krankheiten entstehen. Damit eröffnen sich auch neue Lösungswege für die heutigen medizinischen Probleme. Im Folgenden soll dies am Beispiel des Einflusses der Ernährung auf die Entstehung von Zivilisationskrank-

---

5 E.-M. Engels, *Die Rezeption von Evolutionstheorien im 19. Jahrhundert*, Frankfurt a.M. 1995. E.-M. Engels, *Charles Darwin*, München 2007.

6 C. Darwin, *On the origin of species by means of natural selection, or the preservation of favoured races in the struggle for life*, London 1859, S. 199-200.

7 T. Junker, S. Paul, *Der Darwin-Code. Die Evolution erklärt unser Leben*, 2. Aufl., München 2009, S. 19-46.

8 R. M. Nesse, G. C. Williams, *Evolution and Healing. The new science of Darwinian medicine*, London 1994.

9 D. Ganten, T. Spahl, T. Deichmann, *Die Steinzeit steckt uns in den Knochen. Gesundheit als Erbe der Evolution*, München/Zürich 2009.

heiten exemplarisch dargestellt werden. Weitere Faktoren, die sich aus
der evolutionsbiologischen Analyse ableiten lassen, wie der Einfluss
der körperlichen Bewegung, der körperlichen und geistigen Regene-
ration, Schlafverhalten etc. spielen ebenfalls eine Rolle, müssen jedoch in einem umfassenderen Kontext diskutiert werden.

Paläolithische Präferenzen

Die Menschheitsgeschichte ist von ca. zwei Millionen Jahren Jäger-
und Sammler-Dasein im Paläolithikum geprägt. Die Ernährung dieser
Zeit lässt sich inzwischen sehr gut rekonstruieren. Es gibt eine um-
fangreiche Datenlage zur paläolithischen Ernährungsweise sowohl durch
fossile Funde als auch von rezenten Jäger- und Sammlerkulturen.
Dabei zeigt sich, dass – wie bei modernen Menschen – die Zusammensetzung der Nahrungsquellen stark abhängig von der jeweils
vorherrschenden Umwelt war, sich jedoch bestimmte Grundmuster
beschreiben lassen. Die Trends in der Zusammensetzung der Makronährstoffe und der Verfügbarkeit bzw. Nicht-Verfügbarkeit bestimmter
Nahrungsmittelgruppen hat sich auch im Lauf der Forschung in den
letzten Jahrzehnten nicht grundlegend verändert, sondern wurde immer
wieder bestätigt.[10] Wir können also durchaus von einer robusten
Grundlage des derzeitigen Wissens ausgehen.

Auffällig ist, dass die Ernährung der Jäger und Sammler sehr vielfältig war: Neben Fleisch, Fisch (und die heute für mitteleuropäischen
Küchen eher ungewohnten Insekten, Schlangen und Weichtiere) be-
stand der Großteil der Nahrung aus Früchten, Nüssen, Samen, Beeren,
Wurzeln, Knollen, Blättern, Blüten und Pilzen. Durchschnittlich war
etwa ein Drittel der Nahrungsquellen tierischen und zwei Drittel
pflanzlichen Ursprungs.[11] Außerdem erhitzten die Jäger und Sammler
seit mindestens 800.000 Jahren ihre Nahrung – verschiedene Hinweise deuten sogar auf 1,8 Millionen Jahre hin. Dadurch erschlossen

---

10   S. B. Eaton, S. B. Eaton III, M. J. Konner, „Paleolithic nutrition revisited: A twelve-
     year retrospective on its nature and implications", in: *European Journal of Clinical
     Nutrition*, 51/1997, S. 207-216.
11   S. B. Eaton, M. Konner, „Paleolithic nutrition – a consideration of its nature and
     current implications", in: *The New England Journal of Medicine*, 312/1985, S. 283-289.
     S. B. Eaton, M. Shostak, M. Konner, *The paleolithic prescription. A program of diet &
     exercise and a design for living.* New York, 1988, S. 72-74.

sie sich neue Nahrungsquellen, die roh nur schwer verdaulich oder giftig wären. [12] Die Menschen in dieser Zeit entwickelten also ein *Nährstoff-Optimierungsprogramm*: Die kontinuierliche Suche nach einer sehr vitamin- und mineralstoffreichen Kost mit vielen Ballaststoffen und einem verhältnismäßig hohen Proteinanteil. Denn nur die beste Nährstoffversorgung sicherte das Überleben und die erfolgreiche Reproduktion.

Zusätzlich bildeten die Menschen im Lauf der Evolution ein immer größeres Hirnvolumen und eine immer komplexere Vernetzung bestimmter Hirnareale aus – der Energiebedarf stieg daher stark an. Das Gehirn verbraucht bei einem Körpergewichtsanteil von nur 2 % die meiste Energie unter allen Organen: ca. 20-30 % allein im Ruhezustand. Überlebensvorteile hatten daher diejenigen, die besonders *energiereiche* Nahrungsquellen fanden. Unter den Nährstoffen ist Fett der energiereichste: Mit 9 kcal/Gramm hat Fett mehr als doppelt soviel Energie wie Proteine und Kohlenhydrate. Zusätzlich waren aber auch Nahrungsquellen gefragt, die *schnell* Energie zur Verfügung stellen können. Dies sind vor allem die einfachen Kohlenhydrate wie Glucose, die im Stoffwechsel sofort zur Energiegewinnung genutzt werden können. Daher entstand eine Geschmackspräferenz für Nahrungsquellen, die viel und/oder schnelle Energie liefern, also ein *Energie-Maximierungsprogramm*. Allerdings war dieses Ernährungsprogramm unter ganz bestimmten Umweltbedingungen erfolgreich: Die Lebensweise der Jäger- und Sammler war von Bewegungsaktivität und körperlicher Anstrengung geprägt. Analysen der altsteinzeitlichen Skelette ergaben, dass der Körperbau etwa heutigen gut trainierten Sportlern entsprach. [13] Der Energiebedarf war daher nicht nur aufgrund des zunehmenden Gehirnvolumens, der immer komplexeren Gehirnvernetzung und der großen Muskelmasse sehr hoch, sondern auch aufgrund der energieaufwändigen Lebensweise.

Zusammenfassend kann man festhalten: Im Paläolithikum wurden in Anpassung an die Umwelt und Lebensweise der Jäger und Sammler zwei biologische Ernährungsprogramme ausgebildet und genetisch verankert: Zum einen das Nährstoff-Optimierungsprogramm mit einer Präferenz für eine große Vielfalt an Nahrungsmitteln mit hohem Pro-

---

12   R. Wrangham, N. Conklin-Brittain, „Cooking as a biological trait", in: *Comparative Biochemistry and Physiology*, 136(Part A)/2003, S. 35-46.

13   S. B. Eaton, M. Shostak, M. Konner, *The paleolithic prescription. A program of diet & exercise and a design for living.* New York, 1988, S. 34-35

teinanteil (Fleisch, Fisch, Meeresfrüchte, Insekten, Weichtiere etc.), Mineralstoffen, Vitaminen und sekundären Pflanzenstoffen (Blätter, Knospen, Blüten, Früchte, Pilze, Knollen, Wurzeln). Weitere Präferenzen bildeten sich im Zusammenhang mit dem zweiten, dem Energie-Maximierungsprogramm, heraus – zur Sicherstellung des Energiebedarfs, vor allem des Gehirns. Aufgrund dessen werden fetthaltige und glucosehaltige Nahrungsmittel bevorzugt und gekochte Nahrung gegenüber roher Kost. Der menschliche Stoffwechsel wurde bestmöglich auf die Verarbeitung dieser Nahrungsquellen angepasst. Noch heute zeigen Ernährungsformen, die der paläolithischen nahe kommen, positive Effekte auf die Gesundheit – z. B. die klassische mediterrane Ernährungsform (in Griechenland vor 1960)[14] – und sind ein Hinweis darauf, dass die paläolithische Ernährungsweise noch immer zu bevorzugen ist.

Janusköpfige Landwirtschaft

Nach dem Ende der letzten Eiszeit begann vor etwa 10.000 Jahren die *Neolithische Revolution*: Die Menschen wurden sesshaft und stellten ihren Nahrungserwerb auf eine völlig neue Grundlage um: auf Ackerbau und Viehzucht. Kohlenhydrate wurden nun in großem Stil nutzbar gemacht durch den Anbau von Getreide. Als weiteres energiereiches, und von den Jahreszeiten unabhängiges Nahrungsmittel, setzte sich Milch durch. Ursprünglich herrschte der Zustand der Milchzuckerunverträglichkeit: Jäger und Sammler bildeten nur während der Stillzeit das Enzym Laktase, welches den Milchzucker spaltet und verdaulich macht. Nach Ende der Stillzeit wurde die Bildung der Laktase eingestellt, da sie nicht weiter benötigt wurde – andere Milchquellen als Muttermilch waren nicht vorhanden. Erst mit Beginn der Viehhaltung vor rund 8.000 Jahren breitete sich in Zentral- und Nordeuropa die Fähigkeit aus, die Laktase bis ins Erwachsenenalter aktiv zu halten, und so die Milch der Nutztiere als weitere Energiequellen

---

14 A. P. Simopoulos, „The Mediterranean Diets: What is so special about the diet of Greece? The scientific evidence", in: *Journal of Nutrition*, 131/2001, S. 3065S-3073S.

nutzen zu können.[15] Dass die meisten Menschen in Mitteleuropa inzwischen Milch vertragen, ist eines der sehr wenigen Beispiele einer genetischen Anpassung an neolithische Nahrungsmittel in den letzten 10.000 Jahren und deutet auf einen enormen Selektionsvorteil hin. Allerdings sind trotz umfangreicher Angebote an Milch und Milchprodukten noch immer ca. 15 % der Bevölkerung in Mitteleuropa Laktose-intolerant, in anderen Ländern ist die Laktose-Intoleranz noch weiter verbreitet, teilweise bis über 90 % (Asien, Afrika).

Vor etwa 5.000 Jahren kam die Verwendung von gepressten Pflanzenölen in größeren Mengen und seit 500 Jahren die Gewinnung von Zucker hinzu. Das altsteinzeitliche Energie-Maximierungsprogramm blieb auch weiterhin in Kraft: Wer Zugang zu energiereichen Nahrungsquellen hatte, profitierte vor allem bei schlechten Ernten oder grassierenden Krankheiten und hatte höhere Überlebens- und Reproduktionschancen. Überraschenderweise verbesserte diese neue Ernährungsform die Gesundheit aber nicht. Die Körpergröße der Menschen nahm ab, es finden sich signifikant mehr Schäden an den Zähnen im Vergleich mit Jäger- und Sammlerkulturen. Knochen- und Gelenkentzündungen konnten von Paläopathologen nachgewiesen werden, ebenso Hautkrankheiten und eine erhöhte Sterblichkeit. Diese Funde sind eindeutige Hinweise auf eine Fehl- und Mangelernährung.[16]

Vor gut 175 Jahren setzte dann ein weiterer großer Umbruch ein: eine starke Industrialisierung bei der Nahrungsmittelherstellung und -verarbeitung. Durch Hygienemaßnahmen, die Einführung der Anästhesie in der Chirurgie und dem Einsatz von Antibiotika kam es zunächst in dieser Zeit zu einer steigenden Lebenserwartung. Allerdings veränderten sich nun die Haupttodesursachen. Starben die Jäger- und Sammlergesellschaften meist an Infektionskrankheiten, durch Kindersterblichkeit und akute Verletzungen, so fallen moderne Menschen in der Regel chronischen Krankheiten zum Opfer: Herz-Kreislauf-Erkrankungen, Krebs und Diabetes. Inzwischen sinkt die Lebenserwartung sogar wieder, wie in den USA seit dem Jahr 2000 in der Gruppe der unter 54-Jährigen nachgewiesen wurde.[17]

15 J. Burger et al., „Absence of the lactase-persistance-associated allele in early Neolithic Europeans", in: *Proceedings of the National Academy of Sciences*, 104/2007, S. 3736-3741.

16 J. Diamond, *The third chimpanzee*, New York 1992 (Dt. Ausgabe: Der dritte Schimpanse, Frankfurt a.M.1998, S. 238-241).

17 P. N. Nemetz et al., „Recent Trends in the Prevalence of Coronary Disease", in: *Archives of Internal Medicine*, 168(3)/2008, S. 264-270.

Wie konnte es innerhalb von nur 10.000 Jahren – und insbesondere in den letzten 150 Jahren – zu solch drastischen Veränderungen des Gesundheitszustands kommen? Evolutionsbiologisch kann dies mit der *Diskordanz- oder Fehlanpassungs-Theorie* erklärt werden: Körperliche Gesundheit setzt voraus, dass die genetischen Anlagen eines Organismus und seine Umwelt zusammen passen. Die den Körper und das Verhalten der Menschen prägenden Gene haben sich im Lauf von zwei Millionen Jahren an das Leben als Jäger und Sammler bestmöglich angepasst. Die moderne Ernährung unterscheidet sich jedoch stark davon. Während sich unsere Gene in den letzten 10.000 Jahren kaum verändert haben, bildet unsere Nahrung und unsere Lebensweise in vielerlei Hinsicht eine neue Umwelt. Die notwendigen genetischen Anpassungen, um die – evolutionär gesehen – neuen Lebensmittel schadlos in großen Mengen nutzen zu können, sind in diesem kurzen Zeitraum größtenteils noch nicht erfolgt. Die einzige partielle Ausnahme stellt die in einigen Regionen vorhandene Laktose-Toleranz dar.

Kurz gesagt: Heute treffen in der Regel paläolithische Gene auf neolithische Ernährung und Lebensweise (z. B. Leben und Arbeiten in geschlossenen Räumen, Bewegungsmangel, etc.), sie passen oft nicht zueinander, werden so zu einer Fehlanpassung und führen zu gesundheitlichen Problemen, die sich als Zivilisationskrankheiten manifestieren.

Gesunde Ernährung kann krank machen

Die offiziellen Ernährungsrichtlinien von Fachverbänden propagieren viele Vollkornprodukte, Milch, Obst und Gemüse, mäßig Fleisch und Fisch, wenig Fette und Zucker als gesunde Ernährung für die Industrienationen. Eine optimale Zusammensetzung der Makronährstoffe werde durchschnittlich mit ca. 60 % Kohlenhydraten, 10 % Protein und 30 % Fett erreicht.[18] Diese Vorgaben passen aber in vielerlei Hinsicht nicht zu unserem paläolithischen Erbe und zu unseren Nahrungspräferenzen.

Die Zusammensetzung der Makronährstoffe lag im Paläolithikum im Mittel bei etwa 41 % Kohlenhydrate, 37 % Protein und 22 %

---

18 Deutsche Gesellschaft für Ernährung, *Referenzwerte für die Nährstoffzufuhr*, 1. Auflage, 3. korrigierter Nachdruck, Frankfurt a.M. 2008, S. 35-63.

Fett. Die heutigen Ernährungs-Empfehlungen weichen davon weit ab, führen zu einer starken Verlagerung hin zu Kohlendraten (vor allem in Form von Getreide) und Proteine sind im Vergleich zum Paläolithikum deutlich unterrepräsentiert. Die vorherrschenden industriell gefertigten Lebensmittel erleichtern zusätzlich den umfänglichen Konsum von einfachen Kohlenhydraten (Auszugsmehl, Zucker) an Stelle komplexer Kohlenhydrate aus Gemüse und Früchten.

Die suboptimale Nährstoffsituation wird durch die veränderte Beschaffenheit heutiger Nahrungsquellen weiter verschärft. Anstelle von Wildtieren und -pflanzen werden in ihren Eigenschaften veränderte Zuchttiere und Zuchtpflanzen verwendet mit wesentlich geringerem Protein-, Vitamin- und Mineralstoffgehalt. Vergleicht man beispielsweise einen Kopfsalat mit wild wachsendem Löwenzahn, der ebenfalls als Salat verwendet wird, findet man folgende Werte: Kopfsalat hat pro 100 g Gewicht 0,6 g Protein, 224 mg Kalium, 11 mg Magnesium, 37 mg Calcium und 13 mg Vitamin C. Löwenzahn hat pro 100 g Gewicht 3,3 g Protein, 590 mg Kalium, 23 mg Magnesium, 50 mg Calcium und 115 mg Vitamin C – also einen etwa 3-5-fach höheren Nährstoffgehalt.[19] Zudem werden heute Fette gehärtet und in Formen überführt, die es natürlicherweise nicht gibt (Transfette), große Mengen an raffiniertem Zucker und raffinierten Pflanzenölen stehen zur Verfügung, Kochsalz wird bei mehr als 90 % aller industriell verarbeiteter Nahrungsmittel zugegeben. Ein weiteres typisches Merkmal ist auch das veränderte Fettsäuremuster unserer Nahrung. Bei den für den Körper wichtigen mehrfach ungesättigten Fettsäuren hat sich das Verhältnis in ungünstiger Weise hin zu den pro-entzündlichen Omega-6-Fettsäuren verschoben (Verhältnis Omega-6 zu Omega-3 im Paläolithikum etwa 2 : 1, heute 10-20 : 1).

Als Folge der Nährstoffverschiebungen und veränderten Nährstoffzusammensetzung kommt es häufig zu Störungen wichtiger Stoffwechselvorgänge: z. B. chronisch überhöhte Blutzucker- und Insulinspiegel mit Auswirkungen auf den Kohlenhydratstoffwechsel, der in Diabetes mellitus oder Krebserkrankungen mündet.[20] Störungen des Fettstoffwechsels führen häufig zu Übergewicht und Herz-Kreislauf-Er-

19 M. Strauß, *Die 12 wichtigsten essbaren Wildpflanzen bestimmen, sammeln und zubereiten*, Weil der Stadt 2010.
20 S. Langbein et al., „Expression of transketolase TKTL1 predicts colon and urothelial cancer patients survival: Warburg effect reinterpreted", in: *British Journal of Cancer*, 94(4)/2008, S. 578-585.

krankungen.[21] Hinzu kommen Schädigungen der Darmflora durch einseitige Ernährung, die Dysbiosen, Mykosen und Mineralstoffmangel auslösen können. Milch und glutenhaltige Getreide sind heute Basis der Standard-Ernährungspyramiden, waren aber als Nahrungsquellen für Jäger und Sammler nahezu unbekannt. Wie im Eingangsbeispiel der Laktose-Intoleranz gezeigt wurde, aber auch von den noch häufiger vorkommenden verzögerten Nahrungsmittelallergien bekannt ist, können Milch und glutenhaltige Getreide unter anderem große Darmschäden verursachen. Die Proteinunterversorgung kann sich schließlich mit negativen Konsequenzen bei der Neurotransmitterbildung (die aus Aminosäuren erfolgt) bemerkbar machen – ein möglicher Ausgangspunkt für die Zunahme von Depression und Konzentrationsschwächen.

Autoaggressive Erkrankungen wie Allergien stehen ebenfalls mit der Ernährung im Zusammenhang. Interessanterweise reagieren die meisten Allergiker kaum auf paläolithische Nahrungsquellen wie Fleisch, Salat, Gemüse etc. jedoch überproportional häufig auf Proteine, die erst seit dem Beginn von Ackerbau und Viehzucht in großen Mengen verzehrt werden (Kuhmilch, Hühnerei, glutenhaltige Getreide) oder sogar erst vor wenigen Jahrhunderten aus anderen Regionen eingeführt wurden (z. B. die Erdnuss aus Südamerika). Auch bei den immer bekannter werdenden verzögerten Nahrungsmittelallergien (die Beschwerden, meist Magen-Darm-Probleme, treten mehrere Stunden oder Tage nach dem Verzehr auf) findet man die meisten Reaktionen bei den neolithischen Lebensmitteln: Kuhmilch, Hühnerei und glutenhaltige Getreide. Nach Schätzungen sind bis zu 60 % der Bevölkerung in Mitteleuropa von dieser Problematik betroffen.

Moderne Nahrungsmittelzusätze wie künstliche Farb- und Konservierungsstoffe, aber auch Milch- bzw. Glutenbestandteile werden inzwischen z. B. als einige der Auslöser für die Entstehung von Hyperaktivität und Autismus bei Kindern, für Zöliakie und Schizophrenie betrachtet.[22]

Es gibt also eine Vielzahl an Beispielen, die belegen, dass moderne Menschen nicht gut an Nahrungsmittel angepasst sind, die seit dem

---

21 L. Cordain et al., „Origins and evolution of the Western diet: Health implications for the 21st century", in: *American Journal of Clinical Nutrition*, 81/2005, S. 341-354.

22 D. McCann et al., „Food additives and hyperactive behaviour in 3-year-old and 8/9-year-old children in the community: A randomised, double-blinded, placebo-controlled trial", in: *The Lancet*, 370(9598)/2007, S. 1560-1567. M. L. G. Gardner, „Production of pharmacologically active peptids form foods in the gut", in: J. O. Hunter (Hrsg.), *Food and the Gut*, London 1985, S. 121-134.

Neolithikum eingeführt wurden. Die intensive Analyse des menschlichen Genoms hat bislang außer der partiellen Laktose-Verträglichkeit keine entscheidenden Anpassungsleistungen im Bereich der Ernährung gefunden. Bei einigen wenigen Genvarianten findet man eine leichte Verschiebung der Häufigkeiten, z. B. bei starkem Getreidekonsum eine erhöhte Aktivität von Enzymen, die pflanzliche Triglyceride spalten können. Damit verbunden ist aber zugleich eine Erhöhung der Häufigkeit von Genvarianten, die bei hoher Getreideaufnahme zu Zuckerkrankheit führen.[23] Unter diesem Gesichtspunkt kann man daher sogar behaupten, dass die offiziellen Ernährungsrichtlinien nicht den natürlichen Bedürfnissen der Menschen entsprechen und dass die propagierten, scheinbar gesunden Nahrungsmittel und Nährstoffzusammensetzungen letztlich sogar krank machen können.

Evolutionär betrachtet liegt also die Ursache für viele der heutigen Stoffwechselstörungen, Magen-Darm-Beschwerden und Allergien in der weitgehenden Inkompatibilität der modernen Ernährung mit den genetisch fixierten Nährstoff- und Energieprogrammen. Mit diesem Wissen ließe sich die menschliche Ernährungsweise an eine ihren natürlichen Bedürfnissen entsprechende und gesundheitsförderliche Form anpassen.

Dabei ist es bedeutsam, die natürlichen Bedürfnisse der Menschen zu berücksichtigen. Dies demonstrieren die erfolglosen Versuche, die ausgeprägte Vorliebe für fette und zuckerreiche Nahrungsquellen zu beschränken. Sie ist aber eine Auswirkung unseres seit fast zwei Millionen Jahren genetisch fixierten Energie-Maximierungsprogramms, das mit der Gehirnentwicklung im Zusammenhang steht. Daher handelt es sich also nicht einfach um eine Charakterschwäche, wenn Menschen den heutigen Verlockungen von Kuchen, Torten, Süßigkeiten, Softdrinks und Hamburgern erliegen. Moderne Menschen sind noch immer auf Fett und Zucker programmiert, weil diese Nahrungskomponenten in Mangelsituationen der Vergangenheit einen Überlebensvorteil darstellten – allerdings in einer Umwelt, die durch deutlich höhere körperliche Leistung gekennzeichnet war als heute. Inzwischen sind fett- und kohlenhydratreiche Nahrungsmittel kein Mangel mehr, sondern im Überfluss vorhanden, ein zusätzlich stark ausgeprägter Bewegungsmangel führt damit zu einer Energie-Disbalance. Die aktuellen

23 A. M. Hancock et al., „Human adaptations to diet, subsistence, and ecoregion are due to subtle shifts in allele frequency", in: *Proceedings of the National Academy of Sciences*, 107/2010, S. 8924-8930.

Folgen sind u. a. die rasante Zunahme an Übergewicht, vor allem bei
Kindern und Jugendlichen, gefolgt von Diabetes mellitus Typ II und
koronaren Herzerkrankungen. Konsequenterweise sind Ernährungs-
empfehlungen, die zur drastischen Fett- und Zuckerreduktion anleiten
und das noch immer vorhandene Energie-Maximierungsprogramm
übersehen, gescheitert und werden dies auch zukünftig tun. Das Wissen um die evolutionären Zusammenhänge ermöglicht hier einen
Ausweg aus bisher erfolglosen Ernährungsprogrammen und medizinischen Maßnahmen: Es lassen sich mit evolutionsbiologischem Wissen Ernährungs- und Lebensstilregeln aufstellen, die die biologischen
Grundbedürfnisse und Präferenzen von Menschen berücksichtigen.

Wie Ernährung erfolgreich umgestellt werden kann

Aufgrund der molekulargenetischen, evolutionsbiologischen und medizinischen Datenlage können wir davon ausgehen, dass die für den
menschlichen Stoffwechsel relevanten Gene noch immer auf die paläolithischen Nahrungsverhältnisse optimiert sind, und viele Nahrungsmittel, die seit dem Neolithikum Verbreitung gefunden haben
(in Verbindung mit einigen weiteren modernen Lebensstilfaktoren),
gesundheitsschädlich sein können.

Prinzipiell lassen sich in dieser Situation zwei Strategien verfolgen, wenn man zugrunde legt, dass Gesundheit nur zu erreichen ist,
wenn Gene und Umwelt zueinander passen:

1. Die paläolithischen Gene werden den neuen Nahrungs- und Lebensbedingungen angepasst.
   Dies würde bedeuten, dass man entweder abwartet, bis sich
   durch natürliche Auslese entsprechende Anpassungen herausgebildet haben und man würde unter Umständen eine Nichtbehandlung von ernährungsbedingten Krankheiten fordern, da sonst keine
   Anpassung an die neuen Nahrungsmittel selektiert werden kann.
   Diese Option ist aus verschiedenen Gründen keine realistische Vorgehensweise: Die Zeiträume wären sehr lang (10.000 bis 100.000
   Jahre) und die Nichtbehandlung von Patienten aus diesem Selek-
   tionsgrund wäre keine medizinisch vertretbare Handlung. Alter-
   nativ könnte man aktiv mit Hilfe von Gentherapie versuchen, die
   genetische Ausstattung von Menschen zu verändern. Allein schon

das lückenhafte Wissen über das Zusammenspiel der Gene und des Einflusses der Umwelt unterbindet derzeit diese Option.

2. Ernährung und Lebensstil werden an den paläolithischen Vorgaben ausgerichtet – unter Berücksichtigung der modernen Nahrungsmittel und Technologien.
Diese Option ist realistisch umsetzbar, wenn auch die modernen Nahrungsmittel in ihrer Nährstoffzusammensetzung von den Wildpflanzen und Wildtieren abweichen. Lust- und Unlustgefühle bei der Auswahl der Nahrungsmittel sind die biologischen Signale, die einen menschlichen Organismus anleiten, sich erfolgreich zu verhalten, und sie sind heute noch immer aktiv, d. h. Lustgefühle bzw. Genuss können prinzipiell als Wegweiser dienen. Allerdings werden die Sinnesorgane mit moderner Technologie auch getäuscht, z. B. durch Farbstoffe und Geschmacksverstärker oder Lebensmittelimitate, die vom Original nur sehr schwer oder gar nicht geschmacklich oder visuell zu unterscheiden sind, wie der sogenannte Analog-Käse oder Schinkenersatz.[24] Die Verlässlichkeit der Geschmackspräferenzen oder die Prüfung der Qualität über optische und haptische Signale sind daher bei industriell hergestellten und verarbeiteten Nahrungsmitteln oft eingeschränkt. Diese Besonderheiten müssen berücksichtigt werden.

Wenn der Ansatz der Evolutionären Medizin richtig ist und man zugleich die Fallstricke der modernen Nahrungsmittelproduktion berücksichtigt, dann kristallisieren sich zur erfolgreichen Ernährungsumstellung für eine nachhaltige Gesundheit folgende Aspekte heraus:

– Die Makronährstoffzusammensetzung der Nahrungsmittel sollte sich an den paläolithischen Vorgaben orientieren: im Mittel bei etwa 41 % Kohlenhydrate, 37 % Protein und 22 % Fett. Die bevorzugten Nahrungsquellen sollten bestimmte Pflanzen sein: Gemüse, Salat, Früchte, Nüsse und Pilze (insgesamt etwa zu zwei Dritteln), weiterhin Fleisch, Fisch und Meeresfrüchte (insgesamt bis zu einem Drittel). Angemerkt sei, dass der Verzehr von tierischen Produkten nicht zwingend zu Zivilisationskrankheiten führt: Die Daten z. B. für den Zusammenhang von rotem Fleisch und Krebs gelten als nur eine wahrscheinliche und keine gesicherte

---

24 A. Danitschek, „Lebensmittelimitate“, in: *Ernährung und Medizin*, 25/2010, S. 31-33.

Evidenz. Aktuelle Studien revidieren das angeblich gehäufte Auftreten von Darmkrebs bei Fleischessern.[25] Ein offenes Desiderat in der Bewertung des Fleisch- und Fischkonsums ist bisher die Untersuchung der Effekte von Nahrungsmitteln in Bio-Qualität und aus artgerechter Haltung (welche der paläolithischen Qualität am nächsten kommt) im Vergleich mit konventionellen modernen Nahrungsmitteln, von denen sich heute die Mehrheit der Menschen ernährt und die Grundlage der bisherigen Studien sind. Auch die Berücksichtigung des Zusammenspiels von ausreichender Pflanzenkost in Kombination mit tierischen Produkten müsste in die Bewertungen einfließen.

– Vielfalt und Qualität (artgerechte Tierhaltung, Urformen, Bio-Anbau etc.) sollten im Vordergrund stehen, um die Nährstoffe in optimaler Zusammensetzung zu erhalten. Möglichst frische, naturbelassene Nahrungsquellen sollten den höchsten Anteil ausmachen. Industriell verarbeitete Produkte sind möglichst zu meiden. Dies reduziert die Gefahr, Nahrungsmittelbestandteile aufzunehmen, die Unverträglichkeiten oder Allergien auslösen können oder durch Farbstoffe, Geschmacksverstärker und billige Ersatzprodukte getäuscht zu werden.

– Neolithische Nahrungsmittel sollten nur bei individueller Verträglichkeit und dann in geringen Mengen verwendet werden. Dazu zählen vor allem glutenhaltige Getreide (Weizen, Roggen, Dinkel, Hafer, Kamut, Einkorn, Emmer), Milch und Hühnerei. Gerade aufgrund verschiedener Unverträglichkeiten und Allergien stehen immer mehr glutenfreie und milchfreie Produkte zur Verfügung, sodass der Austausch der neolithischen Nahrungsmittel in der Regel auch umsetzbar ist.

– Die genetisch fixierte Vorliebe für fett- und kohlenhydrat-/zuckerhaltige Speisen muss ernst genommen und diese Nahrungsquellen angemessen zugelassen werden. Verbote und zu starke Restriktionen sind kontraproduktiv und werden erfolglos bleiben. In der Regel führt die angepasste paläolithische Ernährung, wie sie oben dargestellt ist, zu weniger Heißhungerattacken auf Süßes und Kalorienreiches, sodass zusätzliche Restriktionen nicht notwendig sind.

25 T. J. Key et al., „Cancer incidence in British vegetarians", in: *British Journal of Cancer* 101/2009, S. 192-197. C. Küpper, 2010. „Ernährungsbericht 2008 – Teil 3: Ernährung und Krebs", in: *Ernährung und Medizin*, 25/2010, S. 38-39.

– Die Energiebalance und zentrale Stoffwechselprozesse sollten durch körperliche Bewegung, bevorzugt im Freien, gefördert werden. Viele Stoffwechselprozesse sind abhängig von ausreichender Sauerstoffzufuhr, die Bildung von Vitamin D ist zum Beispiel UV-Licht abhängig und für die Biosynthese des Schlafhormons Melatonin wird Tageslicht benötigt. Auch die Knochenstabilität und Muskelkraft lassen sich durch körperliche Bewegung fördern.

Die größten Schwierigkeiten bei der Umsetzung dieser Forderungen bereiten die Anforderungen des modernen Alltags: Der Bedarf an einfacher, schneller, unkomplizierter Nahrungsaufnahme – auch auf Reisen – wächst, während das Standardangebot in Kantinen, Supermärkten, Restaurants, Rast- und Tankstellen kaum den oben geforderten Aspekten entspricht und auch aktiven Menschen derzeit noch einiges an Eigeninitiative abverlangt. Andererseits ist es inzwischen oft einfacher als gedacht, auf natürliche Weise zu genießen. Es finden sich immer mehr hochwertige Nahrungsmittel und schmackhafte Rezepte, die beispielsweise ohne Gluten, Milch und Ei auskommen.

Auf eine kurze Formel gebracht könnte ein Erfolgsgeheimnis für die Reduktion von Zivilisationskrankheiten im Verständnis der Evolutionsbiologie der Menschen und der konsequenten Anwendung durch die Evolutionäre Medizin liegen – mit in einer natürlichen und genussvollen Ernährungs- und Lebensweise nach dem Vorbild der Jäger- und Sammlergesellschaften.

4. Interdisziplinarität, Instituionalisierung, Öffentlichkeit

László Kovács

Evolution der genetischen Information .

Sind wissenschaftliche Begriffe der natürlichen Selektion unterworfen?

Evolution ist ein Begriff, der nicht nur in der Biologie, sondern in vielen anderen Bereichen des alltäglichen Lebens verwendet wird – oft in Anlehnung an die Evolutionstheorie Darwins. Zwischen den Mechanismen der Entstehung der Arten einerseits und der Entwicklung des Kosmos, der organischen Moleküle oder der menschlichen Kognition und der Moralfähigkeit[1] andererseits wurden in den letzten 150 Jahren immer wieder Ähnlichkeiten gesehen. Die Evolutionstheorie inspirierte fast alle Wissenschaften. Dies zeigt sich z. B. in der sog. Evolutionären Erkenntnistheorie.[2] Dieselbe Evolutionstheorie hat nicht nur die Perspektive der Lebenswissenschaften geprägt, sondern auch das Denken über die ständige Veränderung der Gesellschaftsformen neu strukturiert und politische Programme beeinflusst.[3] Viele der aufgestellten Parallelen haben mit der ursprünglichen Gedankenstruktur der biologischen Evolutionstheorie nur wenig gemeinsam und wollen durch das Etikett „Evolutions-" oder „evolutionär" nur darauf hinweisen, dass Veränderungen in die Richtung einer besseren „Fitness" geführt haben, ohne dass ein qualitativ höheres Ziel

---

1   Darwin selbst hat sich mit diesen Fragen ausgiebig auseinandergesetzt, vgl. E.-M. Engels, *Charles Darwin*, München 2007, S.164 ff.

2   Zur Anwendung der Evolutionären Erkenntnistheorie in den einzelnen Disziplinen siehe G. Vollmer, *Evolutionäre Erkenntnistheorie*, Stuttgart 1994. Zur philosophischen Kritik der Evolutionären Erkenntnistheorie siehe E.-M. Engels, *Erkenntnis als Anpassung? Eine Studie zur Evolutionären Erkenntnistheorie*, Frankfurt am Main 1989. Eine entsprechende Deutung hat z. B. Pierre Theilhard de Chardin (P. T. de Chardin, *Der Mensch im Kosmos*, München 1965) für die Theologie und die religiöse Weltanschauung fruchtbar gemacht. Die Perspektive wurde unter anderem auch von Karl Popper in die Wissenschaftstheorie übertragen. Siehe K. R. Popper, *Objektive Erkenntnis. Ein evolutionärer Entwurf*, 4. Aufl., Hamburg 1998.

3   Sozialdarwinismus als Blick auf die gesellschaftlichen Veränderungen hat sich bereits in der zweiten Hälfte des 19. Jahrhunderts verbreitet und vor allem in der ersten Hälfte des 20. Jahrhunderts wurde er als vermeintlich wissenschaftliche Fundierung von politischen Programmen genutzt. Vgl. E.-M. Engels, *Charles Darwin*, S. 216.

vorgegeben wäre. Einer der einflussreichsten wissenschaftlichen Theoretiker, der sich gegen die evolutionstheoretische Deutung gewehrt
hat, war Noam Chomsky mit seiner Theorie der Sprachsysteme. Ende
des 20. Jahrhunderts erfolgte jedoch auch hier die evolutionstheoretische Wende.[4] Wenn nun die Evolutionstheorie so viele Refle-
xionsbereiche durchdrungen hat, stellt sich unweigerlich die Frage,
was die evolutionäre Deutung für das Verstehen dieser Wissenschaften, z. B. der Sprachentwicklung[5] oder anderer außerbiologischer Verwendungen wirklich austrägt.

In diesem Beitrag beziehe ich die in der Evolutionstheorie formu-
lierten Mechanismen auf einen einzigen Begriff, auf die genetische
Information. Dabei weise ich nach, dass sich die Entwicklung von
einzelnen Begriffen in naturwissenschaftlichen Diskussionen als Parallelen zur Darwinschen Evolution tatsächlich darstellen lassen. Solche
Darstellungen ergeben sich aber nicht aus der Erkenntnis des Wesens
von Sprache, sondern vielmehr aus Projektionen in die untersuchten
Strukturen. Die Übertragung ist nur eingeschränkt möglich und deshalb ist der Erklärungsanspruch solcher evolutionären Deutungen
limitiert. Bei dieser Analyse gehe ich in fünf Schritten vor: (1) Ich
skizziere zunächst die Mechanismen der Evolutionstheorie Darwins
und mögliche Bedingungen, die die Theorie widerlegen würden. (2) Im
zweiten Schritt zeichne ich die Verwendung des Informationsbegriffs
in anderen Kontexten vor seinem Eintritt in die Genetik nach. (3 und 4)
Dann stelle ich die ersten Integrationsbemühungen des Informationsbegriffs in der Genetik dar und weise auf Schwierigkeiten hin, die
sich daraus für die evolutionäre Deutung der Sprache ergeben. (5) Vier-
tens stelle ich drei Variationen der Interpretation der genetischen Information vor und zeige die Stärken und die Lücken der evolutionären Sichtweise. (6) Schließlich fasse ich die Vor- und Nachteile der

---

4   Die Universalgrammatik von Chomsky ließ eine solche evolutionäre Perspektive
     nicht denken. Die entscheidende Wende kam mit der Theorie vom Sprachinstinkt:
     S. Pinker, *Der Sprachinstinkt: Wie der Geist die Sprache bildet*, München 1998, und
     in einer frühen Version: S. Pinker, P. Bloom, Natural language and natural se-
     lection, in: *Behavioral and Brain Sciences*, 13(4)/1990, S. 707-784. Frühe Versuche
     einer evolutionären Deutung der Sprache gab es bereits im 19. Jahrhundert. Vgl.
     A. Schleicher, *Die Darwinsche Theorie und die Sprachwissenschaft*, 2. Aufl., Wei-
     mar 1873.
5   Wichtig ist in diesem Zusammenhang die Entwicklung der Sprachfähigkeit von
     der Entwicklung der Sprache als Zeichensystem zu unterscheiden.

Übertragungen der Evolutionstheorie in nicht-biologische Theorien und die Aussagekraft dieser Erklärungsmodelle zusammen.

1. Die Grundmechanismen der „Evolution"

Darwin sprach über seine Theorie als „one long argument",[6] dennoch musste diese Einheit in einzelne Bestandteile auseinandergenommen werden, damit sie für andere Bereiche als die Entstehung der Arten fruchtbar gemacht werden konnte. Nicht alle Bestandteile haben außerhalb der Biologie Geltung. Um die Anwendung der Theorie auf z. B. die Sprachwissenschaft zu ermöglichen, muss man auf gewisse Bestandteile verzichten und andere stärker gewichten. Kontextunabhängig kann die Evolutionstheorie in folgenden Prinzipien zusammengefasst werden: (1) Jede Evolution setzt Entitäten voraus, die sich reproduzieren. (2) Die Reproduktion muss im Wesentlichen stabil hinsichtlich der Merkmale sein, muss aber auch zufällige Fehler zulassen, durch die immer neue Variationen entstehen. (3) Die Anpassungsfähigkeit der Variationen an die gegebene Situation wird durch eine natürliche Selektion überprüft. Wenn die Entitäten sich an die Umstände nicht ausreichend anpassen können, können sie sich nicht vervielfältigen und sie verschwinden mit der Zeit. Andererseits werden durch den Selektionsdruck diejenigen gefördert, die besonders gut den Umständen angepasst sind, d. h. sie können sich erfolgreich(er) vervielfältigen.

Darwin nennt auch zwei Bedingungen, die seine Theorie im Hinblick auf die Evolution von Lebewesen widerlegen würden: (1) Wenn sich herausstellt, dass ein komplexes Organ nicht durch zahlreiche kleine Modifikationen entstanden ist. (2) Wenn sich herausstellt, dass Merkmale einer Art nur für den Nutzen anderer Arten sind und für die Art selbst schädlicher sind als nützlich.[7]

Es wurde behauptet, dass dieselben Prinzipien der Evolution auch die eigentlichen Motoren der Sprachentwicklung sind.[8] Evolution wurde hierfür an der „Fitness" des sprachlichen Zeichenkomplexes festge-

---

6   Vgl. E.-M. Engels, Charles Darwin, S. 216.
7   Vgl. E.-M. Engels, Charles Darwin, S. 104.
8   S. Pinker, P. Bloom, „Natural language and natural selection", in: Behavioral and Brain Sciences, 707-784.

macht, d. h. hier werden Begriffe analog zu Lebewesen gesetzt. Fit ist ein sprachlicher Zeichenkomplex, der mit einer möglichst kleinen Zeichenmenge eine möglichst kleine Anzahl von Objekten oder Ideen der Welt bezeichnen kann. Diese Annahme wird durch logische Analysen aus der Spieltheorie und aus der Mathematik begründet. Folglich ist anzunehmen, dass ein entgegengesetztes Zeichenkomplex der „natürlichen Selektion" zum Opfer fallen muss.[9] Nach dem logisch ermittelten Prinzip müssen immer Begriffe einen Selektionsvorteil genießen, die möglichst spezifische Inhalte angeben. Bei der Anwendung dieses Prinzips auf erfolgreiche wissenschaftliche Begriffe zeigen sich jedoch Widersprüche. Genetische Information ist ein Beispiel, dessen Entwicklung mit den oben beschriebenen Mechanismen der Evolutionstheorie nicht ausreichend erklärt werden kann.

2. Was bedeutete „Information" vor ihrer Funktion in der Genetik?

Information im alltäglichen Sprachgebrauch hat viele unterschiedliche Bedeutungen. In der Regel bedeutet der Begriff ein „mitgeteiltes neues Wissen". Die Staumeldung aus dem Navigationssystem gibt mir Information darüber, ob es schneller ist, auf der Autobahn zu bleiben oder einen Umweg zu fahren. Die Wettervorhersage ist eine Information u. a. dafür, ob ich morgens einen Regenschirm mitnehmen soll. Eine Information kann in diesem Sinne auch falsch oder mehrdeutig sein. Ist die Information falsch, kann es sein, dass ich am Nachmittag nass werde. Information in diesem Sinne setzt ein verstehendes Bewusstsein für das vermittelte neue Wissen voraus.

Das Wort Information wird aber nicht nur mit dieser Bedeutung verwendet. Die Herkunft des Begriffs geht auf das lateinische Wort „in-formare" (in die richtige Form (zurück-)bringen) zurück, die mit mehreren Bedeutungen verwendet wurde. Capurro führt den Begriff sogar auf die platonische und aristotelische Philosophie zurück: Begriffe wie „Typos", „Idea" oder „Morphe" wurden laut Capurro ins Lateinische mit „Informatio" übersetzt.[10] Im Mittelalter und in der

---

9 M. A. Nowak, „Evolutionary Biology of Language", in: *Philosophical Transactions of the Royal Society London B*, 335/2000, S. 1615-1622.

10 Information wurde also auch mit der platonischen „Ideenwelt" in Verbindung gebracht und bedeutete die Idee, die hinter den wahrnehmbaren Gegenständen auf einer

Neuzeit veränderte sich die Bedeutung des Wortes und aus Information wurde ein pädagogischer Fachterminus, der die Erkenntnisfähigkeit des Menschen betonte. Information war das, was der Mensch kognitiv erfassen konnte.[11] Nach dem Erscheinen technischer Hilfsmittel der Kommunikation wie Telefon und Radio wuchs das Interesse an der Verbesserung der Kommunikationstechnologien. Einerseits wurden technische Hilfsmittel immer weiter verbessert, andererseits arbeitete man an der theoretischen Erfassung der Datenübertragung. Auf diesem Hintergrund stellte Ralph Hartley 1927 seine Methode zur mathematisch-statistischen Erfassung von Datenübertragung in einem elektrischen Kommunikationssystem vor.[12] Diese Daten nannte er „Information". In diesem Sinne wird Information formalisiert und inhaltsunabhängig aufgefasst. Hartley fragt nur nach der Menge der Entscheidungen, die eine Zeichensequenz genau bestimmen, um Übertragungskanäle miteinander vergleichen und technisch verbessern zu können. Für ihn ist irrelevant, welche Bedeutung die Zeichen tragen (Semantik) und ob die Botschaft, die in den Zeichen kodiert ist, eine praktische Nützlichkeit hat, falsch ist oder nichts Neues bedeutet (Pragmatik). Claude Shannon entwickelte dieses Modell weiter.[13] Er ergänzt die mathematische Kommunikationstheorie mit statistischen Wahrscheinlichkeiten unter Berücksichtigung von Semantik und Pragmatik. Er stellt fest, dass die Auswahl von Zeichen in einer Nachricht nicht beliebig ist, sondern stochastischen Regeln folgt und als solcher nach ihrer Wahrscheinlichkeit erfassbar ist. Aus den Zeichen selbst kann auch nach Shannons Theorie keine Bedeutung abgeleitet werden, wenn einem der Code, d. h. die Regel zur Übersetzung des Zeichensystems, nicht bekannt ist. Die Menge der möglichen Nachrichten muss end-

höheren Ebene, dem Menschen direkt nicht zugänglich existiert. Andererseits kann Information auch entsprechend dem aristotelischen Hylemorphismus gedeutet werden, wonach alles, was es gibt, aus zwei Prinzipien zusammengesetzt ist: Materie und Form. Diese Form ist die Information. Ob diese doppelte Interpretation letztlich stichhaltig ist, sei hier nicht weiter diskutiert.

11 Damit ging der ontologische Charakter des Begriffes allmählich verloren. Vgl. R. Capurro, *Information. Ein Beitrag zur etymologischen und ideengeschichtlichen Begründung des Informationsbegriffs*, München 1978, 17f.

12 R. Hartley, „Transmission of Information", in: *Bell System Theoretical Journal*, 7/1928, S. 535-563 http://www.dotrose.com/etext/90_Miscellaneous/transmission_of_information_1928b.pdf (Zugang: 20.07.2010).

13 C. E. Shannon, „A Mathematical Theory of Communication", *The Bell System Technical Journal*, 27/1948, S. 379-423, 623-656.

lich sein und sich quantitativ bestimmen lassen, um die statistische
Wahrscheinlichkeit eines Treffers und die Menge der Information
überhaupt errechnen zu können. Systeme, die unendliche Variationen
aufweisen, können mit diesem Modell nicht erfasst werden.

Zusammenfassend lässt sich feststellen, dass der Informationsbegriff der Kommunikationstechnologie mit dem alltäglichen Informationsbegriff inhaltlich nichts gemeinsam hat. Ersterer meint nur
die Übertragung von Zeichen und kann keine Aussagen über Semantik und Pragmatik der Nachricht machen. Diese mathematisch-tech-
nisch verstandene Information ist messbar, physikalisch zugänglich
und abstrakt, sodass sich beinahe alle Veränderungen in der Welt als
Informationsübertragung interpretieren lassen. Information im all-
tagssprachlichen Sinn ist mit semantischem Inhalt verbunden und
setzt ein verstehendes Bewusstsein voraus. Trotz der relevanten Unterschiede wird sowohl in der Alltagssprache als auch in der Infor-
matik derselbe Informationsbegriff verwendet.

3. Übertragung des Informationsbegriffs in die Genetik – der erste Widerlegungsversuch

Norbert Wiener, der Vater der Kybernetik, stellt parallel zu Shannon
im Jahr 1948 eine Theorie mit ähnlichen Ausgangsannahmen zur
Steuerung von Systemen vor.[14] Das Neue an Wieners Modell ist, dass
er das Shannonsche Modell mit der Idee eines Rückkopplungsmechanismus ergänzt und dadurch Systeme denkbar macht, die durch
Informationsrückmeldung sich selbst steuern können. Wiener erweitert den Kommunikationsbegriff[15] und fasst praktisch jede Veränderung in einem beliebigen System aufgrund externer oder interner
Einwirkung sowie Rückkopplung als Informationsprozess auf: die Regelung im Thermostat eines Heizkörpers unterscheidet sich im Prinzip nicht von der Muskelkontraktion im Bein einer laufenden Katze.
Das alles sind Wirkungen, die laut Wiener im Wesentlichen als Informationsprozess erfasst werden können und müssen. Damit verlässt

---

14 N. Wiener, *Kybernetik. Regelung und Nachrichtenübertragung im Lebewesen und
    in der Maschine*, Düsseldorf 1963.
15 Der Untertitel seines Hauptwerkes heißt im Original „Control and Communication in
    the Animal and the Machine".

Wiener die menschliche Kommunikation als Grundlage der Informationstheorie und ebnet den Weg für die Verwendung des Begriffes Information für alle lebendigen Organismen und weit darüber hinaus. Für die Genetik, die Wissenschaft der Vererbung, wurde diese Idee der Informationsübertragung sehr schnell nutzbar gemacht. Biologische Organismen wurden zu selbstgesteuerten Kommunikationssystemen mit Rückkopplungsmechanismus umgedeutet. Bereits ein Jahr nach der Veröffentlichung publizierten Henry Quastler und Sidney M. Dancoff einen Aufsatz mit dem Titel „The Information Content and Error Rate in Living Things", in dem es heißt:

„Ein lineares codiertes Band von Instruktionen. Der gesamte Faden bildet eine ‚Botschaft'. Diese Botschaft lässt sich in Untereinheiten aufgliedern, die man ‚Absätze' oder ‚Wörter' o. ä. nennen könnte. Die kleinste Botschaftseinheit ist vielleicht eine Flip-Flop-Schaltung, die eine Ja-Nein-Entscheidung treffen kann. Wenn das Resultat dieser Ja-Nein-Entscheidung im aufgewachsenen Organismus sichtbar ist, können wir diese kleinste Botschaftseinheit ein Gen nennen."[16]

Offensichtlich wurde der neue Begriff der Information im biologischen Kontext noch nicht gründlich reflektiert, denn der Unterschied zwischen semantischer und nachrichtentechnischer Information wird hier verwischt. Das Revolutionäre an dieser Darstellung ist jedoch, dass Begriffe aus der mathematisch-technischen Informationstheorie in die Genetik übertragen wurden und Information im neuen Kontext mit biologischen Entitäten gleichgesetzt wurde.

Wie man sieht, wurde der Informationsbegriff für die Genetik nicht neu entwickelt, aber er wurde auch nicht in der alten Bedeutung weitergeführt. Obwohl genetische Information noch nicht genau umrissen vorlag, wurde bereits die Vision entwickelt, dass eine solche Information zu finden sein wird und im Hinblick auf diese Vision, die offensichtlich viel mit dem Begriff der Kommunikationstechnologie zu tun hatte, wurde der Begriff geprägt. Eine solche Übertragung aus einem fremden Kontext und eine Neuschöpfung erfüllt bereits das Kriterium der ersten Bedingung zur Widerlegung der Evolutionstheorie hinsichtlich der Sprachentwicklung. Der Informationsbegriff entwickelt sich nicht in kleinen Schritten aus bereits bekannten Größen, sondern wird im Hinblick auf eine Vision, einer zukünftigen

---

16 L. E. Kay, *Das Buch des Lebens. Wer schrieb den genetischen Code?* München 2001, S. 167.

Erwartung geprägt, die so mit der Evolutionstheorie nicht vereinbar ist. Der neue Begriff unterliegt in dieser Funktion nicht einmal der natürlichen Selektion, denn es kann nicht überprüft werden, ob er genetische Information passend bezeichnet, wenn es zunächst nur aufgrund des übertragenen Begriffs angenommen wird, dass es eine Art genetische Information gibt.

Wenn man dieses Kriterium weniger wichtig nimmt, ist es ist immer noch nicht eindeutig, ob die Übertragung aus der Alltagssprache und vor allem aus der Kommunikationstechnologie in die Vererbung durch die Vermittlung von Wiener als ein Entwicklungsprozess mit zahlreichen kleinen Schritten gesehen werden kann. Eine wesentliche Veränderung in der Verwendung würde die Annahme ebenfalls widerlegen, dass die Sprachentwicklung nach den Prinzipien der Evolutionstheorie funktioniert. Wenn man die Theorie behalten möchte, muss man Wieners Kommunikationsmodell als das notwendige Zwischenglied deuten. Diese Interpretation ist durchaus möglich, aber nicht notwendig. Die Sprachentwicklung ist in ihrer Art so, dass sie eine definitive Widerlegung der Evolutionstheorie unmöglich macht. Es bleibt immer dem Ermessen des Sprachtheoretikers überlassen, wie er das Beispiel auslegt. Diese Tatsache lässt an der Erklärungskraft der Evolutionstheorie hinsichtlich der Sprachentwicklung zweifeln.

4. Etablierung des Informationsbegriffs in der Genetik – der zweite Widerlegungsversuch

Fünf Jahre nach Wieners Kybernetik war der Begriff Information in der Fachsprache der Vererbungsforscher schon so weit etabliert, dass sich Francis Crick und James Watson bei ihrer Entdeckung in der Struktur der Desoxyribonukleinsäure (DNS) „genetische Information" gesehen haben:

> „It follows that in a long molecule many different permutations are possible, and it therefore seems likely that the precise sequence of the bases is the code that carries the genetical information."[17]

---

17 J. D. Watson, F. Crick, „Genetical implications of the structure of deoxyribonucleic acid", in: *Nature*, 171/1953, S. 964-967.

Die beiden Autoren definieren damit Erbinformation als semantisch gehaltvoll, die in molekularen Zeichen in einer sequenziell kodierten Form gespeichert vorliegt.[18] Die Beschreibung der DNS-Struktur als Sequenz lässt jedoch keinen Zweifel aufkommen, dass die genetische Information als Information im Wienerschen Sinne existiert. Die Basen bilden die Zeichensequenz, die die genetische Information von einem Lebewesen in das andere überträgt. 1958 formuliert Crick nach demselben Denkmodell das zentrale Dogma der Molekularbiologie mit dem Satz: „once sequencial information has passed into protein it cannot get out again."[19] Das zentrale Dogma der Molekularbiologie enthält also ebenfalls den Begriff „Information". Information hat hier eine objektive und unabhängige Existenz, wie sie von Wiener proklamiert wurde.[20] Das Verhältnis zwischen Semantik und Zeichensequenz wird nicht weiter geklärt, aber wie Forschungsprojekte dieser Zeit zeigen, es wird angenommen, dass nur ein Code zu knacken ist, um das Problem zu lösen.

Der neue mathematisch-technische Begriff der Information hat sich im wissenschaftlichen Diskurs der Genetik schnell etabliert. Es stand außer Zweifel, dass man in der DNS mit Information zu tun hatte, die mit einer übertragbaren sprachlichen Entität vergleichbar war. Daraus wurden weitere Begriffe geprägt wie „Transkription", „Translation" oder „Code".[21]

Mit der genetischen Information wurden große Hoffnungen verknüpft: man erwartete nicht nur – wie die mathematisch-technische Theorie der Information ermöglicht – die Menge der übertragenen Information messen zu können, sondern mit dieser Erkenntnis wollte man auch die „Geheimschrift des Lebens" in eine für Menschen

18 Einen genetischen Code hat Erwin Schrödinger bereits 1943 postuliert. Vgl. E. Schrödinger, *Was ist Leben? Die lebende Zelle mit den Augen des Physikers betrachtet*, 6. Aufl., München 2003, S. 56.
19 F. Crick, „Central Dogma of Molecular Biology", in: *Nature*, 227/1970, S. 561-563.
20 „Information ist Information und weder Materie noch Energie." N. Wiener, *Kybernetik. Regelung und Nachrichtenübertragung im Lebewesen und in der Maschine*, S. 192.
21 Im kryptologischen Sinne ist die Bezeichnung Code für DNS-Abschnitte falsch. Korrekt sollte man diese Abschnitte eine Chiffre nennen. Später gestand Francis Crick diesen Fehler: „Der angemessene technische Begriff für eine solche Translations-(Übersetzungs-)Regel ist, genaugenommen, nicht ‚Code', sondern ‚Chiffrierung'. [...] Mir war das damals nicht klar – glücklicherweise, denn ‚genetischer Code' klingt weit interessanter als ‚genetische Chiffrierung'." Vgl. L. E. Kay, *Das Buch des Lebens. Wer schrieb den genetischen Code?*, S. 206.

verständliche Sprache übersetzen. In der zweiten Hälfte der 1950er Jahre hat der aus den weltweit prominentesten Genetikern bestehende „RNS-Krawattenklub" diese Frage zum zentralen Forschungsprojekt gemacht: Wie lässt sich sequenzielle Information der DNS entschlüsseln. Man suchte deshalb von Anfang an nach einer Übersetzungsregel der „DNS-Geheimschrift" mit dem kryptologischen Modell. Der Informationsbegriff ließ vielversprechende Experimente konzipieren und die Lösung von umfassenden Rätseln des Lebendigen in greifbare Nähe rücken.[22]

Anfang der 1960er Jahre wurde die erste Regel der Proteinsynthese von Marshall Nierenberg und Heinrich Matthei – außerhalb des Krawattenklubs und der wissenschaftlichen Prominenz der Zeit – gefunden. Die beiden jungen Wissenschaftler wussten vom Mainstream der Forschung wenig und sind durch vermeintlichen Zufall, durch scheinbar unsinnige Experimente zu ihrer Entdeckung gekommen.[23] Das etablierte Verständnis der genetischen Information wurde durch die Entdeckung widerlegt. Es hat sich eindeutig gezeigt, dass Information mehrdeutig war und die Forscher durch den Begriff fehlgeleitet wurden.

Damit, so könnte man argumentieren, hat der Begriff die zweite Bedingung erfüllt, die Darwin zufolge die Gültigkeit der Evolutionstheorie für diesen Bereich der Sprachentwicklung widerlegen würde. Es stellte sich heraus, dass genetische Information als Zeichenkomplex Merkmale aufwies, die schädlicher waren als nützlich. Diese sprachliche Entität (vgl. eine Neumutation) müsste dementsprechend in kurzer Zeit (wahrscheinlich noch in der ersten Generation) der natürlichen Selektion zum Opfer fallen. Daraus resultierte aber in Wirklichkeit nicht, dass der Begriff verworfen wurde. Im Gegenteil, er wurde in Fachkreisen mit einer neuen Auslegung verstärkt verwendet, d. h. genetische Information als Zeichenkomplex hat sich weiter reproduziert und vervielfältigt.

Zusätzlich zu den geschilderten Problemen der „Evolution" des Begriffs der genetischen Information bleiben Interpretationsmöglichkeiten offen. In der Übertragung der Theorie der Evolution ist es nicht eindeutig, welche Entitäten der Sprache mit welchen Entitäten der lebendigen Welt gleichgesetzt werden sollen. Sind die Merkmale des Informationsbegriffes mit den Merkmalen einer Art gleichzusetzen? Oder ist genetische Information ein Individuum, das der natürli-

22 L. E. Kay, *Das Buch des Lebens*, S. 179 ff.
23 L. E. Kay, *Das Buch des Lebens*, S. 309 ff.

chen Selektion unterliegt? Je nach Definition sind andere Folgen aus der Evolutionstheorie abzuleiten. Desweiteren bleibt unklar, was genau unter evolutionärem Schaden und Nutzen zu verstehen ist. Obwohl die Schädlichkeit im Sinne von Ungeeignetheit des frühen Informationsbegriffs in der Praxis nachzuweisen war, erkennt man bei genauerem Hinschauen, dass Schaden und Nutzen hinsichtlich der zweiten Bedingung durchaus auch andere Interpretationen zulassen. Man könnte den Nutzen eines Begriffes nicht in seiner Beschreibungsfähigkeit sondern in seiner Assoziationsleistung finden. Durch den Informationsbegriff war es Vererbungsforschern möglich, statt unscharfe Vergleiche zwischen phänotypischen Ähnlichkeiten anzustellen, physikalische Größen zu studieren. Dies schränkte zwar den Erkenntnisbereich der Genetik erheblich ein, machte aber die Anwendung exakter Methoden aus anderen Wissenschaften möglich. Um diese Leistung des Informationsbegriffs zu berücksichtigen, bräuchte man ein vollkommen anderes Gesetz der natürlichen Selektion für sprachliche Entitäten, das nicht mathematischen oder spieltheoretischen Analysen entspricht. Nicht nur die berechenbare Funktionalität sondern die Anpassungsfähigkeit müsste als Kriterium für „Fitness" gelten.

Die eigentliche Frage soll jedoch nicht sein, ob die natürliche Selektion für jedes sprachliche Phänomen in jedem Entwicklungsschritt erfolgreich anwendbar ist. Entscheidend für die Beurteilung der Übertragung der Evolutionstheorie in sie Sprachanalyse ist vielmehr, ob die Theorie tatsächlich hilft, die wesentlichen Probleme der Entwicklungsdynamik der Sprache zu erfassen. Zur Antwort muss man untersuchen, ob sich die wesentlichen Themen in den Kategorien der natürlichen Selektion gut darstellen lassen.

5. Neuinterpretationen der genetischen Information

Der erste Deutungsversuch der genetischen Information ist offensichtlich gescheitert. Die Genetik stand seit dieser Zeit immer wieder vor dem Problem, dass genetische Information nicht ausreichend definiert werden konnte. Es wurde dabei nicht bestritten, dass in der Genetik von genetischer Information gesprochen werden soll. Damit war die erste der drei Prinzipien der Evolutionstheorie, d. h. Reproduktion der genetischen Information in der Fachsprache der Genetiker gesichert. Das zweite Prinzip erfordert, dass die Reproduktion stabil ist, aber immer wieder Variationen hervorbringt.[24] Unterschiedliche Deutungsvariationen wurden tatsächlich vorgeschlagen. Drei solche Auslegungen sollen hier exemplarisch dargestellt werden. Eine frühe Neuauslegung stammte vom französischen Genetiker und Nobelpreisträger, Jacques Monod. Er stellt in einem Gedankenexperiment einen Programmierer vor, der keinerlei Kenntnis von dieser Welt hat, der sie aber untersuchen soll. Was er vorfindet, ist die Tatsache, dass alle lebendigen Systeme nach demselben Mechanismus der Informationsübertragung funktionieren. Demnach „müsste unser Programmierer, der zwar von Biologie nichts versteht, aber von Beruf ‚Informatiker' ist, mit Notwendigkeit erkennen, dass solche Strukturen eine beträchtliche Menge an Informationen darstellen".[25] Mit anderen Worten ist die Information in den Strukturen des Organismus objektiv erkennbar. Monod folgt Wiener, insofern er Lebewesen als kybernetische Maschinen auffasst, in deren Zellen chemische Prozesse zur Vervielfältigung von Strukturen und zur Wirkung auf die Umgebung ständig intern gesteuert und kontrolliert werden. Der Aufbau des Organismus geschieht durch den Mechanismus, der in der Struktur der DNS niedergeschrieben ist. Diese Information ist für Monod jedoch keine selbständige Entität (im Gegensatz zur Konzeption im zentralen Dogma) mehr, die dekodiert werden kann. Die vorhandenen Strukturen der DNS enthalten die Information nur stereo-

24 Die Möglichkeit verschiedener Variationen wird durch Erkenntnisse der Genetik eingeschränkt: Eine Definition der genetischen Information sollte berücksichtigen, dass Gene seit der Entdeckung des Splicing nicht mehr als *eine Einheit* der Vererbung betrachtet werden können. Weitere Herausforderungen für den Begriff der genetischen Information sind die Erkenntnis, dass viele Abschnitte der DNS keine erkennbaren Gen-Funktionen haben, dass funktionale Abschnitte (Gene) nicht nur für Proteine sondern auch für Ribonukleinsäuren (RNS) codieren können sowie die Tatsache, dass Genprodukte nach der Translation weiter editiert werden können. Außerdem beeinflussen Imprinting und andere epigenetische Modifikationen die Funktionalität der DNS. Diese und viele andere Beispiele (M.B. Gerstein, C. Bruce, J.S. Rozowsky et al., „What is a gene, post-ENCODE? History and updated definition", *Genome Research*, 17/2007, S. 669-681) legen nahe, dass das Genom bei weitem nicht über alle Informationen verfügt, die für die Funktionen und die Vererbung der Zellen notwendig sind, was eine Definition von der genetischen Information erschwert. Vgl. auch S. Sarkar, „Genomics, Proteomics, and Beyond", in: S. Sarkar, A. Plutynski (Hrsg.), *A Companion to the Philosophy of Biology*, Malden 2008, S. 58-73.
25 J. Monod, *Zufall und Notwendigkeit. Philosophische Fragen der modernen Biologie*, 2. Aufl., München 1975, S. 29.

spezifisch zu der Umgebung, in der sie ihre Funktion erfüllen. Die Veränderung der Umgebung führt somit auch zur Veränderung des „Informationsgehalts" der DNS. Um die Information in der DNS zu erkennen, muss man folglich nicht mehr einen geheimen Code knacken, sondern die Funktionen der Gene in deren Umgebung beobachten, aus denen Rückschlüsse auf ihren Informationsgehalt gewonnen werden können. Monod stellt also einen Informationsbegriff vor, der sich in der Relation zu den vorgegebenen Strukturen und nur durch ihre Funktion identifizieren lässt. Insofern entspricht die genetische Information dem Wienerschen Informationsbegriff (Information ist weder Materie noch Energie) nicht mehr. Monod folgt trotz dieser Erkenntnis dem mathematisch-technischen Informationsbegriff, indem er behauptet, dass die Verarbeitung der Information der Logik der Elektronenrechner folgt und nur Gene die Information über die dreidimensionale Struktur ihrer Produkte enthalten.

Susan Oyama schlägt nach einem ähnlichen Gedankenmodell ein Alternativbeispiel zu Monods Informatiker vor: ein vergleichbar unvoreingenommener Geologe studiert Felsen in einer Gegend. Was er vorfindet, sind beobachtbare Eigenschaften dieser Felsen wie Temperatur, Zusammensetzung, Form, etc. Wenn der Geologe die Felsen beschreibt, enthält die Beschreibung Information für einen Architekten, der aus dem Stein etwas bauen will, aber der Stein an sich enthält keine Information.[26] Diese wird erst durch den Blick des Menschen darauf geschaffen. So ist es auch mit dem Organismus. Subzelluläre Vorgänge sind zunächst keine Informationsübertragungen. Sie werden erst durch den Blick des Genetikers zur Information. Ohne den Forscher gibt es keine genetische Information, sondern nur chemische Elemente, die jeweils unterschiedliche Strukturen haben und unter gewissen Bedingungen unterschiedlich aufeinander wirken.

Eine aktuellere Bemühung, den Informationsbegriff der Genetik wieder mit der Shannonschen Informationstheorie zu verknüpfen, wurde von Stefan Artmann formuliert.[27] Er geht anders vor als Monod und Oyama. Er versucht, alle relevanten Größen der Kommunikation (Sender, Empfänger, Botschaft, Code und Zeichen) Entitäten

---

26 S. Oyama, *The Ontogeny of Information. Developmental Systems and Evolution*, Durham 2000, S. 199.

27 S. Artmann, „Biological Information", in: S. Sarkar, A. Plutynski (Hrsg.), *A Companion to the Philosophy of Biology*, Malden 2008, S. 22-39.

der Genetik eindeutig zuzuordnen. Die Botschaft der DNS ist die Struktur von Proteinen. Zeichen sind die Basen, in denen die Botschaft codiert ist. Der Empfänger ist die biochemische Umgebung – d. h. mehr als nur die Proteinsynthese. Ob unter dieser Umgebung die Zelle zu verstehen ist oder der ganze Organismus, wird nicht definiert. Als Sender, oder besser als Quelle der Information identifiziert Artmann zwei abstrakte Mechanismen, nämlich das Rauschen und die natürliche Selektion. Das Rauschen nennt er, weil es nicht zu einer Evolution gekommen wäre, wenn der genetische Kopiermechanismus immer fehlerfrei funktioniert hätte. Die Information entstand folglich durch zufällige Mutationen. Diese mussten sich dann in der natürlichen Selektion bewähren und wurden ggf. bestätigt.

Die drei Beispiele zeigen, dass die Reproduktion des sprachlichen Ausdrucks der genetischen Information in der Fachsprache tatsächlich unterschiedliche Varianten hervorgebracht hat. Dieses Phänomen kann mithilfe der Evolutionstheorie erfolgreich erklärt werden. Der nächste Schritt in der Anwendung der Prinzipien der Evolutionstheorie wäre, dass bestimmte Variationen durch den Mechanismus der Selektion präferiert und andere unterdrückt werden. Mit einiger Phantasie kann man diesen Schritt auf die vorgestellten Versionen anwenden, aber die Anwendung wäre nicht erklärend, wenn sie die Fitness nur nachträglich aufgrund der faktischen Entwicklung behaupten könnte. Wenn Selektionsvorteile und Selektionsnachteile nur nachträglich bestimmt werden, ergibt sich daraus ohne weitere testbaren Daten und Hypothesen letztlich die bekannte Tautologie, dass das, was sich durchsetzt, auch „fitter" gewesen sein soll. In der Praxis greifen die mathematisch und spieltheoretisch errechneten Kriterien hier leider nicht.

Insgesamt lässt sich aus den drei Varianten erkennen, dass die zentrale Frage sich eigentlich nicht um die „(natürliche) Selektion", d. h. um das Bestätigen oder das Verwerfen der genetischen Information dreht, sondern vielmehr um die erfolgreiche Interpretation des Begriffes. Die Perspektive, die durch die Anwendung des dritten Prinzips, d. h. der natürlichen Selektion, auf die Sprache entsteht, erfasst diese Frage nicht. Die Möglichkeit der Neuauslegung von Begriffen wird im Rahmen der Evolutionstheorie nicht als denkmöglich angeboten. Sie müsste als eine Möglichkeit zur Flucht vor natürlicher Selektion gedeutet werden. Deshalb ist die Beschreibung von wesentlichen Veränderungen der genetischen Information mit den Begriffen der Evolutionstheorie unzureichend. Kritiker könnten darauf hinweisen, dass eine Langzeitanalyse die Theorie möglicherweise bestätigen könnte. Eine historische Distanz wird vielleicht dieses Ergebnis tatsächlich zulassen, aber um die Mechanismen der Evolutionstheorie in diesen Diskussionen zu erkennen, müssen viele relevante Details übersehen und viele unbegründete Annahmen gemacht werden. Auch der Rückblick auf die Geschichte des Informationsbegriffes in der Genetik kann das Prinzip der natürlichen Selektion nicht bestätigen, wenn es darum geht, möglichst wenige Objekte oder Ideen in der Welt mit dem Begriff zu erfassen. Stattdessen können wir eine ganz andere „Fitness" des Begriffes gerade darin erkennen, dass genetische Information sich an die Veränderung der Theorien erfolgreich anpassen kann. Er mag nicht weniger Objekte und Ideen als andere Begriffe bezeichnen, aber er schafft es, einen flexiblen Kreis von Objekten und Ideen zu erfassen. Von der genetischen Information ist diese Art von Fitness zu erwarten, nämlich dass sie immer wieder neu ausgelegt und den aktuellen Erkenntnissen und Theorien der Biologie angepasst wird.

6. Zusammenfassung

Anhand des Beispiels der genetischen Information wurde die Anwendbarkeit der Darwinschen Evolutionstheorie auf die Entwicklung der Sprache dargestellt. Prominente Sprachtheoretiker haben berichtet, dass sie das Prinzip der Sprachentwicklung in der Evolutionstheorie gefunden haben und ein Mechanismus der natürlichen Selektion der sprachlichen Zeichenkomplexe durch mathematische und spieltheoretische Analysen ermittelt werden konnte. Diese Ergebnisse wurden hier in Beziehung zu den Entwicklungen in der Genetik geprüft. Es wurde gezeigt, dass sich Prinzipien der Evolutionstheorie Darwins auf nicht-biologische Bereiche, wie die Sprachentwicklung übertragen lassen. Allerdings wurden auch Schwierigkeiten der Übertragung und ein veränderter Erklärungsanspruch erkennbar.

Die erste Schwierigkeit ist, dass es eine sachbezogene Parallelität zwischen Arten oder einzelnen Lebewesen einerseits und Sprachsystemen oder den einzelnen Begriffen andererseits nicht gibt. Deshalb gibt es auch bei der Übertragung der Evolutionstheorie auf die Entwicklung der Sprache keine festen Relationen, welche biologischen Entitäten mit welchen sprachlichen Entitäten gleichzusetzen sind. Die

Bildung von Parallelen bleibt der Interpretation des Forschers überlassen.[28] Wenn es aber von der persönlichen Interpretation des Forschers abhängt, ob die Bedingungen der Widerlegung einer Theorie
erfüllt sind oder nicht, muss man die Frage stellen, inwiefern die
Interpretation der Sprachentwicklung nach dem Modell der Evolutionstheorie überhaupt Sinn ergibt.

Die zweite Schwierigkeit zeigt sich in der Bestimmung der Mechanismen der Evolutionstheorie für die Sprachentwicklung. Das
„lange Argument" von Darwin muss für die Anwendung in nicht-
biologischen Bereichen aufgebrochen werden und nur bestimmte
Elemente der Evolutionstheorie werden für die Beschreibung der
Prozesse verwendet.[29] Welche Bestandteile besonders betont werden
und welche weniger passend gefunden und deshalb in der Anwendung unterbelichtet werden, liegt in der Entscheidung des Theoreti-
kers und kann nicht aus der Evolutionstheorie selbst erklärt werden.

Die dritte Schwierigkeit ist, dass die ermittelten Prinzipien der
„natürlichen Selektion" der Zeichenkomplexe (eine möglichst kleine
Zeichenmenge bezeichnet eine möglichst kleine Anzahl von Objekten
und Ideen) in der Praxis versagen. Die fitten Begriffe können sich
dieser natürlichen Selektion anscheinend entziehen, indem sie sich
nach anderen als der „berechneten" Kriterien der natürlichen Selektion überleben. Dem Prinzip der Fitness widerspricht nicht nur, dass
neue Interpretationen von Begriffen möglich sind, sondern auch,

---

28 Schleicher bestimmte 1873 die Ähnlichkeiten auf verschiedenen Ebenen: „Die
    Arten einer Gattung nennen wir Sprachen eines Stammes; die Unterarten einer
    Art sind bei uns die Dialecte oder Mundarten einer Sprache; den Varietäten und
    Spielarten entsprechen die Untermundarten oder Nebenmundarten und endlich
    den einzelnen Individuen die Sprechweise der einzelnen die Sprachen redenden
    Menschen." A. Schleicher, *Die Darwinsche Theorie und die Sprachwissenschaft*,
    S. 14. In diesem System haben einzelne Begriffe noch keinen Platz. Dies hindert
    ihn aber nicht daran, die Abstammungsgeschichte von einzelnen Begriffen wie
    „Tath" als Beleg für die Theorie zu nehmen, S. 25. Letztlich stellt er aber auch
    gegen seine Theorie fest, dass keine direkte Übertragung dieser Kategorien mög-
    lich ist. „Das Reich der Sprachen ist von dem der Pflanzen und Thiere zu ver-
    schieden, als dass die Gesammtheit der Darwinschen Ausführungen mit ihren Ein-
    zelheiten für dasselbe Geltung haben könnte." A. Schleicher, *Die Darwinsche
    Theorie und die Sprachwissenschaft*, S. 33.
29 Z. B. fand die Metapher „struggle for existence" in diesem Zusammenhang weder
    bei Pinker und Bloom noch bei Nowak Anwendung. Vgl. S. Pinker, P. Bloom, Na-
    tural language and natural selection, in: *Behavioral and Brain Sciences*, 13(4)/
    1990, S. 707-784, und M. A. Nowak, „Evolutionary Biology of Language", in: *Phi-
    losophical Transactions of the Royal Society London B*, 335/2000, S. 1615-1622.

dass die Begriffe aufgrund von Visionen geprägt werden, also in einem Zustand sein können, der sie vor der natürlichen Selektion bewahrt. Die vierte Schwierigkeit ist, dass sich die wirklichen Kriterien einer natürlichen Selektion der sprachlichen Zeichen nicht bestimmen lassen. Nur retrospektive Analysen sind möglich. Dabei ist die Widerlegbarkeit der Theorie nicht gegeben, denn die Auslegung hängt von dem Theoretiker ab, der die Entitäten bestimmt und untersucht.

Die fünfte Schwierigkeit ist, dass die evolutionstheoretische Perspektive die zentralen Probleme der Wissenschaft nicht unbedingt erfassen kann. Viele wesentliche Merkmale des Gebietes können unberücksichtigt bleiben.

Abschließend muss festgestellt werden, dass die Umdeutung der Sprachentwicklung durch die Evolutionstheorie nicht aus der Erkenntnis der fundamentalen Prinzipien der Sprache abgeleitet werden, sondern sie ergeben sich aus einer kreativen und normativen Sichtweise der sprachlichen Phänomene. Wenn man die Kategorien der Evolutionstheorie auf die Mechanismen der Sprachentwicklung überträgt, heißt es, dass die Mechanismen der Sprachentwicklung eigentlich nicht „entdeckt" werden, sondern dass der Theoretiker versucht, ihm bekannte Entitäten mit einer neuen – in anderen wissenschaftlichen Bereichen bereits erfolgreichen – Perspektive gleichzusetzen und aus der Übertragung neue Zusammenhänge zu erkennen. Die Parallele wird konstruiert und ist nicht in der Sache selbst gegeben. Damit ist der Erklärungsanspruch der Evolutionstheorie für andere Bereiche als die Biologie eingeschränkt. Die Evolutionstheorie bietet eine inspirierende Perspektive an. Die gewonnenen Erkenntnisse sind aber durch die Evolutionstheorie selbst nicht objektiv begründet. Dieses Kriterium gilt für alle Übertragungen der Evolutionstheorie in nicht-biologische Kontexte, wie die bereits bekannten politischen Programme, die Auseinandersetzungen über die Entwicklungen der Gesellschaft oder die „Evolution" des Kosmos. In diesen Zusammenhängen muss einzeln geprüft werden, welche Vor- und Nachteile die evolutionstheoretische Perspektive für die jeweilige Wissenschaft hat.

Lilian Marx-Stölting

Die richtige Medizin bei meinen Genen?

Öffentliches Interesse an der Pharmakogenetik

I. Einleitung: Pharmakogenetik

Die Pharmakogenetik ist ein seit ca. zehn Jahren rasch expandierendes Forschungsgebiet im Schnittfeld von Pharmakologie, Genetik und Medizin. Erforscht werden genetische Variationen zwischen Individuen und deren Einfluss auf Reaktionen auf Arzneimittel, mit dem Ziel der Entwicklung genetisch optimierter Arzneimitteltherapien.[1] Dabei sollen stabile genetische Variationen, sogenannte *Single Nucleotide Polymorphisms (SNPs)* als Marker für individuell unterschiedliche Wirkungen und Nebenwirkungen von Medikamenten und zur Erstellung eines persönlichen pharmakogenetisch relevanten SNP-Profils (Pharmakogentest) genutzt werden. Dies soll die gezielte Verordnung von Medikamenten in der für den jeweiligen Patienten optimalen Dosis ermöglichen und auf diese Weise unerwünschte Arzneimittelwirkungen verhindern.

Da die Forschung sich immer noch überwiegend im Stadium der anwendungsbezogenen Grundlagenforschung befindet, ist noch unklar, wie und in welchem Ausmaß pharmakogenetische Erkenntnisse in die Praxis einfließen werden. Da Arzneireaktionen durch eine Vielzahl verschiedener Faktoren bestimmt werden, ist die klinische Relevanz genetischer Polymorphismen noch offen, obwohl es bereits vielversprechende Beispiele für den medizinischen Nutzen der Pharmakogenetik gibt.[2] Regulatorische Fragen, ökonomische Aspekte und Fragen

---

1 Mit der Pharmakogenetik sind eine Reihe unterschiedlicher Zielsetzungen und Methoden verbunden. Für eine ausführliche Diskussion siehe L. Marx-Stölting, *Pharmakogenetik und Pharmakogentests. Biologische, wissenschaftstheoretische und ethische Aspekte des Umgangs mit genetischer Variation.* Berlin 2007.

2 D. Gurwitz et al., „Pharmacogenetics in Europe: barriers and opportunities", in: *Public Health Genomics,* 12 (3)/2009, S. 134-41. I. Grossman, „Routine pharmacogenetic testing in clinical practice: dream or reality?", in: *Pharmacogenomics,* 8 (10)/2007, S. 1449-59. Für eine Beschreibung wichtiger Beispiele siehe L. Marx-Stölting, *Pharmakogenetik und Pharmakogentests,* Berlin 2007, S. 59-84.

der Ausbildung spielen bei der Übersetzung pharmakogenetischer Erkenntnisse in die klinische Praxis eine wichtige Rolle.[3]

II. Ethische Aspekte der Pharmakogenetik[4]

Ausgangspunkt meiner Untersuchung der ethischen Aspekte der Pharmakogenetik ist die konstruktive Funktion der Bioethik, welche durch die Antizipation möglicher zukünftiger mit bestimmten Forschungsbereichen verbundener ethischer Probleme die Funktion eines „Vorwarnsystems, eines Sensors möglicher zukünftiger Gefahren, Risiken und Chancen neuer Technologien"[5] übernimmt und so einen frühzeitigen Eingriff in die Technikentwicklung durch die Politik ermöglicht. Grundlegend ist dabei ein weites Verständnis von Bioethik, nach dem auch anthropologische, naturphilosophische, wissenschafts- und philosophiehistorische Reflexionen zum Themengebiet bioethischer Arbeiten zählen.[6]

---

3   Siehe hierzu zum Beispiel P.A. Deverka, „Pharmacogenomics, evidence, and the role of payers", in: Public Health Genomics, 12 (3)/2009, S. 149-57. W. Newman, K. Payne, K., „Removing barriers to a clinical pharmacogenetics service", in: Personalized Medicine, 5 (5)/2008, S. 471-480. J. Peters, „Eyes on the prize: bringing individualized therapy from the bedside to clinical practice", in: Pharmacogenomics, 8 (10)/2007, S. 1295-8. L. J. Lesko, J. Woodcock, „Translation of pharmacogenomics and pharmacogenetics: a regulatory perspective", in: Nature Reviews Drug Discovery, 3 (9)/2004, S. 763-9.

4   Dem ethischen Teil liegt als Bewertungsmaßstab der Prinzipienansatz von Beauchamp und Childress mit den vier Prinzipien: Respekt der Autonomie (respect of autonomy), Nichtschädigung (nonmaleficence), Fürsorge (beneficence) und Gerechtigkeit (justice) zu Grunde (T. L. Beauchamp, J. F. Childress, Principles of Biomedical Ethics (5. Auflage. Erstauflage 1979). New York 2001. Dieser Ansatz wird um ein weiteres Prinzip, das Prinzip der Berücksichtigung gesellschaftlicher Konsequenzen, ergänzt, da in diesem Zusammenhang nicht nur Auswirkungen auf das Individuum, sondern auch auf die Gesellschaft untersucht werden müssen. Siehe hierzu L. Marx-Stölting, Pharmakogenetik und Pharmakogentests, S. 139-149.

5   E.-M. Engels, „Die Herausforderung der Biotechnik für Ethik und Anthropologie", in: „Die biologische Machbarkeit des Menschen" Beiheft zur Berliner Theologischen Zeitschrift (BThZ) 18/2001, S. 119, Hervorhebungen im Original).

6   Siehe hierzu E.-M. Engels, „Natur-und Menschenbilder in der Bioethik des 20. Jahrhunderts. Zur Einführung", in: E.-M. Engels (Hrsg.), Biologie und Ethik. Stuttgart 1999, S. 13; E.-M. Engels, „Ethik in den Biowissenschaften", in: M. Maring (Hrsg.), Ethisch-Philosophisches Grundlagenstudium 2. Ein Projektbuch, Münster 2005, S. 135-166.

Die Pharmakogenetik ist mit einer Reihe ethischer Probleme verbunden. Die ethische Brisanz liegt dabei in der Vielfalt der angeschnittenen Problemfelder. Die Ziele der Pharmakogenetik werden allerdings generell als erstrebenswert gesehen. Kritisiert wird lediglich eine möglicherweise übertrieben optimistische Darstellung des Problemlösungspotenzials, wie sie zu Beginn der Expansionsphase der Pharmakogenetik häufig war.[7]

Die Mittel zur Ereichung dieser Ziele und ihre Folgen werden jedoch bereits seit vielen Jahren aus ethischer Perspektive diskutiert.[8] Wichtig ist dabei insbesondere die unter dem Ausdruck „genetischer Exzeptionalismus" diskutierte Frage nach einem möglichen Sonderstatus genetischer Information, der eine im Vergleich zu anderen medizinischen Daten besondere Behandlung begründet.[9] Damit verbunden ist auch die Frage, wie pharmakogenetische Tests im Vergleich zu anderen genetischen Tests zu bewerten sind. Da einige SNPs nicht nur für die aktuelle Therapie relevant sind, sondern auch Zusatzinformationen über Schwere und Fortschreiten einer Krankheit ermöglichen[10] können pharmakogenetische Tests mit denselben ethischen Proble-

7 Zur Diskussion um, Metaphern, Leitbilder und übertriebenen Erwartungen siehe z. B. M. Schmedders et al., „Individualized pharmacogenetic therapy: a critical analysis", in: *Community Genetics*, 6 (2)/2003, S. 114-119. G. R. Feuerstein et al., „Irreführende Leitbilder. Zum Mythos der Individualisierung durch pharmakogenetische Behandlungskonzepte. Eine kritische Anmerkung", in: *Ethik in der Medizin*, 2/2003, S. 77-86. K. Lindpaintner, „The importance of being modest-reflections on the pharmacogenetics of abacavir", in: *Pharmacogenomics*, 3 (6)/2002, S. 835-8.

8 Einen Überblick über das ethische Problempotenzial siehe neben L. Marx-Stolting, „Pharmacogenetics and ethical considerations: why care?", in: *Pharmacogenomics J*, 7 (5)/2007, S. 293-6, auch K. P. Rippe et al., *Pharmakogenetik und Pharmakogenomik*, TA SWISS (Hrsg.), TA 48/2004, Bern (auch online verfügbar). R. Kollek et al., *Pharmakogenetik: Implikationen für Patienten und Gesundheitswesen: Anspruch und Wirklichkeit der „individualisierten" Therapie*, Baden-Baden 2004; European Commission, *The Independent Expert Group. Ethical, legal and social aspects of genetic testing: research, development and clinical applications*, Brussels: Report of the STRATA Expert Group, 2004; M. A. Rothstein (Hrsg.), *Pharmacogenomics. Social, ethical and Clinical Dimensions*, New Jersey 2003; Nuffield Council on Bioethics, *Pharmacogenetics: ethical issues*, London 2003, K. Bayertz, J. S. Ach, R. Paslack, „Wissen mit Folgen: Zukunftsperspektiven und Regelungsbedarf der genetischen Diagnostik innerhalb und außerhalb der Humangenetik", in: L. Honnefelder, C. Streffer (Hrsg.), *Jahrbuch für Wissenschaft und Ethik (6)*, Berlin 2001, S. 271-307.

9 L. Marx-Stölting, *Pharmakogenetik und Pharmakogentests*, S. 226-236.

10 C. Netzer, N. Biller-Andorno, „Pharmacogenetic testing, informed consent and the problem of secondary information", in: *Bioethics*, 18 (4)/2004, S. 344-360.

men verbunden sein wie andere Gentests. Diskutiert werden in diesem
Zusammenhang auch praktische Fragen der Umsetzung, etwa nach der
Integration pharmakogenetischer Kenntnisse in die Ausbildung von
Medizinern.[11] Für die pharmakogenetische Forschung wird die Kategorisierung
von Menschen anhand ihrer genetischen Merkmale diskutiert, die teils
auf traditionelle Einteilungen wie Rasse und Ethnie zurückgreift, teils
jedoch explizit darauf verzichtet. In diesem Kontext wird über eine
Verstärkung rassistischer und diskriminierender Vorstellungen,[12] aber
auch über mögliche neue Formen der Diskriminierung, etwa von Individuen, die als schwer behandelbar eingestuft werden, nachgedacht.[13]
    Vereinfacht lassen sich die ethischen Aspekte im Kontext der
Pharmakogenetik wie folgt strukturieren:[14]

Ziele
– Legitimität und Präsentation,
– mögliche Vernachlässigung von Alternativen
Datenschutz, Privatheit und die Nutzung genetischer Information
– Informierte Zustimmung und Feedback in Forschung und Anwen-
dung
– Fragen im Zusammenhang mit der Etablierung von Biobanken für
Forschungszwecke
– Interessen Dritter (Versicherungen, Arbeitgeber, Verwandte)

11 A. Hedgecoe, „Education, ethics and knowledge deficits in clinical pharmacoge-
    netics", in: *Pharmacogenomics*, 8 (3)/2007, S. 267-70.
12 Siehe etwa S. S. Lee, „Pharmacogenomics and the challenge of health disparities",
    in: *Public Health Genomics*, 12(3)/2009, S. 170-9. S. Holm, „Pharmacogenetics,
    race and global injustice", in: *Dev World Bioeth*, 8 (2)/2008, S. 82-8. C. Weijer, P. B.
    Miller, „Protecting communities in pharmacogenetic and pharmacogenomic re-
    search", in: *The Pharmacogenomics Journal*, 4/2004, S. 9-16.
13 M. W. Foster, „Pharmacogenomics and the social construction of identity", in: M.
    A. Rothstein (Hrsg.), *Pharmacogenomics. Social, ethical and Clinical Dimensions*.
    New Jersey 2003, S. 251-266.
14 Viele dieser Fragen sind nicht spezifisch für die Pharmakogenetik, sondern treten
    auch in anderen Kontexten im Umgang mit genetischer Diagnostik auf. Dies min-
    dert jedoch nicht ihre Wichtigkeit im Kontext der Pharmakogenetik. Die Übersicht
    ist eine leicht veränderte Übersetzung der Tabelle „Ethical Issues of Pharmacoge-
    netics" aus einer früheren Veröffentlichung der Autorin dieses Artikels: L. Schu-
    bert, „Ethical implications of pharmacogenetics: do slippery slope arguments matter?",
    in: *Bioethics* (Special Issue Pharmacogenetics), 18 (4)/2004, S. 367. Für eine aus-
    führliche Diskussion der ethischen Aspekte der Pharmakogenetik sei auf die Dis-
    sertation verwiesen: L. Marx-Stölting, *Pharmakogenetik und Pharmakogentests*.

- Das Problem der Zusatzinformationen und das Recht auf informationelle Selbstbestimmung (Recht auf Wissen/Nichtwissen)
- Genetischer Exzeptionalismus: Sonderstatus genetischer Information?

Änderung des Arzt-Patienten-Verhältnisses
Regulatorische Fragen
- Leistungserbringung, Akkreditierung, Qualitätskontrolle und Haftungsfragen
- Umgang mit nicht indizierter Verschreibung (off-label use)
Stigmatisierung und Diskriminierung von Gruppen und Individuen
- Stratifizierung und Kategorisierung von Individuen nach ihrem Genotyp
- Nutzung von Kategorien wie Rasse und Ethnie für die Forschung
Gerechtigkeit: Verfügbarkeit von und Zugang zu Medikamenten.

Die meisten Autoren sehen aufgrund des ethischen Problempotenzials einen Regulierungsbedarf, scheinen aber davon auszugehen, dass die aufgezeigten Risiken durch geeignete Maßnahmen minimiert werden können. Keine einzelne der mit der Pharmakogenetik verbundenen ethischen Fragen noch ihre Summe kann ein Verbot pharmakogenetischer Forschung und Anwendung legitimieren.

Da es also keine primären Argumente gegen pharmakogenetische Tests und Forschung gibt, spielen sekundäre Argumente eine wichtige Rolle, insbesondere sogenannte Rolltreppen-Argumente. Bei Rolltreppen-Argumente handelt es sich um eine abgeschwächte Form von Argumenten der schiefen Ebene. Dabei soll eine Handlung reguliert werden, weil sie als Schritt auf eine Rolltreppe gesehen wird, die zu einem (un)erwünschten Ende führen kann. Besonders wichtig sind im Kontext der Pharmakogenetik das Argument von der Genetisierung der Gesellschaft, das Argument von der Diskriminierung und Stigmatisierung von Gruppen, das Argument des Datenmissbrauchs und ein positives Rolltreppen-Argument, welches den großen theoretisch möglichen Nutzen der Pharmakogenetik in Aussicht stellt.[15]

Das tatsächliche Problempotenzial der Pharmakogenetik ist jedoch davon abhängig, wie weit verbreitet pharmakogenetische Tests sein werden und hängt auch von der Implementierung in der Praxis ab. Es

---

15 L. Schubert, „Ethical implications of pharmacogenetics: do slippery slope arguments matter?", in: *Bioethics* (Special Issue Pharmacogenetics), 18 (4)/2004, S. 367, sowie L. Marx-Stölting, *Pharmakogenetik und Pharmakogentests*.

gibt ganz unterschiedliche Szenarien dafür, wie pharmakogenetische Kenntnisse die Medizin verändern könnten. Die ethische Analyse muss daher zum jetzigen Zeitpunkt vorläufig bleiben. Die Tatsache, dass pharmakogenetische Forschung und Anwendungen aus ethischer Perspektive problematisch sein können, zeigt jedoch bereits jetzt, dass die Pharmakogenetik gesellschaftspolitisch relevant ist und der weiteren ethischen Begleitforschung bedarf.

III. Öffentliches Interesse an der Pharmakogenetik in Deutschland[16]

In Deutschland hat der Diskurs über die Pharmakogenetik bereits die Politik erreicht, ist aber noch kein Gegenstand öffentlicher Debatten, etwa in den Medien. Die meisten Menschen wissen nicht viel über Pharmakogenetik. Es gibt einen kleinen spezialisierten Expertendiskurs, in den verschiedene nationale und internationale Studien einfließen. Das Problempotenzial ist erkannt und wird diskutiert, doch es wird dem Thema keine hohe politische Priorität zugewiesen, die eine große öffentliche Debatte zum Thema erforderlich macht. Zwar gibt es durchaus auch Kritik und darauf basierende Empfehlungen für die Implementierung und Regulierung der Pharmakogenetik, doch eine fundamentale Opposition oder gar organisierte Gruppen, die sich gegen pharmakogenetische Tests einsetzen, gibt es bislang nicht. Allerdings gibt es in Deutschland auch keine Patientengruppen, die sich aktiv für die Etablierung pharmakogenetischer Test einsetzen und hierfür Lobbyarbeit betreiben. Die mit dem Gebiet verbundene Kritik ist in der Regel nicht auf pharmakogenetische Tests beschränkt, sondern eher generell auf Gentests und auf Argumente der schiefen Ebene, die mit der Genetik verbunden sein können, ausgerichtet.[17]

Für die Regulierung genetischer Diagnostik wurde zum 31. Juli 2009 ein neues Gendiagnistkgesetz (GenDG) verabschiedet,[18] das am

---

16 Die Abschnitte III. und IV. dieses Artikels basieren auf meinem Vortrag „Pharmacogenetics and the handling of genetic variability: expert discourse and public opinion" auf dem „Workshop Genetics and Society" vom 14. bis 16. Dezember 2008 an der Ben Gurion University in Beer Sheva, Israel.

17 L. Schubert, „Ethical implications of pharmacogenetics: do slippery slope arguments matter?", in: Bioethics (Special Issue Pharmacogenetics), 18 (4)/2004, S. 367.

18 GenDG, „Gesetz über genetische Untersuchungen bei Menschen" (Gendiagnostik-Gesetz – GenDG). Vom 31. Juli 2009. Bundesgesetzblatt Jahrgang 2009 Teil I Nr. 50,

1.2.2010 in Kraft trat. Es umfasst jedoch ausdrücklich nicht den Bereich der Forschung (GenDG 2009, § 2), wodurch viele der mit der Pharmakogenetik verbundenen Fragen nicht unter das Gesetz fallen. Das Ziel des Gesetzes ist der Schutz des Rechtes auf informationelle Selbstbestimmung der Bürger (GenDG § 1). Eine Diskriminierung von Bürgern durch Arbeitgeber und Versicherer ist verboten (GenDG 2009, § 4). Damit begegnet das Gesetz Ängsten vor dem Datenmissbrauch, welche in der deutschen Diskussion um Gentechnik eine große Rolle spielen. Eine Akkreditierungspflicht für Labore, die Gentests durchführen (GenDG 2009, § 5) ist ebenso vorgeschrieben wie ein „Arztvorbehalt" (GenDG, § 7), also die Notwendigkeit, dass nur ausgebildete Spezialisten[19] Gentests durchführen und interpretieren dürfen (GenDG 2009 § 7 und § 8). Weder Arbeitgeber (GenDG 2009, § 19-22) noch Versicherer sollen Zugang zu Testergebnissen haben, es sei denn es handelt sich um außergewöhnlich hohe Versicherungssummen über 300.000 € oder 30.000 € pro Jahr (GenDG 2009, § 18).

Auch wenn der Bereich pharmakogenetischer Forschung ausgenommen bleibt, so fallen doch pharmakogenetische Tests in der klinischen Praxis explizit darunter (GenDG 2009, § 3). Dies bedeutet, das nur Ärzte pharmakogenetische Tests durchführen und interpretieren dürfen, dass eine Zustimmung des Patienten notwendig und dass die Daten vor Interessen Dritter geschützt werden.[20]

IV. Zukünftige Entwicklungen: Lifestyle Gentests und Nutrigenetik

In den letzten Jahren ließ sich ein Trend zur Online-Direktvermarktung genetischer Tests, sogenannter „Lifestyle Gentests", beobachten, was auch als „Personal Genomics", „Consumer Genomics" oder „Recreational Genomics" bezeichnet wird. Dies wird unter anderem dadurch möglich, dass Genotypisierungen im Zuge der verbesserten automatisierten Methoden sehr günstig geworden sind. Zu den in-

ausgegeben zu Bonn am 4. August 2009, S. 2529-2538. Online abgerufen am 17. 2.2010 unter www.bundesgestzblatt.de.

19 Hierzu zählen Ärzte, Fachärzte oder Spezialisten mit ausgewiesener Zusatzqualifikation in Humangenetik und genetischer Diagnostik.

20 Es stellt sich jedoch die Frage, wie sich die Direktvermarktung genetischer Tests online und ohne Einbeziehung eines Arztes verbieten und kontrollieren lässt.

zwischen zahlreichen Firmen, welche derartige Tests vermarkten, gehören etwa Complete Genomics, Affymetrix, Navigenics, 23andme, Decode Me oder decode Genetics. Kunden können ihre DNA mit Hilfe eines Wattestäbchens einen Abstrich der Mundschleimhaut gewinnen, welcher Zellen enthält, aus denen dann die DNA isoliert werden kann. Die Ergebnisse werden den Verbrauchern direkt mitgeteilt.[21] Mit ihnen kann dann etwa in SNPedia,[22]nach der Bedeutung der Genotypen gesucht werden, wobei oft sehr allgemein gehaltene Aussagen gemacht werden. Obwohl die gewonnene Information noch relativ unspezifisch, aus wissenschaftlicher Sicht häufig nicht validiert und eher als „Genetische Wahrsagerei"[23] bezeichnet werden kann, scheint es bereits einen Markt für derartige Tests zu geben. Die Direktvermarktung genetischer Tests ist unter anderem deshalb problematisch, weil die Tests nicht länger in eine Arzt-Patienten-Beziehung eingebettet sind und eine persönliche Beratung nur eingeschränkt stattfinden kann.[24] Dies könnte möglicherweise dazu führen, dass Patienten irreführende Ergebnisse erhalten, die sie nicht richtig interpretieren könnten und die ihrer Gesundheit mehr schaden als nützen.

Pharmakogenetik und Lifestyle Gentests sind auf verschiedene Weise miteinander verbunden. Auf der einen Seite sind viele der mit der Pharmakogenetik verbundenen ethischen Probleme auch für den Kontext der Lifestlye Gentests relevant. Auf der anderen Seite können auch Firmen, die bereits Gentests kommerziell anbieten, als Partnerunternehmen für pharmakogenetische Genotypisierungen auftreten und somit die Logistik für eine weitere Verbreitung pharmakogenetischer Dienste bereitstellen. Das öffentliche Interesse an der Pharmakogenetik könnte ansteigen, wenn online Angebote und Marketing genetischer Tests zunehmen und mehr Menschen persönlich davon betroffen sind.[25] Allerdings ist zu beachten, dass derzeit das technische

---

21 Manche Firmen raten jedoch ausdrücklich zum Arztkontakt für eine ausführliche Beratung.

22 http://www.snpedia.com/index.php/SNPedia, (abgerufen am 15.5.2010).

23 Editorial der Zeitschrift Nature: „My genome. So what?" *Nature*, 456 (7218)/2008, S. 1 (meine Übersetzung).

24 Vgl. R. Kollek, T. Lemke, *Der medizinische Blick in die Zukunft. Gesellschaftliche Implikationen prädiktiver Gentests.* Frankfurt/New York 2008, S. 209-219.

25 Es gibt inzwischen Studien, die darauf hindeuten, dass die personalisierte Medizin von Patienten angenommen wird, z. B. A. M. Issa et al., „Assessing patient readiness for the clinical adoption of personalized medicine", in: *Public Health Genomics*, 12(3)/2009, S. 163-9. (Epub 10.2.2009). D. Prause, *Pharmakogenetische Untersuchungen beim Hausarzt aus Sicht von Patienten. Dissertation an der Medizini-*

Wissen über Gentests sehr viel größer ist als das klinische Wissen. Wegen der hohen Komplexität der Genotyp-Phänotyp-Interaktion ist es sehr schwierig, aus mittels statistischer Korrelationen abgeleiteten Kenntnissen Vorhersagen für individuelle Patienten abzuleiten. Daher kann es sein, dass vereinfachte Testergebnisse Klienten eher in die Irre führen als helfen. Für einen verantwortungsvollen Umgang mit Lifestyle-Gentests muss sichergestellt werden, dass Laien Tests korrekt interpretieren oder Expertenrat einholen können. Die zusätzlichen Informationsquellen von Patienten und Klienten[26] durch Gentests und das Internet könnten das Arzt-Patienten-Verhältnis beeinflussen und möglicherweise die Grenze zwischen Experten und Laien verwischen.[27]

Da durch das Internet auch eine grenzüberschreitende Vermarktung genetischer Tests möglich ist, kommt internationalen Regulierungen eine besondere Bedeutung zu. Dabei muss die Frage berücksichtigt werden, wer das Recht hat Gentest anzubieten und wie Anbieter sicherstellen können, dass die ihnen eingeschickte DNA auch tatsächlich vom Einsender kommt und nicht von einem anderen Menschen.

Auch das noch relativ junge Forschungsgebiet der Nutrigenetik ist mit der Pharmakogenetik verbunden. Hier wird der pharmakogenetische Ansatz auf den Kontext der Ernährung übertragen und nach erblichen Einflüssen auf den Metabolismus von Lebensmitteln gesucht.[28] Ein Ziel sind dabei auf genetischen Profilen basierende Er-

schen Fakultät der Georg-August-Universität zu Göttingen. 2008, online abrufbar (am 17.2.2010). L. F. Nielsen, C. Moldrup, „Lay perspective on pharmacogenetics and its application to future drug treatment: a Danish quantitative survey", in: New Genetics and Society, 26 (3)/2007, S. 309-324. A. Rogausch, J. Brockmöller, W. Himmel, „Pharmakogenetische Tests in der zukünftigen medizinischen Versorgung: Implikationen für Patienten und Ärzte", in: Gesundheitswesen, 67, 2005, S. 257-263.

26 Das zunehmende Auftreten von Klienten und Kunden in der Medizin (neben den traditionellen Patienten) und damit zusammenhängende Auswirkungen auf das Arzt-Patient-Verhältnis analysieren Junker und Kettner: I. Junker, M. Kettner, „Konsequenzen der wunscherfüllenden Medizin für die Arzt-Patienten-Beziehung", in: M. Kettner (Hrsg.), Wunscherfüllende Medzin. Ärztliche Behandlung im Dienst von Selbstverwirklichung und Lebensplanung, Reihe Kultur der Medizin Band 27, Frankfurt/New York 2009, S. 55-74.

27 B. Prainsack et al., „Personal genomes: Misdirected precaution", in: Nature, 456 (7218)/2008, S. 34-35.

28 Siehe etwa L. Afman, M. Muller, „Nutrigenomics, from molecular nutrition to prevention of disease", in: Journal of the American Diet Association, 106 (4)/2006, S. 569-76 oder M. R. Green, F. van der Ouderaa, „Nutrigenetics: where next for the foods industry?", in: Pharmacogenomics J, 3 (4)/2003, S. 191-3.

nährungstipps. Auch nutrigenetische Tests werden bereits vermarktet.[29] Bisher sind die daraus resultierenden Ernährungsratschläge aber eher grundlegend und weit gefasst. Außerdem ist es fraglich, ob auf genetischen Profilen basierende Ratschläge für eine gesunde Ernährung eher befolgt werden als herkömmliche Tipps – die bisher von vielen Menschen nicht befolgt werden.[30] Dennoch ist es denkbar, dass es durch nutrigenetische Kenntnisse zu einer Änderung unserer Einstellungen zu Lebensmitteln kommen könnte.[31] Der Zusammenhang zwischen Nahrungsmitteln und Metabolismus ist jedoch noch komplexer als der zwischen Arzneistoffen und Genetik, weil es sich bei Nahrungsmitteln um Gemische verschiedener Zutaten und Stoffe handelt.[32] Zur Nutrigenetik gehört auch die Erforschung des Zusammenhangs zwischen Ernährung und Genexpression, mit dem Ziel der Entwicklung von Lebensmitteln mit besonders positiven Eigenschaften, sogenannten „functional foods" oder „nutraceuticals".[33]

Möglicherweise tragen Pharmakogenetik und Nutrigenetik zum Prozess der Schwerpunktverschiebung der Medizin von der Krankheitsbehandlung zur Prävention bei.[34] In diesem Zusammenhang wäre es interessant, die aktuelle Diskussion um eine zunehmende Nachfrageorientierung „wunscherfüllender Medizin"[35] auf die Pharmakogenetik auszuweiten.

---

29 So verspricht etwa die Firma Sciona auf ihrer Homepage „Personalized dietary and lifestyle recommendations which enable you to take control of your health & wellbeing" (www.Sciona.com, abgerufen am 19.3.2009). Verschiedene Möglichkeiten zur Regulierung der Direktvermarktung nutrigenetischer Tests diskutieren z. B. N. M. Ries, D. Castle, „Nutrigenomics and ethics interface: direct-to-consumer services and commercial aspects", in: OMICS, 12(4)/2008, S. 245-50.

30 F. Meijboom et al., „You eat what you are: Moral Dimensions of Diets Tailored to one's genes", in: Journal of Agricultural and Environmental Ethics, 16/2003, S. 489-514.

31 L. Levesque et al., „Integrating anticipated nutrigenomics bioscience applications with ethical aspects", in: Omics, 12 (1)/2008, S. 1-16.

32 K. Hollricher, „Nutrigenomik. Fett im Kommen", in: Laborjournal 12/2004, S. 18-21.

33 Für eine ethische Analyse der Nutrigenetik siehe beispielsweise A. M. Capron, „Learning from the past and looking to the future", in: J Nutrigenet Nutrigenomics. 2(2)/2009, S. 85-90. (Epub Jul 7 2009). V. Ozdemir, B. Godard, B., „Evidence-based management of nutrigenomics expectations and ELSIs", in: Pharmacogenomics, 8 (8)/2007, S. 1051-1062. Chadwick, „Nutrigenomics, individualism and public health", in: Proceedings of the Nutrition Society, 63 (1)/2004, S. 161-6.

34 L. Levesque et al., „Integrating anticipated nutrigenomics bioscience applications with ethical aspects", in: Omics, 12 (1)/2008, S. 1-16.

35 M. Kettner, „‚Wunscherfüllende Medizin' zwischen Kommerz und Patientendienlichkeit", in: Ethik in der Medizin, 18(1)/2006, S. 81-91. Für eine Diskussion des

V. Fazit

Die Pharmakogenetik ist ein Forschungsgebiet, welches eine Vielzahl verschiedener Methoden, Ziele und Visionen umfasst. Das tatsächliche Problemlösungspotenzial sowie Art und Ausmaß des Einflusses pharmakogenetischer Erkenntnisse in der ärztlichen Praxis sind allerdings noch unklar. Wegen dieser Unsicherheit ist die ethische Analyse zum jetzigen Zeitpunkt noch vorläufig und zielt hauptsächlich auf die Regulierung des Gebietes ab. Obwohl politische Entscheidungsträger das Thema als wichtig erkannt haben und inzwischen einige Studien zu ethischen Fragen vorliegen, hat bislang noch keine breite öffentliche ethische Debatte zur Thematik statt gefunden. Mit der Einführung von Lifestyle Gentests und nutrigenetischen Tests könnte das öffentliche Interesse in Zukunft jedoch wachsen.

Phänomens der wunscherfüllenden Medizin siehe M. Kettner (Hrsg.), *Wunscherfüllende Medzin. Ärztliche Behandlung im Dienst von Selbstverwirklichung und Lebensplanung*, Reihe Kultur der Medizin Band 27, Frankfurt/ New York, 2009.

Petra Michel-Fabian

Ethische Anforderungen an Öffentlichkeitsbeteiligung

Interdisziplinäres Seminarkonzept im Rahmen
des ethisch-philosophischen Grundlagenstudiums

1. Einleitung und Hintergrund

Ohne Ethik gibt es keine Öffentlichkeitsbeteiligung, aber kann Ethik auch praktisch umgesetzt werden? Dieses abgewandelte Zitat nach Jonathan Serbser[1] umfasst das Programm und vor allem das Lehrziel des im Folgenden beschriebenen Seminars „Ethische Anforderungen an die Öffentlichkeitsbeteiligung". Der Titel impliziert bereits, dass Ethik praktisch werden kann, dass man tatsächlich von ethischen Anforderungen sprechen kann. Die Antwort auf die Frage, wann *Öffentlichkeitsbeteiligung* aus ethischer Sicht gut oder richtig sei, kann weder alleine aus der Theorie oder der Praxis der Öffentlichkeitsbeteiligung, noch aus der Ethik als Wissenschaft heraus generiert werden. Die Antwort lässt sich erst dann finden, wenn man beide Disziplinen verlässt und sich in eine Disziplin hineinbegibt, die irgendwo dazwischen liegt, in eine Interdisziplin also. Diese Interdisziplin speist sich zwar aus Wissen und Erkenntnissen beider Disziplinen, sie ist jedoch weit mehr als die bloße Beschreibung einer Schnittmenge. Dennoch bedarf sie einer hinreichend genauen Kenntnis der Einzelfakten, um in deren Bearbeitung, Reflexion und Bewertung neue Problemlösungen zu kreieren.

Wie ist es möglich, mit Studierenden, die in der Regel nur Wissen aus einer Disziplin mitbringen, den Weg in Richtung der genannten Interdisziplin zu beschreiten? Im Folgenden wird ausführlich beschrieben, welchen Weg das Seminarkonzept einschlägt. Es führt vom Explizieren eigener, subjektiver Vorerfahrungen und Meinungen über das Klären von Fakten, das Hineinbewegen in die philosophische Ethik

---

1 Jonathan Serbser fasst das Ergebnis der Jahrestagung 2006 der Deutschen Gesellschaft für Humanökologie zum Thema „das Verhältnis von Ethik und Umweltpolitik" folgendermaßen zusammen: „Ohne Ethik gibt es keine Nachhaltigkeit – aber kann Ethik auch praktisch umgesetzt werden?". Da Öffentlichkeitsbeteiligung in vielerlei Hinsicht als Teil der Nachhaltigkeitsforderung aufgefasst wird, ist diese Übertragung des Zitats durch die Autorin zulässig und sinnvoll.

bis hin zur Verknüpfung und Neuorientierung des Erarbeiteten im
Bereich der Interdisziplin und der Prüfung auf Anwendbarkeit in der
Praxis.

Den formalen Hintergrund des im Folgenden zu beschreibenden
Seminars stellt das ethisch-philosophische Grundlagenstudium (EPG)
für Studierende des Lehramts an Gymnasien in Baden-Württemberg
dar. Seit 2001 ist es verpflichtend und besteht aus zwei Schwerpunkten, einem EPG 1- und einem EPG 2-Seminar. EPG 1-Veranstaltungen
führen allgemein in Philosophie und Ethik ein. In EPG 2-Veranstal-
tungen zu „fach- bzw. berufsethischen Fragen", und um ein solches
handelt es sich hier, sollen die ethischen Dimensionen und Fragen des
jeweiligen Fachs im Kontext der Bereichsethiken, grundlegende Ansätze und Methoden einer interdisziplinären angewandten Ethik, be-
rufsethische Fragen und die gesellschaftliche Bedeutung des jeweiligen Fachs behandelt werden. Es wird dabei ein doppeltes Ziel verfolgt.
Zum einen soll die Argumentations- und Urteilsfähigkeit und zum
anderen die Kompetenz zum selbstständigen Bearbeiten berufsethi-
scher Fragestellungen gefördert werden.[2]

Den inhaltlichen Hintergrund des Seminarthemas bildet unter anderem die Aarhus-Konvention. Sie wurde im Juni 1998 innerhalb der
4. Pan-europäischen Ministerkonferenz in Aarhus (Dänemark) be-
schlossen und heißt „Übereinkommen über den Zugang zu Informationen, die Öffentlichkeitsbeteiligung an Entscheidungsverfahren und
den Zugang zu Gerichten in Umweltangelegenheiten". Das Übereinkommen umfasst drei Säulen: Die erste Säule beinhaltet den Zugang
zu Umweltinformationen, die zweite Säule fordert Öffentlichkeitsbeteiligung und die dritte Säule öffnet den Zugang zu Gerichten. Die
Öffentlichkeitsbeteiligung soll dabei vor allem die Qualität und Umsetzung von Entscheidungen verbessern, sie soll das Umweltbewusst-
sein der Bevölkerung steigern, sie soll die Transparenz in der öffentlichen Verwaltung erhöhen, und sie soll die Demokratie stärken. Auf
EU-Ebene wurde dieser Teil des Abkommens in die Richtlinie zur Öffentlichkeitsbeteiligung umgesetzt.[3] Darüber hinaus werden in Deutsch-

---

2   Allgemein: M. Maring (Hrsg.), *Ethisch-Philosophisches Grundlagenstudium. Ein
    Studienbuch*, Münster 2005. Besonders: C. Mandry, Das Ethisch-Philosophische
    Grundlagenstudium, in: M. Maring (Hrsg.), *Ethisch-Philosophisches Grundlagen-
    studium. Ein Studienbuch*, Münster 2005, S. 3-14.
3   Richtlinie Öffentlichkeitsbeteiligung bei der Ausarbeitung bestimmter umweltbe-
    zogener Pläne und Programme des Europäischen Parlaments und des Rates (2003/
    35/EG vom 26. Mai 2003) und zur Änderung der Richtlinien 85/337/EWG und

land auf kommunaler Ebene freiwillige Öffentlichkeitsbeteiligungs-
verfahren durchgeführt, um Entscheidungen besser zu legitimieren,
um Eigenverantwortung zu stärken oder auch um bessere Akzeptanz
für Vorhaben zu schaffen.[4]
Die Literatur beschreibt viele unterschiedliche Methoden und Verfahren, die Forderung nach Öffentlichkeitsbeteiligung umzusetzen.[5]
Innerhalb des EPG 2-Seminars soll es darum gehen, die konzeptionelle und praktische Umsetzung von Öffentlichkeitsbeteiligungen zu
hinterfragen und eigene Verfahren für ethisch gute oder richtige Be-
teiligungen aufzustellen. Die Leitfragen für das Seminar lauten: Wie
wird Partizipation in der Umweltplanung praktiziert und wie ist dies
zu bewerten? Welche Möglichkeiten der Partizipation bestehen aus
gesetzlicher Sicht? Ist Partizipation an sich schon „gut" bzw. wann ist
Partizipation „gut"? Welche Beurteilungsmaßstäbe stehen aus ethischer Sicht zur Verfügung und welche Bedingungen kann man daraus für die Praxis ableiten?

Im folgenden Kapitel wird beschrieben, wie die unterschiedlichen
Ansprüche an das Seminarkonzept umgesetzt werden. Analog des klassischen Dreischritts werden der Einstieg (Kapitel 2.1), die Arbeitsphase (Kapitel 2.2) und der Abschluss (Kapitel 2.3) ausführlicher dargestellt. Erfahrungen aus dem mehrfach durchgeführten Seminar finden
sich in Kapitel 3. Das abschließende Kapitel 4 fasst die wichtigsten
Aspekte zusammen.

96/61/EG des Rates in Bezug auf die Öffentlichkeitsbeteiligung und den Zugang
zu Gerichten.

4   D. Zschoke, *Regionalisierung und Partizipation. Eine Untersuchung am Beispiel
der Städteregion Ruhr und der Region Braunschweig*, Beiträge, Bonn 2007.

5   Z. B. I. Wiese-von Ofen, *Kultur der Partizipation. Beiträge zu neuen Formen der
Bürgerbeteiligung bei der räumlichen Planung*, Berlin 2001. A. Bischoff, K. Selle,
H. Sinning, *Kommunikation in Planungsprozessen. Eine Übersicht zu Formen,
Verfahren, Methoden und Techniken*, 3. Auflage, Dortmund 2001. D. Fürst, F. Scholles
(Hrsg.), *Handbuch Theorien + Methoden der Raum- und Umweltplanung*, Hand-
bücher zum Umweltschutz, 4, Dortmund 2001.

2. Das Seminarkonzept

Das hier beschriebene Seminarkonzept folgt dem didaktischen Ansatz
der Handlungsorientierung,[6] bei dem die Studierenden nicht nur Zu-
hörende, Referierende und Lernende sind, sondern vielmehr selbst zu
Lehrenden und sogar zu Forschenden werden. Das Lernen wird zu
einer aktiven Handlung. Die Aufgabe der Dozentin beschränkt sich
dabei zunächst auf das Erstellen eines Lehrarrangements, das die Studierenden auf ein Problem aufmerksam werden lässt und eine kognitive Dissonanz bei ihnen erzeugt.
Das Seminar ist an einem handlungsorientierten Lehr-Lern-Konzept entlang des differenzierten Dreischritts konzipiert.[7] Der Aufbau
des Seminars basiert auf den drei Schritten des „klassischen Dreischritts", also dem Einstieg, der Arbeitsphase und dem Abschluss (vgl.
Tab. 1). Dabei werden im *Einstieg* neben der ersten subjektiven
Annäherung zum Thema und der Sensibilisierung für die dahinter
stehende Problematik auch die motivationalen und gruppendynami-
schen Aspekte in den Blick genommen. Die *Arbeitsphase* beinhaltet
sowohl die fachliche Grundlegung zur Öffentlichkeitsbeteiligung sowie guten bzw. richtigen Handelns aus unterschiedlichen Perspektiven als auch das Zusammenführen dieses segmentalen Wissens in ein
Gesamtkonzept. Im *Abschluss* werden die erarbeiteten Inhalte und
Konzepte gesichert, beurteilt und für weitere Anwendungen nach
außen geöffnet. Eine rückblickende Zusammenfassung sowie ein Ge-
samtfeedback beschließt das handelnde Lernen.

---

6 H. J. Abs, M. Cramer, U. Hanke, R. Hoh, G. Macke, W. Raether, A. Ritter, *Methoden
   zur Förderung des aktiven Lernens*, Besser Lehren. Praxisorientierte Anregungen
   und Hilfen für Lehrende in Hochschule und Weiterbildung, 2., überarbeitete und
   erweiterte Auflage, Heft 3, Weinheim 2001, S. 19 ff.
7 G. Macke, U. Hanke, P. Viehmann, *Hochschuldidaktik. Lehren, vortragen, prüfen*,
   Weinheim, Basel 2008.

Tabelle 1: Klassischer Dreischritt des Seminars „Ethische Anforderungen an Öffentlichkeitsbeteiligung" (nach Macke et al. 2008)[8]

Einstieg Ausgangspunkt des Handelns	Arbeitsphase Verlauf des Handelns	Abschluss Endpunkt des Handelns
• Partizipationsbeispiele kennenlernen • Subjektives Vorverständnis von guter Partizipation erarbeiten • Fragestellung legitimieren • Teilnehmende aktivieren • Gruppe motivieren	• Reflexion über juristische und politische Einordnung der Fragestellung anregen • Auseinandersetzung mit planungsfachlichen Partizipationsmethoden unterstützen • Erkennen des Bewertungsproblems bei Partizipation lenken • Auseinandersetzung mit ethischen Theorien des guten bzw. richtigen Handelns fördern • Zusammenführen der neuen Verständnisse von Partizipation und ethisch gut bzw. richtig	• Sichern der Ergebnisse „guter Partizipation" • Überprüfen und Bewerten der Ergebnisse • Öffnen der Ergebnisse für weitere Anwendungen • Rückblicken und Zusammenfassen des gesamten Seminarverlaufs • Gesamtfeedback

2.1 Einstieg des Seminars

Das Seminar ist als dreitägiges Blockseminar konzipiert, die Teilnehmendenzahl variiert von acht bis zwanzig. Die fachliche Herkunft der Teilnehmenden ist stark interdisziplinär und reicht von der Geographie, der Biologie, den Politikwissenschaften, über Mathematik, Chemie bis hin zu Philosophie, Theologie, Sprachwissenschaften, Germanistik oder auch Sportwissenschaften. Die Gruppe ist deshalb sehr heterogen besetzt, sowohl bezüglich des fachlichen Hintergrundwissens als auch bezüglich der wissenschaftlichen Problematisierung und

8   G. Macke, U. Hanke, P. Viehmann, *Hochschuldidaktik*, S. 80f.

Bearbeitung einer Fragestellung. Daraus ergibt sich für den *formalen Einstieg* die Notwendigkeit, die Teilnehmenden auf einen gemeinsamen Arbeitsrhythmus einzustimmen sowie eine positive Gruppendynamik in Gang zu bringen, die die je eigenen Stärken der Teilnehmenden wahrnimmt und nutzt. Darüber hinaus ist es sinnvoll, die Einstiegsschwelle niedrig anzusetzen, so dass auch Studierende ohne Vorerfahrung in Öffentlichkeitsbeteiligung und mit wenigen Vorkenntnissen in Ethik am Lehr-Lern-Programm teilnehmen können.

Begonnen wird deshalb mit einer Kennenlern-Phase, in der sich die Teilnehmenden wohlfühlen sollen und die den Teilnehmenden Sicherheit vermitteln soll, sich als Subjekte gleichberechtigt und partnerschaftlich einzubringen sowie sich gegenseitigen Respekt, Anerkennung und Achtung entgegen zu bringen.[9] Die Gruppe stellt sich innerhalb der U-förmigen Tischanordnung auf. Anknüpfend an ein aktuelles Tagesgeschehen (z. B. das gestrige Fußballspiel) kann man Gruppen bilden lassen und in Kommunikation darüber treten (z. B. die Stimmung des Spiels soll pantomimisch denjenigen dargestellt werden, die das Spiel nicht gesehen haben, diese interpretieren die Mimen). Aus dieser Konstellation folgt ein Partnerinterview, in dem drei Aspekte des Gegenübers im Gespräch erfragt werden sollen (z. B. der Name, das Studium, positive Fähigkeiten/Vorlieben). Die Partner stellen sich dann gegenseitig im ungeordneten Plenum vor. So wird jeder Einzelne im Gespräch wahrgenommen, jeder teilt sich selbst mit, jeder spricht im Gesamtplenum und über jeden wird etwas Positives in die Runde gegeben.

Der *thematische Einstieg* gelingt über das Präsentieren von vielen Kurzbeispielen zur Öffentlichkeitsbeteiligung.[10] Damit hält schon die Hälfte aller Teilnehmenden ein Kurzreferat von maximal drei Minuten und wird von den anderen Teilnehmenden in der je eigenen Persönlichkeit wahrgenommen. Die Breite der Praxisbeispiele zeigt den Teilnehmenden die Grundproblematik sowie die Notwendigkeit einer sorgfältigen Reflexion auf. Eine der sich daraus ergebenden Leitfragen ist: Für welche Partizipationsmethode soll man sich entscheiden und warum? Um alle Teilnehmenden während der Kurzreferate zu

---

9 Vgl. G. Macke, U. Hanke, P. Viehmann, *Hochschuldidaktik*, S. 67 f.
10 Institut für Landes- und Stadtentwicklungsforschung des Landes Nordrhein-Westfalen (Hrsg.), *Neue Formen der Kommunikation und Kooperation im Städtebau. Eine Arbeitshilfe für die Praxis in Zusammenarbeit mit der Bauministerkonferenz*, Dortmund 2001.

integrieren, werden vorher rote und grüne Kärtchen verteilt, auf denen negative und positive Aspekte der Beispiele notiert werden. Diese werden anschließend nach der Metaplantechnik nacheinander angepinnt. Daraus ergibt sich ein erstes, subjektives Bild dessen, was die Teilnehmenden unter „guter" Partizipation (z. B. gerecht, fair, kostengünstig, zeitsparend, schnell, gute Fragestellung, Beteiligung von Betroffenen) und „schlechter" Partizipation (z. B. teuer, Scheinbeteiligung, keine normative Bindung, Fragestellung zu eng vorgegeben, zeitlich verschleppt, schlechter Beteiligungsort, einseitige Beteiligung) verstehen. Mit diesem Bild, zu dem jeder Teilnehmende etwas beigetragen hat, wird dann teils in einer gelenkten Diskussion, teils mit der Methode des Advokatus diaboli (z. B. warum muss ein Partizipationsverfahren immer billig sein? Ist es gerecht, immer Mehrheiten entscheiden zu lassen? Ist es nicht sinnvoll, Lösungen von Experten vorgeben zu lassen?) gearbeitet. In dieser Phase geht es darum, die Fragestellung zu legitimieren, das thematische Feld zu öffnen sowie versteckte Wertannahmen der Teilnehmenden zu explizieren.[11] Die Gruppe wird motiviert, mehr über den juristischen, politischen und planungsfachlichen Hintergrund der Öffentlichkeitsbeteiligung zu erfahren sowie die eigenen, subjektiven Wertannahmen zu hinterfragen.

2.2 Arbeitsphase des Seminars

Der zweite Schritt des Konzeptes wird in drei Phasen und sechs Unterphasen differenziert, a) den Neuerwerb von Strukturen (1. Aufbau, 2. Durcharbeiten), b) das Öffnen erworbener Strukturen (3. Anwenden, 4. Übertragen) und c) die Reflexion der Lernergebnisse (5. Bewerten, 6. Integrieren).

Zu a) Neuerwerb von Strukturen: In der *ersten Unterphase, dem Aufbau,* wird Faktenwissen über juristische, politische sowie planungsfachliche Aspekte der Öffentlichkeitsbeteiligung vermittelt. Dieses Wissen kann von den Teilnehmenden selbstständig an das im Einstieg erarbeitete Tableau rückgebunden werden, da die Metaplanwand aus dem Einstieg (vgl. Kap. 2.1) im Raum präsent bleibt. Als zentrales

---

11 Vgl. J. Dietrich, „Wissenschaftsethische Probleme erkennen und strukturieren – wie geht das eigentlich? Ein Beitrag der Angewandten Ethik zur Entwicklung ethischer Urteilskompetenz", in: *Zeitschrift für Didaktik der Philosophie und Ethik*, 23/2001, S. 147-157.

politisches Abkommen zur Öffentlichkeitsbeteiligung wird die Aarhus-Konvention in einem Referat vorgestellt. Der Grundtext dazu liegt allen Teilnehmenden im Reader vor, der Referent erhält ergänzende Texte.[12] In weiteren Referaten werden grundsätzliche, juristische Möglichkeiten, Ebenen, Funktionen und Grenzen von Öffentlichkeitsbeteiligung vorgestellt.[13] Die übrigen Teilnehmenden ergänzen die Metaplan-Plakate jeweils nach den Referaten um neue Aspekte „guter" Partizipation (die neue Farbe der Kärtchen weist auf juristische Gehalte hin und lässt sich optisch leicht von den Kärtchen mit subjektiven Meinungen abgrenzen).

Daran schließt sich eine Gruppenarbeit an, die der Frage nachgeht, in welcher Art und Weise die Öffentlichkeitsbeteiligung in bundesdeutschen Gesetzen verankert ist. Jede Gruppe bekommt einen anderen Gesetzesauszug, z. B. aus dem Umweltverträglichkeitsprüfungsgesetz (§ 9 UVPG), aus dem Bundesnaturschutzgesetz (§ 58 BNatSchG) oder aus dem Baugesetzbuch (§§ 3-4 BauGB). Nach der Textbearbeitung in der Gruppe werden die Definition bzw. das Verständnis von Öffentlichkeitsbeteiligung, die Begründung für Öffentlichkeitsbeteiligung und Hinweise zur praktischen Umsetzung im Verständnis der jeweiligen Gesetze an Gruppentischen auf Flipcharts notiert. Die Poster werden nacheinander im Plenum vorgestellt und nebeneinander an die Wand gehängt. Daraus ergibt sich die Erkenntnis, dass die Minimalforderung der Gesetze darin besteht, die Öffentlichkeit in einer Anhörung zu beteiligen, um genügend Informationen zu erhalten. Es geht nicht um Entscheidungspartizipation. Allerdings ist es gesetzlich erlaubt, über die Minimalforderungen hinaus Beteiligung zuzulassen.

12 T. von Danwitz, Aarhus-Konvention – Umweltinformation, Öffentlichkeitsbeteiligung, Zugang zu den Gerichten, in: Gesellschaft für Umwelt (Hrsg.), *Aarhus-Konvention – Umweltprobleme bei der Zulassung von Flughäfen. Dokumentation zur 27. wissenschaftlichen Fachtagung der Gesellschaft für Umweltrecht e.V.*, Berlin 2004, S. 21-57. Convention on Access to Information, Public Participation in Decision-Making and Access to Justice in Environmental Matters done at Aarhus, Denmark, on 25 June 1998. S. Schlacke, „Aarhus-Konvention: Information, Beteiligung und Rechtsschutz in Umweltangelegenheiten. Auswirkungen von völker- und gemeinschaftlichen Vorgaben auf das deutsche Umweltrecht", in: *UVP-report*, 19 (2) /2005, S. 67-72.

13 U. Hellmann, *Die Öffentlichkeitsbeteiligung in vertikal gestuften Zulassungsverfahren für umweltrelevante Großvorhaben nach deutschem und europäischem Recht*, Frankfurt a. M. 1992. F.-T. Hett, *Öffentlichkeitsbeteiligung bei atom- und immissionsschutzrechtlichen Genehmigungsverfahren*, Köln 1994.

In einem weiteren Referat wird die demokratietheoretische Sicht auf Öffentlichkeitsbeteiligung eingenommen.[14] Hier werden besonders pluralistische, partizipatorische und deliberative Demokratietheorien untersucht und deren unterschiedliche Art, Begründung und Funktion von Öffentlichkeitsbeteiligung dargestellt. Die Zuhörenden ergänzen auf Kärtchen den bestehenden Metaplan um neue Aspekte aus dieser Sicht (neue Farbe der Kärtchen). Zum Schluss der Aufbau-Phase wird die planungsfachliche Sicht eingebracht. Der Readertext[15] beschreibt 19 unterschiedliche Methoden beteiligender oder kooperativer Formen, der die Grundlage für die folgende Gruppenarbeit mit anschließender Debatte bildet. In sechs Gruppen werden jeweils eine dieser Methoden mit jeweils ergänzenden Texten[16] vertieft erarbeitet. Hierbei sollen Stärken und Schwächen der eigenen Methode sowie die Nachteile einer „gegnerischen" Methode herausgearbeitet werden. Das Ziel der Gruppenarbeit ist es, sich für eine Debatte über die beste Methode zu rüsten, innerhalb der die eigene Methode stark gemacht werden soll. Es treten in einer gespielten Debatte immer zwei Gruppen gegeneinander an. Der Außenkreis beobachtet und bestimmt – und begründet – den Sieger. So treffen z. B. das Beteiligungskonzept der öffentlichen Auslegung und das Kooperationskonzept des runden Tisches, die Anhörung und die Mediation, der kooperative Workshop und das Forum aufeinander. Durch diese Form werden die gesamten Inhalte des bisherigen Seminars zusammengefasst und auf eine aktivierende Weise versprachlicht und verinnerlicht.

Zum Neuerwerb von Strukturen gehört auch die *zweite Unterphase*, das *Durcharbeiten*. Bis zu diesem Punkt hat sich schon viel Verständnis, aber auch viel Kritik bei den Teilnehmenden angesammelt. Über ein Referat[17] werden die Probleme und Kritikpunkte gebündelt und im Anschluss im Plenum diskutiert. Nachdem das gesamte Themenfeld der Öffentlichkeitsbeteiligung aufgeblättert ist, wird

---

14 G. Abels, A. Bora, *Demokratische Technikbewertung*, Bielefeld 2004, S. 19-33.
15 D. Fürst, F. Scholles (Hrsg.), *Handbuch Theorien + Methoden der Raum- und Umweltplanung*, Dortmund 2001, S. 356-372.
16 A. Bischoff, K. Selle, H. Sinning, *Kommunikation in Planungsprozessen. Eine Übersicht zu Formen, Verfahren, Methoden und Techniken*, 3. Auflage, Dortmund 2001.
17 L. Finke, Öffentlichkeitsbeteiligung – quo vadis? in: *UVP-report*, 19 (1) /2005: 6. und D. Fürst, F. Scholles, H. Sinning, Probleme und Erfolgsfaktoren der Partizipation, in: D. Fürst, F. Scholles (Hrsg.), *Handbuch Theorie + Methoden der Raum- und Umweltplanung*, Bd. 4, Dortmund 2001, S. 369-372.

in einer Diskussion der Frage nachgegangen, welche Beteiligungsform
die beste ist und ob alles, was möglich ist, auch gut ist. Beim Suchen
nach Gründen, wird man auf die unterschiedlichen Bedeutungen von
„gut" gestoßen, die in einem Referat[18] vorgetragen werden. Mit der
Unterscheidung von außermoralischer und moralischer Bedeutung von
„gut" und den teleologischen und deontologischen Antworten auf die
Frage des guten bzw. richtigen Handelns begeben sich die Teilnehmenden auf eine philosophisch-reflexive Ebene, die vielen – trotz eines
bereits durchlaufenen EPG 1-Seminars[19] – schwer fällt. Deshalb ist es
besonders wichtig, die Fragen nach dem Referat ausführlich zu behandeln und reichlich Zeit einzuplanen. Nach diesem allgemeinen
Überblick der theoretischen Möglichkeiten, ethisch richtiges Handeln
zu begründen, werden einige Ansätze weiter vertieft. Das geschieht
sowohl durch aktives Zuhören bei den folgenden Referaten zum Uti-
litarismus,[20] zur Diskursethik[21] und zur Gerechtigkeitstheorie nach
Rawls,[22] als auch durch ein anschließendes Brainwriting und Gruppenarbeit. Das Brainwriting findet an drei verschiedenen Tischen (pro
Tisch eine Ethiktheorie) mit je einem Flipchart oder Moderations-
papier statt. Die Teilnehmer verteilen sich an die Tische und jeder
schreibt sein Verständnis, zentrale Begriffe, „das soll getan werden",
„das soll vermieden werden" sowie Begründungen auf. Nach jeweils

---

18 M. Hoffmann-Riedinger, gut / das Gute / das Böse, in: M. Düwell, C. Hübenthal,
    M. H. Werner (Hrsg.), *Handbuch Ethik*, Stuttgart, Weimar 2002, S. 381-385. C. Hü-
    benthal, Teleologische Ansätze. Einleitung, in: M. Düwell, C. Hübenthal, M. H.
    Werner (Hrsg.), *Handbuch Ethik*, S. 61-68. M. H. Werner, Deontologische Ansätze.
    Einleitung, in: M. Düwell, C. Hübenthal, M. H. Werner (Hrsg.), *Handbuch Ethik*,
    S. 122-127.
19 In den EPG 1-Veranstaltungen sollen allgemein und einführend zeitgenössische
    Konzepte und Grundrichtungen der Philosophie und Ethik vorgestellt werden.
20 Mit Texten aus D. Birnbacher, Utilitarismus/Ethischer Egoismus, in: M. Düwell, C.
    Hübenthal, M. H. Werner (Hrsg.), *Handbuch Ethik*, S. 95-107. J. Bentham, Utili-
    tarismus, in: O. Höffe (Hrsg.), *Lesebuch zur Ethik*, München 1998, S. 234-238. F.
    Ricken, *Allgemeine Ethik*, Grundkurs Philosophie, 3. erweiterte und überarbeitete
    Auflage, Stuttgart, Berlin, Köln 1998, 219-226 (Kritik des Utilitarismus)
21 Mit Texten aus M. H. Werner, Diskursethik, in: M. Düwell, C. Hübenthal, M. H.
    Werner (Hrsg.), *Handbuch Ethik*, S. 140-151. J. Habermas, Was heißt Diskurs-
    ethik? in: O. Höffe (Hrsg.), *Lesebuch zur Ethik*, München 1998, S. 393-396. D.
    Horster, *Jürgen Habermas zur Einführung*, 2. Aufl., Hamburg 2001.
22 Mit Texten aus C. Mieth, Rawls, in: M. Düwell, C. Hübenthal, M. H. Werner (Hrsg.),
    Handbuch Ethik, S. 179-190. J. Rawls, Gerechtigkeit als Fairness, in: O. Höffe (Hrsg.),
    Lesebuch zur Ethik, München 1998, S. 382-385. W. Kersting, *John Rawls zur
    Einführung*, Hamburg 2001.

fünf Minuten werden die Tische gewechselt, so setzt sich jeder Teilnehmer selbst mit den zentralen Aussagen der Theorien auseinander. In der Gruppenarbeit (je drei Personen) wird dann jeweils eine der drei Theorien vertieft bearbeitet. Dadurch dass die Referate zu den Theorien an Zweierteams vergeben werden, gibt es für jede Theorie zwei Experten. Jeder Experte bildet zusammen mit zwei weiteren Teilnehmenden eine Gruppe. Die Gruppen erarbeiten mit Hilfe des Experten und anhand der Referatstexte ein vertieftes Verständnis der jeweiligen Theorie. So haben die Teilnehmenden bis dahin die Theorien gehört, gesehen (gelesen), geschrieben und darüber diskutiert. Das Ziel ist weiterhin, darüber hinaus auch zu „tun", das heißt, die Theorien handelnd anzuwenden.

Zu b) Öffnen neu erworbener Strukturen: Das Erlernte soll nach außen geöffnet und in anderen Kontexten gefestigt werden. Die *dritte Unterphase* beinhaltet deshalb das *Anwenden* des Erlernten auf neue Aufgaben und Probleme innerhalb der Lernsituation. Für das Seminar bedeutet dies, dass das Wissen über Öffentlichkeitsbeteiligung einerseits und ethisch-philosophische Theorien andererseits gemeinsam auf eine Fragestellung angewandt werden. Die Aufgabe, die die Gruppen erarbeiten sollen, lautet: Übertragen Sie ihre ethische Theorie auf die Praxis, erstellen Sie ein Partizipationskonzept, das aus der Sicht ihrer Theorie eine „gute" Partizipation anleiten kann. Oder als Frage formuliert: Unter welchen Bedingungen kann aus der Sicht der jeweiligen Ethiktheorie eine „gute" Partizipation stattfinden. Die Teilnehmenden gehen entlang ihres Verständnisses der jeweiligen Theorie vor und bestimmen daraus Randbedingungen für ein ethisches Partizipationskonzept. Wer darf teilnehmen und wer bestimmt das? Welche Aspekte sollen während der Partizipation thematisiert werden? Wer trifft die letztendliche Aussage und welche Bindung hat das Ergebnis der Partizipation? Welche verfahrenstechnischen Voraussetzungen müssen erfüllt sein? Welche inhaltlichen Mindeststandards müssen erfüllt sein? Wie wird das Ergebnis ermittelt? u .s. w. Diese Fragen werden nicht vorgegeben, sie entstehen innerhalb der Gruppenarbeit und werden notiert.

Hier müssen die Teilnehmenden das bis dahin erlernte Wissen mit eigenen Erfahrungen verknüpfen und ein neues, noch nicht besprochenes Konzept zu einer ethisch guten bzw. richtigen Öffentlichkeitsbeteiligung erstellen. Die Kenntnisse über Arten, Funktionen und Möglichkeiten von Öffentlichkeitsbeteiligung einerseits und das Auseinandersetzen mit den zentralen Aspekten der normativen Ethiktheorien andererseits werden zusammen gebracht. Für diese Phase ist besonders viel Zeit eingeplant, da die Studierenden hier immer wieder an Grenzen des Verstehbaren und des Machbaren stoßen. Da die Teilnehmenden in der Regel im Umgang mit philosophischen und ethischen Inhalten nicht geübt sind, ihnen viel Wissen im gedanklichen Umfeld der Theorien fehlt sowie die Originaltexte das Verständnis der Fachsprache voraussetzen, kommen die Teilnehmenden schnell an ihre Grenzen. Dies wird im Vorfeld dadurch abgefangen, dass Experten für die jeweilige Theorie die Gruppen unterstützen und dass kurze Übersichtstexte sowie Sekundärtexte zur Hilfe angeboten werden. Ebenso steht die Seminarleiterin für Verständnisfragen zur Verfügung. Die Arbeitsaufgabe für diese Phase wird darüber hinaus so formuliert, dass sie den Vollständigkeitsanspruch ablehnt und die Studierenden dazu auffordert, sich auf drei bis sieben zentrale Aussagen der Theorie zu beziehen. Hinzu kommt der Hinweis auf den normativistischen Fehlschluss, dass eine Theorie des guten und richtigen Handelns nur Normen aufstellen darf, die im alltäglichen Leben auch umgesetzt werden können. Dieser Hinweis wirkt zusätzlich motivierend auf die Studierenden, eine angemessene Praxislösung zu finden, wenn sie davon ausgehen, dass es sich hier um solche Theorien handelt. Dennoch lernen sie den Unterschied zwischen in sich konsistenten Theorien und der Übertragung auf die Praxis kennen. Sie lernen, sich in diesem Spannungsfeld zu bewegen und trotz des Fehlens einfacher, ethischer Rezepte an der Konstruktion einer ethisch basierten Lösung zu arbeiten.

In der *vierten Unterphase*, der des *Übertragens*, soll das Erlernte auf neue Situationen und außerhalb der Lernsituation transferiert werden. Im Seminar wird dieser Anspruch durch ein Rollenspiel eingelöst. Dabei geht es um eine Sitzung einer Ethik-Kommission, die sich als neues Themenfeld die Öffentlichkeitsbeteiligung vorgenommen hat. Sie ist entlang der unterschiedlichen Ethikansätze paritätisch besetzt und hat ihre konstituierende Sitzung, in der gleich zwei Fälle (z. B. Kosensuskonferenz Ulm[23] und Städteregion Ruhr 2030[24]) vorgestellt und beurteilt werden. Die „Städtevertreter" (also die Referierenden) stellen ihre Beteiligungskonzepte anhand der Beispiele vor und beantworten Nachfragen der Kommissionsmitglieder. Die Mitglieder

---

23 S. Köberle, *Die Konsensuskonferenz im Agenda-Prozess der Stadt Ulm. Ein Praxisbericht*, Arbeitsbericht, Stuttgart 2000.
24 D. Zschoke, *Regionalisierung und Partizipation. Eine Untersuchung am Beispiel der Städteregion Ruhr und der Region Braunschweig*, Beiträge, Bonn 2007.

ziehen sich in ihre Fraktionen zurück und beraten anhand des selbst erstellten ethischen Konzeptes, wie sie die Beispiele bewerten sowie welche Verbesserungsvorschläge sie aus ihrer Sicht den Stadtvertretern mit auf den Weg geben wollen. Im Plenum stellen sich die Fraktionen dann mit ihren Ansätzen und den daraus entwickelten Vorstellungen einer ethisch guten Partizipation vor und bewerten aus ihrer Sicht die Beispiele. Im Anschluss daran wird im Rollenspiel versucht, zu einer gesamtethischen Bewertung der einzelnen Fallbeispiele zu kommen. Dabei kommen noch einmal die zentralen Gegensätze in den Begründungsstrukturen der Theorien und damit auch der Handlungsanweisungen für die Praxis zu Tage. Damit ist der zentrale Lehr-Lerninhalt für EPG 2-Seminare, das Übertragen von ethischen Theorien auf die Praxis und einzelne Handlungsfelder, erreicht.

Zu c) *Reflexion der Lernergebnisse:* Die Lernergebnisse sollen in dieser Phase gesichert und gefestigt werden. Die *fünfte Unterphase,* das *Bewerten,* dient dazu, das Gelernte hinsichtlich der Brauchbarkeit, der Tragweite, des Nutzens oder auch der Grenzen einzuordnen. Im Seminar werden die Teilnehmenden dazu aus der Rolle als Kommissionsmitglieder entlassen und in eine Plenumsdiskussion eingebunden. Hier werden die Möglichkeiten und Grenzen ethischer Theorien, ethischer Bewertung und ethischer Beratung thematisiert und möglichst umfänglich dargestellt. Die Seminarleiterin erfüllt bei Bedarf zum Schluss noch einmal die Funktion des Advokatus diaboli, indem sie bewusst den Meinungen so lange widerspricht, bis die meisten Aspekte offen zu Tage treten.

Die *sechste Unterphase,* das *Integrieren,* zielt darauf ab, das Gelernte außerhalb der eigentlichen Lehr-Lernsituation in den Zusammenhang des eigenen Wissens einzubauen und gegebenenfalls das Selbstverständnis zu modifizieren. Dies findet während des gesamten Seminars statt, ohne dass es methodisch angeleitet oder verstärkt wird, und findet dann Ausdruck in der Hausarbeit. Die Hausarbeit verschriftlicht den Prozess des Theorie-Praxis-Übergangs und reflektiert gleichzeitig auf einer Metaebene diesen Prozess. Die Teilnehmenden beschreiben zum einen die Ethiktheorien, deren zentralen Inhalte und die daraus abgeleiteten Anforderungen an eine ethisch „gute" Öffentlichkeitsbeteiligung. Zum zweiten beschreiben die Teilnehmenden in der Hausarbeit die Schwierigkeiten, mit denen sie bei der Bearbeitung zu kämpfen hatten und kritisieren ihre eigenen Konzepte hinsichtlich Vollständigkeit, Widerspruchsfreiheit, Praktikabilität, gesellschaftlicher Akzeptabilität oder auch persönlicher Überzeugung.

2.3 Abschluss des Seminars

Der *Abschluss*, auch Endpunkt der Lehr-Lern-Handlung genannt, sichert, dass die intendierten Lernziele als die gemeinsame Handlungsziele tatsächlich erreicht wurden. Für das Seminar bedeutet das, die Ergebnisse des Rollenspiels und der anschließenden reflektierenden Diskussion in einer mündlichen Evaluation der Dozentin zu überprüfen und zu bewerten. Über einen Kurzvortrag der Dozentin, der einen Rückblick und eine Zusammenfassung des Seminars mit einschließt, werden die Ergebnisse „guter Partizipation" sowie deren Möglichkeiten, Differenzen und Grenzen gesichert. Im selben Vortrag werden die Ergebnisse für weitere Anwendungen geöffnet, indem auf die Arbeitsweise „der Ethik" hingewiesen wird und darauf, dass das erarbeitete Muster auf andere Fragestellungen außerhalb der Öffentlichkeitsbeteiligung übertragen werden kann. Als letzte Lehr-Lern-Handlung wird das Seminar durch die Teilnehmenden bewertet, indem ein Feedback oder ein Blitzlicht durchgeführt wird. Sinnvolle und praktikable Anregungen werden in die Überarbeitung des Seminarkonzeptes übernommen.

Tabelle 2: Handlungsorientiertes Lehr-Lern-Konzept entlang des differenzierten Dreischritts zum Thema „Ethische Anforderungen an Öffentlichkeitsbeteiligung"

Lernziele/Inhalte/ Dauer	Methode	Material/ Medien
Einstieg		
Gruppe und Teilnehmende aktivieren (30 Min.)	Gruppenaufstellung, Partnerinterview, Vorstellung	keine
Praxisbeispiele kennenlernen (45 Min.)	11 Kurzreferate (je 3 min.)	Overheadprojektor, Video-Beamer
Subjektives Vorverständnis von guter Partizipation erarbeiten (20 Min.)	Metaplantechnik	Metaplanwand, -papier, Nadeln, Kärtchen, Stifte
Fragestellung legitimieren	Gelenkte Diskussion (und Referat „Aarhus Konvention")	keine
Gruppe motivieren	Advokatus diaboli	keine

Lernziele/Inhalte/ Dauer	Methode	Material/Medien
Arbeitsphase		
a) Neuerwerb von Strukturen		
1. Aufbau		
Reflexion über juristische und politische Einordnung der Fragestellung anregen:		
• Aarhus-Konvention (20 Min.)	Referat	wie oben
• Funktionen von Öffent-lichkeitsbeteiligung (30 Min.)	Referat, Metaplantechnik	wie oben
• Partizipation im deutschen Recht (UVPG, BNatschG, BauGB) (45 Min.)	Gruppenarbeit, Postersession	separate Gruppentische, Flipcharts, Stifte
• Übersetzung aus demokratietheoretischer Sicht (pluralistisch, partizipatorisch, deliberativ) (30 Min.)	Referat, Metaplantechnik	wie oben
• Fachliche Sicht: Partizipationsmethoden kennenlernen und gegeneinander abwägen (60 Min.)	Gruppenarbeit, Debatte	wie oben
2. Durcharbeiten		
Probleme/Kritik von Partizipation (15 Min.)	Referat	wie oben
Woran erkennt man gute Partizipation? Ist alles erlaubt, was möglich ist? (15 Min.)	Diskussion	wie oben
Überleitung zur Ethik als Antwort auf diese Fragen (5 Min.)	Diskussion	keine
Was heißt „gut"? Übersicht der Ethiktheorien (20 Min.)	Referat	wie oben
Vertiefen dreier Theorien (120 Min.): Utilitarismus, Diskursethik, Gerechtigkeitstheorie nach Rawls	Referat, Brainwriting, Gruppenarbeit	wie oben, drei separate Tische, Moderationspapier, Stifte

Lernziele/Inhalte/ Dauer	Methode	Material/ Medien
b) Öffnen neu erworbener Strukturen		
3. Anwenden		
Übertragen der ethischen Theorie auf die Praxis der Partizipation – Erstellen eines eigenen, ethischen Partizipationskonzeptes (240 Min.)	Gruppenarbeit	drei bis sechs separate Räume
4. Übertragen		
Übertragen der ethischen Partizipationskonzepte auf Fallbeispiele (240 Min.):	Rollenspiel „Ethikkommission"	Video-Beamer, Overheadprojektor, Flipchartständer
• Konsensuskonferenz Ulm	Referat	wie oben
• Städteregion Ruhr 2030)	Referat	wie oben
c) Reflexion der Lernergebnisse		
5. Bewerten		
Möglichkeiten und Grenzen ethischer Theorien, ethischer Bewertung, ethischer Beratung (30 Min.)	Diskussion im Plenum	keine
Schwierigkeiten in der Gruppenarbeit (10 Min.)	Feedback	keine
6. Integrieren		
Gelerntes in eigenes Wissen einbauen und Selbstverständnis modifizieren	Jeder Teilnehmende für sich, Hausarbeit	keine
Abschluss		
Überprüfen und Bewerten der Ergebnisse (10 Min.)	Evaluation (Dozentin)	keine
Sichern der Ergebnisse „guter Partizipation" (10 Min.)	Vortrag (Dozentin)	keine
Öffnen der Ergebnisse für weitere Anwendungen	Hausarbeit	keine
Rückblicken und Zusammenfassen des gesamten Seminarverlaufs (5 Min.)	Vortrag (Dozentin)	keine
Bewerten des Seminars (20 Min.)	Feedback, Blitzlicht	keine

3. Erfahrungen

Das Auseinandersetzen mit ethischen Theorien fällt den meisten Studierenden erfahrungsgemäß nicht leicht. Umso einprägsamer ist die Erkenntnis zum Schluss, dass sich damit tatsächlich Arbeiten lässt und dass man selbst als Philosophie-Laie zu guten Ergebnissen kommen kann. Die Scheu, mit Originaltexten zu arbeiten, wird genommen. Oft wird in der Feedback-Runde angemerkt, dass die Studierenden verstanden haben, was Ethik bedeutet und wie man damit in der Praxis arbeiten kann. Dazu gehört auch die Erkenntnis der Grenzen der Ethik, nämlich im Einzelfall nicht entscheiden zu können, was richtig oder falsch ist, sondern vielmehr auf die Bedingungen und inhaltliche Vorgaben zu schauen und diese zu hinterfragen. Ebenso wird in der Diskussion innerhalb der Ethikkommission deutlich, dass es nicht möglich ist, aus allen Theorien eine „mittlere Theorie" zu basteln, da so entweder wichtige, widersprüchliche Aspekte ausgeklammert werden müssen oder aber Inkonsistenzen entstehen. Das Harmoniebedürfnis der Studierenden, zu einer einzigen, gemeinsamen Lösung zu kommen, ist erfahrungsgemäß sehr groß. Indem man solche ethischen Scheinlösungen hinsichtlich Diskriminierungen oder Widersprüchen hinterfragt, wird eine weitere, zunächst negative Emotion ausgelöst. Die Studierenden bekommen zunehmend das Gefühl, dass das Suchen nach ethischen Lösungen anstrengend, langwierig und zum Schluss nicht zielführend sei. An diesem Punkt ist es wichtig, eine Fragenumkehr einzuführen: Was würde passieren, wenn man nicht ethisch reflektieren würde? Aus den sich daraus ergebenden Antworten (Willkür, Beliebigkeit, Zufall) und der Unmöglichkeit, die eine, richtige ethische Antwort zu finden, ergibt sich ein Spannungsraum, der unterschiedliche Argumente beinhaltet und der zu besser begründeten Entscheidungen auffordert.

Die Gruppendiskussionen in der dritten Unterphase, dem Anwenden, verlaufen meist in Wellen- oder Hin-und-Her-Bewegungen. Ausgehend von den erarbeiteten Hauptaspekten der Theorien („Eckpfeiler") werden oft vorschnell praktische Lösungen kreiert, die sich oft derart verselbstständigen, dass der Bezug zur Theorie nicht mehr erkennbar ist. Durch die klare Aufgabenstellung („übersetzen Sie die Eckpfeiler der Theorie in die Praxis", „welche Bedingungen einer ethisch guten bzw. richtigen Öffentlichkeitsbeteiligung stellt ihre Theorie auf?") sind die Studierenden jedoch immer wieder gezwungen, die operationalen Lösungen an die Theorien zurückzubinden. So werden in der Regel die ersten, spontanen Lösungsideen in der Gruppendiskussion wieder verworfen oder modifiziert und geschärft. Dies ist ein sowohl wissenschaftlicher als auch ein kreativer Prozess. Die entstehenden Lösungen sind immer ein Kompromiss aus Theorieverstehen, Gruppendynamik, Pragmatismus und vor allem der vorgegebenen Zeit. Es geht dabei weniger um vollständige, in sich komplett konsistente Konzepte ethisch guter bzw. richtiger Öffentlichkeitsbeteiligung, sondern mehr um das Lernerleben des Theorie-Praxis-Übergangs in der anwendungsbezogenen Ethik. Dieses Erleben öffnet die Ethiktheorien auch für weitere Bereiche und Fragestellungen des eigenen Faches oder des Berufslebens der angehenden Lehrerinnen und Lehrer.

Die Kombination von und der Wechsel zwischen Referaten, Partnerarbeit, Gruppenarbeit, Plenumsdiskussion und Vorträgen mit unterschiedlichen Methoden wird von den Teilnehmenden als sehr anregend und positiv empfunden. Je nach Lerntyp und persönlichen Präferenzen werden unterschiedliche Methoden und Teilaspekte des Gesamtkonzeptes als wichtig empfunden. Dem Einen sind die Visualisierungstechniken wichtig, den Zweiten motiviert das Streitgespräch, der Dritte fühlt sich in der vertiefenden Gruppenarbeit am wohlsten u.s.w. Durch das immer wieder neue Zusammenwürfeln der Arbeitskonstellationen wird die Gruppendynamik in eine positive Richtung gelenkt. Es gibt nicht die üblichen zwei bis drei Wortführer in der Gruppe, sondern jeder wird entsprechend seinen Fähigkeiten wahrgenommen und in die Gruppe integriert. Zurückhaltendere Studierende werden aktiviert und methodisch dazu gebracht, ihre eigenen Gedanken und Erfahrungen einzubringen.

Die Schlussevaluation durch die Studierenden trägt regelmäßig dazu bei, auf Fehler oder Schwächen hinzuweisen und so das Seminarkonzept zu verbessern. So war anfänglich der zentrale Arbeitsauftrag für die Gruppenarbeit der Theorie-Praxis-Übertragung nicht für alle verständlich. Der Arbeitsauftrag wurde daraufhin grundlegend überarbeitet, konkretisiert und mit Beispielen verdeutlicht. Eine andere Kritik betraf die Dauer der Referate am Ende des ersten Tages, die zu lang sei und die die Konzentration für die letzten Referenten extrem absinken ließ. Aus dieser Kritik ergab sich die neue Arbeitseinheit des Streitgespräches, bei dem die Inhalte der Referatstexte auf grundsätzliche Gegensätze konzentriert werden und bei dem noch einmal alle Teilnehmenden mit Spaß aktiv am Lehr-Lerngeschehen teilhaben können. Ähnliches bewirkte die Kritik an Referaten mit juristischem

Inhalt, die zwar von den Referenten, jedoch nicht von den übrigen Teilnehmenden verinnerlicht wurden. Die entsprechenden Texte werden nun mit Metaplantechnik visualisiert und in den Gesamtkontext gestellt, sowie durch Gruppenarbeit und Postersession unterstützt. Die Erfahrung aus mehreren Seminaren zum Thema „Ethische Anforderungen an die Öffentlichkeitsbeteiligung" zeigt allerdings auch, dass trotz sorgfältiger Planung und Vorbereitung die Dynamiken sehr unterschiedlich sein können. Je nach Gruppengröße, Persönlichkeit der Teilnehmenden oder auch den räumlichen Gegebenheiten variieren die Intensität, Dauer und Tiefe der einzelnen Einheiten. Das spontane Weglassen oder Ergänzen von Arbeitseinheiten ist deshalb unerlässlich, um auf gruppen- oder ausstattungsbedingte Schwankungen reagieren zu können.

4. Resümee

Das Seminarkonzept zum Thema „Ethische Anforderungen an Öffentlichkeitsbeteiligung" ist ein Konzept des interdisziplinären Lehrens und Lernens an Hochschulen. Es verlässt den herkömmlichen Weg des Referateseminars an Hochschulen und integriert das Referieren von wissenschaftlichen Texten in ein System des Lehrens und Lernens durch die Studierenden selbst. Die Dozentin übernimmt dabei hauptsächlich die Rolle der Impulsgeberin, der Moderatorin sowie der Advokata diaboli. Nur in einzelnen Fällen tritt sie als Expertin und Wissenschaftlerin auf. Durch die Vorauswahl von Texten, die Vorstrukturierung der Arbeitseinheiten und die Formulierung von Arbeitsaufträgen werden Inhalte gelenkt, jedoch mit dem Ziel, deren Vielfalt und Offenheit deutlich zu machen und nicht vorschnell auf operationale Lösungen zu fokussieren. Das Hinterfragen und Explizieren eigener Wertannahmen ist ein wichtiger Baustein des Einstiegs in die ethische Reflexion.

Das Konzept ist so angelegt, dass Studierende ohne großes Hintergrundwissen in der Philosophie und Ethik gut mitarbeiten können, die Einstiegsschwelle ist bewusst niedrig gehalten. Mit geringen Vorkenntnissen und individuellen Vorbehalten gegenüber „der Ethik" können gute Ergebnisse erzielt, sogar Originaltexte gelesen und ethische Konzepte daraus abgeleitet werden. Die Studierenden sind am Schluss in der Lage, bestehende Konzepte der Öffentlichkeitsbeteiligung aus ethischer Sicht fundiert zu hinterfragen sowie zu kritisieren und Hinweise zu notwendigen Veränderungen aus ethischer Sicht zu geben. Durch die besondere Struktur des Seminars werden sämtliche Teilnehmende integriert, sie sind nahezu gleichermaßen am aktiven Lehren und Lernen der einzelnen Phasen beteiligt und erzielen so den individuell besten Erkenntnisgewinn.

Die Erfahrung und Erkenntnis, dass ethische Begriffe und Normen praktikabel sind, dass Ethiktheorien in der Begründung von Handlungen einen notwendigen Platz haben und dass Argumentationen tiefer und differenzierter werden, ist auf viele andere Bereiche der beruflichen Praxis der Studierenden übertragbar. Sie werden sich nicht vorschnell auf sektorale Antworten und Lösungen zurückziehen, sondern den übergreifenden Dialog entweder selbst anleiten oder in Kooperation mit anderen Lehrenden suchen, nicht zuletzt deshalb, weil sie diesen Weg schon einmal erfolgreich beschritten haben.

Ethische Anforderungen an die Öffentlichkeitsbeteiligung sind praktisch möglich. Das ethisch begründete Formulieren solcher Anforderungen kann gelehrt und gelernt werden. Konzeptuell hat es sich als sinnvoll erwiesen, das hochschuldidaktische Konzept des handlungsorientierten Lernens anzuwenden, das strukturell dem erweiterten Dreischritt folgt und methodisch alle Ebenen des Lernens über das Hören, Sehen, Diskutieren und Tun anspricht. Es hat sich darüber hinaus gezeigt, dass dieses Grundkonzept in analoger Weise auf andere ethische Problemstellungen übertragen werden kann[25] und nicht allein auf das Thema der Öffentlichkeitsbeteiligung beschränkt ist.

Die Antwort auf die eingangs gestellte Frage lautet demnach: Ohne Ethik gibt es eine beliebige, willkürliche oder auch inkonsistente Öffentlichkeitsbeteiligung. Ethik kann praktisch umgesetzt werden, wenn sie als Reflexionsdisziplin und als legitimierende Begründungsgeberin unterschiedlicher Ansätze wahrgenommen wird. Ethik kann dann praktisch werden, wenn sie die Handelnden erreicht, Vorbehalte abgebaut werden – und nicht zuletzt auch Spaß machen darf. Interdisziplinäre Lehr-Lern-Konzepte helfen dabei, fachliche Grenzen zu überwinden und sich wissenschaftlich fundiert neue Bereiche zu erschließen.

---

25 So wurden nach demselben Grundkonzept Seminare zu „Nachhaltigkeit – wann ist sie wirklich gut?" (WS 2009/10 FH Münster, SS 2010 Uni Freiburg), zu „Ein ethisch gutes Unternehmen – was ist das?" (SS 2010 FH Münster) und zu „Ästhetik und Ethik in der Umwelt- und Landschaftsplanung" (SS 2010, Universität Tübingen) durchgeführt.

Urban Wiesing

Ein Lob auf die Ethik-Kommissionen im Kontext klinischer Medizin

Wenn man sich die Frage stellt, welche Institutionen innerhalb der Bioethik in den letzten Jahrzehnten besonders einflussreich geworden sind, dann mag man zu unterschiedlichen Antworten gelangen. Nach meinem Urteil muss man bei einer Antwort auch an eher unscheinbar agierende Institutionen denken: an die Ethik-Kommissionen, die in Deutschland an allen Landesärztekammern und allen medizinischen Fakultäten existieren, um Forschungsvorhaben am Menschen zu bewerten. Ein solches Urteil zur Bedeutsamkeit dieser Institutionen mag auf den ersten Blick ungewöhnlich erscheinen. Denn Ethik-Kommissionen arbeiten wohl eher im Stillen und sind selten in den Zeitungen zu finden – allenfalls wenn etwas schief geht.

Ethik-Kommissionen sind Institutionen, die wie keine anderen, so wage ich zu behaupten, praktischen Einfluss genommen haben und weiterhin nehmen. Keine andere Institution mit dem Begriff „Ethik" in ihrem Namen ist so einflussreich wie die derzeit 53 Ethik-Kommissionen an den Medizinischen Fakultäten und Landesärztekammern, auch wenn die Öffentlichkeit ihre Arbeit nur selten wahrnimmt. Dabei haben diese Institutionen seit ihrer Gründung eine eigentümliche Wandlung vollzogen, die zu berichten sich lohnt, weil sie Einsichten in unsere Zeit erlaubt und prägende Merkmale unserer Gegenwart widerspiegelt. Deswegen seien hier auch Aspekte der Geschichte der Ethik-Kommissionen vorgetragen.

1. Das Dilemma

Hintergrund für die Ethik-Kommissionen ist das bekannte Problem der Forschung am Menschen, mit dem sich die moderne Medizin strukturbedingt konfrontiert sieht – und Ethik-Kommissionen sind Teil der Antwort auf dieses Dilemma. Auf der einen Seite erkannte man in der modernen Medizin, dass sich präzise Erkenntnisse über

die Wirksamkeit und Unbedenklichkeit von Therapien nur durch Forschung am Menschen gewinnen lassen. Mittels Tier- und Laborver-
suchen allein lassen sich die relevanten Erkenntnisse für das ärztliche
Handeln nicht gewinnen. Auf der anderen Seite sind Versuche am
Menschen unweigerlich mit einem Schadensrisiko für die Patienten
behaftet, das einzugehen der ärztlichen Verpflichtung widerspricht,
vor allem nicht zu schaden: *primum nil nocere.* Das Schadensrisiko ist
bei der Forschung am Menschen jedoch unvermeidlich. Wer wirklich
forscht, muss den Schritt ins Ungewisse wagen und Risiken eingehen.
Denn sofern schon vorab bekannt ist, dass kein Risiko für den Patienten besteht, weil das Medikament nutzt und nicht schadet, dann
bedarf es der Forschung über dieses Medikament nicht mehr. Ein Verzicht auf klinische Versuche am Menschen, um Konflikte mit ärztlichen
Verpflichtungen zu vermeiden, würde allerdings bedeuten, zukünftige
Patienten mit unerforschten Mitteln behandeln zu müssen, was die Qualität ärztlicher Handlungen empfindlich mindern würde. Das unlösbare
Problem, vor dem sich die moderne Medizin befindet, besteht nun
darin, dass Ärzte wissenschaftlich geprüfte Therapien anwenden sollen,
aber die Therapien eigentlich nicht wissenschaftlich prüfen dürfen.[1]

Dieser Konflikt ist älter als die Ethik-Kommissionen, und vereinzelt hatten Ministerien schon am Ende des 19. Jahrhunderts Richtlinien für die Forschung am Menschen erlassen, weitere folgten im
20. Jahrhundert. Sie betonten das informierte Einverständnis des Patienten als unverzichtbare Voraussetzung für die Forschung, zeigten
jedoch nur geringe Wirkung. Auch der Nürnberger Kodex von 1947
als Resultat aus dem Nürnberger Ärzte-Prozess hatte das Selbstbestimmungsrecht des Patienten bekräftigt.[2] Doch sein Echo war
gleichermaßen gering, sodass mehrere Aufsätze in den 1960er Jahren
feststellen mussten, dass Patienten immer noch unzureichend – wenn
überhaupt – über eine Teilnahme an klinischen Studien aufgeklärt
wurden.[3] Zudem sahen sich die Patienten Risiken ausgesetzt, die als

---

1   R. Toellner, „Problemgeschichte: Entstehung der Ethik-Kommissionen", in: ders.
    (Hrsg.), *Die Ethik-Kommission in der Medizin: Problemgeschichte, Aufgabenstel-
    lung, Arbeitsweise, Rechtsstellung und Organisationsformen Medizinischer Ethik-
    Kommissionen,* Stuttgart 1990, S. 3-18.
2   A. Mitscherlich, F. Mielke (Hrsg.), *Medizin ohne Menschlichkeit. Dokumente des
    Nürnberger Ärzteprozesses,* Frankfurt am Main 1995.
3   U. a. H. K. Beecher, „Consent in clinical experimentation: myth and reality", in:
    Journal of the American Medical Association 196/1966, S. 34; M. H. Pappworth,
    Human guinea-pigs, London 1967.

unvertretbar galten. Kurzum: Das Grundproblem, das Dilemma klinischer Forschung, war bekannt und die Realität keineswegs zufriedenstellend. Das Problem vergrößerte sich mit der wachsenden Komplexität und wachsenden Macht der Medizin sowie mit dem geänderten Selbstverständnis der Bürger, die sich nicht ungefragt der Medizin und ihren Versuchen zur Verfügung stellen wollten.

Was war zu tun in dieser Situation? Fasst man die vielschichtigen Reaktionen zusammen, so kristallisierte sich eine Antwort mit zwei Facetten heraus. Auf der einen Seite einigte man sich in weiteren gesetzlichen und außergesetzlichen Vorgaben auf inhaltlich konkrete moralische Normen, auf einen Konsens, der die Anforderungen an die Forscher und an das Projekt, die Risikominimierung und die Rechte des Patienten betont, insbesondere dessen Selbstbestimmung. Auf der anderen Seite, und damit kommen wir zum Thema, erhob man ab Mitte der 1970er Jahre eine prozedurale Forderung: Ein jedes Forschungsvorhaben sollte vorab einer unabhängigen Kommission vorgelegt werden, einer Ethik-Kommission, die dazu ein Votum abzugeben hätte.

Beide Facetten der Antwort auf das ethische Dilemma der Forschung am Menschen sind miteinander verschränkt. Zum einen in Bezug auf die Bekanntmachung, denn die Forderung nach Ethik-Kommissionen wurde erstmals in der wichtigsten Richtlinie für Forschung am Menschen verankert, der revidierten Deklaration von Helsinki des Weltärztebundes von 1975. Zum anderen gab es eine sachliche Verbindung. Denn bei den inhaltlichen Normen für die Forschung am Menschen sah man sich mit einem bekannten moralphilosophischen Phänomen konfrontiert. Zwar existierte in der zweiten Hälfte des 20. Jahrhunderts in der westlichen Welt eine Basis an moralischen Vorstellungen, die als ethische wie auch juristische Basis für eine Forschungsethik dienen konnte – nennen wir es den Konsens der Menschenrechte und der Menschenwürde. Doch stellte sich alsbald heraus, dass sich die konkrete Umsetzung dieser weithin akzeptierten und auch vom Grundgesetz an vorderster Stelle angeführten Normen keineswegs trivial gestaltete. Eine simple, eindeutige Deduktion vom Grundsatz der Menschenwürde bis zur Ausgestaltung eines klinischen Versuchs scheiterte stets an der Praxis. Das galt auch für die Normen, die in den wenigen Verordnungen zur Forschung am Menschen zu finden waren, insbesondere dem Selbstbestimmungsrecht des Patienten. Die Applikationsaporie,[4] der

---

4 W. Wieland, *Aporien der praktischen Vernunft*, Frankfurt am Main 1989.

zufolge die Anwendung bestimmter Normen auf einen konkreten Sachverhalt stets Urteilskraft und stets mehr Wissen erfordert, als die Norm von Haus aus zu liefern im Stande ist, zeigte sich deutlich bei der konkreten Ausgestaltung und Umsetzung einer Forschungsethik. Einige Beispiele mögen das verdeutlichen: Aus dem ersten Artikel des Grundgesetzes lässt sich eben nicht so ohne Weiteres ableiten, ob eine zusätzliche Blutabnahme für Forschungszwecke bei einem Patienten, der krankheitsbedingt nicht einwilligen kann, seine Würde verletzt oder nicht. Oder ob Kinder in die Forschung einbezogen werden dürfen, wenn dadurch nur die Gruppe der Kinder, nicht aber dieses Kind selbst profitiert. Kurzum: Auch wenn es einen allgemeinen moralischen und juristischen Konsens gab, so war durchaus nicht klar, was daraus konkret für die Forschungsethik folgte.

Die Aufgabe der Ethik-Kommissionen lautete also, vorhandene Normen auslegend anzuwenden, weil eine Auslegungsleistung erforderlich wurde, und eine Kontrollfunktion in Form eines Votums zu übernehmen, um die Durchsetzung der Normen zu verbessern. Ich bin im Übrigen nicht der Meinung, die Ethik-Kommissionen seien – wie vielfach behauptet – der Ausdruck „funktional differenzierter Gesellschaft ohne ethische/moralische Zentralperspektive".[5] Auch die Aussage von Hans Jonas, man befände sich hier in einem ethischen „Vakuum",[6] ist nach meiner Einschätzung in der Forschungsethik nicht zutreffend. Die moralische Zentralperspektive – oder anders ausgedrückt: ein bedeutender moralischer Konsens unserer Gesellschaft – war durchaus vorhanden, er ließ sich nur nicht auf triviale Weise in der medizinischen Forschung konkretisieren. Mit den Ethik-Kommissionen ging es um die Umsetzung der zentralen Normen, um deren konkrete Ausgestaltung in einem spezifischen, sehr komplexen Bereich und um deren verbesserte Durchsetzung. Niemals ging es den Ethik-Kommissionen um die Erfindung einer neuen Ethik, gar einer „Zentralperspektive". Überdies hat die konkrete Forschungsethik niemals das Konzept der Menschenwürde und Menschenrechte ernsthaft in Frage gestellt.

5   A. Nassehi, „Die Praxis ethischen Entscheidens. Eine soziologische Forschungsperspektive", in: *Zeitschrift für medizinische Ethik* 52/2006, S. 367–377, hier S. 372.
6   H. Jonas, *Das Prinzip Verantwortung*. Versuch einer Ethik für die technologische Zivilisation, Frankfurt am Main 1979.

2. Die Gründungsphase

Doch den unmittelbaren Anlass zur Gründung von Ethik-Kommissionen Ende der 1970er Jahre gaben weder das hehre Argument noch die höhere Einsicht, sondern der schlichte Druck: Amerikanische Zeitschriften forderten zur Publikation von klinischen Studien das Votum einer Ethik-Kommission, vor Beginn der Studie eingeholt. Und da sich unter diesen Zeitschriften die renommiertesten der Welt befanden, in denen zu publizieren auch für deutsche Forscher erstrebenswert war, drängte sich die Einrichtung einer solchen Kommission auf. Am 31.10.1978 gründete der Fachbereich Klinische Medizin der Universität Tübingen eine Ethik-Kommission, es dauerte weitere zwei Monate, bis man sich in der Privatwohnung des Gastroenterologen Professor Malchow zur konstituierenden Sitzung zusammenfand; ein Büro gab es nicht.

Die Gründung der Tübinger Ethik-Kommission erfolgte übrigens ohne offenen Widerstand. Dagegen regte sich allerdings ein versteckter und durchaus wirkmächtiger Widerstand, der sich darin äußerte, dass man die Existenz der Ethik-Kommission einfach ignorierte und Studienprotokolle gar nicht erst vorlegte. Der Anteil der Studien am Tübinger Gesamtaufkommen, der der Ethik-Kommission vorgelegt wurde, wuchs erst im Laufe der Jahre. Und es dürfte auch heute noch eine brisante Frage sein, wie viel Prozent der wirklich stattfindenden Forschung der Ethik-Kommission vorgelegt wird – dies ist in der Tat ein augenfälliges Beispiel für die „moralische[...] Trägheit der Funktionssysteme".[7]

3. Selbstkontrolle der Forschung

In der Bundesrepublik hat sich eine ganz bestimmte Besetzungspolitik der Ethik-Kommissionen durchgesetzt. Die Ethik-Kommissionen sollten – anders als in den USA – nicht mit Repräsentanten der Gesellschaft nach politischem, gesellschaftlichem und ethnischem Proporz besetzt werden, sondern mit Wissenschaftlern. Vom Tübinger Mediziner und Theologen Dietrich Rössler stammt der programma-

---

7   A. Nassehi, „Die Praxis ethischen Entscheidens. Eine soziologische Forschungsperspektive", S. 374.

tische Ausspruch: „Ethik-Kommissionen sind das Programm einer
verantwortlichen Selbstkontrolle der Forschung". Und für diejenigen,
die den Sinn des Satzes noch nicht verstanden hatten, erlaubte sich
Rössler folgende Warnung anzuhängen: Ethik-Kommissionen „sollen
eine solche Kontrolle organisieren, bevor staatliche Reglementierungen
sie auf ganz andere Weise und sicher nicht zum Nutzen der Forschung erzwingen".[8]

Interessant an dieser Ausrichtung der Ethik-Kommissionen auf
Selbstkontrolle ist nicht nur der Unterschied zu den USA, sondern
auch zur DDR: Mehrere Jahre diskutierte man in der DDR die For-
schungsproblematik, bis man sich 1987, also etwa 10 Jahre später als
in der BRD, auf Richtlinien einigte und zudem die bereits bestehenden wissenschaftlichen Räte der Medizin zu Ethik-Kommissionen erklärte, die gemäß den Prinzipien der marxistisch-leninistischen Ethik
und des sozialistischen Humanismus die wissenschaftliche Forschung
zu kontrollieren hätten. Damit hat man in der DDR zwar auch auf
Selbstkontrolle gesetzt, jedoch die vorhandenen Strukturen, die wissenschaftlichen Räte, kurzerhand mit einer zusätzlichen Aufgabe be-
traut. Anders in der BRD: Die Ethik-Kommissionen fungierten auch
wissenschaftsintern, allerdings als neue Gremien, die sich neben bestehenden Hierarchien und Zuständigkeiten in der Medizin ansie-
delten.[9]

4. Die Legitimation von Ethik-Kommissionen

Nun ist nicht zu leugnen, dass sich die Ethik-Kommissionen in ihrer
Gründungszeit in Bezug auf ihre Legitimation durchaus in einer
heiklen Lage befanden. Es existierte anders als heute anfangs keine
gesetzliche oder berufsrechtliche Verankerung ihrer Tätigkeit; weder
in der Berufsordnung noch im Arzneimittelgesetz oder Medizinpro-
duktegesetz fanden sie Erwähnung. Allenfalls die bereits erwähnte
Deklaration des Weltärztebundes von Helsinki in ihrer Fassung von
1975 hatte einen Passus aufgenommen, demzufolge eine unabhängige

---

8   D. Rössler, „Ethik-Kommissionen – ein Plädoyer", in: *Münchener Medizinische Wo-
    chenschrift* 124/1982, S. 807-808, hier S. 807.
9   U. Wiesing, „Ethik-Kommissionen in der BRD", in: J. S. Ach, A. Gaidt (Hrsg.),
    Herausforderung der Bioethik, Stuttgart-Bad Cannstatt 1993, S. 235-241.

Kommission vor jedem Forschungsvorhaben am Menschen beratend zu konsultieren sei. Damit hatte es sich an formaler Legitimation. Nicht minder unbestimmt war ihre Autorität, und worauf ließ diese sich auch aufbauen? Lehrbücher gab es keine, offizielle Vorschriften nur wenige, ganz zu schweigen von standardisierten Vorgehensweisen innerhalb der Ethik-Kommissionen. Die Mitglieder wurden von Ort zu Ort unterschiedlich nach Renommee, nach Interesse für ethische Fragen nicht selten zufällig ausgewählt. Sie alle waren – der Sache nach unvermeidlich – erstmals Mitglieder in den Kommissionen und damit Anfänger. Eine Ausbildung in Bioethik oder gar Forschungsethik hatte niemand genossen, denn die gab es nicht. *Learning by doing* war insofern unabdingbar, weil es eben kaum andere Möglichkeiten des Lernens gab. Es blieb nur eine gewisse Vertrautheit mit den Vorgängen in den USA, Vertrautheit mit den spärlichen Vorgaben, Kenntnisse in der allgemeinen Ethik und Urteilskraft, auf der man die Qualität der Urteile begründen konnte. Man musste sich quasi am eigenen Schopfe aus dem Sumpf ziehen. Das ging nur durch kluge Urteile, Sachverstand, Fleiß, Zuverlässigkeit und Unbestechlichkeit.

Mit den Ethik-Kommissionen und in den Ethik-Kommissionen etablierte sich eine ganz bestimmte Form des ethischen Diskurses, und darin liegt meiner Ansicht nach auch ihre Bedeutung. Meine These lautet: Der Erfolg, als auch die Grenzen des Erfolges, liegen in der besonderen Art von Diskurs, der in den Ethik-Kommissionen begonnen wurde. Und ich glaube, dass man mit ihrer Gründung und der eingeschlagenen Vorgehensweise in Bezug auf die zu beantwortenden Fragen und auf die Diskursart vielmehr vorab akzeptiert hat, als den meisten bewusst war. Was zeichnete die Thematisierung von Ethik in den Kommissionen aus? Was war neu?

Zunächst einmal sollte ethisches Beraten durch die Gründung von Ethik-Kommissionen nicht zufällig, sondern organisiert, nicht subjektiv, sondern in einer Gruppe, und zwar in einer zum Forschungsprojekt externen Gruppe geschehen. Es war zudem ein Ethik-Diskurs in einer ganz bestimmten Weise. Er war stets pragmatisch, auf ein Votum ausgerichtet, da weder die philosophischen Probleme noch die allgemeinen Probleme der Forschungsethik gelöst werden sollten, sondern konkret und handlungsorientiert über ein Forschungsvorhaben zu beraten war. Er wurde von Anfang an in enge Bahnen gelenkt. Durch die Vorgabe wurde auf der anderen Seite die Forschung am Menschen von einem Generalverdacht losgesprochen. Die Begrenzung der Aufgaben von Ethik-Kommissionen ergibt nur Sinn, wenn Forschung am Menschen nicht grundsätzlich illegitim ist. Insofern – und das sollte man dabei nicht vergessen – dienen Ethik-Kommissionen auch dem Schutz der Forschenden.

Und erstaunlicherweise haben sich die Mitglieder an die engen Vorgaben gehalten. Keine der Ethik-Kommissionen hat sich in den durchaus vorhandenen metaphysischen Tiefen der Forschungsethik verloren. Es gab zu keiner Zeit nach außen getragene Grundsatzdiskussionen (interne Diskussionen grundsätzlicher Art damit nicht ausgeschlossen), es ging stets um konkrete Forschungsvorhaben. Auch fundamental-moralistische Kommunikationsformen wurden in den Ethik-Kommissionen zumindest niemals öffentlich sichtbar. Ethik-Kommissionen üben offensichtlich eine eigentümliche Sozialisation auf Fundamentalisten aus: Entweder sie verlassen die Kommission oder sie werden Pragmatiker. Insofern entpuppten sie sich als ein Ort zur Verhinderung von Fundamentalismen.

Die Ethik-Kommissionen waren am Anfang Institutionen, die vorhandene, wenn auch wenig entwickelte Normen interpretieren und deren Befolgung verbessern sollten. Zu keinem Zeitpunkt sollten sie eine neue Ethik kreieren. Die Aufgabe begrenzte sich von Beginn an auf konkrete Forschungsprojekte. In ihrer Begrenzung liegt der Grund für ihren Erfolg, aber eben auch ihre Grenze. Es ist wichtig, zu sehen und anzuerkennen, welche Fragen sie nicht stellen und nicht beantworten: Besonders die strittigen Themen, welche Richtung die medizinische Forschung nehmen sollte, welche Gebiete mit welchen Methoden vorrangig zu erforschen sind, wie Forschungsgelder zu verteilen sind: Alle diese Fragen werden nicht an eine Ethik-Kommission adressiert. Insofern ist es auch weitgehend akzeptiert, dass sie kein Allheilmittel gegen ethische Probleme in der biomedizinischen Forschung darstellen, aber eben eine effiziente Kontrolle einzelner Forschungsvorhaben.[10]

Allein die Gründung von Ethik-Kommissionen bekräftigt die grundsätzliche Lernbereitschaft der *scientific community* sowie die grundsätzliche Anerkennung von ethischen Aspekten und wissenschaftstheoretischen Überlegungen. Die Institutionalisierung von Ethik-Kommissionen setzt die Akzeptanz der Einsicht voraus, dass Forschung am Menschen nicht nur technische, sondern auch ethische Aspekte besitzt. Und dass die ethischen Aspekte keineswegs allein aus der biomedizinischen Wissenschaft selbst heraus zu beantworten sind. Inso-

10 W. van den Daele, H. Mueller-Salomon, *Die Kontrolle der Forschung am Menschen durch Ethikkommissionen*, Stuttgart 1990.

fern basieren die Ethik-Kommissionen auch auf der Anerkennung der Grenzen der Wissenschaft: Sie kann sagen, wie etwas zu erforschen ist, aber nicht, ob es auch erforscht werden soll. Im Grunde basiert die Existenz von Ethik-Kommissionen auch auf Akzeptanz grundlegender wissenschaftstheoretischer Unterscheidungen und der argumentativen Redlichkeit: Ihre Einrichtung bezeugt institutionalisierte Reflektiertheit und argumentative Transparenz, auch wenn die einzelnen Studien der Schweigepflicht unterliegen.

Die Ethik-Kommissionen waren bei ihrer Gründung eine Institution ohne Vorbild, und man muss sich die schleichende Revolution einmal vor Augen führen: Erstmals in der Geschichte war ein Forschungsvorhaben am Menschen vorab einer anderen Institution vorzulegen, die nicht staatlicher Natur war – und zwar aus ethischen Gründen. Damit war ein Eingriff in das Handeln des Forschers vorgenommen worden, der ohne Vorbilder war. Die Verantwortung für die Durchführung des Forschungsprojektes blieb zwar uneingeschränkt beim Forscher, aber er hatte sein Vorhaben offenzulegen und sich von anderen Forschern in einer Hinsicht beraten zu lassen, in der die anderen Forscher auch nur bedingte Kenntnisse aufwiesen. Dieser Vorgang war historisch gesehen neu. Gleichwohl, er funktionierte, wenn auch anfangs nur mühselig.

Der außergewöhnliche Status der Ethik-Kommissionen lässt sich auch an der zunächst ganz ungewissen Bedeutung eines Votums festhalten: Alle Beteiligten sahen in einem Votum eine Äußerung, nach der sich der verantwortliche Forscher richten sollte, aber eben nicht richten musste. Ethik-Kommissionen sollten beraten, nicht bescheiden. Und trotzdem sind keine Fälle bekannt, bei denen ein Forscher in Tübingen und anderenorts in Deutschland explizit gegen das Votum einer Ethik-Kommission gehandelt hätte. Die Unklarheit über die Begründungsqualität und den rechtlichen Status eines Votums stand im strikten Gegensatz zur deren Befolgung. Und auch dieses scheint mir ein einmaliges Phänomen zu sein. Es hat Vergleichbares nicht gegeben.

5. Die weitere Entwicklung der Ethik-Kommissionen

Die Ethik-Kommissionen haben seit ihrer Gründung in Deutschland zahlreiche Änderungen durchlaufen. Und die Generation der Gründerväter (Gründermütter waren nur wenige darunter) dürfte sich nicht selten gefragt haben, was sie da angestoßen hat. Denn die den Deutschen eigene Neigung zu bürokratischer Perfektion und Überregulierung ließ sich auch bei den Ethik-Kommissionen nicht vollständig vermeiden. Die üblichen Formen weiterer Organisierung und Verständigung schritten voran: Die Ethik-Kommissionen organisierten sich 1983 im Arbeitskreis medizinischer Ethik-Kommissionen, der seither versucht, die Arbeitsweise von Ethik-Kommissionen zu vereinheitlichen und die Belange dieser Institutionen gegenüber anderen zu vertreten. Die Bundesärztekammer hat 2004 zusätzlich die „Ständige Kommission der Geschäftsführungen und der Vorsitzenden der Ethik-Kommissionen der Landesärztekammern" gegründet. Die Vorgehensweisen wurden angeglichen, der Austausch zwischen den Kommissionen verbessert. Aus den wenigen Vorgaben wurde eine hohe Regelungsdichte, die nur noch Spezialisten übersehen. Der Vorsitz wurde zu einem Halbtags-, wenn nicht Ganztagsberuf, allein die ständige Aufnahme neuer Verordnungen erfordert einen hohen zeitlichen Aufwand. Aus den anfänglich 17 Studien pro Jahr in Tübingen sind über 500 Anträge geworden. Die zweifellos wichtigsten Änderungen ergaben sich jedoch aus dem Arzneimittelgesetz für das Votum: Aus dem einstmals beratenden Votum ist ein Bescheid geworden, gegen den Rechtsmittel eingelegt werden können. Die Ethik-Kommissionen haben eine kurze Geschichte vollzogen, die sie in den Status von Quasi-Behörden aufrücken ließ. Ein Teil dieser Veränderungen war zweifellos notwendig und ist funktional, über anderes darf man trefflich streiten. Wie auch immer, es bleibt zu fragen: Wie sind Ethik-Kommissionen historisch zu bewerten?

Die Ethik-Kommissionen sind de facto die wirkmächtigsten Institutionen, die den Begriff „Ethik" in ihrem Namen tragen. Diesen direkten, sichtbaren Einfluss besitzt keine andere vergleichbare Institution. Gleichwohl: man nimmt sie nicht sonderlich wahr, Ethik-Kommissionen arbeiten unscheinbar, doch sie sind das erfolgreichste Unternehmen zur Beratung der medizinischen Forschung. 14.000 Anträge pro Jahr werden in Deutschland durch Ethik-Kommissionen beraten, 14.000 Anträge werden von anderen gelesen, 14.000 Mal wird ein Votum bzw. eine Zustimmung oder Ablehnung verfasst. In Tübingen verlassen von den über 500 Anträgen pro Jahr nur die wenigsten die Ethik-Kommissionen ohne Auflagen, einige Forschungsprojekte werden wegen ethischer Einwände gar nicht stattfinden. Von daher ist die Geschichte der Ethik-Kommissionen unter dem Aspekt ihrer Relevanz eine Erfolgsgeschichte, und das alles, ohne auf den Titelseiten der Zeitungen zu erscheinen. Für die lautlose, kaum bemerkte alltägliche Arbeit sind sie noch niemals als Institution ausgezeichnet worden, es gibt keine Stars unter den Ethik-Kommissionen – und bislang ist auch noch niemand auf den Gedanken gekommen, ein Programm für Elite-Ethik-Kommissionen auszuschreiben.

Silke Schicktanz

Ethik *in* den Lebenswissenschaften

Überlegungen zur Frage der Verortung

„Was ist Bioethik?" – diese Frage beschäftigt gerade in den letzten Jahren zunehmend viele Experten wie Laien. Während in den Anfängen einer bioethischen Begleitforschung vor allem Inhalte im Vordergrund standen, ist in den letzten Dekaden der Bedarf sowohl an einer akademischen Selbstverständigung über die Grenzen dieser ‚Disziplin' als auch eine Selbstreflexion über Methoden, Ansätze und Zielsetzungen gewachsen.[1]

Eve-Marie Engels hat unter anderem ein spezielles Programm einer Ethik in den Biowissenschaften verteidigt, welches davon ausgeht, dass „ethische Fragestellungen, die der biowissenschaftlichen und medizinischen Theorie und Praxis erwachsen, in einer interdisziplinären Kooperation von Biowissenschaftlern und Medizinern mit ihren Kollegen aus der Ethik und anderen Wissenschaftsbereichen *gemeinsam* benannt, analysiert, diskutiert und bewertet werden".[2]

Dieses Konzept[3] in die Praxis umzusetzen bedeutet, dass Forschung und Ausbildung zur ethischen Reflexion jeweils direkt und konkret im Kontext der Fachwissenschaften stattfinden müssen.[4] So soll beispielsweise der Laborbiologe selbst ethische Fragen über die Verantwortung im Umgang mit risikoreichen genetisch manipulierten Viren stellen und beantworten können.

1   J. Ach, Ch. Runtenberg, *Bioethik: Disziplin und Diskurs. Zur Selbstaufklärung angewandter Ethik*, Frankfurt a. M. 2000 und F. Brand, F. Schaller, H. Völker (Hrsg.), *Transdisziplinarität. Bestandsaufnahme und Perspektiven*, Göttingen 2004.
2   E.-M. Engels, „Ethik in den Biowissenschaften", in: M. Maring (Hrsg.), *Ethisch-Philosophisches Grundlagenstudium 2, Ein Projektbuch*, Münster 2005, S. 135-166, S. 146, Hervorhebung im Original.
3   Das Tübinger Internationale (früher deswegen unter dem Namen: *Interfakultäre*) Zentrum für Ethik in den Wissenschaften hat insgesamt dieses Programm seit seiner Entstehung systematisch verfolgt.
4   Viele Überlegungen dürften auch für eine Wissenschaftsethik im Allgemeinen gelten.

Ein derartiges Programm erfordert auch strukturelle und praktische Fragen zur *Verortung* zu stellen: Ist es sinnvoll, eigene neue Institute zu gründen, die innerhalb, zwischen oder außerhalb der jeweils beteiligten Fakultäten existieren? Ist eine strukturelle, institutionelle Verankerung überhaupt notwendig oder reicht es nicht aus, dass sich einzelne Forscher oder Forschungsprojekte mit ethischen Fragen der Wissenschaften beschäftigen? Welcher Zusammenhang ist zwischen Inhalten und Methoden angewandter ethischer Reflexion und der strukturellen Verankerung zu beobachten bzw. zu erwarten? Und schließlich: Welche Möglichkeiten und Probleme einer interdisziplinären Bioethik stellen sich bei den verschiedenen Formen der strukturellen Verankerung und sind entsprechend abzuwägen?

Im Folgenden will ich mich vor allem mit den aufgeworfenen Fragen zur Verortung beschäftigen. Unter ‚Verortung' sind dabei sowohl die strukturelle Verankerung in der Universitätslandschaft im konkreten, materiellen Sinn als auch das interdisziplinäre Profil im abstrakten, immateriellen Sinn gemeint. Mein Anliegen ist es, die in den letzten beiden Jahrzehnten erfolgte und oft auch als notwendig erachtete *Institutionalisierung* von Bio- und Medizinethik und interdisziplinäre Zusammenarbeit im Kontext ihrer *räumlichen Gegebenheiten* genauer nachzugehen.

Meine folgenden Ausführungen zielen erstens auf eine Beschreibung und Analyse von Mechanismen und Problemen ab, die sich aus der Formulierung Ethik ‚*in*' den (Lebens-)Wissenschaften ergeben. Dies erfordert die ungewöhnliche Perspektive, sich die eigene akademische Disziplin als gegenständlichen Raum mit leibhaftigen Akteuren zu vergegenwärtigen und auf diese soziale Dimension zu reflektieren. Zweitens möchte ich unterschiedliche (nachweisbare und hypothetische) Verortungen dieser wissenschaftlichen Praxis daraufhin befragen, wie sie sich auf die Inhalte, Grenzen und Entwicklungspotenziale eines solchen Forschungs- und Arbeitsprogramms auswirken können. Drittens will ich kurz aufzeigen, wie mit dem Nachdenken über Räume und Verortungen wichtige Einflussgrößen für Methodologie und Inhalte des Konzepts ‚Ethik in den Lebenswissenschaften' eröffnet werden können.

Grundqualitäten des Raums für das Verständnis wissenschaftlicher Praxis

Die Begriffskonzeptionen „Bio-Ethik",[5] „Biologie und Ethik"[6] und „Ethik in den Lebenswissenschaften" werden häufig synonym gebraucht.[7] Aber diese Gleichsetzung verschleiert, dass es einen wichtigen Unterschied ausmacht, ob wir vom Anspruch her und der Praxis nach „Ethik *und* Lebenswissenschaften" oder „Ethik *in* den Lebenswissenschaften" betreiben wollen.[8] Denn verbinden wir Ethik und den jeweiligen Wissenschaftsbereich mit einem bloßen ‚und', so handelt es sich um eine inhaltlich gleichwertige Beiordnung. Diese lässt jedoch offen, ob es sich hier um eine Paarbildung von gleichwertigen Partnern handelt oder eher um eine asymmetrische Verbindung zwischen zwei ungleichen Partnern. Oder soll gar ein Ausgleich zwischen zwei Gegensätzen hergestellt werden? Eine ‚und'-Verbindung sagt entsprechend nichts über die strukturelle Verankerung aus und impliziert einen sehr weiten Interpretations- und Handlungsrahmen. Verstehen wir das ‚und' sogar programmatisch, könnte es gar ein Ziel darstellen, sich bezüglich Verankerungen und Verortungen nicht festzulegen. Der Dativ Ethik *in* den Lebenswissenschaften ist dagegen sehr fest umrissen, da es sich hier um eine programmatische Unterordnung handelt.[9] Allerdings heißt es auch nicht: Ethik über, unter oder neben den Lebenswissenschaften. Daher drängen sich die Eingangs gestellten Fragen nach der strukturelle Implementierung und Institutionalisierung von Ethik weiter auf: Wie ernst ist es uns, erstens, mit dem ‚in' und haben wir, zweitens, die Peripherie oder das Zentrum im Blick?

---

5   Zu den sog. ‚Bindestrichethiken' vgl. J. Nida-Rümelin, *Angewandte Ethik: Die Bereichsethiken und ihre theoretische Fundierung. Ein Handbuch*, 2. Aufl., Stuttgart 2005.
6   Vgl. E.-M. Engels (Hrsg.), *Biologie und Ethik*, Stuttgart 1999.
7   Zum Verständnis des Begriffs Bioethik bzw. Ethik in den Lebenswissenschaften folge ich hier E.-M. Engels, „Ethik in den Biowissenschaften", S. 137 f. Engels begründet mittels historischer und theoretischer Überlegungen, dass in der aktuellen Debatte eine breite Deutung des Begriffs sinnvoll ist, der sowohl die Medizin als auch die biologische Laborforschung aber auch politische und sozialen Fragen im Umgang mit Umwelt, Klima etc. umfassen kann.
8   Wenn ich im Folgenden ‚Bioethik' verwende, meine ich damit alle Konzepte bioethischer Reflexion, wohingegen ‚Ethik in den Lebenswissenschaften', sich auf das eingangs beschriebene spezifische Konzept bezieht.
9   E.-M. Engels, „Ethik in den Biowissenschaften".

Das Nachdenken über die räumliche Anordnung von akademischen Disziplinen und Fächern versteht sich dabei als spezifisch methodischer Blick. Damit mache ich Anleihen bei neueren Entwicklungen der Wissenschaftssoziologie, wie z. B. bei Forschungsarbeiten über Disziplinengrenzen und Grenzziehungen in den Wissenschaften[10] und in den Kulturwissenschaften, die den ‚spatial turn' eingeleitet haben.[11] Die Annahme, dass Wissenschaft eine soziale Praxis ist, wird hier vorausgesetzt. Gerade die Bioethik bzw. Wissenschaftsethik *muss* dies voraussetzen, um die Handlungs- und Entscheidungsdimension von Wissenschaft, Forschung und Technik in den Vordergrund zu stellen. Zugleich ist die Bioethik meinem Verständnis nach selbst eine Wissenschaft.

Besonders zutreffend und bereits vor längerer Zeit hat Ludwik Fleck[12] eine zentrale wissenschaftssoziologische Einsicht für die Medizin und die Naturwissenschaften beschrieben: Bei der Identifizierung, Beschreibung und Erkenntnistätigkeit – auch von naturwissenschaftlichen Tatsachen – ‚menschelt' es. Dabei sind Wissenschaftler nicht nur Individuen, sondern immer auch ein Teil eines oder meist mehrerer Denkkollektive, so Flecks zentrale Pointe: „Erkennen ist kein individueller Prozess eines ‚theoretischen Bewusstseins überhaupt'; es ist Ergebnis sozialer Tätigkeit".[13] Innerhalb eines solchen Kollektivs herrscht ein Denkstil, eine Denk-Gebundenheit vor, die sich nach Fleck sowohl in Methodik, Abbildungsweise, Sprache und Leitkonzept, als auch in der Gerätschaft ausdrückt. In der Wissenschaftssoziologie wie auch der Wissenschaftstheorie beschränkte sich lange Zeit das Nachdenken über Wissenschaft auf dessen abstrakte, kognitive Mechanismen wie Ideen, Worte und Paradigmen[14] – wohingegen die soziale und materiale Seite von Wissenschaft, den Praktiken und verwendeten Materialitäten kaum berücksichtigt wurde. Fleck selbst hat trans- und

---

10 M. Lamont, V. Molnár, „The study of boundaries in the social science", in: *Annu. Rev. Sociol.*, 28/2002, S. 167-195. und H. Nowotny, P. Scott, M. Gibbons, *Wissenschaft neu denken. Wissenschaft und Öffentlichkeit in einem Zeitalter der Ungewissheit*, Weilerswist 2005.

11 D. Bachmann-Medick, *Cultural turns – Neuorientierungen in den Kulturwissenschaften*, Reinbek b. Hamburg 2006.

12 L. Fleck, *Entstehung und Entwicklung einer wissenschaftlichen Tatsache*, hrsg. v. L. Schäfer und T. Schnelke, 4. Aufl., Frankfurt a. M. 1999 [1935].

13 L. Fleck, *Entstehung und Entwicklung einer wissenschaftlichen Tatsache*, S. 54.

14 P. Weingart, *Wissenschaftssoziologie*, Bielefeld 2003 und A. F. Chalmers, *Wege der Wissenschaft*, Berlin u. a. 1986.

interdisziplinäres Arbeiten als das Sich-Überkreuzen von Denkstilen beschrieben[15] und darin eine wichtige Bedingung für die *Veränderung von Denkstilen* gesehen. Diese „Raumvergessenheit"[16] ist keine Besonderheit der Wissenschaftssoziologie, sondern als verbreitetes Problem moderner Soziologie diagnostiziert worden.[17] Ähnlich dem *,somatic turn'*, mit dem der Körper wieder Einzug ins soziologische und philosophische Denken erhielt,[18] hat der ,spatial turn' Räume, Orte und Plätze als Denkstrukturen in die Soziologie zurückgebracht.[19]

Es lassen sich jedoch bereits bei Georg Simmel[20] und seiner Soziologie des Raums hilfreiche Überlegungen bezüglich der Grundqualitäten von Raumformen und ihrer Relevanz für soziales Zusammenleben finden. Die von Simmel entwickelten Grundüberlegungen erlauben es, bereits sehr grundlegend über die Gestaltung des Gemeinschaftslebens, gerade auch in *Wissenschaftsgemeinschaften*, zu reflektieren.

Der Raum als materielles und immaterielles Konzept

Georg Simmel ging es unter anderem darum, die psychologische und soziologische Wirkung von Räumen zu veranschaulichen. Ähnlich des Bourdieu'schen Konzeptes des Habitus sprach er davon, dass Räume und Landschaften die Charakter- und Denkeigenschaften der Bewohner im Rahmen von kognitiven (nach Simmel ,seelischen') Prozessen

---

15 L. Fleck, *Entstehung und Entwicklung einer wissenschaftlichen Tatsache*, S. 140 f.

16 Dies verwundert bei Fleck, insofern als er sich bei seinen Überlegungen gerade auf Dürkheimer und Simmel bezieht, die beide bereits sehr früh Vorstellungen zur Morphologie der Umwelt und Raumordnung als soziale Kategorien vertreten haben.

17 M. Garhammer, „Die Bedeutung des Raums für die regionale, nationale und globale Vergesellschaftung – zur Aktualität von Simmels Soziologie des Raums", in: S. A. Bahadir (Hrsg.), *Kultur und Region im Zeichen der Globalisierung*. Schriften des Zentralinstituts für Regionalforschung, 36, Erlangen, Nürnberg 1999, S. 15-39.

18 M. Schroer, *Soziologie des Körpers*, Frankfurt a. M. 2005 und S. Schicktanz, „Why the way we consider the body matters – Reflection on four bioethical perspectives on the human body", in: *Philosophy, Ethics, Humanities in Medicine* 2(30)/2007, S. 1-12.

19 Vgl. J. Döring, T. Thielmann, *Der spatial turn. Das Raumparadigma in den Kultur- und Sozialwissenschaften*, Bielefeld 2008.

20 G. Simmel, *Soziologie. Untersuchungen über die Formen der Vergesellschaftung*, 3. Aufl., München, Leipzig 1923 [1903]. S. 460-526.

prägen. Diese Prägung sei allerdings nicht uni-direktional determi-
nistisch zu verstehen, sondern die Wahrnehmung der Einheit eines
Raums hänge entsprechend wiederum von sozialen und kognitiven
Kriterien ab. Insbesondere der „Rahmen", die Grenzen, werden sozial
konstruiert, denn „jede Grenzzierung [ist] Willkür".[21] Simmel wendet
sich gegen einen naiven Naturalismus, indem er verdeutlicht: „Nicht
die Länder, nicht die Grundstücke, ..., begrenzen einander; sondern
die Einwohner oder Eigentümer üben die gegenseitige Wirkung aus".[22]
Die gestalteten Räume haben allerdings immer auch eine materielle
(d. h. stoffliche, reale, essentialistische) Komponente (nach Simmel:
räumliche Fixiertheit[23]), welche sehr wirkmächtig sein kann. Räume
werden konstituiert und setzen immer Prozesse der Lokalisierung und
Verortung voraus. Um jedoch einem möglichen Missverständnis vor-
zubeugen: Räume sind nie nur physikalische, feststoffliche Räume (wie
beispielsweise Häuser), sondern können auch immateriell sein (wie
z. B. Sprachräume). Den Begriff des Raums daher exklusiv für physikalische, materielle Räume zu reservieren, funktioniert nicht, wenn
man dem Phänomen Raum in seiner sozialen, kulturellen Bedeutung
wirklich nachgehen will.[24]

Raumgrenzen gewinnen ihre soziale Dimension oft durch eine
Dynamik (die wir vielleicht auch als Paradoxon empfinden), nämlich
dass sie zugleich materiell wie immateriell sein können: Landesgren-
zen mit Schlagbaum, Passkontrolle und Zöllner sind materiell und
manifeste Institutionen. Sie basieren aber in diesem Falle auf immateriellen Prozessen der Eroberung, der politischen Idee der Nation, sind
aufgrund politischer Aushandlung entstanden und damit entsprechend
auch revidierbar. Umgekehrt können räumliche Grenzen zu immateriellen, kognitiven, kulturellen und sozialen Hürden werden, „deren
Überwindung sehr schwer fällt. Simmel vertritt die – m. E. immer noch
sehr plausible – Auffassung, dass gerade die Materialität sehr große
Alltagsrelevanz besitzt, denn die Möglichkeiten von qualitativen Ver-

---

21 G. Simmel, *Soziologie. Untersuchungen über die Formen der Vergesellschaftung*,
    S. 465.
22 G. Simmel, *Soziologie. Untersuchungen über die Formen der Vergesellschaftung*,
    S. 467.
23 G. Simmel, *Soziologie. Untersuchungen über die Formen der Vergesellschaftung*,
    S. 473.
24 M. Löw, „Raum – die topologische Dimension der Kultur", in: F. Jäger, B. Liebsch,
    J. Rüsen, J. Straub (Hrsg.), *Handbuch der Kulturwissenschaften*, Stuttgart, Wie-
    mar 2004, S. 46-59.

bindungen (Intensität und Nähe von sozialen Beziehungen) und quantitativen Verbindungen (Häufigkeit und Komplexität) werden mehr, wenn der Raum materiell-körperlich wird. Räume konstituieren verschiedene kulturelle Praktiken; sie strukturieren soziale Beziehungen; sie gehen einher mit Grenzziehungen einerseits, aber auch Grenzüberschreitungen wie Mobilität und Migration andererseits. Nach Simmel wird die soziale Bedeutung des Raums im Begriff ‚Ort' schon deutlich: mit dem Begriff ‚Ort' klassifizieren wir bereits Räume, deren soziologische Bedeutung emotional und sozial enorm bedeutungsvoll sind, wie beispielsweise der Heimatort. Orte sind oft identitätsbildend, da der „Ort noch weiterhin der Drehpunkt bleibt, um den herum das Erinnern die Individuen in nun ideell gewordene Korrelation einspinnt."[25] Es ist für eine gesellschaftliche Institution nicht die bloße Tatsache ausschlaggebend, dass sich Personen zusammen finden, sondern dass eine Art kollektiver Identitätsbildung erfolgt. Diese lässt immer auch eine räumliche Ausdehnung zu abgrenzbaren Räumen werden.

Wendet man die Idee der wechselseitigen Beeinflussung von sozialen Gemeinschaften und raumbildenden Prozessen (im Sinne von Simmel) nun auf die vorangegangene These an, dass Wissenschaften selbst als soziale Gemeinschaften zu verstehen sind, so stellt sich die Frage, welche Rolle der Raum und raumbildende Prozesse für die Wissenschaft spielen.

Dass Wissenschaften von materiellen Räumen abhängen, ist offensichtlich (und oft bei Raummangel eine leidliche Erfahrung), wenn wir an materielle Einrichtungen wie Universitätsgebäude, Vorlesungssäle, Labore, Bibliotheken oder Archive denken. Doch Wissenschaft umfasst zugleich auch immaterielle Konstrukte wie Disziplinen, Fachgesellschaften oder Fachrichtungen. Jede dieser immateriellen Einrichtung konstituiert jedoch Formen des Räumlichen (eben nicht nur im metaphorischen Sinne). Die räumliche Dimension ist hier nicht mehr rein metaphorisch gemeint. Vielmehr ist sie ein wichtiger Faktor für die Konstitution dessen, was als wissenschaftliches Arbeiten möglich und anerkannt wird.

---

25 G. Simmel, *Soziologie. Untersuchungen über die Formen der Vergesellschaftung*, S. 475 f.

*Nähe und Distanz: Kriterien für inter- und transdisziplinäres
Arbeiten*

Die Wissenschaftsforscherin Helga Nowotny und ihre Kollegen haben
überzeugend dargelegt, dass sowohl Räume, als auch Entfernungs-
bezeichnungen wie Distanz und Nähe eine zentrale Rolle für ein Verständnis von moderner Wissenschaft spielen. Während früher Wissenschaft als ‚universal‘ konzipiert wurde (i. S. eines überall gültigen aber
auch überall anwendbaren Wissens), wird heute die Lokalität des Wissens und des alltäglichen Forschungsalltags betont.[26] Die aktuelle Heterogenität der Örtlichkeiten, so ihre These, hat folgenschweren Einfluss auf die Wissensproduktion. Dies gilt nicht nur in der Genese,
sondern auch für ihre Geltung, da die Universalität des Wissens und
die universelle Geltung von Regeln (bezogen auf Natur wie Gesellschaft) in Zweifel gezogen werden.

Die inhaltlichen Debatten der Wissenschaftsethik spiegeln diese
Entwicklung wider: Immer öfter werden die Inhalte bioethischer Argumente und zugrunde liegender moralphilosophischer Ansätze als
rein ‚westlich‘ lokalisiert und damit in ihrer Universalisierbarkeit kritisiert.[27] Umgekehrt haben gerade Globalisierung und geopolitische
Entgrenzung von Wissenschaft und Technik eine Suche nach global
übergreifenden bioethischen Argumenten und Institutionen (z. B. die
UNESCO) ausgelöst, die davor undenkbar oder zumindest unnötig
schienen. Diese Spannung zwischen ‚Lokalem und Globalen‘ korres-
pondiert mit dem Begriffspaar ‚Nähe und Distanz‘. Sie weisen laut
Nowotny et al. auf die besondere und zugleich dynamische Bedeutung von Vertrauen und Örtlichkeit für die *zeitgenössische Wissensproduktion* hin. Diese zeichnet sich eher durch die Vermischung akademischer und privater Sphären aus (z. B. die inzwischen gängigen
Kooperationen zwischen Industrie und Universität in den Lebenswissenschaften) und ist in der Tendenz eher problemorientiert, anti-
hierarchisch und inter- bzw. transdisziplinär.[28] Im Kern handelt es sich

26   H. Nowotny et al., *Wissenschaft neu denken*, S. 58 ff.
27   L. Turner, „From the local to the global. Bioethics and the Concept of Culture“, in:
     Journal of Medicine and Philosophy, 30(3)/2005, S. 305-320.
28   Die Begriffe inter-, trans- und multidisziplinär etc. werden weder einheitlich ver-
     wendet noch sind sie immer einfach von einander abzugrenzen (vgl. zur Übersicht:
     F. Brand, F. Schaller, H. Völker (Hrsg.), *Transdisziplinarität* und Th. Potthast, „Bio-
     ethik als inter- und transdisziplinäres Unternehmen“, in: C. Brand, E.-M. Engels,
     A. Ferrari, L. Kovács (Hrsg.), *Wie funktioniert Bioethik?*, Paderborn 2008, S. 255-

dabei um trans- bzw. interdisziplinäre Forschung, deren Wissen und Methoden sehr heterogen sind. Nowotny et al. bezeichnen diese Form als „Mode 2"-Wissenschaft und grenzen sie von der klassischen Form (Mode 1-Wissenschaft) ab, die sie als rein universitär, hierarchisch, wissensorientiert, disziplinär, wenig an sozialen Wirkungen der Wissenschaft interessiert charakterisieren. Dabei sind sicher in der Praxis noch viele Übergänge und Zwischenformen dieser beiden Modi zu bedenken.[29] Eine gewisse Nähe ist für das Erzielen von Loyalität und Verständnis notwendig, aber erst eine gewisse Entfernung erlaubt kritische Distanznahme und Skeptizismus. Dabei ist das Spiel mit Nähe und Distanz besonders zentral für zeitgenössische Formen von Wissenschaft.[30]

Dem sozialen und moralischen Wert des ‚Vertrauens' kommt dabei in der neuen sozialen Wahrnehmung *und* konkreten Konstitution von zeitgenössischer Wissenschaftspraxis große Bedeutung zu: Räumliche Nähe (z. B. ein gemeinsam geteiltes Labor oder Institut) ermöglicht das Entstehen von Vertrauen zwischen den Beteiligten, welches dann anderseits inhaltliche Entfernung (z. B. bei der Wahl der Methoden oder auch Fragestellungen) erlaubt. Diese neue Form von Vertrauen ermöglicht erst eine arbeitsteilige transdisziplinäre Wissenschaft, die auf die Idee der inhaltlichen Einheit verzichtet, aber zugleich sozial auf die Kooperation zwischen Akteuren mit verschiedenen Herangehensweisen angewiesen ist. Die gesuchte Nähe als Medium für Vertrauen wird aber auch dann relevant, wenn es um die Interaktion zwischen Wissenschaft und Gesellschaft geht. Das ganze Spektrum neuerer Ansätze, wissenschaftliche Entwicklungen der Gesellschaft näher zu bringen (z. B. in Rahmen von Ausstellungen, öffentlichen Tagungen und ‚science cafés') kann als ein Bemühen um Vertrauen interpretiert werden.[31]

Die von Nowotny et al. vorgeschlagene Einteilung hilft, die nahe Verortung der Bioethik zu den Lebenswissenschaften besser zu ver-

277). Trans- und Interdisziplinarität werden hier als Begriffspaar verstanden, um den für die hiesige Fragestellung relevanten Aspekt zu betonen, dass es sich um ein auszuhandelndes Spektrum von disziplinenübergreifender Interaktion dreht. Es geht eben um An- und Abgrenzungsphänomene.

29 H. Nowotny, *Es ist so. Es könnte auch anders sein*, Frankfurt a. M. 1999, S. 67.
30 H. Nowotny, et al., *Wissenschaft neu denken*.
31 B. Wynne, „Public Engagement as a Means of Restoring Public Trust in Science – Hitting the Notes, but Missing the Music?", in: *Community Genet*, 9(3)/2006, S. 211-220.

stehen. Denn auch die Bioethik erfüllt eher Kriterien, die nach Nowotny der Mode-2-Wissenschaft entsprechen, d. h. sie ist transdisziplinär, problemorientiert und oft durch eine Zusammenarbeit zwischen
Academia, Politik und gesellschaftlichen Gruppen organisiert. Sie
zeichnet sich nach dem Selbstverständnis vieler durch eine enorme
Spannbreite, Heterogenität von Methoden und Inhalten sowie durch
einen fehlenden Kanon aus.[32] Dass die Einordnung der Bioethik als
Inter- bzw. Transdisziplin selbst zahlreiche Probleme aufweist, zeigt
Potthast ausführlich.[33] Er schlägt vor, bioethische Probleme als „epis-
temisch-moralische Hybride" aufzufassen, die „über die Gleichzeitigkeit von wissenschaftlichen und moralischen Aktivitäten von Institutionen und Personen rekonstruiert werden können".[34] Neben dieser
zeitlichen Nähe geht es mir hier vor allem um die räumliche und
strukturelle Nähe.

Inter- und Transdisziplinarität wird gängigerweise in der Interaktion und Vernetzung von verschiedenen Akteuren aus unterschiedlichen Disziplinen verstanden. Mode-2-Wissenschaft (wie auch die
Bioethik) bringt jedoch auch eine neue Art der intra-individuellen
Interdisziplinarität hervor. Damit ist gemeint, dass Wissenschaft-
ler(innen) aufgrund ihrer verschiedenen Qualifikationen mehreren Disziplinen zugeordnet werden können. Das hiermit aber auch Schwierigkeiten verbunden sind, wird durch die räumlich-soziologische
Perspektive erst verdeutlicht. Denn in der Alltagspraxis, z. B. auf
Tagungen, im Rahmen von Bewerbungen und Forschungsanträgen
erfolgen immer wieder Versuche der monodisziplinären Zuordnung.
Diese räumlich-disziplinäre Zuordnung erschwert jedoch die soziale
Akzeptanz von ‚Grenzgängern' oder führt auch innerhalb von Wiss-
enschaftsbiografien zu Orientierungsproblemen.

32 Vgl. verschiedene Einführungswerke, die immer die Heterogenität und Pluralität
    der Ansätze betonen: J. Ach, Ch. Runtenberg, *Bioethik: Disziplin und Diskurs*; A.
    Vieth, *Einführung in die Angewandte Ethik*, Darmstadt 2000 und M. Düwell, *Bio-
    ethik. Methoden, Theorien und Bereiche*, Stuttgart, Weimar 2008.
33 Th. Potthast, „Bioethik als inter- und transdisziplinäres Unternehmen", S. 262 ff.
34 Th. Potthast, „Bioethik als inter- und transdisziplinäres Unternehmen", S. 270.

Räume erschließen, beherrschen, repräsentieren: Prozesse der Institutionalisierung

Während schon bei Simmel und auch noch bei Nowotony et al. im Kern der Überlegungen der Raum in seiner sozialen Bedingtheit und seiner Wirkung auf soziale Beziehungen im Mittelpunkt stehen, werden diese jedoch eher als statische und manifestierte Phänomene behandelt. Hingegen betont die neuere Forschung zum Raum den dynamischen, relationalen und handlungsbezogen Charakter im Umgang mit Raum[35] sowie das *Erschließen*, das *Beherrschen* und das *Repräsentieren* von Räumen. Diese handlungsorientierte Perspektive ermöglicht es, besser zu verstehen und zu reflektieren, wie Fächer und Institute der Ethik in den Lebenswissenschaften verankert wurden.

Unter der Perspektive der Raumerschließung wird deutlich, dass das Konzept der Ethik in den Lebenswissenschaften – betrachtet man es von den deutschen Anfängen in den späten 1980er Jahren her – *raumbildend* war. Wenn wir auf die bundesweite universitäre Situation blicken, wird offensichtlich, dass in den letzten 20 Jahren eine ganze Reihe von Lehrstühlen, Instituten und auch außeruniversitären Einrichtungen entstanden sind, deren Schwerpunkt sich mit Forschung und Lehre zu Ethik der Medizin und Bioethik umschreiben lässt.

Die Schaffung solcher Institutionen kann man mit Georg Simmel als Versuch der Fixierung von Inhalten verstehen. Die inhaltliche Diskussion um bioethische Fragen ist allerdings um einiges älter, insbesondere wenn man die internationale Perspektive einnimmt.[36] Solche fixierten Örtlichkeiten stellen einen Sammel- und Drehpunkt für Interaktionen dar. Dieser symbolische Drehpunkt steht nach Simmel[37] für die räumliche Fixierung eines Interessensgegenstandes. Er garantiert Stabilisierung und feste Ordnung für einen Verbund von sonst eher versprengten, oft einzeln stehenden Elementen. Simmel wählt zur Verdeutlichung den Vergleich mit der Rolle von Kapellen und Gebetshäusern für Religionsgemeinschaften in der Diaspora. Hierbei handelt

---

35 D. Bachmann-Medick, *Cultural turns – Neuorientierungen in den Kulturwissenschaften*, S. 284 ff.

36 A. R. Jonsen, „A History of Bioethics as Discipline and Discourse", in: N. S. Jecker, A. R. Jonsen, R. A. Pearlman (Hrsg.), *Bioethics. An Introduction to the History, Methods, and Practice*, Sudbury, Boston u. a. 2001 und Th. Potthast, „Bioethik als inter- und transdisziplinäres Unternehmen".

37 G. Simmel, *Soziologie. Untersuchungen über die Formen der Vergesellschaftung*, S. 474.

es sich nicht nur im übertragenen Sinne um Räumlichkeiten, sondern
es geht auch sehr realitätsbezogen darum, neue Institutionen zu
gründen.[38]

*Neue Terrains auf traditionellem Boden oder in neu geschaffenen
Zwischenräumen?*

Bei der Raumerschließung von Wissenschaftsethik in der universitären
Landschaft sind zwei unterschiedliche Modelle offensichtlich: Das erste
Prinzip besteht darin, einen *neuen Drehpunkt* innerhalb eines ‚alten‘,
bereits ausdifferenzierten Systems zu schaffen. Das zweite, alternative
Prinzip zur Verankerung innerhalb der Universitätslandschaft scheint
die Schöpfung von *neuen Zwischenräumen* zu sein. Im Fachbereich
der Medizin scheint m. E. besonders das erste Modell sehr erfolgreich
gewesen zu sein: So wurden inzwischen an ungefähr 50 % aller medizinischen Fakultäten (von derzeit 36 existenten in Deutschland) Lehr-
stühle oder Abteilungen mit dem Schwerpunkt Ethik als Institute für
‚Ethik und Geschichte der Medizin‘ eingerichtet. In anderen Bereichen wie der Biologie, obwohl thematisch angrenzend, findet man derzeit nur in zwei von 41 Biologischen Fakultäten in Deutschland einen
Lehrstuhl mit Schwerpunkt Ethik (in Tübingen und in Greifswald).[39]
    Das Alternativprinzip der Findung und Besetzung von Zwischen-
räumen lässt sich vermutlich dort am leichtesten etablieren, wo die
konventionelle Grenzziehung zwischen den Fächern oder zwischen
Forschung und Anwendung bereits schwankt (z. B. zwischen Medizin
und Biologie, zwischen Physik und angewandten Ingenieurswissen-
schaften). Daher kann man die Etablierung verschiedener Einrichtungen zur Technikfolgenabschätzung eher unter dieses zweite Modell
fassen (z. B. das ITAS in Karlsruhe). Beide Prinzipien der Erschließung
teilen das primäre Ziel, eine neue Institution mit materialen Bedin-

---

38 Hierzu zählt z. B. das Zentrum für Ethik in den Wissenschaften in Tübingen (ge-
    gründet 1990), das Institut für Wissenschaft und Ethik in Bonn (gegründet 1993),
    die Europäische Akademie zur Erforschung der Folgen wissenschaftlich-techni-
    scher Entwicklungen in Bad-Neuenahr (gegründet 1996) und das Institut Mensch,
    Ethik Wissenschaft in Berlin (gegründet 2002).
39 In Hamburg wurden die Anfang der 1990er Jahre noch innerhalb der Biologie an-
    gesiedelten Arbeitsgruppen zur Technikfolgenabschätzung später in die fakultäts-
    übergreifende, dem Senat direkt untergeordnete Einrichtung BIOGUM eingegliedert.

gungen (Arbeitsplätze, Bibliothek etc.), Arbeitsaufgaben (z. B. Curriculum, Forschungsagenda) und zu verteilenden Ressourcen (Stellen, Promotionsbetreuung) aufzubauen. Dabei darf man nicht unterschätzen, dass trotz aller Materialität, die solche Institutionen entwickeln können, ihre Auflösung innerhalb kurzer Zeiträume möglich ist, gerade weil vielleicht ihr Status im Zwischenraum und ihre Verankerung unsicher oder strittig bleibt.[40] Doch für die Erschließung dieser neuen Terrains sind verschiedene *modi operandi* beobachtbar: Im einen Fall wird an alte Traditionen angeknüpft und im Prinzip etwas ‚entdeckt', dass schon ‚immer' da war. Im anderen Fall versucht man, Räume – z. B. als Zwischenräume – neu zu schaffen. Man ‚erfindet' sie, um z. B. ein Problem zu lösen.[41]

Die erfolgreiche Implementierung von Ethik *in* der *Medizin* folgte eher einem ‚Entdecker'-Modus. Hier konnte man sich leicht auf die seit langem bestehende Tradition eines expliziten ärztlichen Ethos berufen.[42] Zugleich wurde die Notwendigkeit einer neuen Interpretation eingefordert. Diese Entwicklung hat zudem an die schon in den 1960er Jahren erfolgte Institutionalisierung des Fachs Medizingeschichte anknüpfen können. Dieser Modus der Erschließung scheint hingegen sowohl in Fächern wie Physik, Chemie und Biologie als auch in vielen geistes- wie sozialwissenschaftlichen Fächern weniger verbreitet. Dies kann unter anderem daran liegen, dass diese Fächer im Vergleich zur Medizin sich selbst weder als angewandte Handlungsfelder sehen noch über einen ausgeprägten Professionsethos verfügen.

Die neu entstandenen Institutionen der Technikfolgenabschätzung und übergreifenden Wissenschaftsethik mussten hingegen neue Zwischenräume – inhaltlicher und struktureller Art – ‚erfinden'. Ihnen fiel es zu, ganz neue Aufgabengebiete zu entwickeln und zu übernehmen. So ist auffällig, dass viele Technikfolgenabschätzungsinstitute enorme Vermittlungsarbeit zwischen theoretischer Grundlagenforschung und ingenieurswissenschaftlicher Anwendung leisten. Zunehmend folgt auch die Medizinethik diesem Trend, wenn man deren

---

40 Die Schließung der Stuttgarter Akademie für Technikfolgenabschätzung im Jahr 2003 (nach zwölf Jahren Politik- und Öffentlichkeitsberatung) ist ein trauriges Beispiel hierfür.

41 Erfinden und Entdecken werden hier als zwei Begriffe der Wissensproduktion verwendet, deren Abgrenzung eher analytisch zu verstehen ist.

42 K.-H. Leven, „Hippokrates im 20. Jahrhundert: Ärztliches Selbstbild, Idealbild und Zerrbild", in: K.-H. Leven, C.-H. Prüll (Hrsg.), *Selbstbilder des Arztes im 20. Jahrhundert. Medizinhistorische und medizinethische Aspekte*, Freiburg 1994, S. 39-96.

wachsende Dienstleistungen für Ethikgremienarbeit und Politikberatung als ein Beispiel für die Neuformulierung von Aufgaben versteht.[43]
Auch die Etablierung eines eigenständigen Bildungsforschungsberei-
ches kann als besonders nachhaltige Form der Raumerschließung gelten.
Sie zeigt, dass zur Etablierung eines Gebiets Ethik *in* den Lebenswissenschaften die Generierung von neuen Funktionen und die Über-
nahme von neuen Aufgaben elementar sind.

Der Raumerschließung folgt in der Regel die weitere Etablierung
im neuen Raum. Diese Art der Etablierung ist – wie schon Simmel
deutlich macht – mit dauerhaften sozialen Abgrenzungsprozessen bzw.
Machtansprüchen verbunden.[44] Daher scheint es umso wichtiger, zu
verstehen, welche Auswirkungen Verortungen von wissenschaftlichem
Arbeiten auf das selbige haben könnten. Im Bereich der Wissenschaftsethik lassen sich interne Kontroversen ausmachen, die auf diese Problematik verweisen. Eine aktuelle symptomatische Diskussion ist die
der Abgrenzung von ‚ethischer Expertise‘ zu anderen Experten und
Nicht-Experten.[45] Ein anderes Indiz ist die anhaltende Debatte um das
Verhältnis von ‚Empirie und Angewandter Ethik‘ in der Bioethik.[46]
Während in den Anfängen eher die Abgrenzung von naturwissen-
schaftlich-empirischer Expertise einerseits und ethisch-normativer
Expertise andererseits dominierte,[47] geht es in den letzten Jahren um
die Abgrenzung zwischen Ethik und Sozialwissenschaften.[48] Beide Richtungen teilen das inhaltliche Interesse (z. B. zu Themen der Stammzellforschung, der Organtransplantation, der Kommerzialisierung des

---

43   M. Kettner (Hrsg.), *Angewandte Ethik als Politikum*, Frankfurt a. M. 2000. Zur
     Übersicht für die Medizin: S. Schicktanz, „Politikberatung im Kontext der Medizin",
     in: S. Bröchler, R. Schützeichel, (Hrsg.), *Politikberatung*, Stuttgart 2008, S. 47-69.
44   M. Löw, „Raum – die topologische Dimension der Kultur", S. 50.
45   Th. Potthast, „Bioethik als inter- und transdisziplinäres Unternehmen". Hier zei-
     gen sich auch Parallelen zur wissenschaftstheoretischen Abgrenzungsproblematik
     von (empirischer) Wissenschaft und Nicht-Wissenschaft (K. Popper, *Logik der For-
     schung*, Tübingen 1989, Kap. 4 und P. Feyerabend, *Irrwege der Vernunft*, Frank-
     furt a. M. 1989).
46   S. Schicktanz, J. Schildmann, „Medizinethik und Empirie – Standortbestimmun-
     gen eines spannungsreichen Verhältnisses (Editorial)", *Ethik in der Medizin*, 21(3)/
     2009, S. 183-186.
47   L. Eckensberger, U. Gähde, (Hrsg.), *Ethische Norm und empirische Hypothese*, Frank-
     furt a. M. 1993.
48   D. Birnbacher, „Ethics and social science: which kind of co-operation?", in: *Ethical
     Theory and Moral Practice* 2/1999, S. 319-336 und P. Borry, P. Schotsmans, „Em-
     pirical ethics: A challenge to bioethics", *Medicine, Health Care and Philosophy*,
     7/2004, S. 1–3.

Körpers etc.), aber es bestehen Differenzen bezüglich dem Geltungs-
anspruch der jeweiligen wissenschaftlichen Arbeit: Während die Sozialwissenschaften die Probleme in Medizin und Wissenschaften kon-
textsensitiv, praxisnah oder machtkritisch beschreiben wollen, zielt
wissenschaftsethische Arbeit auf die Lösung von Problemen, die Un-
terbreitung von Vorschlägen oder auch auf die Rechtfertigung der
Praxis ab. Verschiedene Sozial- und Politikwissenschaftler kritisieren
entsprechend eine ,Ethisierung' der Wissenschaften entweder als Instrument zur Legitimation moderner Lebenswissenschaften, die nur
die ,harte' Sozialkritik abfedert oder um effizientere soziologische
Risiko-Diskurse zu ersetzen.[49] Francis Fukuyama, selbst Mitglied des
nationalen Ethikrats in den USA, hat diese Einschätzung mit seinem
populär gewordenen Buch sicher gefördert, als er schrieb, dass die Gemeinschaft der Bioethiker im Tandem mit der Biotechnologie-Industrie
entstanden sei und derzeit nicht mehr als „sophisticated (and sophistic)
justifiers of whatever it is the scientific community wants to do" zu
verstehen sei.[50] Diese Kritik kann aber nicht nur als fachlicher Disput
über die Funktionsweise der Bioethik verstanden werden, sondern muss
als möglicher Ausdruck von ,Raumkämpfen' beleuchtet werden (z. B.
um begrenzte Forschungsförderung).

Was sich hier abzeichnet, könnte ein ernstzunehmender Hinweis
auf eine Integrationsproblematik zu sein, die bei allem Lob der Inter-
und Transdisziplinarität leicht übersehen wird. Sie gründet sich auf die
gängige Praxis der disziplinären Grenzziehung. Solche Grenzziehungen sind ein Phänomen, welches, folgt man Simmel, soziologisch un-
vermeidbar ist: „Die Grenze ist nicht eine räumliche Tatsache mit soziologischer Wirkung, sondern eine soziologische Tatsache, die sich
räumlich formt".[51]

Wenn allerdings derartige disziplinäre Grenzziehungen und Zu-
ordnungsdiskurse auch institutionsintern aufträten, dann wäre dies
eine ernst zu nehmende Gefahr. Zu fürchten wäre, dass dadurch Hierarchien in Bezug auf Bedeutung, Einfluss und Methoden verschiedener
Richtungen verhandelt werden. Auch die oben angeführten aktuellen

---

49 A. Bogner, „Ethisierung und die Marginalisierung der Ethik. Zur Mikropolitik des
Wissens in Ethikräten", in: *Soziale Welt*, 60(2)/2009, S. 3-21 und P. Rabinow, *Was
ist Anthropologie?* Frankfurt a. M. 2004.
50 F. Fukuyama, *Our Posthuman Future: Consequences of the Biotechnology Revolution*, New York 2002, S. 204.
51 G. Simmel, *Soziologie. Untersuchungen über die Formen der Vergesellschaftung*,
S. 229.

Diskussionen zum Verhältnis von empirischem Wissen und ethisch-
philosophischer Analyse sollten selbstkritisch auf solche Implikationen
befragt werden. Diese Auseinandersetzung ist vom Inhalt her zentral
und wichtig, weil sie die Kernfrage der angewandten, praxisorientier-
ten Ethik berührt. Sie sollte jedoch nicht dazu führen, Disziplinen-
herkunft zu ‚naturalisieren‘, d. h. als unumstößlicher Ausweis für
spezifische Kompetenzen, Kenntnisse oder Intentionen der Akteure
anzusehen.

Erst die Ausbildung einer interdisziplinären ‚Identität‘ wird es erlauben, solche Auseinandersetzungen konstruktiv auszuhalten und zu
gestalten. Nur im schützenden Bereich einer *institutionalisierten* Ethik
in den Wissenschaften wird es selbstverständlich sein, dass hier immer
wieder Dilemmata bezüglich der disziplinären Zuordnung entstehen
können. Dabei ist es allerdings wichtig, diese Form der Interdisziplinarität nicht ausschließlich an kognitiven, abstrakten oder nur an
materiellen Formen der Zusammenarbeit und Interaktion festzumachen. Sonst läuft man Gefahr, wie Lisa Lattuca in ihrer Analyse von
interdisziplinären Lern- und Forschungsorten deutlich macht, mit der
zu einseitigen Betonung von entweder materialen oder kognitiven Elementen von Interdisziplinarität, einen Descartes'schen Geist-Körper-
Dualismus zu wiederholen.[52]

Fragen der Abgrenzung sind nicht nur als epistemische oder ressour-
cenbezogene Probleme der Interdisziplinarität und Identitätsbildung
zu sehen, sondern weisen auch in die normative Richtung wissenschaftlichen Arbeitens: Wie unabhängig, selbstbestimmt und selbst-
bewusst kann ein Fach wie ‚Ethik in den Lebenswissenschaften‘ im
Verhältnis zu den Wissenschaften, auf die sie reflektieren soll, agieren? Das Problem der Abhängigkeit ist weder ein rein kognitives, da
die meisten Bioethiker kaum in dem Denkstil der jeweiligen Wissenschaft per se verhaftet sind, noch ein rein materielles Problem, da viele
Projekte der Bioethik inzwischen aus speziell für sie geschaffenen
finanziellen Ressourcen schöpfen können. Vielmehr ist es ein sozial-
räumliches Problem von Nähe und Distanz. Angewandte Ethik soll
und will einerseits immer Verständnis für die konkreten, praxisnahen
Probleme und Bedürfnisse aufbringen. Hierfür ist eine Nähe, d. h. ein
genaues Hinschauen, Verstehen und Kennen der Situation unabdingbar. Andererseits kann die fehlende Distanz einen Perspektivenwech-

---

52 L. R. Lattuca, „Learning interdisciplinarity. Sociocultural perspectives on academic
    work", in: *Journal of Higher Education*, 73(6)/2002, S. 711-739.

sel erschweren. Die bestehende Gefahr ist, dass sich eine gewisse pragmatische Logik – die Selbstverständlichkeit der Praxis – aufdrängt und
sich sowohl in die Problembeschreibung als auch in die vorgeschlagene Lösung einnistet. Der kritische Impuls gewisser Unabhängigkeit
wird sich unter anderem danach richten, ob man überhaupt noch zu
der Überzeugung kommen könnte, dass es auch völlig *anders* sein
könnte. Hingegen birgt eine zu große Distanz die Gefahr der ‚Praxis-
ferne'. Gerade diese Umsetzung, die Moralpragmatik nach Birnbacher,
sollte aber ebenfalls ein zentrales Anliegen der angewandten Ethik
sein, wenn sie nicht nur l'art pour l'art sein möchte.[53]

Das Hin und Her zwischen Nähe und Distanz soll hier verdeutlichen, dass die Bioethiker- und innen selbst den Raum mitbestimmen
müssen. Erst ihre aktive Mitgestaltung der Grenzen ermöglicht es, die
notwendigen epistemischen und moralischen Bedingungen zu schaffen, um einerseits ausreichend Einblicke in die Praxis zu erhalten und
andererseits noch den kritischen Perspektivenwechsel zu ermöglichen.

Orientierung und Kanonisierung: Zur Navigation
in unübersichtlichem Gelände

Räume müssen nicht nur erschlossen und beherrscht, sondern vor
allem auch repräsentiert und beschrieben werden. Aus der Geografie-
Forschung kommend, thematisiert die Raumsoziologie dabei Darstel-
lungsformen wie das Kartografieren. Das Erstellen von Karten dient
der Orientierung. Es geht also um die Frage, welches die Hauptmerk-
male, Inhalte und Schwerpunkte der Wissenschaftsethik sind, die man
anderen zur Orientierung an die Hand geben möchte. Das Erstellen
von Karten hängt wiederum von verschiedenen Kriterien wie Umfang (im Sinne von ‚Kontinenten' oder auch nur Stadtplänen), Maßstab und Zweck (z. B. zur Hervorhebung einzelner Strukturen, zum
Aufzeigen von Verbindungen) ab. Es ist daher als eine zentrale Frage
der Institutionalisierung von Wissenschaftssystemen aufzufassen, inwiefern sie eine eigene Topologie besitzen und ihr eigenes Wissen, die
Strukturen, Bezugsgrößen etc. dazu untereinander in Relation setzen

---

53 D. Birnbacher, „Ethics and social science: which kind of co-operation?"

können. Dies kann man als einen Prozess der Kanonisierung von Wissen und Methoden verstehen, welcher es erlaubt, ‚Karten' zu erstellen. Die ‚Ethik in den Lebenswissenschaften' steckt wohl eher noch in den Anfängen des eigenen Kartografierens. Es besteht kein Zweifel daran, dass inzwischen eine fast unüberschaubare (und unbeherrschbare) Anzahl von Einzelpublikationen zu Themen wie Klonen, Gendiagnostik, Neuroprothetik etc. erschienen sind. Dennoch fällt immer wieder das Ringen um Darstellungshoheiten und das Fehlen von anerkannten Standards auf (i. S. von Ludwik Fleck als Lehrbuchwissen). Die derzeitige intensivierte Auseinandersetzung um die eigenen Methoden, das Verhältnis von ethisch-deskriptiven, ethisch-normativen und empirischen Aussagen, legt hierfür einen wichtigen Grundstein. Aber es fehlt noch die Etablierung einer eigenen Fachsprache mit eigenen Bezugsgrößen und Definitionen. Ohne eine solche eigene Karte, so meine Prognose, werden wir es zukünftig schwer haben, weite Strecken zurückzulegen oder wirklich neue Entwicklungen zu vollziehen. Auch wenn es selbstverständlich ist, dass alle Karten ständig erneuert werden müssen.

Die räumliche Perspektive führt uns vor Augen, was bei der sonstigen Rede von Interdisziplinarität als Abstraktum schnell vergessen wird, nämlich dass ‚Ethik in den Lebenswissenschaften' sehr von den internen und externen Integrationsmechanismen lebt und zugleich permanent mit Abgrenzungsmechanismen zu kämpfen hat. Die unterschiedlichen Prinzipien der Verortung verdeutlichen, dass sowohl Fragen des Agenda-Settings, der Methodenwahl und der Umsetzung als auch Fragen von (vielleicht unvermeidlichen, oft aber auch sich wandelnden) Hierarchien zu problematisieren und selbstkritisch zu überdenken sind. Im Rahmen einer kritischen und zugleich zukunftsorientierten Zwischenbilanz der Ethik in den Lebenswissenschaften hieße das schließlich, noch mehr über die weitere Gestaltung der Institutionalisierung nachzudenken.

Danksagung

Ein besonderer Dank für wichtige inhaltliche Kommentare zu einer früheren Version dieses Artikels geht an Michael Dusche (Berlin/Delhi); Judith Simon (Paris), Frank Adloff (Berlin) und Petra Michael-Fabian (Münster) sowie für editorische Anmerkungen an Solveig Hansen (Göttingen).

Dietmar Mieth

Von der Ethik in der Biotechnik zur Ethik für Alle

Ein Essay

1. Biotechnik: Erwartungen, Befürchtungen und ethische Perspektiven[1]

Die Biotechnik – als Summe aller Methoden zur Isolierung, genauen Beschreibung, Übertragung und gezielten Veränderung genetischer Bausteine sowie als die Realisierung neuer Varianten menschlichen Reproduktion *in vitro* – gilt den einen als Schlüsseltechnologie unserer besseren Zukunft, den anderen als ein Menetekel für das Erreichen von Grenzen, hinter denen ein gefährliches Land der Ungewissheit oder gar des Verbotenen liegt. Wird die Menschheit beherrschen, was sie nun machen kann? Dies fragen oft Menschen, die bereits durch die Begleit- und Folgeerscheinungen der Kerntechnik aufmerksam geworden beziehungsweise verunsichert sind. Ein neues prometheisches Zeitalter, eine Sisyphusarbeit, eine Selbstzerstörung verblendeter Zauberlehrlinge? Bei all dem bleibt angesichts des neuen Schubes von Hochtechnologien, zu denen ja auch die digitale Informationstechnik gehört, das Bewusstsein einer Schwelle, auf welcher man gern eine Weile inne halten und nachdenken möchte, ehe man sie überschreitet. Und in der Tat hat es ein solches Verweilen auf Schwellen als Moratorien in manchen Fällen gegeben. Aber unser modernes Verbundsystem von Wissenschaft, Technik und Wirtschaft entfaltet starke Kräfte der Vorwärtsbewegung. Die Grenzen konventioneller Techniken im Bereich von Krankheiten (Erbkrankheiten, aber auch Krebs, Immunschwächen wie Aids) sind nicht zu übersehen. In den Problemen der weltweiten Ernährung ebenso wie bei der Entsorgung umweltbelastender Schadstoffe liegen Bedürfnisse vor, die nach neuen Angeboten aus Wissenschaft, Technik und Industrie geradezu rufen. Die Zeit der Bedenklichkeiten in Fragen der Sicherheit und der Manipulation am Menschen seit den achtziger Jahren des 20. Jahrhunderts wurde und

---

1 Vgl. hierzu ausführlich: D. Mieth, *Was wollen wir können? Ethik im Zeitalter der Biotechnik*, Freiburg i.Br., Wien 2002.

wird zugleich oft von der vehement vorgetragenen Sorge begleitet, Deutschland oder auch Europa könnten den Anschluss verpassen. Nachdem eine Schwelle überschritten ist, entsteht oft eine Art Goldrausch: alle rennen in scharfer Konkurrenz, um ihre Claims abzustecken. Die einen beklagen, dass die erforderlichen Gesetze und Institutionen zur ethischen und rechtlichen Begleitung der Forschung eine Quelle bürokratischer Forschungsbehinderung seien; die anderen sehen darin unzureichende kosmetische Begleitregulierungen, welche weder die eugenischen Folgewirkungen der Gentechnik am Menschen, noch die fortschreitende Manipulierung von Lebewesen, noch den Gentransfer in die Umwelt, noch das Unterlaufen der Selbstbestimmung in der Ernährung bzw. die Instrumentalisierung von Pharmakonzernen abhängiger Landwirtschaft verhindern oder ausreichend einschränken können.

Als praktischer Grundsatz lässt sich vertreten: Man soll Probleme nicht so lösen, dass die Probleme, die durch Problemlösung entstehen, größer sind als die Probleme, die gelöst werden. Das scheint analytisch evident, ist aber je nach Folgenkenntnis, Ungewissheitsmarge und Kontextbeziehung mit Bezug auf die Empirie im Detail zu diskutieren. Problemlösungen sehen oft in einer isolierten Laborwelt anders aus als im Zusammenhang mit ökologischen, sozialen, psychologischen und ethischen Fragen. Sie müssen sich also einem breiten gesellschaftlichen Diskurs, einer genauen Technikfolgenabschätzung und den sozialethischen Kriterien der Verantwortung stellen. Die Menschenwürde und die Menschenrechte, der Rechtsstaat, weltweite Codices der Berufsethik sind hier herausgefordert, ihre praktische Wirksamkeit in der Verhältnisbestimmung von Lebensschutz, Handlungsfreiheit und Fortschrittsgewinn zu zeigen. Zwischen auseinanderstrebenden Tendenzen der Prioritätensetzung bewegen sich „biokonservative" Positionen, denen es vor allem auf den Eigenwert des Lebens und auf die Menschenwürde gegen die Realisierung von Einzelinteressen und gegen fragwürdige der Bedarfsweckung ankommt: Menschenwürde gegen Interessenmoral.[2] Unter „Interessenmoral" ist dabei nicht nur zu verstehen, dass sich Interessen einseitiger und fragwürdiger Art durchsetzen, z. B. Interessen schneller Kommerzialisierung der Wissenschaft, sondern auch, dass die Gentechnik in den Sog der üblichen Bewertung von Interessen gerät: die Nachfrage wird dann nicht mit

2 Vgl. T. S. Hoffmann, W. Schweidler, Walter (Hrsg.), *Normkultur vs. Nutzenkultur*, Berlin, New York 2006.

der gegebenen Ambivalenz informiert, sondern oft mittels (übertrieben) euphorischer Versprechungen erst gemacht. Dies widerspricht dem Transparenzgebot, dass die Einwerbung wissenschaftlicher Förderung mit der Aufklärung über Wissen, Nichtwissen, Chancen, Risiken verbindet. Erst dadurch wird ein informierter öffentlicher Diskurs möglich.

2. Der öffentliche Diskurs

Wenn über die Verantwortung der Gentechnik im öffentlichen Diskurs gesprochen wird, sind zwei Missverständnisse abzuwehren: erstens, der öffentliche Diskurs ersetze die Ethik oder entscheide allein über sie. Man erkundet, was die Menschen wollen, wenn man sie zum Nachdenken über Zukunftsfragen ermuntert und meint dann zu wissen, was moralisch richtig ist. Für diese Position steht ausweislich zahlreicher öffentlicher Äußerungen beispielsweise das langjährige Mitglied verschiedener Ethikkommissionen in Deutschland, Wolfgang van den Daele. Dabei verwechselt man Akzeptanz mit Moral und unterstellt die Moral der gesellschaftlichen Entwicklung bzw. der politischen Machbarkeit. Es gibt aber sowohl in der Ethik als auch im Verfassungsrecht Grundsätze, die nicht zur Disposition stehen.[3] Allerdings hat sich dagegen wiederum eine Opposition gebildet, nicht zuletzt mit Blick auf die Diskurse zu Biotechnologien.[4]

In der internationalen Diskussion kann man beobachten, dass neue Ethiken jenseits der Menschenwürde mit dem Auftrag der Verbesserung des Menschen („enhancement") gesucht werden. Unter Stichworten wie „Harmonie mit der Natur" (vor allem in Asien), Kampf gegen den „Speziesismus" (der die Zugehörigkeit zur Gattung Mensch als zureichendes Kriterien für Würde und Unantastbarkeit betrachtet) und berechenbaren „Lebensqualitäten", die den Lebenswert zu einem mathematischen Kalkül machen, wird die moralische Kultur,

---

3   Davon gehen die Beiträge aus, in: W. Härle, B. Vogel (Hrsg.), „Vom Rechte, das mit uns geboren ist", Aktuelle Probleme des Naturrechts, Freiburg/Basel/Wien 2007; vgl. auch: dies. (Hrsg.), Begründung von Menschenwürde und Menschenrechten, Freiburg/Basel/Wien 2008.

4   Vgl. H. Dreier, Gilt das Grundgesetz ewig? Fünf Kapitel zum modernen Verfassungsstaat, München 2008.

die wir mühsam genug errungen haben und zu behaupten versuchen, fortschreitend entwertet.

Das zweite Missverständnis: man verwechselt ethische Richtigkeit mit praktischen Kompromissen, die durch Interessenausgleich gefunden werden. Solche Kompromisse wird es immer wieder geben. Eine Ethik jedoch, die sich bloß als Interessenperspektive in Kompromissverhandlungen versteht, würde diesen Namen nicht zu Recht tragen. Ethik muss zu allererst auf kategoriale Klarheit, stringente Begrifflichkeit und argumentative Konsistenz achten und sich auf diese Weise in öffentliche Diskurse über Regelungsbedarf einbringen.

In einzelnen Fragen ringen Positionen miteinander um einen *Kompromiss*, die nur eine Teilverwirklichung ihrer moralischen Prioritäten zulässt. Möglicherweise ärgert dieser Kompromiss deshalb am Ende alle Betroffenen. Als Beispiel sei die Stichtagregelung beim Import embryonaler Stammzellen genannt, die zugleich das Tötungsverbot aufrecht erhält und die nachträgliche Nutzung unter besonderen Bedingungen ermöglicht.

In jedem Falle gilt für die Entstehung von Regelungen das Diskursgebot: Die Partizipation und die demokratische Meinungsbildung dürfen nicht erst am Ende von Positionen und institutionellen Regelungen stehen, sie müssen ihre Entstehung von Anfang an begleiten.

Das Thema Forschungsfreiheit verlangt ein genaues und differenziertes Studium. Der Kampf gegen Bürokratie als Forschungsbehinderung, der oft Sympathie findet, darf nicht mit dem Anspruch auf Deregulierung verwechselt werden. Der schon bei einer frühen Stellungnahme der DFG zur Gentherapie verkündete Satz „Forschungsbehinderung ist unethisch" ist in dieser globalen Formulierung unsinnig, denn auch die Wissenschaftler sind sich ja darüber im klaren, dass Verantwortung bedeuten kann, auch einmal etwas *nicht* zu machen.

Kommen wir zurück auf die Frage: Darf der Mensch, was er kann? Ist mit dem Können bereits vorab entschieden, so sollte die Frage besser präventiv gestellt wird: Was wollen wir können, was wollen wir fördern? Möglichst viele Menschen zu informieren und an dieser Debatte zu beteiligen, ist ebenso wichtig, wie sich über die Realistik der Ziele und die Zulässigkeit der Mittel auf dem Laufenden zu halten.

Gentechnik und Umwelt, Gentechnik und Ernährung sind dabei nicht nur (aber auch) Fragen der Sicherheit, sondern auch Fragen unserer Freiheitskultur. Die Menschen müssen wissen, wie produziert und was ihnen angeboten wird, damit sie aus eigener Verantwortung und eigenem Risiko sich dazu stellen können. Die DFG formulierte

dies in einer Denkschrift zur Forschungsfreiheit so: „Der international zu beobachtende Trend, Wissenschaft und Forschung als bloße
Wirtschaftsfaktoren zu betrachten, Wissen möglichst rasch und ge-
winnbringend in (Privat- und Staats-Eigentum zu verwandeln, statt die
Möglichkeiten zur Entstehung neuen Wissens in den Freiheitswur-
zeln der Gesamtkultur eines Landes (oder auch eines Kontinentes) zu
suchen, die neuesten Versuche, nun auch das freieste aller Güter, die
wissenschaftlich anregende, wechselseitige Information zu kommerzia-
lisieren, zu proprietarisieren und zu monopolisieren, sind nur Symptome dieses nicht zu unterschätzenden Entwertungsprozesses."[5]

3. Ein grundlegender Dissens in der europäischen Bioethik: Menschenwürde oder Autonomie?

In der European Group on Ethics in Science and New Technologies,
einem Beratergremium der Europäischen Kommission, wurden um das
Jahr 2000 Listen erstellt, welche Prinzipien, Güter und Normen man
respektieren müsse. Die einen stellten an die Spitze der Prinzipien die
Menschenwürde, die anderen die Autonomie. Wer die Menschenwürde zum Ausgangspunkt wählt, versteht Autonomie im Sinne des
Philosophen Immanuel Kant als Selbstverpflichtung auf das anerkannte Prinzip – das ist letztlich die Menschenwürde. Wer von der
Autonomie ausgeht, versteht unter dieser die freie Selbstbestimmung
im Sinne der persönlichen Option (*free choice*); die Menschenwürde ist
dann davon abgeleitet und betrifft den, der wählen kann. Menschenwürde verlangt Bewusstsein oder die Fähigkeit, eine persönliche Er-
niedrigung als solche zu erfahren. Wer nicht beschämt werden kann,
hat keine Würde, meinen solche Bioethiker. Deshalb hat man zwar
die Pflicht, den Armen zu helfen, aber nicht den Dementen, so beispielsweise Peter Singer. Es gibt manche Zwischenpositionen, aber letztlich bleibt die Frage: ist die Menschenwürde an Fähigkeiten gebunden
oder genügt es, dass ein Mensch „da" ist, damit ihm Würde zukommt?
Im ersten Fall sind Personenrechte an Bewusstsein gebunden, so schon
der Philosoph John Locke, im zweiten Fall betreffen sie jeden, der zur
Menschheit gehört, so schon Kant und in jüngerer Zeit Hans Jonas.

---

5   Deutsche Forschungsgemeinschaft (Hrsg.), *Forschungsfreiheit – Ein Plädoyer für
    bessere Rahmenbedingungen der Forschung in Deutschland*, Weinheim 1996, VI.

Insgesamt erscheint Optimismus nicht am Platz, wenn man sieht, dass die Bioethik in Europa (und anderswo) sich nicht einmal über Prinzipien und Vorgehensweisen verständigen kann. Doch dieses Problem ethischer Kriterien- und Konzeptbildung führt auch auf Fragen der Forschungsentwicklung in Europa.

4. Die Europäische Dimension: Zum Grünbuch „Europäischer Forschungsraum"[6]

Das Konzept eines Europäischen Forschungsraumes müsste von der Erfassung der Pluralität von Wissenschaft, Forschung und akademischen Anstrengungen im Europäischen Raum ausgehen. Vor der Fokussierung ist eine Bestandserhebung des Umfangs, der Stärken und Schwächen der Forschungslandschaft auf all diesen Gebieten notwendig.

Ein Blick auf das Grünbuch zeigt mit Gewissheit, dass das vorgelegte Konzept einseitig auf das Verbundsystem Wissenschaft-Technik-Ökonomie ausgerichtet ist. Es ist verständlich, dass hier die Linien einer Europäischen (Wirtschafts)Gemeinschaft unter Konkurrenzdruck ausgezogen und vertieft werden, aber dies entspricht so nicht dem Anspruch eines Europäischen Forschungsraumes, der von der Vielfalt europäischer Forschungslandschaften ausgeht. Der Gewinn an technokratischer und ökonomischer Produktivkraft könnte zu einem Verlust an Geisteskultur führen.

Sozial-, Geistes und hierbei die Normwissenschaften gehören zur besonderen Tradition und Effizienz der europäischen Forschungslandschaft. „Räume" kann man erst einrichten, wenn man diese Landschaften kennt. Dies setzt voraus, grundlegende Fragen zu klären, bevor man die Perspektiven einengt. Grundlegende Fragen sind philosophische Fragen. Zu diesen grundlegenden Fragen gehört: Was ist überhaupt „Wissen"? Welche Arten von Wissensbemühungen gibt es? Von welchen unterschiedlichen Paradigmata geht Forschung aus? Wo liegen die methodologischen Differenzen? Wie können diese Muster selbständig bleiben und doch zusammenwirken?

---

6 Kommission der Europäischen Gemeinschaften (Hrsg.), *Grünbuch: Der Europäische Forschungsraum – Neue Perspektiven*, Brüssel 2007, http://ec.europa.eu/research/era/pdf/era_gp_final_de.pdf.

Das im Grünbuch vorgesehene Konzept der Fokussierung durch Konzentration und Integration wirkt ausschließend auf die Arbeitsweise in den Sozial- Geistes und Normwissenschaften, in denen Konflikt, Disputation und Diskurs im Vordergrund stehen. Zusammenwirken bedeutet hier oft Nivellierung der intellektuellen Anstrengungen und damit Verlust des kulturellen Reichtums Europas, in welchen diese zur Entfaltung gekommen sind. Diese Wissensbereiche stellen auch keine unmittelbar verwendbaren „Produkte" her, die technokratisch geplant und bürokratisch verwaltet werden können. Sie sind vielmehr ein Gewinn für Diskurse mit Anschluss an die Öffentlichkeit.

Aber auch im Bereich des auf Verwertung abgestellten Wissens besteht ein großer Bedarf an Forschungsfreiheit. Bekanntlich werden oft Entdeckungen gemacht, die nicht im Paradigma liegen und die man vorher nicht so erwartet hat. Das liegt an den notwendigerweise pluralen und lateralen Konzepten auch in einer Industrieforschung, die erfolgreich sein will.

Darüber hinaus kann man meines Erachtens von einem Bildungsnotstand der Wissenschaftler in der „harten", auf technische Anwendung fokussierten Wissenschaften sprechen. Fragestellungen, die über das methodische Reservoir der Naturwissenschaften hinaus in der weiteren Bereich interdisziplinärer Zusammenarbeit gehen, können von Naturwissenschaftlern oft konzeptionell nicht angemessen erfasst und sachlich nicht begründet werden. Sie stoßen auch nicht auf eine entsprechende Lernbereitschaft in anderen methodischen Rahmen Die Gewöhnung daran, wissenschaftliche Genauigkeit durch Eingrenzung von Problemstellungen, macht oft blind für Kontexte und Rahmenbedingungen der umsichtigen Implementierung. Das Gleiche gilt für die Erkenntnis von Vorurteilen und Sackgassen.[7]

Wer einen Europäischen Forschungsraum will, muss auch Bildung wollen. Wer Wissenschaft unterstützt, muss auch Weisheit unterstützen. Das Bündnis von aufgeklärter Wissenschaft, geistiger und moralischer Bildung sowie auf Erfahrenheit gründender Weisheit macht der Herkunft nach die Europäische Forschungslandschaft aus. Ein Beispiel dafür ist die breite und unterschiedliche Konnotation des Zentralwortes „Leben". Es hat seine Bedeutung für die tiefsten Sinnfragen des Menschen, damit für die Religionen, für das sozialen Überleben,

---

7 Vgl. D. Mieth, „Science under the spell of prejudice? The example of biosciences", in: *Handbook Prejudice*, hrsg. v. A. Pelinka, K. Bischof, K. Stoegner, Cambria Press, Armherst NY 2009, S. 345-374.

das „Gute Leben" und das Kulturleben der Gesellschaften und darüber
hinaus auch für die biotechnischen Meliorisierungsversuche mit Hilfe
der kausalanalytischen Betrachtung und Steuerung lebender Zellen.
Man kann deutlich sehen, welcher Verlust entstünde, würde man den
Europäischen Forschungsraum in diesen Bereichen auf naturwissen-
schaftlich-medizinische „Lebenswissenschaften" eingrenzen. Was daher
im Einzelnen durchaus nachvollziehbar vorgeschlagen wird, muss auf
seine Reichweite im Hinblick auf das Gesamt der Forschungslandschaft neu bedacht werden. Dies kann nicht ohne plurale wissenschaftstheoretische und daher philosophische Expertise geschehen. Diese fehlt
dem Konzept gänzlich. Es wirkt darum bürokratisch und einseitig
technokratisch fokussiert.

Schließlich bedarf die Ausbildung der Wissenschaftler einer Reihe
von gesellschaftlichen Schlüsselqualifikationen. Dazu gehören: die De-
mokratie-Kompetenz; die Sozialstaat-Kompetenz, die ökologische Kompetenz. Grundlagen können in der Europäischen Menschenrechts-
erklärung, der Grundrechte-Charta, der Sozialcharta des Europarates
und in den kirchlichen Soziallehren, den ökologischen Zielvorstellun-
gen der EU, den Armutsbekämpfungsprogrammen, den Migrations-
konzepten studiert werden. Forschung als institutionelles Konzept
muss für andere gesellschaftliche Ziele und Institutionen transparent bleiben.

5. Ethikberatung nicht ohne Ethikforschung und Ethikausbildung

Für die Ethik im öffentlichen Diskurs sind unterschiedliche Institutionen zu unterscheiden, die letztlich nur auf Basis einer angemesse-
nen Ethikforschung angemessen ihre jeweilige Rolle spielen können.

In Beratergruppen (*advisory committees*) werden Personen mit
ethikrelevanter Kompetenz zusammengezogen, die im Ideal unter
Partizipation betroffener Gruppen und der Öffentlichkeit Vorschläge
über Probleme unterbreiten, die zu beachten sind (*points to consider*),
und Empfehlungen für Handlungen, Regulierungen und institutionelle Bedürfnisse an die politische Legislative und Exekutive richten
(*opinion, recommendation*).

Ethikkommissionen an medizinischen Institutionen dienen der konkreten Anwendung von Regulierungen. Sie sind beratende Instanzen
für Verfahren zur Normenkontrolle. De facto sind sie nicht öffentlich.

Es gibt aber auch teilöffentliche Sitzungen oder Protokolle werden zugänglich gemacht. Es gibt Ethikzentren unterschiedlichen Typs und unterschiedlicher Finanzierung, die meisten sind staatlich-universitär. Gemeinsam ist den Ethikzentren oder Ethikinstituten die Konzentration auf Ethik-Forschung im interdisziplinären Rahmen und in Zusammenarbeit mit Technikfolgenabschätzung. Dazu kommen je nachdem Aufgaben in der Weiterbildung und in der Lehre. Politikberatung mit Expertisen kann sich dabei fallweise ergeben. Forschung unterliegt der Öffentlichkeit und ist, unter der Voraussetzung ihrer Freiheit und Unabhängigkeit, informations- und rechenschaftspflichtig. Dies gilt auch für Ethik-Forschung. Ethik wird hier als Reflexionstheorie der Moral verstanden, Moral als konkrete Regulierung auf der Basis von ethischen Kriterien.[8]

Akademische Ethikzentren spielen sie eine wichtige Rolle im öffentlichen Diskurs, denn Ethikberatung kann es nicht ohne Ethikforschung geben. Hier spielt das Konzept der interdisziplinären Zusammenarbeit eine große Rolle. Es verlangt wissenschaftlich und menschlich sehr viel von den Beteiligten, nicht zuletzt Engagement einerseits, Toleranz andererseits. Für das Engagement auf dieser Seite sollten im akademischen Betrieb anderweitige Erleichterungen geschaffen werden, ein allerdings bisher unübliches Verfahren.

Das Tübinger Beispiel des Internationalen Zentrums für Ethik in den Wissenschaften (IZEW) mit der Verbindung von Forschung zur „Ethik in den Wissenschaften" und (bislang vorwiegend individueller) Politikberatung lehrt, dass Forschungspraxis und Beraterpraxis in der Ethik wie übrigens auch in der Technikfolgenabschätzung nahe beieinander liegen sollten. Der Beraterberuf ohne Forschungskontakt erzeugt bloß ein Multifunktionärswesen. Umgekehrt braucht auch die Ethikforschung die Öffentlichkeit als Herausforderung, als Indikator von Fragen, die Argumentationspotential eröffnen, als Test für Antworten, die oft mit den Methoden der Reduktion und Isolierung von Kontexten gefunden werden müssen. Ein weiteres Beispiel mit Blick auf den Transfer zwischen Forschung, Lehre und Öffentlichkeit ist das „Ethisch-Philosophische Grundlagenstudium" in Baden-Württemberg, verpflichtend für alle Lehramts-Ausbildungen an den Universitäten. Man hat damit gute Erfahrungen gemacht, ebenso wie ins-

---

8   Vgl. dazu auch K. Hilpert, D. Mieth (Hrsg.), *Kriterien biomedizinischer Ethik. Theologische Beiträge zum gesellschaftlichen Diskurs*, Freiburg i. Br. 2006.

gesamt mit dem Tübinger Konzept einer Ethik in den Wissenschaften und dem entsprechenden Ethikzentrum.[9]

7. Ethik für alle

Mit der Komplexität der hoch technisierten (Informations- und Dienst-leistungs-) Gesellschaften wächst die Schwierigkeit, die eigene Verant-wortung in Form einer „einfachen Sittlichkeit", so eine Formulierung von Otto F. Bollnow, zu schulen. Dennoch enthält jedes heutige So-zialreform-Konzept den Begriff oder das Schlagwort „mehr Eigen-verantwortung". Obwohl es oft den Anschein hat, ist vermutlich damit nicht gemeint, dass bisher keine Eigenverantwortung eingefordert und wahrgenommen wurde. Dabei bestanden jedoch weniger Wahl- und Entscheidungsmöglichkeiten. Die Bahnen des Lebens erschienen bis auf wenige Grundentscheidungen festgelegt. Heute sind die Lebens-verläufe beruflich und privat komplexer und variabler, und sie werden auch so wahrgenommen. Umso mehr bedarf es einer Schulung in Ver-antwortungsfragen, die durch die üblichen Institutionen nicht oder nicht zureichend angeboten und insofern auch nicht nachgefragt wer-den kann. Um zu verdeutlichen, um welche Bereiche ethisch verant-wortlichen Handelns es geht, sei eine Einteilung vorgeschlagen:[10]

- berufliche Verantwortung (Verantwortung im Bereich beruflicher Bildung, Weiterbildung, Zusatzqualifikationen, Umschulung),
- lebensweltliche Verantwortung (insbesondere gesundheitliches, wirtschaftliches und umweltbezogenes Handeln),
- politische Mit-Verantwortung (BürgerInnen-Ethik).

---

9 Vgl. E.-M. Engels, „Ethik in den Wissenschaften – Das Programm des Interfakul-tären Zentrums für Ethik in den Wissenschaften der Universität Tübingen", in: Bund Freiheit der Wissenschaft (Hrsg.), *Freiheit und Verantwortung in Forschung, Lehre und Studium. Die ethische Dimension der Wissenschaft.* Berlin 2004, S. 11-40; D. Mieth, „Fortschritt mit Verantwortung : Ein Essay mit einem Blick auf das Kon-zept einer ‚Ethik in den Wissenschaften'", in: J. Berendes (Hrsg.), *Autonomie durch Verantwortung: Impulse für die Ethik in den Wissenschaften,* Paderborn 2007, S. 21-43.
10 Die familiäre Verantwortung wird, da anders projektiert, hier einmal beiseite ge-lassen. Eine Verbindung bzw. Vernetzung wäre jedoch sinnvoll.

Bildungswerke, Volkshochschulen, Akademien und Kirchen bieten in diesen Bereichen zwar durchaus Information und Diskurse an, aber sie verfügen nicht über ein koordiniertes Gesamtkonzept, in das sich Module verschiedener Herkunft einbauen ließen. Außerdem gilt die Erfahrung der Bundeszentrale für politische Bildung, wonach bei 3.000 Veranstaltungen im Jahr die unter 45-Jährigen so gut wie nicht erreicht werden. Das mag fallweise anders sein, wenn es um individuelle und familiäre Beratung geht, aber die Adressaten in den entscheidenden Lebensphasen, zwischen 18 und 45 brauchen neue und besondere Weisen des Angesprochenwerdens. Die Beanspruchung in dieser Lebensphase hindert hier oft die Ansprechmöglichkeit.

Das IZEW und das Ethik-Netzwerk Baden-Württemberg verfügen über verschiedene gewachsene Kompetenzen, welche die Erstellung eines Gesamtkonzepts „Ethik für alle" und seine Modularisierung zugleich erleichtern könnten:

1. die Nähe zur interdisziplinären Ethik-Forschung in anwendungsbezogenen Bereichen,
2. die Erfahrung mit Ethikausbildung in allen und für alle Fächer (z. B. EPG oder Schlüsselqualifikationen), d. h. mit Modulen in unterschiedlichen Kontexten, grob eingeteilt nach Naturwissenschaften, Sozial- und Geisteswissenschaften,
3. die Erfahrung mit einer weitreichenden öffentlichen Dienstleistung, insbesondere an Bildungsprogrammen auf den verschiedensten Ebenen und mit politischen Expertisen,
4. Forschungsprojekte über das Verhältnis von wissenschaftlichen und öffentlichen Diskursen,
5. einen etablierten Dialog zwischen Ethik und Religion,
6. die Durchführung von Diskursprojekten vor allem mit Schüler- und Studierendengruppen sowie Erfahrungen mit Lehrerbildung und Bürgerkonferenzen

Über die Fragen der moralischen Einsicht hinaus ist die Frage nach dem zureichenden Motiv, eine Einsicht auch umzusetzen, eine der schwierigsten Fragen einer Ethik für alle. Beweisgründe scheinen oft die Beweggründe nicht zu erreichen. Was in einer Studie für das Umwelthandeln nachgewiesen wurde, könnte auf andere Bereiche der Motivation zur (Eigen)-Verantwortung übertragen werden.[11]

---

11 Vgl. C. Baumgartner, *Das Motivationsproblem in der Umweltethik*, Paderborn 2004.

Adressaten eines solchen Konzepts und exemplarischer Module wären nicht nur die Schulen im weitesten Sinne, sondern vor allem auch jene Institutionen, die sich vor allem mit zusätzlichen Ausbildungen oder aber mit jüngeren, bereits etablierten Verantwortungsträgern beschäftigen.

Es gibt eine Reihe von Ethikberatungs-Konzepten, zum Teil auch aus dem IZEW, an denen man ansetzen könnte. Diese sind vor allem kognitiv ausgelegt. Mit dem angestrebten Gesamtkonzept bzw. den exemplarischen Modulen sollten aber auch motivationale, ästhetische und mediale Komponenten einbezogen werden.

Anhang

Publikationen von Prof. Dr. Eve-Marie Engels
(Stand Mitte 2010)

Übersicht

Monographien
Sammelbände
Studien zur Technikfolgenabschätzung
Mitwirkung an den Stellungnahmen des Nationalen Ethikrates 2001– 2007
Mitwirkung an den Statements der Ethikkommission von HUGO-
International
Wissenschaftliche Aufsätze und weitere Publikationen

Monographien

Charles Darwin. München: C. H. Beck 2007 (Beck'sche Reihe Denker), 256 S.
Erkenntnis als Anpassung? Eine Studie zur Evolutionären Erkenntnistheorie.
Frankfurt: Suhrkamp 1989, 519 S.
Die Teleologie des Lebendigen. Kritische Überlegungen zur Neuformulierung des Teleologieproblems in der angloamerikanischen Wissenschaftstheorie. Eine historisch-systematische Studie. Berlin: Duncker & Humblot 1982, 288 S.

Sammelbände

Charles Darwin und seine Wirkung. Hrsg. von Eve-Marie Engels. Frankfurt a.M.: Suhrkamp 2009, 466 S.
Der implantierte Mensch. Therapie und Enhancement im Gehirn. Hrsg. von Elisabeth Hildt und Eve-Marie Engels. Freiburg/München: Alber 2009, 216 S.
The Reception of Charles Darwin in Europe. 2 vols. Hrsg. von Eve-Marie Engels und Thomas F. Glick. London: Continuum 2008, 736 S.
The Janus Face of Prenatal Diagnostics. A European Study Bridging Ethics, Psychoanalysis, and Medicine. Hrsg. von Marianne Leuzinger-Bohleber, Eve-Marie Engels und John Tsiantis. London: Karnac 2008, 457 S.

Wie funktioniert Bioethik? Hrsg. von Cordula Brand, Eve-Marie Engels, Arianna Ferrari, László Kovács. Paderborn: Mentis 2008, 341 S.

Die richtigen Maße für die Nahrung. Biotechnologie, Landwirtschaft und Lebensmittel in ethischer Perspektive. Hrsg. von Thomas Potthast, Christoph Baumgartner und Eve-Marie Engels. Tübingen: Francke Verlag 2005, 319 S.

Neurowissenschaften und Menschenbild. Hrsg. von Eve-Marie Engels und Elisabeth Hildt. Paderborn: Mentis 2005, 255 S.

Neue Perspektiven der Transplantationsmedizin im interdisziplinären Dialog. Hrsg. von Eve-Marie Engels, Gisela Badura-Lotter und Silke Schicktanz. Baden-Baden: Nomos Verlagsgesellschaft 2000, 289 S.

Jahrbuch für Geschichte und Theorie der Biologie. Hrsg. von Michael Weingarten, Mathias Gutmann und Eve-Marie Engels in Verbindung mit der Deutschen Gesellschaft für Geschichte und Theorie der Biologie 1999, 2000, 2001.

Biologie und Ethik. Hrsg., mit einem Vorwort und einer Einleitung versehen von Eve-Marie Engels. Stuttgart: Reclam 1999, 383 S.

Die Entstehung der Synthetischen Theorie: Beiträge zur Geschichte der Evolutionsbiologie in Deutschland 1930–1950. Hrsg. von Thomas Junker und Eve-Marie Engels. Berlin: Verlag für Wissenschaft und Bildung 1999, 380 S.

Ethik der Biowissenschaften: Geschichte und Theorie. Hrsg. von Eve-Marie Engels, Thomas Junker und Michael Weingarten. Beiträge zur 6. Jahrestagung der Deutschen Gesellschaft für Geschichte und Theorie der Biologie in Tübingen 1997. Mit einem Vorwort von Eve-Marie Engels. Berlin: Verlag für Wissenschaft und Bildung 1998, 426 S.

Die Rezeption von Evolutionstheorien im 19. Jahrhundert. Hrsg., mit einem Vorwort, einer Einleitung und einer Auswahlbibliographie versehen von Eve-Marie Engels. Frankfurt: Suhrkamp stw 1995, 448 S.

Studien zur Technikfolgenabschätzung

Menschliche Stammzellen. Bärbel Hüsing, Eve-Marie Engels, Rainer Frietsch, Sibylle Gaisser, Klaus Menrad, Beatrix Rubin, Lilian Schubert, Rainer Schweizer und René Zimmer. Studie des Zentrums für Technologiefolgen-Abschätzung beim Schweizerischen Wissenschafts- und Technologierat, TA 44/2003, Bern Januar 2003, (Broschüre) 337 S.

Menschliche Stammzellen. Zwischenbericht. Bärbel Hüsing, Eve-Marie Engels, Rainer Frietsch, Sibylle Gaisser, Klaus Menrad, Beatrix Rubin-Lucht und Rainer J. Schweizer. Studie des Zentrums für Technologiefolgen-Abschätzung beim Schweizerischen Wissenschafts- und Technologierat, TA 41-Z/2002, Bern April 2002, (Broschüre) 224 S.

Zelluläre Xenotransplantation. Bärbel Hüsing, Eve-Marie Engels, Sibylle Gaisser und René Zimmer. Studie des Zentrums für Technologiefolgen-Abschätzung beim Schweizerischen Wissenschafts- und Technologierat, TA 39/2001, Bern 2001, (Broschüre) 331 S.

Technikfolgenabschätzung Xenotransplantation. Bärbel Hüsing, Eve-Marie Engels, Thomas Frick, Klaus Menrad, Thomas Reiß. Schweizerischer Wissenschaftsrat TA 30/1998. Bern 1998, (Broschüre) 246 S.

Mitwirkung an den Stellungnahmen des Nationalen Ethikrates 2001–2007

Zur Frage der Änderung des Stammzellgesetzes. Juli 2007. Druckfassung Berlin 2007. Hrsg. vom Nationalen Ethikrat, Berlin 2007, 47 S.

Die Zahl der Organspenden erhöhen – Zu einem drängenden Problem der Transplantionsmedizin in Deutschland. April 2007. Hrsg. vom Nationalen Ethikrat. Berlin: Druckhaus Berlin-Mitte 2007, 59 S.

Prädiktive Gesundheitsinformationen beim Abschluss von Versicherungen. Stellungnahme des Nationalen Ethikrates. Februar 2007. Hrsg. vom Nationalen Ethikrat. Berlin: Druckhaus Berlin-Mitte 2007, 83 S.

Selbstbestimmung und Fürsorge am Lebensende. Stellungnahme des Nationalen Ethikrates. Juli 2006. Hrsg. vom Nationalen Ethikrat. Berlin: Druckhaus Berlin-Mitte 2006, 111 S.

Prädiktive Gesundheitsinformationen bei Einstellungsuntersuchungen. Stellungnahme. August 2005. Hrsg. vom Nationalen Ethikrat. Berlin: Druckhaus Berlin-Mitte 2005, 69 S.

Patientenverfügung – Ein Instrument der Selbstbestimmung. Stellungnahme. Juni 2005. Hrsg. vom Nationalen Ethikrat. Berlin: Saladruck 2005, 36 S.

Zur Patentierung biotechnologischer Erfindungen unter Verwendung biologischen Materials menschlichen Ursprungs. Stellungnahme. Oktober 2004. Hrsg. vom Nationalen Ethikrat. Berlin: Saladruck 2004, 45 S.

Klonen zu Fortpflanzungszwecken und Klonen zu biomedizinischen Forschungszwecken. Stellungnahme. September 2004. Hrsg. vom Nationalen Ethikrat. Berlin: Saladruck 2004, 111 S.

Polkörperdiagnostik. Stellungnahme. Juni 2004. Hrsg. vom Nationalen Ethikrat. Berlin 2004, 4 S.

Biobanken für die Forschung. Stellungnahme. März 2004. Hrsg. vom Nationalen Ethikrat. Berlin: Saladruck 2004, 117 S.

Genetische Diagnostik vor und während der Schwangerschaft. Stellungnahme des Nationalen Ethikrates. Januar 2003. Berlin: Saladruck 2003, 188 S.; Ergänzung um die Stellungnahme Polkörperdiagnostik. Berlin Juni 2004.

Zum Import menschlicher embryonaler Stammzellen. Stellungnahme des Nationalen Ethikrates. Internet-Ausgabe Berlin: Dezember 2001. Druckfassung: Berlin 2002, 59 S.

Mitwirkung an den Statements der Ethikkommission von HUGO-International

Statement on Human Genomic Databases. December 2002. HUGO Ethics Committee.
Statement on Benefit-Sharing. April 2000. HUGO Ethics Committee.

Wissenschaftliche Aufsätze und weitere Publikationen

2010

Charles Darwins Kritik an der Lehre vom ‚intelligent disign', in: Bernd Janowski, Friedrich Schweitzer, Christoph Schwöbel (Hrsg.): *Schöpfungsglaube vor der Herausforderung des Kreationismus.* Neukirchen-Vluyn: Neukirchener Verlagsgesellschaft 2010, S. 69-106.

Der Mensch als Weltbürger in Darwins Evolutionstheorie, in: Berthold Lange (Hrsg.): *Menschenrechte und ihre Grundlagen im 21. Jahrhundert - Auf dem Wege zu Kants Weltbürgerrecht.* Würzburg: Ergon 2010, S. 67-83.

2009

Evolution und Ethik bei Charles Darwin, in: Monika C. M. Müller, Stephan Schaede (Hrsg.): *Das wollte ich nicht. Das waren meine Gene! Von Darwins Evolutionstheorie zur Evolutionären Ethik.* Loccumer Protokolle 14/09, Pößneck: GGP Media on demand, S. 61-94.

Charles Darwins geheimnisvolle Revolution, in: Astrid Schwarz, Alfred Nordmann (Hrsg.): *Das bunte Gewand der Theorie. Vierzehn Begegnungen mit philosophierenden Forschern.* Freiburg/München: Alber 2009, S. 154-206.

Charles (Robert) Darwin, in: Stefan Jordan, Burkhard Mojsisch: *Philosophenlexikon.* Stuttgart: Reclam 2009, S. 150-152.

Charles Darwin: Person, Theorie, Rezeption. Zur Einführung, in: Eve-Marie Engels (Hrsg.): *Charles Darwin und seine Wirkung.* Frankfurt a.M.: Suhrkamp 2009, S. 9-57.

Charles Darwins evolutionäre Theorie der Erkenntnis- und Moralfähigkeit, in: Eve-Marie Engels (Hrsg.): *Charles Darwin und seine Wirkung.* Frankfurt a.M.: Suhrkamp 2009, S. 303-339.

Implantate im Gehirn: Eine Einführung, zusammen mit Elisabeth Hildt, in: Elisabeth Hildt, Eve-Marie Engels (Hrsg.): *Der implantierte Mensch. Therapie und Enhancement im Gehirn.* Freiburg/München: Alber 2009, S. 11-19.

Die künstliche Natur des Menschen – Neuroprothesen und Neurotranszender, in: Elisabeth Hildt, Eve-Marie Engels (Hrsg.): *Der implantierte Mensch. Therapie und Enhancement im Gehirn.* Freiburg/München: Alber 2009, S. 129-143.

Der Mensch, ein Mängelwesen? Biotechniken im Kontext anthropologischer und ethischer Überlegungen, in: Heinrich Schmidinger, Clemens Sedmak (Hrsg.): *Der Mensch, ein Mängelwesen? Endlichkeit – Kompensation – Entwicklung*. Darmstadt: Wissenschaftliche Buchgesellschaft 2009, Reihe „Topologien des Menschlichen", S. 207-235.

2008

Darwin's Philosophical Revolution: Evolutionary Naturalism and First Reactions to his Theory, in: Eve-Marie Engels, Thomas F. Glick (Hrsg.): *The Reception of Charles Darwin in Europe*. 2 Bände. London, New York: Continuum 2008, S. 23-53.

Experience and ethics: ethical and methodological reflections on the integration of the EDIG study in the ethical landscape, in: Marianne Leuzinger-Bohleber, Eve-Marie Engels, John Tsiantis (Hrsg.): *The Janus Face of Prenatal Diagnostics. A European Study Bridging Ethics, Psychoanalysis, and Medicine*. London: Karnac 2008, S. 251-272.

Patentiertes Leben, Diskussion mit Eve-Marie Engels, Klaus Hahlbrock, Christoph Then, Pierre Treichel und Joachim Müller-Jung, in: *Leben erfinden – Über die Optimierung von Mensch und Natur*. Vorträge und Diskussionen mit Klaus Dörner, Petra Gehring, Volker Mosbrugger, Florian Rötzer, Friedemann Schrenk und Spiros Simitis. Frankfurt: Verlag der Autoren 2008, S. 45-80.

Wissenschaft und Religion im Leben und Werk von Charles Darwin, in: Oliver Betz, Heinz-Rüdiger Köhler (Hrsg.): *Die Evolution des Lebendigen. Grundlagen und Aktualität der Evolutionslehre*. Tübingen: Francke 2008, S. 237-266.

Was und wo ist ein ‚naturalistischer Fehlschluss'? Zur Definition und Identifikation eines Schreckgespenstes der Ethik", in: Cordula Brand, Eve-Marie Engels, Arianna Ferrari, László Kovács, (Hrsg.): *Wie funktioniert Bioethik?* Paderborn: mentis 2008, S. 125-141, und in: Giovanni Maio, Jens Clausen, Oliver Müller (Hrsg.): *Mensch ohne Maß? Reichweite und Grenzen anthropologischer Argumente in der biomedizinischen Ethik*. Freiburg/München: Alber 2008, S. 176-194.

Die Herausforderungen der Bioethik – Zur Einführung, in: Cordula Brand, Eve-Marie Engels, Arianna Ferrari, László Kovács (Hrsg.): *Wie funktioniert Bioethik?* Paderborn: mentis 2008, S. 11-24.

2007

Biobanks as Basis for Personalised Nutrition? Mapping the Ethical Issues, in: *Genes & Nutrition*, 2/1, 2007, S. 59-62. Auch Online: 21. September 2007.

Preface, in: Graduate School of Humanities and Sociology the University of Tokyo (Hrsg.): *The Future of Life and Death. Contemporary Bioethics in Europe and Japan*, Tokyo: Sangensha Publishers 2007, S. 1-4.

Zur Relevanz der Empirie für die Bestimmung des moralischen Status des menschlichen Embryos, in: Giovanni Maio (Hrsg.): *Der Status des extrakorporalen Embryos. Perspektiven eines interdisziplinären Zugangs*, Stuttgart-Bad Canstatt: frommann-holzboog 2007, S. 307-321.

2006

Animals. Ethics, in: Hans Dieter Betz, Don S. Browning, Bernd Janowski, Eberhard Jüngel (Hrsg.): *Religion Past and Present*. Vol. 1, Leiden: Brill 2006, S. 244-245.

Essay: Ethische Aspekte der genetischen Veränderung der Natur, in: William K. Purves et al. (Hrsg.): *Biologie*. 7. Aufl., aus dem Engl. übersetzt von A. Held et al., Deutsche Übersetzung hrsg. von Jürgen Markl, München: Spektrum Akademischer Verlag 2006, S. 194-196.

Charles Darwin's moral sense – on Darwin's ethics of non-violence, in: Deutsche Gesellschaft für Geschichte und Theorie der Biologie (Hrsg.): *Annals of the History and Philosophy of Biology*. 10/2005, Göttingen: Universitätsverlag 2006, S. 31-54.

Charles Darwins moralischer Sinn – Zu Darwins Ethik der Gewaltlosigkeit, in: Julia Dietrich, Uta Müller-Koch (Hrsg.): *Ethik und Ästhetik der Gewalt*. Paderborn: Mentis 2006, S. 303-328.

2005

Gentechnik in der Landwirtschaft – Fragen und Reflexionen aus ethischer Perspektive, in: Thomas Potthast, Christoph Baumgartner, Eve-Marie Engels (Hrsg.): *Die richtigen Maße für die Nahrung. Biotechnologie, Landwirtschaft und Lebensmittel in ethischer Perspektive*. Tübingen: Francke Verlag 2005, S. 19-40.

Tier. Ethisch. 1. Verhalten zum Tier – 2. Tierhaltung und Zucht – 3. Nutzung von Tieren, in: *Religion in Geschichte und Gegenwart*. Bd. 8, Tübingen: Mohr Siebeck 2005, Sp. 406-408.

Wissenschaftsethik, in: *Religion in Geschichte und Gegenwart*. Bd. 8, Tübingen: Mohr Siebeck 2005, Sp. 1649-1651.

Forschung am Menschen und ihre kulturellen Folgen aus philosophischer Perspektive, in: Peter G. Kirchschläger, Andréa Belliger, David J. Krieger (Hrsg.): *Forschung am Menschen. Science & Society*. Band II, Zürich: Seismo 2005, S. 198-204.

Die Herausforderungen der Neurowissenschaften – Zur Einführung, Eve-Marie Engels und Elisabeth Hildt, in: Eve-Marie Engels, Elisabeth Hildt (Hrsg.): *Neurowissenschaften und Menschenbild*. Paderborn: Mentis 2005, S. 9-17.

Plädoyer für eine nichtreduktionistische Neurophilosophie, in: Eve-Marie Engels, Elisabeth Hildt (Hrsg.): *Neurowissenschaften und Menschenbild*. Paderborn: Mentis 2005, S. 221-249.

Ethik in den Biowissenschaften, in: Matthias Maring (Hrsg.): *Ethisch-Philosophisches Grundlagenstudium 2. Ein Projektbuch.* Münster: LIT Verlag 2005, S. 135-166.

2004

Die ethischen Herausforderungen der Neurowissenschaften (Vorstellung des Schwerpunkts „Ethische und wissenschaftstheoretische Aspekte der Neurowissenschaften" im GK Bioethik), in: *Neuroforum.* X. Jg. 4 (2004), S. 279-281.

Ethik in den Wissenschaften – Das Programm des Interfakultären Zentrums für Ethik in den Wissenschaften der Universität Tübingen, in: Bund Freiheit der Wissenschaft (Hrsg.): *Freiheit und Verantwortung in Forschung, Lehre und Studium. Die ethische Dimension der Wissenschaft.* Berlin 2004, S. 11-40.

O desafio das biotécnicas para a ética e a antropologia, in: *Veritas. V.* 50/2 (2004), S. 205-228.

Biobanken für die medizinische Forschung: Probleme und Potenzial, in: Hans-Peter Schreiber (Hrsg.): *Biomedizin und Ethik. Mit einem Vorwort von Werner Arber.* Basel/Boston/Berlin: Birkhäuser Verlag 2004, S. 29-40.

2003

La creación del Consejo Nacional de Ética en la República Federal de Alemania; Los problemas éticos y jurídicos de la investigación en células madre embrionarias humanas en Alemania; Líneas de argumentación a favor y en contra de la obtensión de células madres embrionarias humanas, in: Manuel Bernales Alvarado et al.: *Bioética. Compromiso de todos.* Montevideo, Uruguay: Ediciones Trilce 2003, S. 25-27, S. 27-35, S. 35-45.

Philosophische und ethische Herausforderungen des Klonens beim Menschen. Philosophical and ethical challenges of human cloning, in: Ludger Honnefelder, Dirk Lanzerath in Zusammenarbeit mit Eve-Marie Engels, Claudia Wiesemann (Hrsg.): *Klonen in biomedizinischer Forschung und Reproduktion. Wissenschaftliche Aspekte – Ethische, rechtliche und gesellschaftliche Grenzen/Cloning in Biomedical Research and Reproduction. Scientific Aspects – Ethical, Legal and Social Limits.* Bonn: Sinclair Press 2003, S. 31-38, S. 399-405.

Humanität und Ethik für das 21. Jahrhundert – Zum Mensch-Tierverhältnis. Herausforderungen und Perspektiven, in: Helmut Reinalter (Hrsg.): *Humanität und Ethik für das 21. Jahrhundert: Herausforderungen und Perspektiven.* Innsbruck-Wien-München-Bozen: StudienVerlag 2003, S. 77-100.

Biobanken für die medizinische Forschung – Zur Einführung, in: Nationaler Ethikrat (Hrsg.): *Biobanken. Chance für den wissenschaftlichen Fortschritt oder Ausverkauf der „Ressource" Mensch? Jahrestagung des Nationalen Ethikrates 2002. Tagungsdokumentation.* Hamburg 2003, S. 11-22.

Biobanken für die medizinische Forschung: Probleme und Potential, in: *Zeitschrift für Biopolitik*. 2. Jg. Nr. 2 (2003), S. 99-106.

Die Rolle der Bioethik für die Politik und Forschungsförderung, in: Herbert Haf (Hrsg.): *Ethik in den Wissenschaften. Beiträge einer Ringvorlesung der Universität Kassel.* Kassel: kassel university press 2003, S. 43-59.

Zur Frage der Grenzen solidarischen Handelns aus ethischer und wissenschaftstheoretischer Perspektive, in: Johannes Müller, Michael Reder (Hrsg.): *Der Mensch vor der Herausforderung nachhaltiger Solidarität.* Stuttgart: Kohlhammer 2003, S. 77-108, Diskussion S. 109-126.

Geleitwort: Zur Bedeutung des Themas, in: Christoph Baumgartner, Dietmar Mieth (Hrsg.): *Patente am Leben? Ethische, rechtliche und politische Aspekte der Biopatentierung.* Paderborn: Mentis 2003, S. 7-10.

2002

Der Streit um die Embryonen. In vivo – in vitro: (un)gleiches Recht für alle, in: *Diakonie.* 2 (2002), S. 23-25.

Medizinische Perspektiven und ethische Konflikte der molekularen Biologie für das Leben mit Krankheit und Alter, in: *Diakonie. Dokumentation 05/02. Chancen und Grenzen der Biomedizin. Symposium des Diakonischen Werkes der Evangelischen Kirche in Deutschland e.V. 8. bis 9. Oktober 2001 im Rahmen der Diakonischen Konferenz in Stuttgart.* (2002), S. 19-31.

Human embryonic stem cells. The German Debate, in: *Nature Reviews Genetics.* 3, August (2002), S. 636-641.

Von der naturethischen Einsicht zum moralischen Handeln. Ein Problemaufriss, in: Axel Beyer (Hrsg.): *Fit für Nachhaltigkeit? Biologisch-anthropologische Grundlagen einer Bildung für nachhaltige Entwicklung.* Opladen: Leske + Buderich 2002, S. 163-191.

Xenotransplantation aus ethischer Perspektive, in: Anja Haniel (Hrsg.): *Tierorgane für den Menschen? Dokumentation eines Bürgerforums zur Xenotransplantation. Akzente Bd. 16 Institut Technik – Theologie – Naturwissenschaften.* Herbert Utz Verlag 2002, S. 43-88.

Bioethik, gemeinsam mit Lilian Schubert, in: *Metzler Lexikon Religion. Text- und Bildquellen, Filmographie, Zeittafeln, Gesamtregister.* Bd. 4. (2002), S. 320-323.

Evolutionäre Ethik, in: Marcus Düwell, Christoph Hübenthal, Micha H. Werner (Hrsg.): *Handbuch Ethik.* 2. Aufl. Stuttgart: Metzler 2006, S. 347-352. (1. Aufl. 2002)

Ethische Aspekte der Xenotransplantation und der Verwendung humaner Stammzellen, (S. 198-211), Abschnitt in: „Transplantationsmedizin: alternative Methoden zum allogenen Organersatz", Axel Haverich, Anna M. Wobus, Eve-Marie Engels in: Deutsche Forschungsgemeinschaft (Hrsg.): *Perspektiven der Forschung und ihrer Förderung. Aufgaben und Finanzierung 2002-2006.* Weinheim: Wiley-VCH 2002, S. 187-216.

Grußworte, in: Ekkehard Höxtermann, Joachim Kaasch, Michael Kaasch (Hrsg.): *Die Entstehung biologischer Disziplinen I – Beiträge zur 10. Jahrestagung der DGGTB in Berlin 2001. Verhandlungen zur Geschichte und Theorie der Biologie,* Bd. 8. Berlin: Verlag für Wissenschaft und Bildung 2002, S. 9-12.

El estatuto moral de los animales en la discusión sobre el xenotrasplante, in: Carlos María Romeo Casabona (Hrsg.): *Los Xenotrasplantes. Aspectos científicos, éticos y jurídicos.* Granada: Editorial Comares 2002, S. 71-108.

2001

Ethik als Lebensprogramm. Ein Plädoyer für eine interdisziplinäre ökologische Ethik, in: *Politische Ökologie, 69, pö_forum. Fit für Nachhaltigkeit? Biologisch-anthropologische Grundlagen einer Bildung für nachhaltige Entwicklung.* S. IX

Die Herausforderung der Biotechnik für Ethik und Anthropologie, in: *Die biologische Machbarkeit des Menschen. Beiheft 2001 zur Berliner Theologischen Zeitschrift* (BThZ), 18. Jg., S. 100-124.

Die Grenzen des Erlaubten – Konfliktfelder der embryonalen Stammzellforschung, in: Gert Kaiser (Hrsg.): *Wissenschaftszentrum Nordrhein-Westfalen.* Jahrbuch 2000/2001. Minden: Bruns 2001, S. 163-179.

The Moral Status of Animals in the Discussions on Xenotransplantation, in: *Revista de Derecho y Genoma Humano/Law and the Human Genome Review.* 13, Part II: January-June, S. 183-203.

Ist Ethik denn teilbar? Zur Frage der Möglichkeit und Standortbestimmung einer Bioethik, in: Adrian Holderegger, Jean-Pierre Wils (Hrsg.): *Interdisziplinäre Ethik. Grundlagen, Methoden, Bereiche. Festschrift für Dietmar Mieth zum 60. Geburtstag.* Fribourg 2001, S. 361-377.

Stellungnahme zu den ethischen Aspekten auf dem Podium bei der Veranstaltung Die Verwendung humaner Stammzellen in der Medizin – Perspektiven und Grenzen. Statusseminar des Bundesministeriums für Bildung und Forschung unter der Leitung des Parlamentarischen Staatssekretärs Wolf-Michael Catenhusen, Berlin, 29.03.2000, in: Bundesministerium für Bildung und Forschung (Hrsg.): *Humane Stammzellen. Perspektiven und Grenzen in der regenerativen Medizin.* Stuttgart/New York: Schattauer 2001, S. 120-122,123,133-135,137-138.

Von der naturethischen Einsicht zum moralischen Handeln. Ein Problemaufriss, in: Sigrid Görgens, Annette Scheunpflug, Krassimir Stojanow (Hrsg.): *Universalistische Moral und weltbürgerliche Erziehung.* Frankfurt/Main: IKO-Verlag (Verlag für interkulturelle Kommunikation) 2001, S. 154-178, Diskussion S. 178-180.

Konfliktfelder der embryonalen Stammzellforschung, in: *Das Magazin. Wissenschaftszentrum Nordrhein-Westfalen* 12. Jg. 2/ 2001, S. 14-16.

Wissenschaft und Ethik – ein Gegensatz? Stammzellforschung in der Diskussion, Beiträge von Ronald D. G. McKay und Eve-Marie Engels, in: *Livingbridges. Das Schering Forschungsmagazin.* Heft 1 (2001), S. 28-30.

Therapeutisches Klonen – Weder Segen noch Fluch? Editorial, in: *BIOforum.* 24. Jg., Heft 5 (2001), S. 273.

Vorstellung der Förderinitiative ‚Bioethik' der Deutschen Forschungsgemeinschaft DFG", erscheint in der Broschüre zur Veranstaltung *Die entzauberte Schöpfung – der manipulierte Mensch – Wissenschaft und Gesellschaft im gen-ethischen Diskurs.* Kooperationstagung des Instituts für Kirche und Gesellschaft der EkvW und des Arbeitskreises Naturwissenschaft und Theologie der Ev. Akademic (10. bis 12. Dezember 1999, Schwerte).

Statement als Podiumsrednerin zur Leitfrage 6 „Welche Möglichkeiten und Grenzen bestehen für die Gewinnung und Verwendung humaner embryonaler Stammzellen?", in: Bundesministerium für Gesundheit (Hrsg.): *Fortpflanzungsmedizin in Deutschland.* Wissenschaftliches Symposium des Bundesministeriums für Gesundheit in Zusammenarbeit mit dem Robert-Koch-Institut. Berlin, 24. – 26. Mai 2000, in: Schriftenreihe des Bundesministeriums für Gesundheit, Bd. 132, Baden-Baden: Nomos Verlagsgesellschaft 2001, S. 463-465. Diskussionsbeitrag S. 479.

Xenotransplantation aus ethischer Sicht unter besonderer Berücksichtigung ihrer Risikodimension, in: Dietrich Arndt, Günter Obe, Ullrich Kleeberg (Hrsg.): *Biotechnologische Verfahren und Möglichkeiten in der Medizin.* RKI-Schriften. 1/01 München: MMV Medizin Verlag 2001, S. 216-229. Erschienen auch in Marcel Weber, Paul Hoyningen-Huene (Hrsg.): Ethische Probleme in den Biowissenschaften. Heidelberg: Synchron Wissenschaftsverlag der Autoren 2001, S. 35-56.

Grußworte in: Ekkehard Höxtermann, Joachim Kaasch & Michael Kaasch (Hrsg.): *Berichte zur Geschichte und Theorie der Ökologie und weitere Beiträge der 9. Jahrestagung der DGGTB in Neuburg a. d. Donau 2000.* Verhandlungen zur Geschichte und Theorie der Biologie Bd. 7. Berlin: Verlag für Wissenschaft und Bildung 2001, S. 13-14.

Orientierung an der Natur? Zur Ethik der Mensch-Tier-Beziehung, in: Manuel Schneider (Hrsg.): *Den Tieren gerecht werden. Zur Ethik und Kultur der Mensch-Tier-Beziehung.* Reihe Tierhaltung Band 27. Schweisfurth-Stiftung. Kassel: Verlag der Universität Gesamthochschule Kassel 2001, S. 68-87.

2000

Welcome Address zum Workshop *Theoretical and Practical Aspects of Animal Ethics,* 3.-4. Dezember 1999, Tübingen, organisiert von Silke Schicktanz und Eve-Marie Engels, in Kooperation mit Helena Röcklinsberg (Uppsala), in: ALTEX 17/1 (2000), S. 41-42.

Comment on Jean-Pierre Wils: Autonomy and Recognition, in: Derek Beyleveld, Hille Haker (Hrsg.): *Ethics in Human Procreation, Genetic*

Diagnosis and Therapy. Aldershot/Burlington USA/Singapore/Sydney: Ashgate 2000, S. 125-130.

Von der naturethischen Einsicht zum moralischen Handeln. Ein Problemaufriss, in: Hans-Peter Mahnke, Alfred K. Treml (Hrsg.): *Total global. Weltbürgerliche Erziehung als Überforderung der Ethik?* edition ethik kontrovers 8. Jahrespublikation der Zeitschrift *Ethik & Unterricht.* Frankfurt/Main: Verlag Moritz Diesterweg 2000, S. 43-50. Erweiterte Fassung in: Sigrid Görgens, Annette Scheunpflug und Krassimir Stojanow (Hrsg.): *Universalistische Moral und weltbürgerliche Erziehung.* Frankfurt/Main: IKO-Verlag (Verlag für interkulturelle Kommunikation) 2001, S. 154-178, Diskussion S. 178-180.

gemeinsam mit Gisela Badura-Lotter und Silke Schicktanz: Neue Perspektiven der Transplantationsmedizin im interdisziplinären Dialog – Zur Einführung in Schwerpunkte der Diskussion, in: Eve-Marie Engels, Gisela Badura-Lotter, Silke Schicktanz (Hrsg.): *Neue Perspektiven der Transplantationsmedizin im interdisziplinären Dialog,* Baden-Baden: Nomos Verlagsgesellschaft 2000, S. 3-16.

Xenotransplantation – eine neue Freisetzungsproblematik. Wissenschaftstheoretische und ethische Aspekte ihrer Risikobeurteilung, in: Eve-Marie Engels, Gisela Badura-Lotter, Silke Schicktanz (Hrsg.): *Neue Perspektiven der Transplantationsmedizin im interdisziplinären Dialog.* Baden-Baden: Nomos Verlagsgesellschaft 2000, S. 170-195.

The Moral Status of Animals in the Discussions on Xenotransplantation, in: *Revista de Derecho y Genoma Humano/Law and the Human Genome Review.* 13, July-Dec. (2000), S. 165-181 (Part I), 14, January-June (2001), S. 183-203 (Part II).

Die Relevanz des genetischen Wissens für unser Verständnis der lebendigen Natur, in: *Tagungsband zum Interdisziplinären Symposium „Was wissen wir, wenn wir das menschliche Genom kennen?"* 14.-15. April 2000, Wissenschaftszentrum Bonn, Organisation: Institut für Wissenschaft und Ethik e.V., Bonn, Institut für Humangenetik, Universität Bonn.

Stellungnahme zu den ethischen Aspekten, auf dem Podium bei der Veranstaltung *Die Verwendung humaner Stammzellen in der Medizin – Perspektiven und Grenzen.* Statusseminar des Bundesministeriums für Bildung und Forschung unter der Leitung des Parlamentarischen Staatssekretärs Wolf-Michael Catenhusen, Berlin, 29.03.2000. Erschienen in der gleichlautenden Broschüre zum Statusseminar.

Le statut moral des animaux dans la discussion sur le xénotransplantations, in: Denis Müller, Hugues Poltier (Hrsg.): *La dignité de l'animal.* Genf: Labor et Fides 2000, S. 319-361.

Darwins Popularität im Deutschland des 19. Jahrhunderts: Die Herausbildung der Biologie als Leitwissenschaft, in : Achim Barsch und Peter M. Hejl (Hrsg.): *Menschenbilder. Zur Pluralisierung der Vorstellungen von der menschlichen Natur (1850–1914)*. Frankfurt: Suhrkamp 2000, S. 91-145.

Ethische Aspekte der Transplantations- und Reproduktionsmedizin am Beispiel der Forschungen an humanen embryonalen Stamm- und Keimzellen, in: Anna M. Wobus, Ulrich Wobus, Benno Parthier (Hrsg.): *Die Verfügbarkeit des Lebendigen*. Gaterslebener Begegnung 1999. Nova Acta Leopoldina. Bd. 82, Nr. 315. Halle (Saale): Deutsche Akademie der Naturforscher Leopoldina e.V. 2000, S. 159-183.

Darwin in der deutschen Zeitschriftenliteratur des 19. Jahrhunderts – Ein Forschungsbericht, in: Rainer Brömer, Uwe Hoßfeld, Nicolaas A. Rupke (Hrsg.): *Evolutionsbiologie von Darwin bis heute*. Berlin: Verlag Wissenschaft und Bildung 2000, S. 19-57.

1999

Natur- und Menschenbilder in der Bioethik des 20. Jahrhunderts. Zur Einführung, in: Eve-Marie Engels (Hrsg.): *Biologie und Ethik*. Stuttgart: Reclam 1999, S. 7-42.

Ethische Problemstellungen der Biowissenschaften und Medizin am Beispiel der Xenotransplantation, in: Eve-Marie Engels (Hrsg.): *Biologie und Ethik*. Stuttgart: Reclam 1999, S. 283-328.

Biological, Medical and Ethical Problems of Xenotransplantation, in: *Biologist. Journal of the Institute of Biology*. 46/2 (1999), S. 73-76 und in *Medicine Digest* 7/12 (1999), S. 22-27 (Zeitschrift für China und Pakistan).

Ethische Überlegungen zur Xenotransplantation, in: *Deutsche tierärztliche Wochenschrift*. 106. Jg., Heft 2 (1999), S. 149-154.

Tierethik: Konfliktfall Xenotransplantation, in: *Gen-ethischer Informationsdienst GID*. Nr. 132, April/Mai (1999), S. 14-17.

Bioethik, in: *Metzler Lexikon Religion*. Bd. 1 (1999), S. 159-164.

Eugenik, in: *Metzler Lexikon Religion*. Bd. 1 (1999), S. 312-314.

Gentechnik, in: *Metzler Lexikon Religion*. Bd. 1 (1999), S. 472.

Erkenntnistheoretische Konsequenzen biologischer Theorien, in: Thorsten Braun, Marcus Elstner (Hrsg.): *Gene und Gesellschaft*. Heidelberg: Deutsches Krebsforschungsinstitut 1999, S. 37-56; auch in: Eric Kubli und Anna Katharina Reichardt (Hrsg.): *Konsequenzen der Biologie*. Stuttgart: Klett 1999, S. 51-67.

Anpassungsmängel als Ursache von Krisensituationen?, in: *Globale Umweltveränderungen und ihre Wahrnehmung in der Gesellschaft*. 11. Bremer Universitäts-Gespräch, 12. und 13. November 1998, Bremen. Wiss. Koordination: H.-Jörg Henning und Gerold Wefer. Redaktion und Bearbeitung der Dokumentation: Volker Preuss und Marlies Gümpel. Bremen 1999, S. 46-55.

Biologische, medizinische und ethische Aspekte der Xenotransplantation, in: Gesamtverband der Deutschen Versicherungswirtschaft e.V., Berlin (Hrsg.):

Gentechnik. Grenzzone menschlichen Handelns? Mit einem Vorwort von Bernd Michaels. Karlsruhe: Verlag Versicherungswirtschaft GmbH 1999, S. 129-147.

Die gesellschaftliche Wahrnehmung von Risiken, in: Karlsruher Forum für Ethik in Recht und Technik 1999: *Zwischen Fortschrittsoptimismus und Risikoscheu. Technik auf dem Weg ins 21. Jahrhundert* (6./ 7. Mai 1999,) 1999, S. 57-63. (Broschüre).

Bioethik – Themen, Fragen, Ziele und Ortsbestimmung, in: Helmut Reinalter (Hrsg.): *Perspektiven der Ethik*. Innsbruck: Thaur, Interdisziplinäre Forschung 1999, S. 270-296.

Evolutionäre Erkenntnistheorie, in: *Religion in Geschichte und Gegenwart*. Bd. 2, 4., völlig neu bearbeitete Auflage 1999, Sp. 1756-1757.

1998

Are there Inconsistencies in our Ethical Understanding of the Human Embryo?, in: Elisabeth Hildt, Dietmar Mieth (Hrsg.): *In Vitro Fertilisation in the 1990s. Towards a medical, social and ethical evaluation*. Aldershot/ Brookfield USA/Singapore/Sydney: Ashgate 1998, S. 213-215.

Biologie als ‚Leitwissenschaft' seit dem 19. Jahrhundert, in: *Attempto* 4 (1998), S. 9-11.

Problemstellungen und Strukturmerkmale der heutigen Bioethik. Eine Analyse mit Blick auf die Romantik, in: Gian Franco Frigi, Paola Giacomoni, Wolfgang Müller-Fritz (Hrsg.): *Pensare la natura. Dal Romanticismo all' ecologia. Konzepte der Natur: Von der Romantik zur Ökologie*. Mailand: Guerini e Associati 1998, S. 295-314.

Die Stellung des Menschen im Natur-Kultur-Verhältnis, in: *Gen-Welten*. Ausstellungskatalog zur gleichnamigen Ausstellung in der Kunst- und Ausstellungshalle der Bundesrepublik Deutschland GmbH in Bonn, 1998, S. 45-50.

Ethisch relevante Aspekte und Probleme von Biotechnologien, in: Die Hessische Landesregierung (Hrsg.): *Zukunft der Gentechnik: Welcher Nutzen? Welche Risiken?* Dokumentation der Veranstaltung „Hessen im Dialog. Gentechnik" vom 11. und 12. November 1997, Congress Center Messe Frankfurt am Main: Eichborn 1998, S. 75-82.

Aspects éthiques et philosophiques de la xénotransplantation, in: Sebastiano Martinoli, Roberto Malacrida, Roberta Wullschleger (Hrsg.): *Donazioni e trapianti d'organo Gli xenotrapianti*. Comano: Edizioni Alice 1998, S. 149-150, und in: *Schweizerische Medizinische Wochenschrift* 128 (1998), S. 973-974.

Ethical Problems of Cross-Species Transplantation (Xenotransplantation), in: *Biomedical Ethics. Newsletter*. 3/1 (1998), S. 27-30.

Ethical Problems of Biology: The Example of Xenotransplantation (in russischer Sprache), in: *Human Being*. 2 (1998), S. 106-115.

Ethische Probleme bei speziesüberschreitenden Organtransplantationen vom Tier auf den Menschen, in: *ALTEX* 15/1 (1998), S. 34-35.

Was bedeutet ,menschliche Kultur' in diesem evolutionstheoretischen Ansatz? Eine Frage an Bernhard Verbeek. Kritischer Kommentar zu dem Hauptartikel von Bernhard Verbeek ,Organismische Evolution und kulturelle Geschichte: Gemeinsamkeiten, Unterschiede, Verflechtungen', in: *Ethik und Sozialwissenschaften* 9/2 (1998), S. 293-295.

Ethik und biologische Utopie, in: Eve-Marie Engels, Thomas Junker, Michael Weingarten (Hrsg.): *Ethik der Biowissenschaften: Geschichte und Theorie.* Beiträge zur 6. Jahrestagung der Deutschen Gesellschaft für Geschichte und Theorie der Biologie in Tübingen 1997. Berlin: Verlag für Wissenschaft und Bildung 1998, S. 319-340.

Der moralische Status von Embryonen und Feten – Forschung, Diagnose, Schwangerschaftsabbruch, in: Marcus Düwell, Dietmar Mieth (Hrsg.): *Ethik in der Humangenetik. Die neueren Entwicklungen der genetischen Frühdiagnostik aus ethischer Perspektive.* Tübingen: Francke 1998, S. 271-301.

Der Mensch ist mehr als ein Produkt seiner Gene. Gentechnik zwischen Horror und Utopie, in: Norbert Sommer (Hrsg.): *Mythos Jahrtausendwechsel.* Berlin: Wichern-Verlag 1998, S. 155-161.

Was bedeutet ,Passung' in biologischen Theorien des Erkennens?, in: Barbara Merker, Georg Mohr, Ludwig Siep (Hrsg.): *Angemessenheit.* Würzburg: Königshausen und Neumann 1998, S. 59-81.

Rezension von: Julian Nida-Rümelin (Hrsg.): *Angewandte Ethik. Die Bereichsethiken und ihre theoretische Fundierung. Ein Handbuch.* Stuttgart: Kröner 1996, in: *Zeitschrift für philosophische Forschung.* 52/4 (1998), S. 646-650.

Zur Frage der ethischen Vertretbarkeit der Xenotransplantation, in: *Der Tierschutzbeauftragte.* 3 (1998), S. 225-238.

1997

Darf man Menschen kopieren?, in: *Stuttgarter Zeitung* Nr. 72, 27.03.1997, S. 17.

Evolutionäre Ethik und Umweltmoral, in: Adrian Holderegger (Hrsg.): *Ökologische Ethik als Orientierungswissenschaft. Von der Illusion zur Realität.* Bd. 1 der Reihe *Ethik und politische Philosophie.* Hrsg. von Adrian Holderegger, Beat Sitter-Liver und Jean-Claude Wolf. Freiburg, Schweiz: Universitätsverlag 1997, S. 169-191.

1995

Evolutionsbiologische Konstruktionen von Ethik im 19. Jahrhundert, in: Gebhard Rusch, Siegfried J. Schmidt (Hrsg.): *Konstruktivismus und Ethik.* DELFIN 1995. Frankfurt: Suhrkamp stw 1995, S. 321-355.

Biologische Ideen von Evolution im 19. Jahrhundert und ihre Leitfunktionen, in: Eve-Marie Engels (Hrsg.): *Die Rezeption von Evolutionstheorien im 19. Jahrhundert.* Frankfurt: Suhrkamp 1995, S. 13-66.

1994

Die Lebenskraft – metaphysisches Konstrukt oder methodologisches Instrument? Überlegungen zum Status von Lebenskräften in Biologie und Medizin im Deutschland des 18. Jahrhunderts" in: Kai Torsten Kanz (Hrsg.): *Philosophie des Organischen in der Goethezeit. Studien zu Werk und Wirkung des Naturforschers Carl Friedrich Kielmeyer (1765–1844).* Stuttgart: Franz Steiner Verlag 1994, S. 127-152.

1993

G. E. Moores Argument der ‚naturalistic fallacy' in seiner Relevanz für das Verhältnis von philosophischer Ethik und empirischen Wissenschaften, in: Lutz Eckensberger, Ulrich Gähde (Hrsg.): *Ethische Norm und empirische Hypothese.* Frankfurt: Suhrkamp stw 1993, S. 92-132.

Herbert Spencers Moralwissenschaft – Ethik oder Sozialtechnologie? Zur Frage des naturalistischen Fehlschlusses bei Herbert Spencer, in: Kurt Bayertz (Hrsg.): *Evolution und Ethik.* Stuttgart: Reclam 1993, S. 243-287.

1992

Revolution, wissenschaftliche, in: *Historisches Wörterbuch der Philosophie.* Bd. 8 (1992), Sp. 990-996.

Scientific community, in: *Historisches Wörterbuch der Philosophie.* Bd. 8 (1992), Sp. 1516-1520.

1991

Wissenschaftliche Revolution. Die variantenreiche Geschichte eines Begriffs, in: *Archiv für Begriffsgeschichte* XXXIV (1991), S. 237-261.

1990

Thesen der Evolutionären Erkenntnistheorie – ein kritischer Kommentar, in: Hans May, Meinfried Striegnitz und Philip Hefner (Hrsg.): *Kooperation und Wettbewerb – Zu Ethik und Biologie menschlichen Sozialverhaltens.* Loccumer Protokolle 75/1988. Rehburg-Loccum: Evangelische Akademie Loccum 1990.

Erkenntnistheoretischer Konstruktivismus, Minimalrealismus, empirischer Realismus – Ein Plädoyer für einige Unterscheidungen. Replik auf Hans Jürgen Wendels Aufsatz ‚Evolutionäre Erkenntnistheorie und erkenntnistheoretischer Realismus', in: *Zeitschrift für philosophische Forschung* 44,1 (1990), S. 28-54.

1989

Soziobiologie und Ethik, in: *Zeitschrift für Evangelische Ethik.* 33. Jg., H. 3 (1989), S. 162-175.

1988

Evolutionäre Erkenntnistheorie, in: *Wörterbuch des Christentums*. Gütersloh: Gerd Mohn, Zürich: Benziger Verlag (1988), S. 330f.

Primitivismus, in: *Wörterbuch des Christentums*. Gütersloh: Gerd Mohn, Zürich: Benziger Verlag (1988), S. 999f.

Ziel, in: *Wörterbuch des Christentums*. Gütersloh: Gerd Mohn, Zürich: Benziger Verlag (1988), S. 1381f.

1987

Die Grenzen der Evolutionären Erkenntnistheorie, Bericht über das Symposium „Die Evolutionäre Erkenntnistheorie" vom 18.-20. April 1986 in Wien, in: *Information Philosophie* H. 2 (1987), S. 32-44.

Der Wandel des lebensweltlichen Naturverständnisses unter dem Einfluß der modernen Biologie, in: Clemens Burrichter, Rüdiger Inhetveen, Rudolf Kötter (Hrsg.): *Zum Wandel des Naturverständnisses*. Paderborn: Schöningh 1987, S. 69-103.

Kritische Überlegungen zur ‚kaputten' Erkenntnis- und Realismuskonzeption der Evolutionären Erkenntnistheorie und ein ‚Reparaturvorschlag', in: Wilhelm Lütterfelds (Hrsg.): *Transzendentale oder evolutionäre Erkenntnistheorie?* Darmstadt: Wissenschaftliche Buchgesellschaft 1987, S. 229-260.

Zusammenfassender Kommentar zu den Vorträgen des 1. Tages des Symposiums „Die Evolutionäre Erkenntnistheorie" vom 18.-20. April 1986 in Wien, in: Rupert Riedl/Franz M. Wuketits (Hrsg.): *Die Evolutionäre Erkenntnistheorie*. Berlin: Parey 1987, S. 82-91.

Moralische Werte und die Natur des Menschen. Teil II: Philosophische (ethische und wissenschaftstheoretische) Bemerkungen, 2. Teil des Berichtes über die gemeinsam mit Prof. Dr. Christian Vogel (Göttingen) veranstaltete Arbeitsgemeinschaft „Moralische Werte und die Natur des Menschen" im Rahmen des Europäischen Forums Alpbach 1987, in: Otto Molden (Hrsg.): *Erkenntnis und Entscheidung*. Europäisches Forum Alpbach 1987, S. 623-633.

1985

Die Evolutionäre Erkenntnistheorie in der Diskussion, in: *Information Philosophie* H. 1 (1985), S. 56-63 und 2 (1985), S. 49-68.

Was leistet die Evolutionäre Erkenntnistheorie? Eine Kritik und Würdigung, in: *Zeitschrift für Allgemeine Wissenschaftstheorie*. XVI/1 (1985), S. 113-146.

Evolutionäre Erfahrung und Realismus. Kritische Überlegungen zur realistischen Grundlage der Evolutionären Erkenntnistheorie und eine konstruktionistische Rekonstruktion, in: *Siegener Periodicum zur Int. Empirischen Literaturwissenschaft*. 4/1 (1985), S. 41-69.

1983

Konfrontation von Philosophie und Einzelwissenschaften, Bericht über das 7. Int. Wittgenstein-Symposium „Erkenntnis- und Wissenschaftstheorie" vom 22.-29.8.1982 in Kirchberg/Wechsel, in: *Information Philosophie*. H. 1 (1983), S. 22-34.

Evolutionäre Erkenntnistheorie – ein biologischer Ausverkauf der Philosophie? Überlegungen zu Ortsbestimmung, Reichweite und Grenzen der Evolutionären Erkenntnistheorie im Anschluß an das 7. Int. Wittgenstein Symposium vom 22.-29.8.1982 in Kirchberg/Wechsel, in: *Zeitschrift für Allgemeine Wissenschaftstheorie*. XIV/1 (1983), S. 138-166.

Freiheit als Illusion?, Bericht über das 4. Symposium der Civitas-Gesellschaft (München) über „Evolution und Freiheit" vom 8.-11. Mai 1983, in: *Information Philosophie*. H. 5 (1983), S. 16-30.

1982

Teleologie ohne Telos? Überlegungen zum XIX. Symposium der Gesellschaft für Wissenschaftsgeschichte e.V. vom 28.-30.5.1981 in Bamberg über ‚Die Idee der Zweckmäßigkeit in der Geschichte der Wissenschaften', in: *Zeitschrift für Allgemeine Wissenschaftstheorie*. XIII/1 (1982), S. 122-165.

1980

Lebenskraft, in: *Historisches Wörterbuch der Philosophie*. Bd. 5 (1980), Sp. 122-128.

1979

Mündigkeit – eine anthropologische Kategorie? Überlegungen zum transzendental-philosophischen Anspruch der gesellschaftskritischen Konzeption von Jürgen Habermas, in: *Zeitschrift für philosophische Forschung* 33/3 (1979), S. 389-411.

1978

Rez. von Peter Jansen: Arnold Gehlen. Die anthropologische Kategorienlehre. Bonn 1975 und von Lothar Samson: Naturteleologie und Freiheit bei Arnold Gehlen. Freiburg 1976, in: *Philosophische Rundschau*. 25/3-4 (1978), S. 284-290.

Teleologie – eine ‚Sache der Formulierung' oder eine ‚Formulierung der Sache'? Überlegungen zu E. Nagels reduktionistischer Strategie und Versuch ihrer Widerlegung, in: *Zeitschrift für Allgemeine Wissenschaftstheorie*. IX/2 (1978), S. 225-235.

Autorinnen und Autoren

Dr. Norbert Alzmann studierte Biologie in Ulm. Danach war er Mitarbeiter am „Integrierten Vorklinischen Ausbildungssystem" („IVA-Projekt") der Universität Ulm. Von Januar 2004 bis Dezember 2006 war er Stipendiat des Graduiertenkollegs „Bioethik". Er arbeitete als wissenschaftliche Hilfskraft am Internationalen Zentrum für Ethik in den Wissenschaften (IZEW) und am Lehrstuhl für Ethik in den Biowissenschaften der Universität Tübingen. Die Promotion erfolgte 2010. Seine Forschungsschwerpunkte lauten: Tierethik, ethische und rechtliche Aspekte des Genehmigungsverfahrens für Tierversuche sowie Ethik in den Neurowissenschaften. Seit dem Wintersemester 2009/ 2010 wirkt er in Lehrveranstaltungen des Lehrstuhls für Ethik in den Biowissenschaften zu tierethischen Fragestellungen mit.

Dirk Backenköhler studierte Biologie und Wissenschaftsgeschichte an den Universitäten Hohenheim und Stuttgart mit Abschluss als Diplombiologe. Arbeitsschwerpunkte sind die Geschichte der Evolutionstheorie und der Anthropologie im deutschsprachigen Raum. Dirk Backenköhler arbeitet zu diesen Themen an einer Dissertation am Lehrstuhl für Ethik in den Biowissenschaften bei Prof. Dr. Eve-Marie Engels und Prof. Dr. Thomas Junker.

Judith Benz-Schwarzburg ist Doktorandin im Fach Philosophie der Universität Tübingen. Ihre Dissertation beschäftigt sich mit soziokognitiven Fähigkeiten bei Tieren und ihrer Relevanz für Tierethik und Tierschutz. Sie war von 2006–2009 Stipendiatin des DFG-Graduiertenkollegs „Bioethik – Zur Selbstgestaltung des Menschen durch Biotechniken" am IZEW und von 2006–2007 Kollegiatin des Studienkollegs „Biologische und kulturelle Grundlagen menschlichen Denkens" am Forum Scientiarum der Universität Tübingen. Sie studierte Germanistik, Philosophie und Ethik an der Universität Tübingen (1999–2005) und erforschte in ihrer Staatsexamensarbeit mentale Ausdrücke in der Kindersprache als Anzeichen einer entstehenden Theory of Mind bei Zwei- bis Vierjährigen.

Dr. Gisela Badura-Lotter studierte Biologie an den Universitäten Göttingen, Kiel und Tübingen. Sie war Stipendiatin im Graduiertenkolleg Ethik in den Wissenschaften am Internationalen Zentrum für Ethik in den Wissenschaften, Tübingen und promovierte 2004 zum Dr. rer. nat. am Lehrstuhl für Ethik in den Biowissenschaften der Universität Tübingen. Von 2006–2008 arbeitete sie als Post-Doktorandin an der Fakultät für Medizin, der Universität Brest, Frankreich. Seit 2009 ist sie wissenschaftliche Assistentin am Institut für Geschichte, Theorie und Ethik der Medizin der Universität Ulm. Ihre Forschungsschwerpunkte sind ethische und theoretische Analysen aktueller Entwicklungen der Biotechnologie und Medizin sowie grundlegende Untersuchungen zu Konzepten von Autonomie, Normalität und Krankheit in der Psychiatrie.

Dr. rer. nat. Jens Clausen ist seit 2008 wissenschaftlicher Assistent am Institut für Ethik und Geschichte der Medizin an der Eberhard-Karls-Universität Tübingen. Er studierte Biologie, Philosophie und Erziehungswissenschaften an den Universitäten Tübingen und Kiel. Er promovierte in Biologie mit einer Arbeit zur Ethik des Klonens (2004). Von 2004–2008 leitete er die BMBF-Nachwuchsgruppe „Zur Relevanz der Natur des Menschen in der biomedizinischen Ethik" an der Albert-Ludwigs-Universität Freiburg. Seit 2010 ist er Geschäftsführer des Klinischen Ethik-Komitees an der Universitätsklinik Tübingen. Seine Arbeitsschwerpunkte sind die Neuroethik, die anthropologischen Grundlagen der Biomedizin und ihrer ethischen Implikationen. Sowie die ethischen und theoretischen Fragen an Lebensanfang und Lebensende.

Dr. Arianna Ferrari ist wissenschaftliche Mitarbeiterin am KIT/ITAS Karlsruhe. Sie hat in Mailand und Tübingen Philosophie studiert. 2006 promovierte sie in Ko-Betreuung zwischen Tübingen und Turin zu den ethischen und wissenschaftstheoretischen Aspekten der gentechnischen Veränderung von Versuchstieren in der Biomedizin. Sie hat als wissenschaftliche Mitarbeiterin an der TU Darmstadt und am Centrum für Bioethik in Münster gearbeitet. Ihre Schwerpunkte betreffen Tierphilosophie, Bioethik, Technikphilosophie, Schnittstelle zwischen Ethik und Politik der neuen Technologien, Wissenschaftsphilosophie und Philosophie der Biologie.

Prof. Dr. med. *Alireza Gharabaghi* leitet an der Neurochirurgischen Universitätsklinik Tübingen den Bereich „Funktionelle und stereotaktische Neurochirurgie" sowie die Forschergruppe „Neuroprothetik" am DFG-Exzellenzcluster Werner Reichardt Centrum für Integrative Neurowissenschaften (CIN). Für seine Arbeiten auf dem Gebiet der funktionserhaltenden und funktionsmodulierenden Neurochirurgie wurde er mit dem European Skull Base Society Award 2005 der Europäischen Schädelbasis-Gesellschaft sowie mit dem Traugott-Riechert-Preis 2008 der Deutschen Gesellschaft für Neurochirurgie und dem Hans-Joachim-Denecke-Preis 2008 der Deutschen Gesellschaft für Schädelbasischirurgie ausgezeichnet.

Prof. Dr. *Vera Hemleben* studierte Biologie und Biochemie in Hamburg, München und Tübingen. 1963 Promotion in Biologie an der Eberhard Karls Universität Tübingen, 1963 bis 1970 Wissenschaftliche Assistentin am Botanischen Institut, 1970–1971 Akademische Rätin am Botanischen Institut der Universität Hannover. 1972 Habilitation in Tübingen, anschließend Dozentin am Lehrstuhl für Genetik; ab 1978 bis 2004 Leitung der Arbeitsgruppe „Molekulare Pflanzengenetik". Seit 1986 Teilnahme am Gesprächskreis „Ethik in den Wissenschaften"; ab 1990 Mitglied des Internationalen Zentrums für Ethik in den Wissenschaften (IZEW). Seit 1996 Vorsitzende des wissenschaftlichen Rates des IZEW. Stellvertretende Sprecherin des DFG-Graduiertenkollegs „Bioethik" von 2004 bis 2006. Forschungsschwerpunkte: Evolution, Organisation von Genomkomponenten höherer Organismen, molekulare Evolution sowie bioethische Fragen der Gen- und Biotechnologie, Humangenetik und Epigenetik.

Dr. des. *Beate Herrmann* ist seit 2007 klinische Ethikberaterin an der Medizinischen Universitätsklinik Heidelberg. Sie studierte Philosophie und Politikwissenschaft an der Universität Heidelberg. Von Januar 2004 bis Dezember 2006 war sie Stipendiatin im Graduiertenkolleg „Bioethik". 2007 promovierte sie mit der Dissertation: „Der menschliche Körper zwischen Vermarktung und Unverfügbarkeit: Grundlinien einer Ethik der Selbstverfügung". Von 2007 bis 2008 war Beate Herrmann wissenschaftliche Mitarbeiterin am Internationalen Zentrum für Ethik in den Wissenschaften der Universität Tübingen sowie am dortigen Institut für Ethik und Geschichte der Medizin. Ihre Forschungsschwerpunkte lauten: Ethik, Medizinethik, Rechtsphilosophie sowie klinische Ethik.

PD Dr. Elisabeth Hildt ist seit 2008 am Philosophischen Seminar der Universität Mainz tätig; dort leitet sie die Forschungsstelle Neuroethik/ Neurophilosophie. Elisabeth Hildt studierte Biochemie in Tübingen und München; Promotion 1995 im Rahmen des Tübinger Graduiertenkollegs „Ethik in den Wissenschaften", dann Tätigkeit in München. Von 2002 bis 2008 war sie Wissenschaftliche Assistentin am Lehrstuhl für Ethik in den Biowissenschaften der Universität Tübingen, 2005 erfolgte die Habilitation. Arbeitsschwerpunkte: Theorie und Ethik der Biowissenschaften und der Medizin, insbesondere theoretische, ethische und soziokulturelle Fragen der Neurowissenschaften und der Genetik.

Prof. Dr. Thomas Junker: Studium der Pharmazie; Promotionsstudium Geschichte der Naturwissenschaften Marburg. 1992–1995 Associate Editor of the Correspondence of Charles Darwin in Cambridge. 1993–1995 Feodor-Lynen-Stipendiat, Harvard University (Cambridge, Mass.). 1996–2002 Assistent am Lehrstuhl für Ethik in den Biowissenschaften, Universität Tübingen. 2003 Habilitation, 2006 apl. Professur an der Fakultät für Biologie der Universität Tübingen. Stellv. Vors. der AG Evolutionsbiologie im Verband Deutscher Biologen und biowissenschaftlicher Fachgesellschaften (VBIO); Mitglied des wissenschaftlichen Beirats der Giordano-Bruno-Stiftung. Forschungsschwerpunkte: Geschichte der Biologie, der Evolutionstheorie und der Anthropologie.

Dr. László Kovács ist akademischer Rat auf Zeit am Lehrstuhl für Ethik in den Biowissenschaften der Universität Tübingen. Er studierte Theologie und Germanistik an der Pädagogischen Hochschule Eszterházy Károly in Eger (Ungarn), 2002 erlangte er einen Master für angewandte Ethik an der Katholischen Universität Leuven (Belgien) und 2003 den European Master in Bioethics an den Universitäten Nijmegen, Leuven, Basel und Padova. Er promovierte 2007 im Graduiertenkolleg Bioethik am Internationalen Zentrum für Ethik in den Wissenschaften der Universität Tübingen. Seine Arbeitsschwerpunkte sind Ethik am Lebensbeginn, Humangenetik und klinische Ethik.

Jutta Krautter studierte Allgemeine Rhetorik und Philosophie in Tübingen, während ihres Studiums arbeitete sie als Redaktionsassistentin beim DFG-Projekt ‚Historisches Wörterbuch der Rhetorik'. Nach ihrem Studienabschluss 2008 mit dem Magister Artium war sie am Tübinger Institut für Medienwissenschaften angestellt. Seit März 2010 ist sie Mitglied des Graduiertenkolleg ‚Bioethik' am IZEW in Tübingen und promoviert über die „Mediale Thematisierung von Neuro-Enhancement. Wie (latente) Welt- und Menschenbilder Wege und Ziele der Selbstgestaltung beeinflussen."

Jon Leefmann studierte Biologie (Diplom) und Philosophie in Heidelberg, Tübingen und Pavia (Italien) und schloss das Studium 2008 am Interdisziplinären Zentrum für Neurowissenschaften (IZN) der Universität Heidelberg mit einer elektrophysiologischen Arbeit zur Regulation synaptischer Plastizität bei Drosophila melanogaster ab. Von September 2008 bis April 2009 arbeitete er am IZN als geprüfte wissenschaftliche Hilfskraft. Seit April 2009 ist er DFG-Stipendiat und Mitglied des Graduiertenkollegs Bioethik am IZEW der Universität Tübingen, wo er eine Doktorarbeit zum Thema „Die Authentizität der Persönlichkeit als ethischer Maßstab für das Problem des psychopharmakologischen Enhancement" schreibt.

Dr. Lilian Marx-Stölting ist Habilitandin am Lehrstuhl für Ethik in den Biowissenschaften der Universität Tübingen. Sie studierte Biologie und Philosophie in Heidelberg, Storrs (Connecticut) und New York City und erwarb 2000 das Diplom in Biologie. 2007 folgte die Promotion am Lehrstuhl für Ethik in den Biowissenschaften. Von 2007 bis 2010 war sie PostDoc-Stipendiatin im Graduiertenkolleg Bioethik am Internationalen Zentrum für Ethik in den Wissenschaften (IZEW). Außerdem hat sie an zahlreichen Diskurs-Projekten zur Bioethik mitgewirkt.

Dr. Petra Michel-Fabian studierte Biologie an den Universitäten Tübingen und Bayreuth, absolvierte eine Fortbildung zur Referentin für Landespflege und arbeitete mehrere Jahre als Gutachterin in einem unabhängigen Umweltplanungsbüro. 1998 erhielt sie ein Promotionsstipendium der DFG im Rahmen des Graduiertenkollegs Ethik in den Wissenschaften an der Universität Tübingen. 2003 wurde sie am Lehrstuhl für Ethik in den Biowissenschaften promoviert. Seither ist sie als freie Dozentin für Ethik in den angewandten Wissenschaften tätig sowie als Wissenschaftlerin an Forschungsprojekten zur angewandten Ethik beteiligt. Arbeitsschwerpunkte: Vermittlung von Ethik in den angewandten Wissenschaften, Nachhaltigkeit und Ethik, Unternehmensethik, Ethik im Naturschutz, der Landespflege und der Planung, Ästhetik.

Prof. Dr. Dietmar Mieth war nach dem Studium der Theologie, Philosophie und Germanistik, der theol. Promotion (1986 Würzburg) und der Habilitation in Theol. Ethik (1974 Tübingen) Professor für Theol. Ethik in Fribourg/CH (1974–1981), sodann bis 2008 in Tübingen (Vertretung dort bis 2010). Seit 2009 ist er Fellow am Max Weber Kolleg der Universität Erfurt. 1985–2001 war er für die „Ethik in den Wissenschaften" in Tübingen (seit 1990 IZEW) verantwortlich. Neben den damit verbundenen Projekten und Publikationen war er u. a. in der europäischen Ethikberatung tätig (Bundesverdienstkreuz 2007). Weitere Schwerpunkte: Sozialethik, Narrative Ethik, religiöse und moralische Erfahrung. Seit 2008 Präsident der Meister-Eckhart-Gesellschaft.

Dr. Sabine Paul leitet seit 2009 das PaläoPower-Institut für evolutionäre Strategien in Frankfurt. Sie studierte Biologie in Tübingen und promovierte 1999 am Zentrum für Ethik in den Wissenschaften der Universität Tübingen bei Frau Prof. Engels. Von 1999 bis 2002 war sie verantwortlich für das Wissenschaftsmarketing des internationalen Konsumgüterherstellers Procter & Gamble in Schwalbach a. Ts., von 2002 bis 2005 am Forschungsinstitut und Naturmuseum Senckenberg in Frankfurt und seit 2005 bei der Medizindiagnostikfirma Evomed in Darmstadt. Seit 1998 arbeitet Sabine Paul als freie Wissenschaftsautorin, Referentin und Trainerin mit den Schwerpunkten Gentechnik, Gendiagnostik, evolutionäre Ernährung, evolutionäre Medizin und evolutionäre Psychologie.

PD Dr. Thomas Potthast ist seit 2002 Wissenschaftlicher Koordinator des Internationalen Zentrums für Ethik in den Wissenschaften (IZEW) der Universität Tübingen. Er studierte Biologie und Philosophie in Freiburg i. Br. und promovierte in Tübingen 1998 mit einer interdisziplinären Dissertation. 1998–2001 war er Research Scholar am Max-Planck-Institut für Wissenschaftsgeschichte in Berlin und 2002 Feodor Lynen Fellow der Humboldt-Stiftung am Institute for Environmental Studies und dem Department of History of Science der University of Wisconsin-Madison. Seit 2007 ist er stellv. Sprecher des DFG-Graduiertenkollegs „Bioethik" am IZEW; Habilitation für das Fachgebiet Ethik, Geschichte und Theorie der Wissenschaften Anfang 2010; im Wintersemester 2010/11 Lehrstuhlvertretung am Institut für Geschichte der Naturwissenschaften, Medizin und Technik der Universität Jena. Schwerpunkte in Forschung und Lehre sind Umwelt

und Nachhaltigkeit, Bioethik, Grundlagenfragen von Interdisziplinarität, Naturphilosophie und Naturschutz jeweils in historischer und
systematischer Perspektive.

Prof. Dr. rer. nat. Silke Schicktanz hat seit April 2010 die Professur
für Kultur und Ethik der Biomedizin an der Georg-August-Universität
Göttingen inne. Sie studierte Biologie und Philosophie in Tübingen.
Silke Schicktanz promovierte im Fach Ethik in den Biowissenschaften
in Tübingen (2002) und war anschließend als Wissenschaftlerin und
Dozentin am Deutschen Hygiene-Museum Dresden, dem Max-Del-
brück-Centrum für Molekulare Medizin und der Universität Münster
tätig. Ihre Schwerpunkte in Lehre und Forschung betreffen Ethik der
Medizin, interkulturelle Bioethik, Patienten- und Laienperspektiven
und das Verhältnis von Ethik und Empirie (insb. Kultur/Sozialwissen-
schaften).

Prof. Dr. med. Marcos Tatagiba ist ärztlicher Direktor der Neurochirurgischen Universitätsklinik der Eberhard Karls Universität Tübingen
und Lehrstuhlinhaber für Neurochirurgie. Für seine Arbeiten auf
dem Gebiet der Neuroregeneration und funktionswiederherstellenden
Neurochirurgie wurde er mit dem Young Neurosurgeon Award 1997
der Weltföderation der Neurochirurgischen Gesellschaften, mit dem
EANS/Aesculap-Preis 2001 der Europäischen Assoziation der Neurochirurgischen Gesellschaften und dem Neurosurgical Research Foun-
dation-Preis 2002 der Deutschen Gesellschaft für Neurochirurgie ausgezeichnet. Im Jahre 2006 erhielt Prof. Dr. Tatagiba einen Ruf auf den
Lehrstuhl für Neurochirurgie der Universität Zürich und zum Direktor der Zürcher Universitätsklinik für Neurochirurgie, den er ablehnte.

Prof. Dr. Rainer Wimmer hatte von 1988–2005 eine Professur für
Philosophie mit Schwerpunkt Praktische Philosophie/Ethik an der Universität Tübingen inne und war von 1990–2005 Mitglied des dortigen
IZEW. Er studierte Philosophie, Katholische Theologie und Psychologie in Pullach bei München, Frankfurt am Main, Heidelberg, Oxford
und Konstanz. Seine Forschungsschwerpunkte liegen in der Allgemeinen Ethik, in der Philosophischen Anthropologie und in der Religionsphilosophie.

Prof. Dr. med. Dr. phil. Urban Wiesing ist seit 1998 Inhaber des Lehrstuhls für Ethik in der Medizin an der Eberhard-Karls-Universität

Tübingen und seit 2002 Direktor des dortigen Instituts für Ethik und Geschichte der Medizin. Seine Arbeitsschwerpunkte sind: Philosophie und Medizin, Ethische Aspekte moderner Technologien in der Medizin. Publikationen u. a.: Wer heilt, hat Recht? Stuttgart 2004; zusammen mit Dagmar Schmitz: Ethische Aspekte der Genetik in der Arbeitsmedizin, Köln 2008; zusammen mit Georg Marckmann: Freiheit und Ethos des Arztes – Herausforderungen durch evidenzbasierte Medizin und Mittelknappheit, Freiburg/München 2009.

Dr. Julia Wolf arbeitet als wissenschaftliche Assistentin am Fachbereich für Medizin und Gesundheitsethik an der Universität Basel. Sie studierte Biologie an der Universität Tübingen und an der University of Sussex (GB) und wurde am Internationalen Zentrum für Ethik in den Wissenschaften der Universität Tübingen promoviert. Anschließend arbeitete sie an der Akademie für Technikfolgenabschätzung in Stuttgart und als wissenschaftliche Mitarbeiterin im Bereich Biowissenschaften/Life Science am Wissenschaftszentrum Nordrhein-Westfalen in Düsseldorf. Julia Wolf befasst sich primär mit ethischen Problemen, die sich aus den Anwendungsmöglichkeiten in den Neurowissenschaften ergeben, insbesondere mit der Thematik des Neuro-Enhancements.